Minitab 활용
QbD 실무완성

쉽게 따라할 수 있는 표준 모형 및 적용 사례

신상문 지음

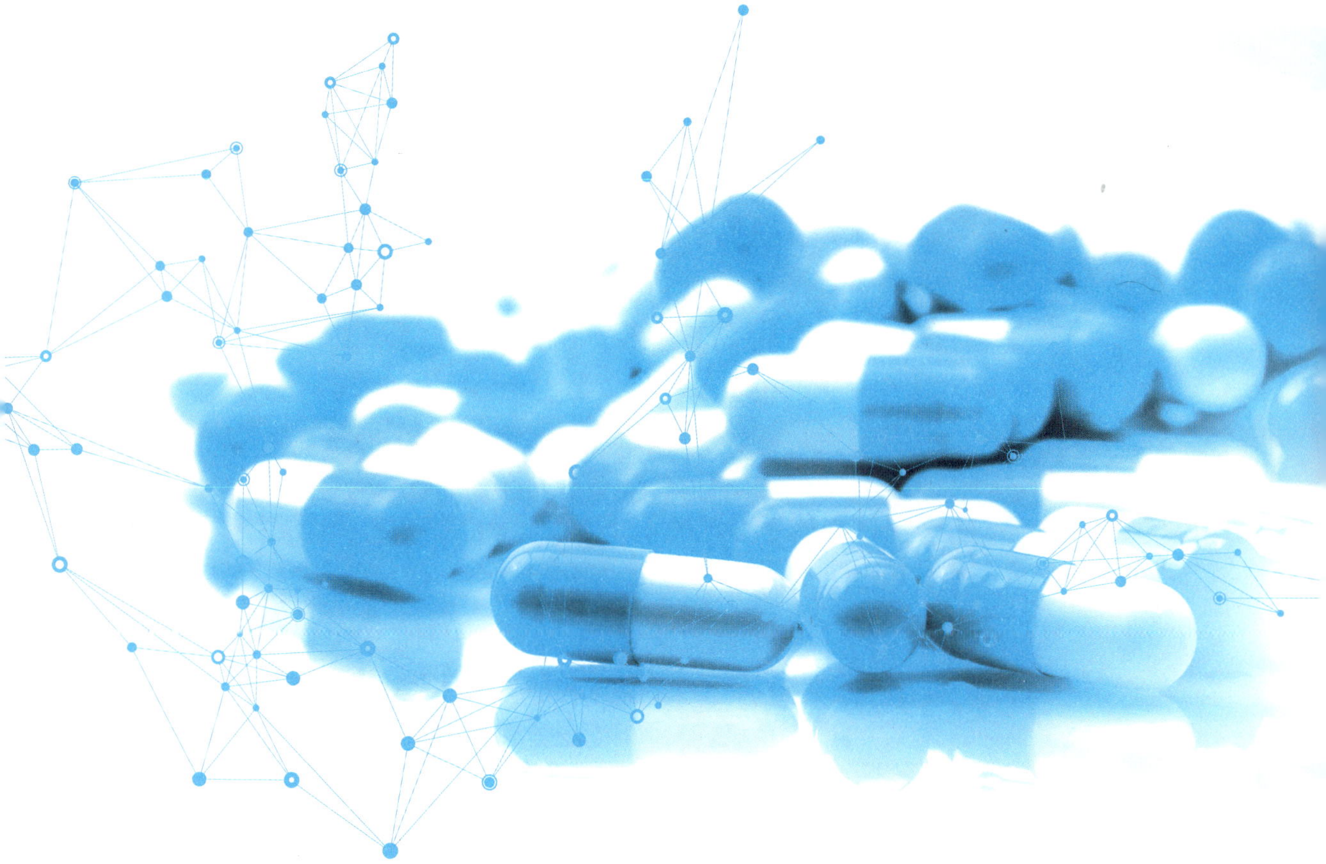

머리말

　QbD라는 의약품 허가제도의 표준화를 연구하면서 세계적인 제도의 변화를 느끼고 미래에 국내 제약 산업이 제약 선진국들의 기술 장벽으로 인하여 마주하게 될 어려움 들을 생각하면서 이 책을 적게 되었습니다. 저는 산업공학과 통계학기반의 품질경영을 전공하여 일반제조업의 다양한 기업 컨설팅 및 기술 지도를 수행하면서 기업의 입장에서 연구를 바라보는 시각을 갖게 되었습니다. 특히 QbD의 연구를 하면서 한편으로는 국제 표준화의 흐름이 장치 산업이 아닌 통계를 기반으로 하는 QbD의 흐름에 안도의 한숨을 내쉬었습니다. 왜냐하면 통계를 기반으로 하는 QbD는 대한민국의 우수한 인력이 빠른 시간 안에 저비용으로 세계적 수준으로 도약 할 수 있는 기회가 있다고 믿었기 때문입니다. 하지만 QbD의 연구를 하면서 통계적 방법의 쉬운 적용 방법과 저변 확대가 그리 쉽지 않다는 것을 실감 하였습니다. 그래서 통계학적 지식을 모두 공부하고 QbD를 적용하지 않고, 다소 부족하지만 쉽게 통계학적 방법을 QbD에 적용 할 수 있는 교재 개발을 추진하여 이 책을 완성 하게 되었습니다. 이 책은 QbD에 꼭 필요한 통계학적 방법을 소프트웨어를 활용하여 쉽게 따라 할 수 있도록 구성하였습니다.

　먼저 의약품 개발의 표준화 및 산업공학적 연구를 시작 할 수 있는 토대를 마련해 주신 미국 Clemson University의 Professor B.R. Cho께 진심으로 존경과 감사를 드립니다. 또한 이 책이 집필될 수 있는 QbD 연구를 처음 함께 시작한 정성훈 교수님, 그리고 많은 프로젝트를 함께 수행했던 김민수 교수님께도 감사를 드립니다. 처음으로 QbD 적용 사례를 함께 추진하였던 최연웅 소장님과 연구원 여러분들에게 지난 추억과 감사를 드리고, 여러 해 동안 다양한 사례 연구를 함께 할 수 있는 기회를 만들어 주신 임종래 전문님께도 감사의 인사를 드립니다. 국내에서 아무도 가보지 않은 길을 함께 밤을 지세우면서 연구했고 지금은 제약사 등에서 근무하고 있는 최규효, 박성민, 신동석, 정준혁, 이현주, 정종호, 김태완, 이현정 졸업생에게도 감사의 마음을 전하고 싶고, 함께 연구 할 수 있어서 행복했다고 전하고 싶습니다. 그리고 지금도 열심히 연구하고 있는 Lab members인 한윤석, 이예경, 박수인, 다이리, 탕명위엔에게도 교재 완성을 위해 여러 번의 검토와 도움에 고마움을 전합니다. 아울러 직장생활을 하면서 주경야독으로 대학원과정을 함께 해온 김영천

전무님, 김태웅 팀장님, 이운재 팀장님들께도 함께 감사를 드립니다. 마지막으로 교재의 기초통계학 리뷰를 해주신 정혜진 교수님과 이보근 교수님께도 깊은 감사의 마음을 전합니다.

　마지막으로 이 책을 보시는 독자 분들에게 부족하지만 QbD의 제도를 이해하고 통계적 접근 방법을 도와 줄 수 있기를 간절히 바랍니다. 저는 머지않아 대한민국 제약산업이 QbD의 강국이 될 수 있을 것이라 확신합니다. 쉽게 설명하려 노력했지만 부족함을 느끼고, 저는 향후 QbD의 인공지능 시스템을 위해 더욱 노력하겠습니다. 감사합니다.

2021년 12월

신 상 문 배상

책을 펴내며

식품만큼이나 중요한 것이 의약품의 올바른 섭취입니다. 의약품의 안전성과 유효성을 확보하기 위해서는 의약품의 품질관리가 매우 중요하며, 이러한 노력은 고품질의 의약품을 생산하는 결과를 가지고 의약품을 필요로 하는 사람들에게 큰 도움을 줄 수 있습니다.

21세기 GMP라고 불리는 QbD를 우리말로 풀어서 정의하면 '의약품 설계 기반 품질 고도화'입니다. 과거에는 제품을 만들기 위한 제조 공정에서의 설계를 경험적으로 수행했다면 QbD를 도입한 뒤에는 철저한 과학적 검증과 제품 및 공정 설계, 실시간 관리, 시판 후 시장 안정성까지 모두 고려하여 완벽하게 품질을 보장할 수 있도록 한다는 의미입니다.

QbD 구현에 가장 중요한 방법 중 하나는 PAT(Process Analytical Technology, 공정 분석 기술)입니다. 미국 FDA는 PAT(Process Analytical Technology)에 과학적 제품 및 공정 설계를 위한 위험성 평가(Risk Assessment) 및 실험계획법(Design of Experiments)을 포함한 개념을 QbD(Quality by Design)로 정의하고, 2008년 ICH(International Conference on Harmonization, 의약품국제협력조화위원회) 가이드라인 Q8을 통해서 이 개념을 제시하였습니다. 참고로 ICH는 미국, EU, 일본 등이 주도하는 의약품 허가에 필요한 기술적 요구사항에 대한 국제위원회입니다.

국내 정부에서도 국민의 건강과 직결되는 의약품 품질에 대한 경쟁력을 확보하고 강화하기 위해 노력하고 있으며, 식품의약품안전처(이하 식약처)에서는 2012년 의약품 제조 및 품질관리 기준(GMP)를 수립하였고, ICH 가이드라인을 참고하여 국내 제약사에게 QbD의 도입을 권장하고 있습니다. ICH 가이드라인에 의하면 QbD는 의약품 제조 공정 설계에서 모든 공정에 대한 위험성평가(Risk Assessment)를 통해 핵심 공정을 결정하고 공정의 가용범위로, 즉 디자인 스페이스(Design Space)를 선정하기 위한 체계적 실험을 진행합니다.

QbD를 도입한 제약사에게 주어지는 이익은 불량율을 현저히 낮추고 신속한 의약품 출시를 가능하게 한 것이 그 첫 번째이고, 사전에 확인되고 검증된 공정 범위에서 제조가

이루어질 수 있기 때문에 실시간 품질 모니터링과 함께 의약품 출하(Real Time Release)가 가능한 것이 두 번째 이익입니다. 그리고 식약처로부터 행정처분을 받는 상당수의 제약사가 제조 공정의 품질 문제 때문이기도 한데 이를 상당히 줄일 수 있다는 것이 QbD를 도입한 제약사에게 주어지는 세 번째 이익입니다.

그렇다면, 많은 제약사가 이러한 효율적인 프로세스를 도입하는데 주저하는 이유는 무엇일까요? 장비구입과 관련된 문제는 분석과는 무관하므로 차치하고, QbD의 도입과 안정적인 운영을 위해서는 실험계획법 등 통계 전문 인력의 확보가 필수적입니다. 하지만 국내 일부 메이저 제약사를 제외하고는 이런 준비를 할 여력이 부족한 실정이며, 대안으로 내부 인력의 전문가 양성이 필수적으로 요구됩니다. 국내에는 QbD와 통계학(실험계획법을 포함한)을 연계한 자료나 도움이 될 만한 레퍼런스가 많이 부족하여 제약사 연구원들이 QbD를 이해하고 통계적인 접근을 하는 것에 어려움을 느끼고 있는 것이 현실입니다.

그래서 한국바이오협회 또는 한국제약바이오협회와 같은 기관에서는 제약사에 도움이 될 만한 다양한 교육 및 컨설팅 등을 제공하기도 하는데, 이레테크 데이터랩스에서도 이들 협회와 함께 수년 째 Minitab 통계 소프트웨어를 이용한 FDA Process Validation, QbD 실험계획법 교육 등을 제공해 오고 있기도 합니다.

그런데 이러한 교육만으로는 한계가 있어 좀 더 광범위하게 제약사 연구원들의 이해를 돕기 위한 목적으로 이레테크 데이터랩스에서는 2종의 서적을 출판하였습니다.

그 첫 번째 서적은 LG그룹의 6시그마를 주도한 최고의 MBB이자 탁월한 실천가인 김강희 박사가 LG화학 생명과학본부로 적을 옮긴 후 LG전자에서의 경험을 바탕으로 제약 바이오 업계를 배워가며 정리한 '우수의약품 설계 및 제조를 위한 제약통계경영 (부제 QbD에서 GMP까지, 2019년)'입니다. 이 서적은 ICH에서 가이드 하는 QbD의 체계적인 실행을 제약 산업계에 조기에 정착시키고 활성화하기 위하여 제약업계에 종사하는 분들을 위한 지침을 소개하였고, 독자 여러분은 책을 통해 QbD와 GMP의 개념을 함께 학습할 수 있습니다.

그 두 번째 서적은 QbD의 이론적인 방법과 개념을 바탕으로 실제 어떻게 통계적으로 현업에 적용할 수 있는지, 허가 기관에 보고서는 어떤 형태로 작성되어야 하는지 등에 대해 실무적 관점에서 다루고 있는 'Minitab을 활용한 QbD 실무완성(2021년)'입니다. 본 서

적은 품질과 실험계획법을 전공한 동아대학교의 산업경영공학과 교수이면서 보기 드물게 일찍부터 제약업계의 제약 품질을 연구해온 이 분야 최고 권위자이자인 신상문 교수가 집필하였습니다. 신상문 교수는 제약사를 위해 식약처 가이드라인을 집필한 중요 집필진 중 한명이기도 하며, 이러한 경험과 권위를 가진 저자가 책을 통해 QTPP(Quality Target Product Profile)에서부터 제품전주기관리(Life cycle Management, LM)의 절차를 체계적이고 쉽게 기술하고 있으므로 그 내용의 신뢰성은 보장되었다고 볼 수 있습니다.

따라서 독자 여러분께서 당사가 출판한 첫 번째 서적인 '제약통계경영'과 두 번째 서적인 'QbD 실무완성' 책자를 병행하여 학습한다면 QbD를 이해하고 실무에 적용하는데 무리가 없을 것으로 생각하며, 본 책자가 제약 산업, 나아가 의료 산업 전반의 통계 전문가 양성에 조금이나마 일조할 수 있기를 희망합니다.

㈜이레테크 데이터랩스는 1999년부터 품질관리, 실험계획 및 6시그마 활동을 위해 애용된 Minitab을 공급하며 수많은 기업으로 하여금 통계 소프트웨어를 쉽게 이해하고 사용할 수 있도록 대중화시켜 세계최고의 제조 품질 경쟁력을 가진 대한민국의 위상에 기여한 자부심을 가지고 있습니다. 현재는 AI 혁신의 시대에 발맞춰 Minitab 통계 소프트웨어 뿐 아니라 머신러닝, 리스크 시뮬레이션, 시각화 및 이미지 분석 도구까지 고객이 필요로 하는 다양한 제품과 서비스 제공에 힘쓰고 있는데, 이번에 일반 제조업 뿐 아니라 제약 및 의료 산업 분야에서 필요로 하는 책까지 펴내게 되어 또 한편으로 자랑스럽고 기쁘게 생각합니다.

마지막으로 지금까지 'Minitab을 활용한 QbD 실무완성'의 출판을 위해 오랜 기간 불철주야 시간을 아끼지 않고 집필을 위해 노력해 주신 동아대학교 신상문 교수님께 고개 숙여 깊은 감사의 말씀을 올립니다.

2021년 12월

㈜이레테크 대표이사 **지 만 영**

목차

1 QbD(Quality by Design) 개요 ·········· 1

1.1 QbD(Quality by Design)의 정의 ·········· 5
1.2 품질목표 및 제품프로필(Quality Target & Product Profile, QTPP) ·········· 9
1.3 주요품질특성(Critical Quality Attribute, CQA) ·········· 10
1.4 위해평가(Risk Assessments, RA) ·········· 13
1.5 디자인스페이스(Design Space, DS) ·········· 16
1.6 관리전략(Control Strategy, CS) ·········· 19
1.7 제품전주기관리(Life cycle Management, LM) ·········· 20

2 QbD 적용 플랫폼 및 적용 사례 ·········· 21

2.1 품질목표 및 제품프로필(Quality Target & Product Profile, QTPP) ·········· 24
   2.1.1 품질목표 및 제품프로필(QTPP) 예시 자료 비교 ·········· 24
   2.1.2 품질목표 및 제품프로필(QTPP) 제안 플랫폼 ·········· 29
2.2 주요품질특성(Critical Quality Attribute, CQA) ·········· 32
   2.2.1 주요품질특성(CQA) 예시 자료 비교 ·········· 32
   2.2.2 주요품질특성(CQA) 제안 플랫폼 ·········· 40
2.3 위해평가(Risk Assessment, RA) ·········· 42
   2.3.1 위해평가(RA) 예시 자료 비교 ·········· 43
   2.3.2 위해평가(RA) 제안 플랫폼 ·········· 55
2.4 디자인스페이스(Design Space, DS) ·········· 66
   2.4.1 디자인스페이스(DS) 예시 자료 비교 ·········· 72
   2.4.2 디자인스페이스(DS) 제안 플랫폼 ·········· 77
2.5 관리전략(Control Strategy, CS) ·········· 89
   2.5.1 관리전략(CS) 예시 자료 비교 ·········· 89

  2.5.2 관리전략(CS) 제안 플랫폼 ·· 95
 2.6 제품전주기관리(Life cycle Management, LM) ································ 97
 2.7 Scale-up 및 기술 이전 전략 ··· 98
  2.7.1 Scale-up 제안 플랫폼 ·· 102

3 기초적 통계이론 ··· 105

 3.1 확률과 확률 분포(Probability and Probability Distribution) ············· 107
  3.1.1 확률(Probability) ·· 107
  3.1.2 확률 분포(Probability Distribution) ··· 110
 3.2 추정 및 가설검정(Estimation and Hypothesis, Test) ························ 124
  3.2.1 점추정과 구간추정 ·· 124
  3.2.2 추정 방법(Estimation method) ·· 126
  3.2.3 가설검정(Test of Hypothesis) ··· 129
  3.2.4 실험계획법(DoE)에서 사용되는 통계적 분석방법 ····························· 135
  3.2.5 통계 분석을 위한 Minitab 활용법 및 예시 ······································ 144

4 실험계획법(Design of Experiment, DoE) ················· 157

 4.1 실험계획법(DoE)의 표준실험설계 및 기본원리 ····································· 160
 4.2 단계적 실험계획법 적용 방법 ·· 164
 4.3 스크리닝 단계 실험(Screening Design) ··· 166
  4.3.1 부분 요인 설계(Fractional Factorial Design, FFD) ······················ 166
  4.3.2 플라켓 버만 설계(Plackett-Burman Design, PBD) ······················ 181
 4.4 특성화 단계 실험 ··· 189
  4.4.1 완전 요인 설계(Full Factorial Design, FD) ·································· 189
 4.5 최적화 단계 실험설계 ·· 201
  4.5.1 디자인스페이스(DS) ··· 201
  4.5.2 반응표면 실험계획법(Response surface methodology, RSM) · 203
  4.5.3 중심합성법(Central Composite Design, CCD)과

     Box-Behnken법(BB) 비교분석 ·· 232
 4.6 혼합물 실험설계(Mixture Design) ··· 233
   4.6.1 심플렉스 격자 설계 ·· 233
   4.6.2 심플렉스 중심 설계(Simplex Centroid Design) ···················· 239
   4.6.3 꼭짓점 설계(Vertices Design) ··· 246

5 적용 예시 ·· 255

 사례 5-1.1 2^{7-3} 부분 요인 실험(FFD) 디자인스페이스(DS) Case
       (상용소프트웨어 Minitab 활용) ··· 257
 사례 5-1.2 특성화 단계 완전 요인 실험(FD) 디자인스페이스(DS) Case
       (상용소프트웨어 Minitab 활용) ··· 268
 사례 5-1.3 최적화 단계 반응표면실험(RSM) 디자인스페이스(DS) Case
       (상용소프트웨어 Minitab 활용) ··· 272
 사례 5-2.1 2^{7-3} 부분 요인 실험(FFD) 디자인스페이스(DS) Case
       (상용소프트웨어 Minitab 활용) ··· 289
 사례 5-2.2 혼합물 실험 디자인스페이스(DS) Case
       (상용소프트웨어 Minitab 활용) ··· 300
 사례 5-2.3 반응표면실험 디자인스페이스(DS) Case
       (상용소프트웨어 Minitab 활용) ··· 307

부록 ··· 316
참고문헌(References) ·· 320

1

QbD(Quality by Design) 개요

1.1 QbD(Quality by Design)의 정의
1.2 품질목표 및 제품프로필
    (Quality Target & Product Profile, QTPP)
1.3 주요품질특성(Critical Quality Attribute, CQA)
1.4 위해평가(Risk Assessments, RA)
1.5 디자인스페이스(Design Space, DS)
1.6 관리전략(Control Strategy, CS)
1.7 제품전주기관리(Life cycle Management, LM)

미국과 유럽을 비롯한 세계 의약품 관련 선진국들은 신약개발의 어려움과 특허의 만료에 따른 제네릭 의약품의 가격 경쟁력 저하와 FTA의 체결에 따른 수입규제 장벽이 없어지면서 저가의 제네릭 의약품이 역수출되는 부분을 우려하게 된 것이 현실이다. 물리적인 장벽이 아닌 기술적인 장벽으로 통하여 수입규제를 강화하기 위한 방법을 모색하게 되었고, QbD(Quality by Design)와 PAT(Process Analysis Technology) 등의 방법들이 ICH(International Conference on Harmonization) 등을 통하여 연구되었으며, 이를 제도화하는 절차 등을 수년전부터 제시하여 시행하고 있다. 국내 제약산업의 입장에서는 장치산업을 근간으로 하는 PAT에 비하여, QbD의 제도화 물결은 다행한 일이라 할 수 있을 것이다. 국내 제약 산업의 경우, 제품의 생산량이 매우 많은 품목은 극히 일부분이며, 연간 생산량이 많지 않은 경우가 대부분이어서 이를 위하여 고가의 맞춤형 PAT 장비를 구비하기는 현실적으로 매우 어렵다. 하지만 QbD의 경우 경제적인 측면에서는 비용 절감 효과를 함께 가져올 수 있어 유리한 입장이며, 투자 집약적이라기보다는 기술집약적인 성격을 띠고 있어, 초기 단계에서는 어려움이 존재 할 가능성이 있지만, 추후 국내 우수 인력들의 배출을 통하여 한국형 QbD의 정착이 이루어 질 것으로 예상된다. 또한 QbD의 다양한 표준화 방법과 통계적인 방법들이 의약품 개발과정에 도구로 활용 될 수 있어, 의약품 개발 기간의 단축 및 성공 확률을 높이는데 기여 할 것으로 예상된다.

하지만 국내에서는 QbD의 도입 단계로 대부분의 제약 업계에서는 표준화 방법과 통계적인 방법의 적용에서 어려움을 겪고 있는 실정이다. 따라서 본 교재에서는 이를 효과적으로 이해하고 기업의 상황에 맞는 QbD 기술의 개발과 정착을 도와줄 수 있는 가이드라인을 제시하고자 한다. QbD의 개념은 갑자기 도출된 것이 아니고, 기존의 통계학, 산업공학, ISO를 포함한 일반제조업 관련 생산기술에서 연구되고 제시되었던 내용을 바탕으로 의약품의 개발에 맞는 표준으로 제시된 것이라 할 것이다. 그 대표적인 사례로 QbD와 PAT의 개념을 소개하는 다음 [그림 1-1]에서 보는 바와 같이, 제조공정의 입력변수와 출력변수간의 관계를 통계적 분석을 통하여 공정을 이해하고, 공정의 분산성을 줄여 높은 품질의 의약품을 생산하고자 하는 철학에서 비롯된 것이다. 이와 같은 철학은 강건설계(Robust Design) 등의 연구로 타 분야에서는 지속적으로 연구되고 있으며, 자동차 및 우주 항공 관련 분야에서는 심도 있게 적용되고 다양한 사례들이 제시되고 있다.

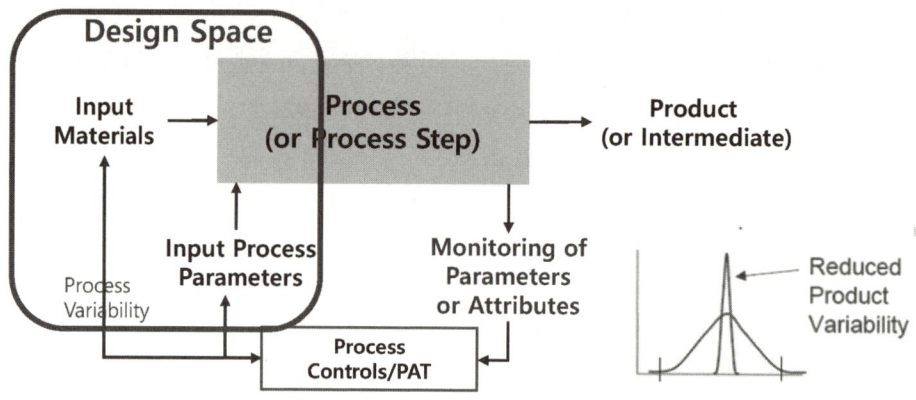

그림 1-1　공정이해를 바탕으로 한 QbD 및 PAT의 개념

1.1 QbD(Quality by Design)의 정의

QbD(Quality by Design)란 의약품의 품질목표를 미리 설정하여 제품 및 공정에 대한 이해와 공정관리를 통해 과학 및 품질위해관리에 근거한 체계적인 의약품 개발 방법을 말한다(ICH Q8, 2008). QbD에 따른 의약품 개발을 위해서는 개발에 필요한 선행 지식과 체계적인 실험설계 및 분석 그리고 의약품의 품질위해관리 및 개발 후 제품 전주기동안의 품질관리를 기반으로 의약품의 개발 단계에서부터 생산 단계까지의 과정 중 발생할 수 있는 위험성에 대한 평가를 통하여 의약품에 영향을 미칠 수 있는 위험을 사전에 평가하고 그에 대한 과학적 근거와 대처방안을 수립하고 관리하는 것이다.

세부적으로 QbD는 의약품을 개발하는 과정에서 생산 공정 단계의 위험성을 평가하여 제품에 영향을 미칠 수 있는 주요공정변수(Critical Process Parameter, CPP)와 주요품질특성(Critical Quality Attribute, CQA) 사이의 관계를 파악하여 이상 원인이 발생 할 경우 문제점에 대하여 해결 방안을 찾아내고, 리스크를 체계적으로 관리하여 균일한 품질로 제품 생산을 가능하게 하는 접근방법이다. 21세기형 GMP(Good Manufacturing Process)라고도 불리며, QbD는 의약품의 생산 공정에서 발생가능한 위험에 대해 개발 단계에서부터 미리 예측하고, 체계적인 대응 및 융합적 품질관리를 가능케 하는 시스템이다. 현재 국내에서 보편적으로 제약 시설에 적용되고 있는 GMP는 품질관리와 제조공정을 이원화하는 시스템으로 운영된다. 하지만 QbD에서는 이를 하나의 시스템으로 통합하여 실시간으로 관리가 가능한 것이 가장 큰 차이점이라고 할 수 있다. 통합 관리가 가능해진다는 것은 곧 의약품의 생산부터 출하까지의 과정 중 발생하는 모든 위험인자의 관리가 가능하게 되는 것이다.

QbD의 추진 과정은 아래의 [그림 1-2]와 같이 품질목표 및 제품프로필(Quality Target & Product Profile, QTPP), 주요품질특성(Critical Quality Attribute, CQA), 위해평가(Risk Assessment, RA), 디자인스페이스(Design Space, DS), 관리전략(Control Strategy, CS) 그리고 제품전주기관리(Life cycle Management, LM)로 총 6단계로 구성된다(박성민, 2017).

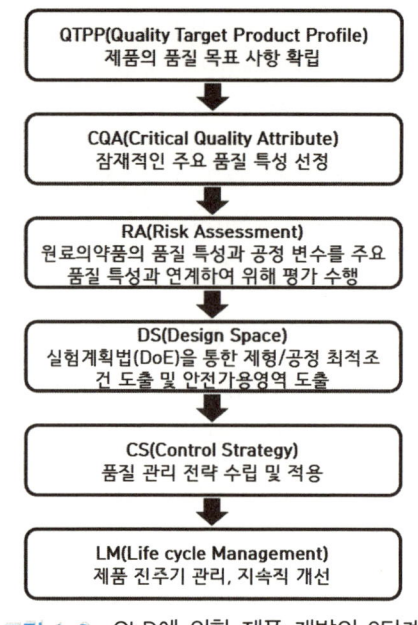

그림 1-2 QbD에 의한 제품 개발의 6단계

QbD는 공정변수(Process Parameter), 치명도(Criticality), 디자인스페이스(DS) 등의 명확한 규명을 통해 공정이해(Process Understanding)를 효과적으로 수행하고, 의약품의 개발 및 생산 프로세스의 분산성을 줄일 수 있는 체계적인 방안이다. 현재 미국과 유럽 등 선진 국가들과 International Conference on Harmonization(ICH), Food and Drug Administration(FDA) 등 국제 기구들은 QbD의 개념을 반영한 품질관리 지침을 운영 중에 있다. 이에 따라 국내 제약 시장에서의 수출 확대 및 국제 규격에 적합한 품질 향상과 그에 맞는 관리 방법의 필요성이 대두되고 있다. QbD란 예상 가능한 위험성을 공정 내에서 관리하여 고품질의 제품 생산 및 공정의 최적화를 가능하게 하는 과학적 접근 방법으로서, ICH가 제시하고 있는 가이드라인에서는 다음과 같이 정의하고 있다. QbD는 의약품의 설계단계부터 품질목표사양을 미리 설정하고 제품과 공정에 대한 명확한 이해 및 공정관리를 통하여 품질위해관리에 근거한 체계적이고 과학적인 의약품의 개발 방법을 말한다 (ICH Q8, 2009).

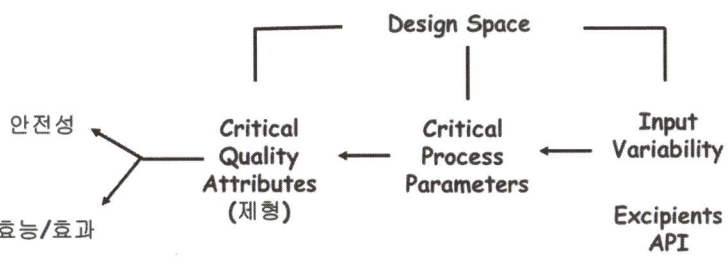

그림 1-3   제제 개발에서 QbD 개념도입(황성주 외 4명, 2014)

ICH는 QbD에 대한 가이드라인을 발표하여 의약품 개발에서의 품질 고도화 방안 및 그에 적합한 관리체계의 수립을 유도하고 있다. 대표적으로 ICH Q8(의약품 개발), ICH Q9(품질 위험 관리), ICH Q10(제약품질시스템) 그리고 ICH Q11(약효성분 개발/제조) 등과 같은 가이드라인이 발표되어 있으며 또한 세계보건기구(WHO) 및 의약품실사상호협력기구(PIC/S)에서도 QbD 개념을 도입하고 있는 추세이다.

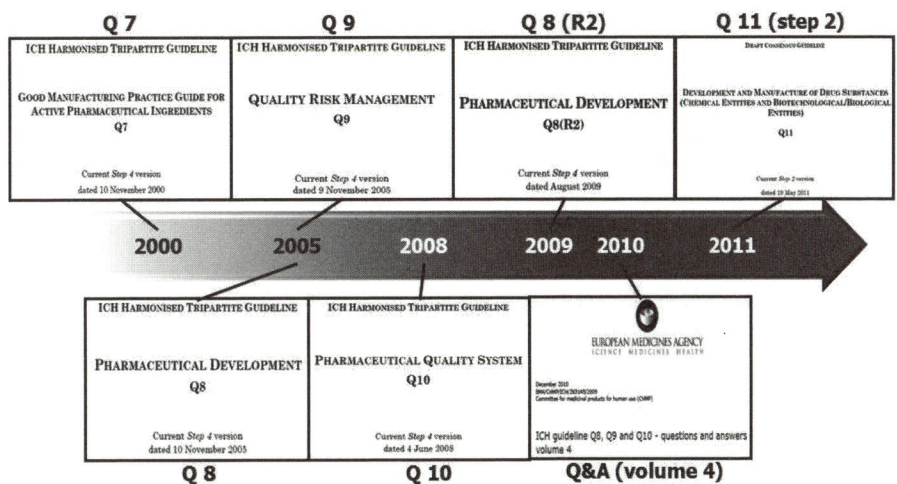

그림 1-4   최근 제정 공포된 ICH 품질 관련 지침(김태완, 2019)

국내에서는 ICH Q8에 대한 식품의약품안전처 의약품평가지침 제36호 "우수의약품 개발/가이드라인 (2008)"을 제공하고 있다. 또한 QbD/PAT 개념 및 원리를 확립하여 품질 고도화 및 관리체계 확립에 대하여 보고하고 있다. ICH Q9에 대해서는 식품의약품안전처 의약품평가지침 제37호 "의약품 품질 위해관리 가이드라인 (2008)"으로 정리되어 있으며, ICH Q10의 경우는 아직은 국내에서는 비교 대상 규정 혹은 문서가 없는 실정이다. 그래서 현재는 식품의약품안전처에서 영문본과 국문번역본을 제공하고 있다.

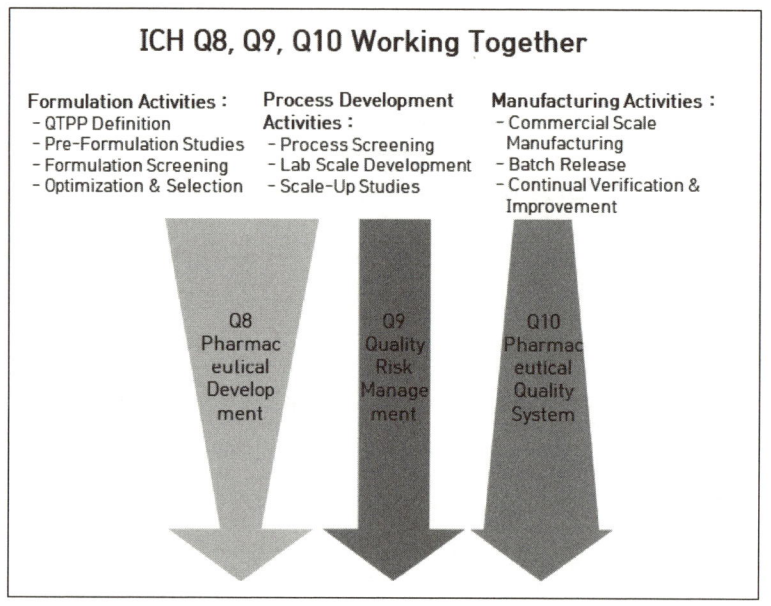

그림 1-5 Pharmaceutical formulation에 있어서 ICH Q8, Q9, Q10의 상호보완 및 조화

제약 선진국의 경우 10여 년 동안 QbD를 적용하고 시행하여 제제개발에서의 QbD 도입에 대한 노하우를 축적하고 있지만 그 내용을 적극적으로 공개하고 있지는 않고 있는 실정이다. 따라서 QbD 도입 초기인 국내 제약 산업에서는 제제개발 과정에서 어느 시점에 QbD를 도입하여야 하는지에 대한 우려와 궁금증이 증가하고 있다. 특히 개발 초기단계에서부터 QbD를 적용할 것인가에 대한 문제는 기업의 축적된 기술력과 개발 성공 확률에 달려 있다고 할 것이다. 하지만 성공 여부가 불투명한 상황에서 QbD를 적용 한다는 것은 현실적으로 매우 어려울 것이다. 따라서 가장 적절한 QbD의 적용 시기는 어느 정도의 성공 가능성이 확보되는 임상 시험 단계에서 적용하는 것이 효과적이며, 제제연구에서 QbD도구를 적극적으로 활용한다면 연구기간의 단축과 높은 재현성의 확보가 가능할 것이다.

1.2 품질목표 및 제품프로필(Quality Target & Product Profile, QTPP)

품질목표 및 제품프로필(Quality Target & Product Profile, QTPP)은 QbD를 사용하기 위해 가장 먼저 이행하여야 하는 단계로서 제품 개발을 위한 설계의 바탕이 된다. 아래의 〈표 1-1〉에서 볼 수 있듯 이 단계에서는 품질목표 및 제품프로필(QTPP)의 요소인 의약품의 투여 경로, 제형, 용법용량, 함량, 제형설계, 약동학적 특성, 완제의약품 품질특성, 안정성 등에 관해 개발 목표를 제시한다. QTPP 단계는 초기 의약품의 목표 프로필을 설정하는 단계로 매우 중요한 부분이며, 본 단계의 목표 설정이 잘못될 경우에는 정량적으로는 디자인스페이스(DS) 단계까지 영향을 미칠 수 있어 이제까지 진행한 시간과 노력이 허비되는 결과가 나올 수 있기에 신중하고, 기존의 제형개발 노하우를 집약하여 설정하여야 한다. 제네릭의 경우, 대조약의 프로필이 존재하기 때문에 설정이 다소 용이하지만, 신약의 경우 실험결과에 따라 목표설정을 변경하여야 하는 경우 역시 빈번하게 발생하기도 한다. 따라서 제네릭의 경우, 대조약의 연구 및 실험을 통하여 그 특성을 파악하고, 주성분의 특성 분석이 반드시 선행되어야 한다. 또한 목표 설정을 위하여 용출 시험법의 검토, 함량 및 함량 균일성 시험 방법, 유연물질에 대한 충분한 검토가 필요하다. 그리고나서 완제의약품의 품질특성을 바탕으로 품질목표 및 제품프로필(QTPP) 요소를 도출하고 관련 목표 및 설정 근거를 명확하게 제시하여야 한다.

표 1-1 품질목표 및 제품프로필(QTPP) 표준양식

QTPP 요소		목표	관련 품질특성
제형			
용량			
안정성			
완제의약품 품질특성	함량		
	용출		
	⋮		

1.3 주요품질특성(Critical Quality Attribute, CQA)

주요품질특성(Critical Quality Attribute, CQA)은 의약품의 제형 및 공정에서 고려하여야 하는 품질특성(Quality Attribute, QA) 중에서 매우 중요한 품질특성(QA)을 말한다. 따라서 QbD의 두 번째 단계는 품질목표 및 제품프로필(QTPP)을 만족시키고 바람직한 의약품 품질을 보장하기 위한 중요한 품질특성(QA)을 파악하는 단계로 적절한 한도, 범위 또는 분포에 부합해야 하는 물리적, 화학적, 생물학적 및 미생물학적인 특징이나 특성 등을 파악하여 제시하는 단계이다(ICH Q8, 2008). 품질특성(QA)과 주요품질특성(CQA)을 도출하기 위한 방법으로 [그림 1-6]에 제시한 바와 같이 특성요인도(Cause & Effect Diagram)가 많이 사용된다. 특성요인도에서는 품질특성(QA)에 영향을 미칠 수 있는 제형변수(Material Attribute, MA) 및 공정변수(Process Parameter, PP)를 제시하고, 주요제형변수(Critical Material Attribute, CMA)와 주요공정변수(Critical Process Parameter, CPP)를 선정한다.

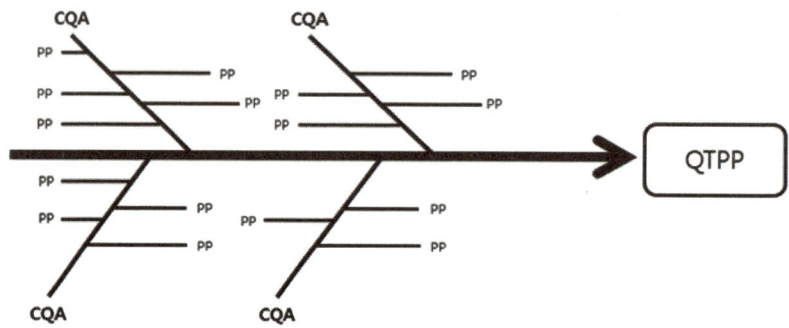

그림 1-6 특성요인도 작성 개념도(신상문. 2015)

주요품질특성(CQA) 단계는 품질목표 및 제품프로필(QTPP)을 만족하기 위한 목표, CQA 여부, 설정근거, 실험을 위한 출력변수 구분(개별 및 다변량)을 다음 [그림 1-7]에 제시한 바와 같이 작성한다.

완제의약품 품질특성		목표	CQA 여부	설정근거	DoE 출력변수 구분
물리적 특성	성상	백색의 나정	아니요	육안으로 확인 가능	아니요
	냄새	냄새 없음	아니요	원료의약품 및 첨가제는 냄새 없으며 제조공정 또한 오염 우려 없음	아니요
	크기	없음	아니요	-	아니요
	마손도	1.0% 이하	아니요	공정 중 시험 항목으로 관리되며, 1% 질량 손실은 함량에 영향을 크게 주지 않음	아니요
확인		주성분 확인	예	안정성, 유효성 확보에 필수	아니요
함량		표시량 100%	예	치료효과 및 이상반응의 중요 요소이며, 전 제조과정에서 관리되는 항목	개별
함량균일성		판정치 15% 이하	예	함량균일성의 편차는 약물의 안정성·유효성에 영향을 주며 제조공정 편차에 영향을 받으므로 이 CQA는 제조공정 개발과 제품개발 시 고려되어야 함	다변량
용출		30분간 80% 이상	예	생체이용률과 관련되는 항목	다변량

그림 1-7 주요품질특성(CQA) 작성 예시

주요품질특성(CQA) 단계에서는 위해평가(RA)를 수행하기 전 완제 CQA's와 CMAs 및 CPPs의 관계뿐만 아니라 완제 CQAs와 개별 공정에서 발생하는 중간 생성물의 품질특성(Critical In-process Attributes, CIA) 간의 관계를 도출하여야 한다. 이러한 관계를 정량적으로 도출할 수 있는 방법으로는 품질기능전개(Quality Function Deployment, QFD) 방법이 활용될 수 있다. 품질기능전개(QFD)에 대한 방법과 적용 예시 등의 세부 내용은 2장에서 제시하고자 한다. 특히 실험실 수준의 QbD 적용을 시생산규모(Pilot scale) 및 상업생산규모(Commercial scale)로 Scale-up하여 확장하였을 때의 실험계획법(Design of Experiment, DoE)의 적용이 시간과 비용의 문제로 매우 어렵기 때문에 CIA의 중요성이 강조된다. 따라서 다음 그림에서 보는 바와 같이 Pilot 및 Commercial scale에서 실험계획법(DoE)을 적용하지 않고, 공정별 품질특성(CIA)을 관리하여 완제 CQA의 만족여부를 평가하고 입증하는데 활용될 수 있다.

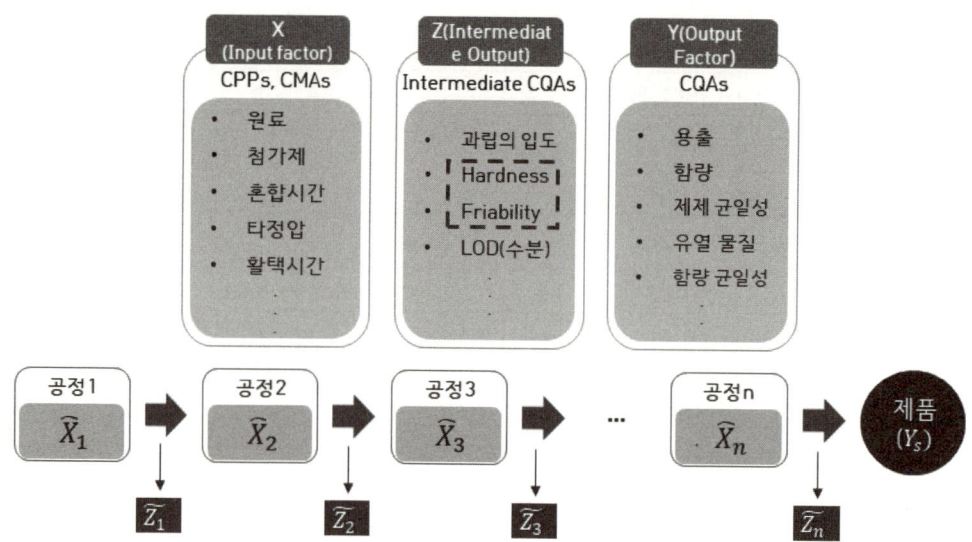

- IR, MR : X → Z ≫ X → Y 최적화 추구
- Proposed : X → Z,Y ≫ X → Z,X → Y,Z → Y ≫ Process understanding
* Proposed에서 제시하는 방향은 Sakura Tablet의 경우와 비슷함

그림 1-8 완제 CQAs와 개별 공정에서 발생하는 중간 생성물의 품질특성
(Critical In-process Attributes, CIA) 간의 관계 예시

1.4 위해평가(Risk Assessments, RA)

품질목표 및 제품프로필(QTPP) 단계에서 목표를 설정하고 그 다음으로 주요품질특성(CQA) 단계에서 목표를 달성하기 위하여 중요한 품질특성 및 관련 제형변수(MA) 그리고 공정변수(PP)를 파악하여 제시하고, 세 번째 위해평가(RA) 단계에서는 주요품질특성(CQA)과 주요제형변수(CMA) 및 주요공정변수(CPP)를 바탕으로 중요성뿐만 아니라 위험성을 사전에 평가하여 제시하여야 한다. 특히 위해평가(RA)는 매우 중요한 부분이며 위해평가(RA) 결과에 따라 다음 단계인 디자인스페이스(Design Space, DS)의 진행에 큰 영향을 미친다. 또한 QbD 기반의 의약품 허가 승인 심사에서 위해평가(RA) 결과가 매우 중요하게 고려되며, 심사자에 따라 다른 견해를 가질 수 있어 매우 면밀하고 충분한 근거를 제시하는 것이 필요하다.

기존의 예시자료인 미국 FDA의 IR(Instant release) 및 MR(Moderate release) tablet, 유럽의 ACE tablet, 일본의 Sakura tablet 등에서도 위해평가(RA)는 매우 중요한 부분으로 상세하게 제시되어있다. 대부분의 예시자료에서 위해평가(RA)는 하나의 QbD 단계이지만 한 번의 수행으로 끝내지 않고 여러 번의 평가를 통하여 단계적으로 세밀하게 검토하고 위험성을 제거 및 감소시키기 위한 방안들을 제시하고 있다. ICH의 가이드라인과 기존의 예시 자료를 바탕으로 볼 때, 위해평가(RA)는 QbD 전반에 내재되어있는 철학이며, QbD의 체계적인 절차를 통하여 위험성을 단계적으로 평가하고 이를 표준화하여 통계적 방법 등을 통해 효과적으로 위험성을 제거하여 완제의약품의 높은 품질과 안전성을 확보하고자 하는 개념을 가지고 있다. 이와 같은 위해평가(RA)의 철학과 단계적 위해평가 방법을 [그림 1-9]에 모형화하여 제시하였다.

[그림 1-9]에서 제시한 바와 같이 제형 및 공정 단위로 초기 위해평가(Pre-RA)를 수행하여 위험성이 높은 제형 및 공정을 파악하고, 이를 바탕으로 본 위해평가(Primary-RA)를 통하여 모든 주요제형변수(CMA) 및 주요공정변수(CPP)의 위험성을 평가한다. 본 위해평가(Primary-RA) 결과에서 높은 위험성을 나타내는 부분은 다음 단계인 디자인스페이스(DS)에서 체계적 실험계획법(DoE)을 통해 그 위험성을 분석하고 제거하기 위한 방법을 제시하여야한다. 이후 디자인스페이스(DS) 도출이 완료되고 나면, 추가 위해평가(Post-RA)를 통해 위험성 감소 결과를 확인하고 재평가해야 한다. 또한 위해평가(RA) 단계에서는 완제의약품의 위험성 평가 뿐만 아니라 중간생성물(CIA)와의 연관성을 포함하여 위험성 평가를 수행하여야 한다. 그리고 위험성이 매우 높지는 않지만 위험성이 존재하

는 부분은 개별적 실험이나 다섯 번째 단계인 관리 전략(Control Stragegy, CS)에서 위험성 제거 방법을 제시하여야 한다.

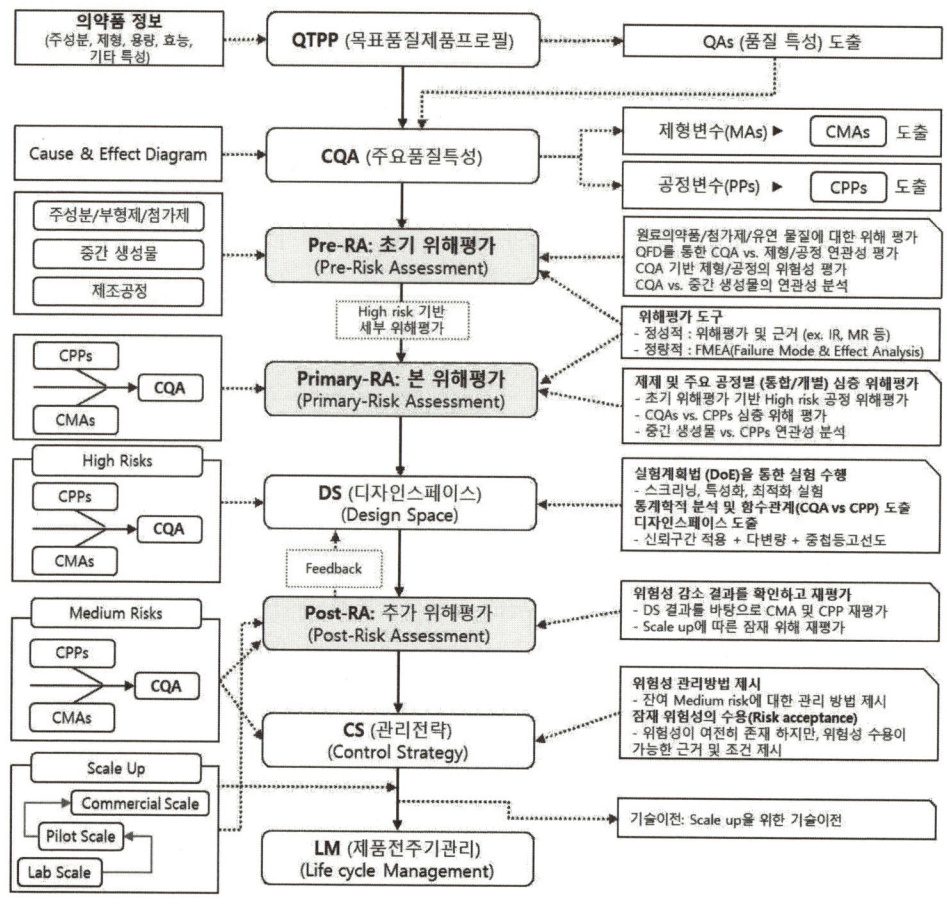

그림 1-9 위해평가(RA)의 개념 및 단계적 수행 방법

일반적으로 위해평가(RA)는 위해 요소 중점관리 기준(Hazard Analysis and Critical Control Point, HACCP), 고장모드영향분석 (Failure Mode and Effect Analysis, FMEA) 등과 같은 위해평가(RA) 도구를 활용하여, 선행 지식과 초기 실험 데이터에 근거해 제품 품질에 영향을 줄 가능성이 있는 변수를 파악하고 순위를 정한다(ICH Q9, 2005).

표 1-2 위해평가(RA) 예시

CQAs	제제 조성	제조공정			
		혼합	활택	건조	포장
용출	9	1	3	3	9
유연물질	1	3	3	1	9
잔류용매	9	3	1	1	3
분해산물	3	3	9	1	1

표 1-3 고장모드영향분석(FMEA)을 통한 본 위해평가 근거

제제 조성 특성	CQAs	심각도	발생도	검출도	RPN (위험성)	Scale up 시 위험성	근거/타당성
제제 조성	용출	3	3	4	36	5	제제조성이 용출에 영향을 줄 수 있으므로 위험성 보통
	유연물질	3	2	2	12	1	제제조성에 따라 정제의 함량이 달라지지 않으므로 위험성 낮음
	잔류용매	5	3	3	45	3	제제조성이 CQA에 중대한 변동을 일으킬 수 있으므로 위험성 높음
	분해산물	1	3	2	6	1	제제조성이 유연물질에 영향을 미치지 않으므로 위험성 낮음

공정 변수	CQAs	심각도	발생도	검출도	RPN (위험성)	Scale up 시 위험성	근거/타당성
혼합	용출	3	4	3	36	1	⋮
	유연물질	2	4	2	16	3	
	잔류용매	3	3	3	27	5	
	분해산물	3	3	1	9	1	
활택 건조	⋮				⋮		

1.5 디자인스페이스(Design Space, DS)

디자인스페이스(Design Space, DS)는 주요공정변수(CPP)와 주요제형변수(CMA)의 주효과와 상호작용이 출력변수에 미치는 영향을 고려하여 품질 목표치를 만족시킬 수 있는 변수들의 설계 가용 영역을 의미하며 디자인스페이스(DS) 내에서는 작업이 다소 변경되더라도 품질목표 및 제품프로필(QTPP)의 기준은 만족되지만 디자인스페이스(DS)를 벗어나는 작업변경은 QTPP의 기준을 만족하는 영역을 벗어나는 것으로 간주된다. 디자인스페이스(DS)는 의약품을 개발하는 과정 중에서의 실험계획법(DoE)의 활용을 통해 주요공정변수(CPP)와 주요품질특성(CQA) 사이의 높은 재현성 및 신뢰도가 확보된 함수관계를 규명하여 도출할 수 있다. 다음 그림에서 제시한 바와 같이 실험이 설계된 영역이 Knowledge space이고, 품질목표 및 제품프로필(QTPP)의 기준을 만족 할 수 있는 주요품질특성(CQA)의 가능영역을 디자인스페이스(DS)라고 하며, 디자인스페이스(DS) 내에서 신뢰구간을 적용하여 보다 안전해진 가용영역을 Operating space라고 한다.

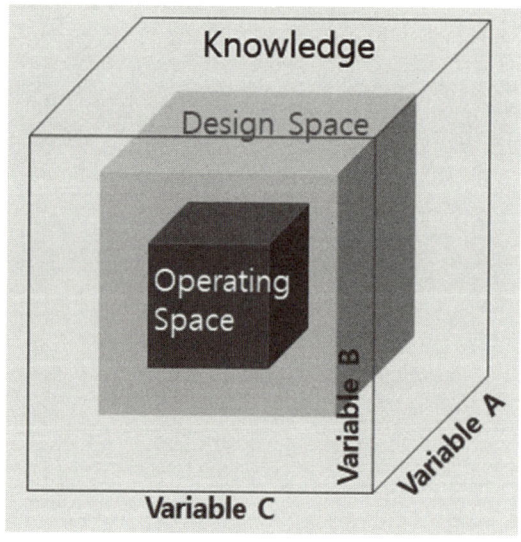

그림 1-10 디자인스페이스(DS)의 정의

디자인스페이스(DS)는 실험 결과를 바탕으로 통계적인 분석을 통하여 주요품질특성(CQA)과 주요공정변수(CPP)의 함수관계를 규명하고, 다음 그림과 같이 중첩등고선도를 이용하여 다변량의 CQAs와 CPPs를 한꺼번에 고려하여 도출할 수 있다.

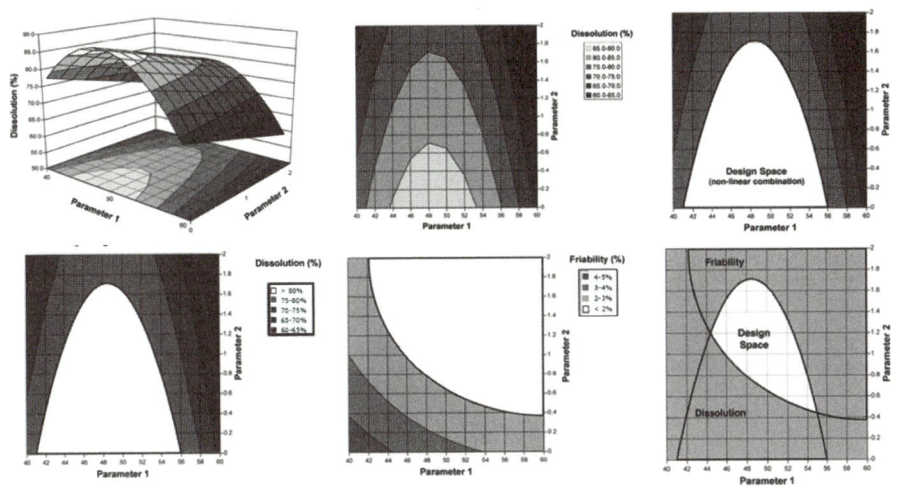

그림 1-11 디자인스페이스(DS) 도출 과정 예시(ICH Q8, 2009)

1) 실험계획법(Design of Experiment, DoE)

실험계획법(Design of Experiment, DoE)은 어떤 문제의 해결을 위해서 실험을 설계하고자 할 때, 통계적이고 효율적으로 결과의 정보를 획득하고 정확한 분석을 목표로 하는 실험 설계방법이다. 실험계획법(DoE)은 스크리닝, 특성화 그리고 최적화로 이어지는 단계적 실험계획법(DoE)을 순차적으로 활용할 수 있지만 반드시 제시되는 단계들을 모두 수행할 필요는 없다. 상황에 따라 선택적으로 각 단계를 건너뛰기도 하며 바로 최적화 단계를 수행할 수도 있다. 실험계획법(DoE)을 올바르게 수행하고자 할 경우 표준실험계획표를 기반으로 실험을 하고 결과를 도출한 뒤 통계적인 분석을 수행해야 한다. 이 때 통계적 분석에서는 주요품질특성(CQA)에 대한 주요제형변수(CMA) 및 주요공정변수(CPP)의 개별적 영향력을 파악하기 위한 통계적 가설검정을 수행하여 예측모형을 제시하고, 변수의 유의성을 확보하기 위해 예측모형의 분산분석(Analysis of Variance, ANOVA)을 수행하여 분산성을 고려한다(진수언 외 4명, 2014). 또한 이 과정에서 예측모형에 의한 CQA와 CPP 사이의 관계에 대한 그래프(등고선도, 중첩등고선도, 3차원 그래프 등)를 활용하여 디자인스페이스(DS)를 도출한다. 실험계획법(DoE)과 디자인스페이스(DS)에 대한 자세한 설명과 실제 활용 예시는 4장에서 다시 다룰 것이다.

2) 실험계획법(DoE)의 통계적 도구

실험계획법(DoE)의 적용을 위해서는 입력변수 및 출력변수를 정의하고 범위를 설정하여 부분요인 실험설계(Fractional Factorial Design, FFD), 완전요인 실험설계(Factorial

Design, FD), 반응표면 실험설계(Response Surface Methodology, RSM), 혼합물 실험 설계(Mixture Design, MD) 등의 통계적 도구를 활용하여 디자인스페이스(DS)를 최적화하게 된다(Montgomery, D. C., 2013). 부분요인실험(FFD)은 주요공정변수(CPP)의 선별을 위한 목적으로 수행하며 개발 단계의 실험에서 실험 횟수가 너무 많아지는 것을 방지하기 위한 목적으로 사용된다. 부분요인실험(FFD)에서는 변수들의 주효과(main effect)와 일부 교호작용(interaction effect)들의 정보를 분석할 수 있다. 이는 곧 고차 교호작용의 교락을 통해 부분적인 실험 횟수만으로 CPP의 선별에 요구되는 정보들을 분석 가능한 장점이라고 할 수 있다. 반면에, 완전요인실험(FD)의 경우 입력변수들의 모든 처리조합에 대해서 실험하는 방법으로 주효과들과 모든 교호작용들을 파악할 수 있지만, 입력변수가 많아질수록 실험 횟수가 2의 거듭제곱을 반복하며 기하급수적으로 많아지는 단점이 있다. 반응표면법(RSM)의 경우 실험을 수행하면서 중심점을 여러 번 반복하여 다른 실험계획법(DoE) 방법과는 달리 입력변수와 출력변수 간의 곡률효과를 파악할 수 있다. 이로 인해 실험 결과에 대해서 통계적으로 정밀한 분석이 가능하다. 반응표면법(RSM) 방법들 중 가장 대표적인 방법으로는 중심합성법(Central Composite Design, CCD)과 박스-벤킨법(Box-Behnken Design, BB)이 있으며 혼합물 설계(MD)는 다수의 변수가 혼합되어 있는 혼합물의 경우, 혼합비율의 정도에 따른 출력변수의 반응변화를 분석하여 혼합물을 주효과만을 스크리닝할 수 있게 하는 방법이다(진수언 외 4명, 2014).

1.6 관리전략(Control Strategy, CS)

관리전략(Control Strategy, CS)은 필요한 품질의 제품들을 품질의 변동없이 일관되게 생산하기 위한 관리 전략을 말한다. 의약품 개발에서의 포괄적인 접근 방식은 제품과 공정의 이해도를 높여주고, 이를 기반으로 품질 변동의 발생가능성을 파악할 수 있다. 즉, 관리전략(CS)은 완제품의 생산과정에서 품질이 저하되지 않도록 품질 변동의 발생 원인들을 파악하여 적절한 방법으로 관리하는 단계이다.

표 1-4 관리전략(CS) 예시

요소	설정값	설정 범위	관리 유형
원료 물질특성			
안정성			
유연물질			
부형제 A			
부형제 B			
부형제 C			
부형제 D			
부형제 E			
공정 1 단계			
혼합기기			
공정 1 단계 공정검사항목			
혼합시간			
장입율			
공정 2 단계			
활택기기			
공정 2 단계 공정검사항목			
활택 온도			
활택 속도			
활택 시간			
⋮		⋮	

1.7 제품전주기관리(Life cycle Management, LM)

제품전주기관리(Life cycle Management, LM)는 제품의 전주기에 걸쳐 품질을 개선하기 위한 단계로서, 초기 제품의 개발 단계부터 판매 단계를 거쳐 제품 생산 중단까지 한 제품이 거치는 모든 단계를 라이프 사이클이라 한다(ICH Q8, 2009). 제품전주기관리(LM) 단계에서는 제품의 라이프 사이클 동안 제품 및 공정지식을 관리하고 이를 바탕으로 전주기에 걸쳐 제조 공정의 개선 활동 및 관리 전략의 효과를 확인한다. 또한 제조 공정의 성능을 주기적으로 평가하며 공정 개발 활동, 기술 이전 활동, 약효 성분 라이프 사이클 동안 공정의 재현성 실험 및 변경 관리 활동 등을 포함한 지식 관리를 진행한다. 의약품의 전주기적 관리는 현재 Q12에서 논의 중으로, 환자의 의약품에 대한 필요성을 만족하도록 공정을 정의·분석하고 유지하는 것을 의미한다(ICH Q12, 2014). 이는 곧 공정에 관한 정확한 이해와 공정의 변수 및 제조된 제품 평가 기술 등 PAT를 기반으로 DMAIC(Define, Measure, Analyze, Improve, Control) 또는 DFSS(Design For Six Sigma), PQLI(Product Quality Lifecycle Implementation) 등의 방법들을 통해 관리한다. 현재 ICH나 FDA 등의 국제기구들도 구체적인 QbD 관련 제품전주기관리(LM)에 대한 준비를 지속적으로 하고 있으며, 차후에 가이드라인으로 공표될 예정이다.

2

QbD 적용 플랫폼 및 적용 사례

2.1 품질목표 및 제품프로필
   (Quality Target & Product Profile, QTPP)
2.2 중요품질특성(Critical Quality Attribute, CQA)
2.3 위해평가(Risk Assessment, RA)
2.4 디자인스페이스(Design Space, DS)
2.5 관리전략(Control Strategy, CS)
2.6 제품전주기관리(Life cycle Management, LM)
2.7 Scale-up 및 기술 이전 전략

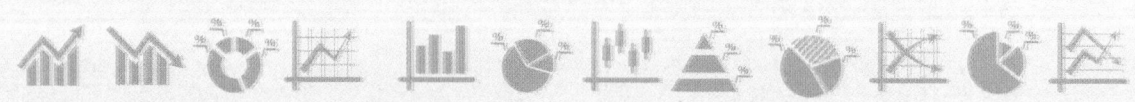

의약품 개발 프로세스와 생산 공정을 위한 QbD 시스템은 제품/공정 설계 및 개발과 위해 평가 및 위해 관리가 서로 밀접하게 관련을 가지고 있으며, QbD의 사용은 Process Parameter, Criticality, Design Space 등을 이용하여 프로세스 이해도를 효율적으로 높이고, 의약품 개발 및 생산 공정의 분산성을 줄일 수 있는 체계적인 방안으로 ICH에서 6가지 적용절차를 제시하고 있다. QbD의 개념과 적용방안에 대하여 ICH, 미국, 유럽 등의 제약 분야에서 앞서 있는 기관의 여러 가지의 가이드라인과 제도들이 제안되고 있다. 이를 바탕으로 IR(Instant Release) 및 MR(Moderate Release) tablet, ACE tablet, Sakura tablet 2009, Sakura tablet 2014가 연구되었다.

이 장에서는 11가지 사례 연구에서 제시되는 QbD의 적용 방안의 단계별 플랫폼 특징 및 장·단점 등을 비교하여 제시하고자 한다.

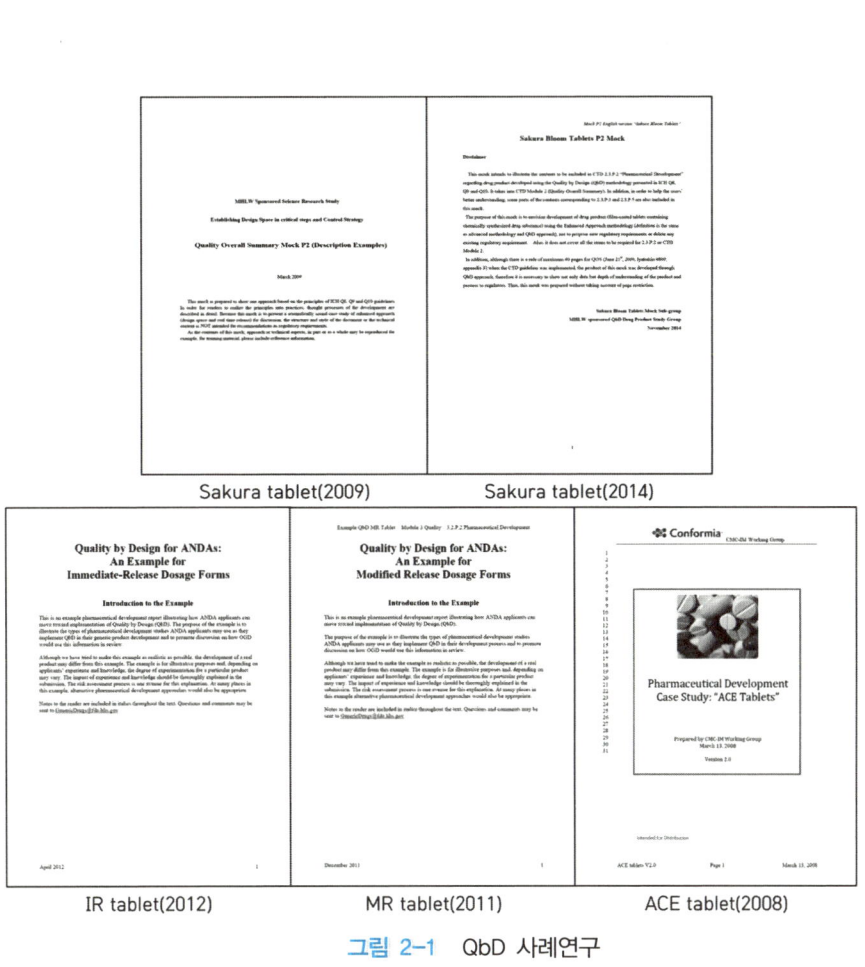

그림 2-1 QbD 사례연구

2.1 품질목표 및 제품프로필(Quality Target & Product Profile, QTPP)

품질목표 및 제품프로필(QTPP)은 의약품의 안전성과 유효성을 감안하여 원하는 품질을 보증하기 위해 달성해야 할 의약품의 예측적 품질 특성을 요약한 것으로 정의하고 있다 (ICH guideline Q8(R2), 2009). 이 단계에서는 투여경로, 제형, 용법용량, 함량, 제형설계, 약동학적 특성, 완제의약품 품질 특성(성상, 함량균일성, 용출 등), 안전성 등을 고려해야 한다.

제네릭 의약품의 경우, 의약품을 개발하는 1차적인 목표는 대조약과 같은 효과나 효능을 갖는 제품을 만드는 데 있다. 따라서 제네릭 의약품의 품질목표 및 제품프로필(QTPP)을 선정하기 위해서는 우선적으로 대조약의 프로필을 확인하고, 추가적으로 주성분의 특성에 기초를 두어 선정한다. 따라서 품질목표 및 제품프로필(QTPP) 이전에는 대조약의 특성 분석이 이루어져야 하며, 대조약의 특성 분석에서는 품질특성, 용출 특성, 물리학적 특성, 관련된 특성 등의 분석이 이루어진다. 품질목표 및 제품프로필(QTPP) 이전에 대조약의 프로필 분석을 해야하며 대조약의 약동학적 특성, 제형 등의 대조약의 정보에 관한 내용이 제시되어야 한다. 대조약의 특성 파악 후, 품질목표 및 제품프로필(QTPP) 작성 시 이를 반영하여 의약품의 품질을 보장하기 위해 대조약의 기준 및 시험방법을 충족시킬 수 있도록 품질목표 및 제품프로필(QTPP) 요소 및 목표를 설정한다. 반면 신약의 경우, 정해진 효능·효과가 없기 때문에 실험 결과에 따라 품질목표 및 제품프로필(QTPP) 요소를 변경하는 경우가 빈번히 발생한다.

2.1.1 품질목표 및 제품프로필(QTPP) 예시 자료 비교

Sakura tablet(2009)의 경우, 의약품 개발 시 목표 품질을 충족시키기 위한 품질목표 및 제품프로필(QTPP) 요소 및 목표를 나타내는 단순한 형태의 플랫폼을 제시하고 있다. 그러나 플랫폼이 간단하기 때문에 목표의 설정 근거가 부족하고 주요품질특성(CQA) 단계로의 연결성이 미흡하다는 단점을 보인다.

표 2-1 QTPPs for Sakura Tablet(MHLW, 2009)

Strength and dosage form	Immediate release tablet containing 30mg of active ingredient.
Specifications to assure safety and efficacy during shelf-life	Assay, Uniformity of Dosage Unit(content uniformity) and dissolution.
Description and hardness	Robust tablet able to withstand transport and handling.
Appearance	Film-coated tablet with a suitable size to aid patient acceptability and compliance. Total tablet weight containing 30mg of active ingredient is 100mg with a diameter of 6mm.

Sakura tablet(2014)은 Sakura tablet(2009)에서의 단점을 개선하여 품질목표 및 제품프로필(QTPP) 요소와 목표뿐만 아니라 관련 평가 항목을 제시하여 주요품질특성(CQA) 단계로 이어지는 연결고리를 제시하였다. 그러나 여전히 목표의 설정 근거가 미흡하다는 단점을 보인다. 플랫폼의 형태는 아래의 〈표 2-2〉와 같이 제시되어 있다.

표 2-2 QTPPs for Sakura Bloom Tablets(MHLW, 2014)

Product Attribute	Target	Related Evaluation Item
Content and Dosage Form	Film coated tablets containing 20mg of prunus	Description(appearance), identification, uniformity of dosage units, and assay
Specification	Comply with criteria of each evaluation item	Description(appearance), identification, impurity, uniformity of dosage units, dissolution, and assay
Stability	To ensure a shelf-life of 3 years or more at room temperature	Description(appearance), impurity, dissolution, and assay

IR(Instant Release) tablet의 경우, 품질목표 및 제품프로필(QTPP) 요소에서의 의약품 품질 특성과 목표를 제안하고, 각각의 사항에 대한 적절한 근거를 제시함으로써 Sakura tablet(2014)의 플랫폼보다 구체성이 우수하다고 볼 수 있다. 그러나 주요품질특성(CQA) 단계로의 연결성은 미흡하다는 단점을 보인다. 플랫폼의 형태는 아래의 〈표 2-3〉과 같다.

표 2-3 QTPPs for Generic Acetriptan tablets(FDA, 2012)

QTPP Elements		Target	Justification
Dosage form		Tablet	Pharmaceutical equivalence requirement : same dosage form
Dosage design		Immediate release tablet without a score or coating	Immediate release design needed to meet label claims
Route of administration		Oral	Pharmaceutical equivalence requirement : same route of administration
Dosage strength		20mg	Pharmaceutical equivalence requirement : some strength
Pharmacokinetics		Immediate release enabling Tmax in 2.5 hours of less; Bioequivalent to RLD	Bioequivalence requirement Needed to ensure rapid onset and efficacy
Stability		At least 24 month shelf-life at room temperature	Equivalent to or better than RLD shelf-life
Drug product quality Attributes	Physical Attributes	Pharmaceutical equivalence requirement : Must meet the same compendial or other applicable (quality) standards (i.e., identity, assay, purity, and quality).	
	Identification		
	Assay		
	Content Uniformity		
	Dissolution		
	Degradation Products		
	Residual Solvents		
	Water Content		
	Microbial Limits		
Container closure system		Container closure system qualified as suitable for this drug product	Needed to achieve the target shelf-life and to ensure tablet integrity during shipping
Administration/Concurrence with labeling		Similar food effect as RLD	RLD labeling indicates that a high fat meal increases the AUC and Cmax by 8-12%. The product can be taken without regard to food.
Alternative methods of administration		None	None are listed in the RLD label.

MR(Moderate Release) tablet은 IR(Instant Release) tablet과 동일한 형태의 플랫폼을 제시하고 있으며, 아래의 〈표 2-4〉와 같다.

표 2-4 QTPPs for MR tablet(FDA, 2011)

QTPP Elements	Target	Justification
Dosage form	MR Tablet	Pharmaceutical equivalence requirement : Same dosage form
Route of administration	Oral	Pharmaceutical equivalence requirement : Same route of administration
Dosage strength	10mg	Pharmaceutical equivalence requirement : Same strength
Pharmacokinetics	Fasting Study and Fed Study 90% confidence interval of the PK parameters, AUC_{0-2}, AUC_{2-24}, $AUC_{0-\infty}$ and C_{max} should fall within bioequivalence limits	Bioequivalence requirement Initial plasma concentration through the first two hours that provides a clinically significant therapeutic effect followed by a sustained plasma concentration that maintains the therapeutic effect
Stability	At least 24 month shelf-life at room temperature	Equivalent to or better than RLD shelf-life
Drug product quality attributes	Physical Attributes Identification Assay Content Uniformity Degradation Products Residual Solvents Drug Release Microbial Limits Water Content	Pharmaceutical equivalence requirement : Meeting the same compendial or other applicable(quality) standards (i.e., identity, assay, purity, and quality)
Container Closure System	Suitable container closure system to achieve the target shelf-life and to ensure tablet integrity during shipping.	HDPE bottles with Child Resistant(CR) Caps are selected based on similarity to the RLD packaging. No further special protection is needed due to the stability of drug substance Z.

QTPP Elements	Target	Justification
Administration/concurrence with labeling	A scored tablet can be divided into two 5mg tablets.	Information is provided in the RLD labeling.
	The tablet can be taken without regard to food(no food effect).	
Alternative methods of administration	None	None are listed in the RLD labeling.

ACE tablet은 품질 특성을 제시하고 각각의 목표를 정하여 품질 특성의 위험성까지 〈표 2-5〉에 제시되어 있다.

표 2-5 QTPPs for ACE Table(CMC-IC Workig Group, 2008)

Quality Attribute	Target	Criticality
Dosage form	Tablet, maximum weight 200mg	Not applicable
Potency	20mg	Not applicable
Pharmacokinetics	Immediate release enabling Tmax in 2 hours or less	Related to dissolution
Appearance	Tablet conforming to description shape and size	Critical
Identity	Positive for acetriptan	Critical
Assay	95-105%	Critical
Impurities	ACE12345 NMT 0.5%, other impurities NMT 0.2%, total NMT 1%	Critical
Water	NMT 1%	Not critical - API not sensitive to hydrolysis
Content Uniformity	Meets USP	Critical
Resistance to Crushing (Hardness)	5-12kP	Not critical since related to dissolution
Friability	NMT 1.0%	Not critical
Dissolution	Consistent with immediate release, e.g., NLT 75% at 30mins	Critical
Disintegration	NMT 15mins	Not critical, a precursor to dissolution
Microbiology	If testing required, meets USP criteria	Critical only if drug product supports microbial growth

기존 국외 예시 모델에서 제시하는 QbD 플랫폼 중 품질목표 및 제품프로필(QTPP)의 특징 및 장단점을 아래의 〈표 2-6〉과 같이 비교 분석을 요약하여 제시하였다.

표 2-6 국외 예시 모델 품질목표 및 제품프로필(QTPP) 비교분석

구분	품질목표 및 제품프로필(QTPP)
Sakura tablet (2009)	• 품질 특성 및 목표를 간단한 형태의 표로 제시 • 목표의 설정 근거가 부족 • 주요품질특성(CQA)로 연결성 미흡
Sakura tablet (2014)	• Sakura table 2009의 단점 개선 : QTPP 요소 및 목표, 관련 평가 항목을 제시하여 주요품질특성(CQA)으로의 연결고리 제시 • 목표의 설정 근거 부족
IR tablet (2012) MR tablet (2011)	• 품질 특성 및 목표를 제시하고 적절한 설정 근거 제시 → Sakura tablet 2014 보다 구체적 • 주요품질특성(CQA)으로의 연결성이 부족
ACE tablet (2008)	• 품질 특성을 나열하고 목표 설정 • 품질 특성의 위험성까지 제시

Sakura tablet 2009와 2014, ACE tablet의 경우 품질목표 및 제품프로필(QTPP) 요소와 목표를 제시하면서 목표평가요소 및 품질 특성의 위험성을 제시하였으나 이에 대한 타당한 근거가 설명되지 않아 그 구체성이 부족하다 판단된다. IR·MR tablet의 경우, QTPP 요소와 목표에 대한 각각의 설정 근거가 설명되어 있어 타당성 및 구체성은 좋으나 다음단계인 주요품질특성(CQA)으로의 연결이 미흡하다는 점이 단점이라 볼 수 있다.

2.1.2 품질목표 및 제품프로필(QTPP) 제안 플랫폼

아래 〈표 2-7〉은 IR·MR tablet과 같이 QTPP 요소, 목표 및 타당성에 대해 설명되어있다. 이러한 플랫폼은 주요품질특성(CQA)과의 연결성이 부족하다는 단점이 존재한다.

표 2-7 QTPP of RIF gastroretentive tablet(C.Vora et al., 2013)

QTPP element	Target	Justification
Dosage form	Sustained release floating tablet	• Tablet because commonly accepted unit solid oral dosage form • Floating because RIF is more absorbed from stomach due to its greater solubility and preferable site of absorption
Route of	Oral	Dosage form designed to administer

QTPP element	Target	Justification
administration		orally
Dosage strength	150mg	Commonly accepted strength
Stability	Short term stability of 3 months on accelerated condition 40℃/70% RH and long term conditions 25℃/60% RH	Minimum time period(at least 3 months initially) decided to study stability of final fomulation
Drug Product	Physical attributes	No physical defects like chipping, lamination, capping, etc
Quality Attributes	Assay	Meeting the compendial or other applicable quality standards(90 to 110% of label claims)
	Floating lag time	Keeping as minimum as possible
	Dissolution	Initial burst release sufficient to achieve MIC followed by sustained release up to 8h
Container closure system	Suitable for storage of dosage form	To maintain product integrity and quality up to target shelf life

국내외 플랫폼들의 장단점을 바탕으로 가장 효과적이라고 판단되는 QTPP의 플랫폼(표준양식)을 〈표 2-8〉에 제시하였다. 아래 〈표 2-8〉에는 목표로 하는 효능과 효과를 갖는데 필요한 품질목표 및 제품프로필(QTPP) 요소, 목표 및 타당성 및 설정근거를 제시하고, 주요품질특성(CQA) 단계로의 연결점을 보완하기 위해 관련 품질과 효과를 갖는데 필요한 완제의약품의 QTPP를 설정하였고, 그 요소와 관련된 품질특성(QA)에 대해 설정하여 아래 〈표 2-8〉과 같이 제시하였다.

표 2-8 품질목표 및 제품프로필(QTPP) 제안 플랫폼(예시)

QTPP 요소	목표	타당성/설정근거	관련 품질특성
투여경로	경구형	의약품의 동등성 확보를 위한 동일한 투여경로 선택	용출
제형	정제	의약품의 동등성 확보를 위한 동일한 제형을 선택	성상
용법용량	대조약과 동일한 식이 영향	대조약은 고지방식이고 곡선하면적(AUC)과 최고혈중농도(Cmax)가 증가(8-12%)하기 때문에 식이와 관계없이 투여 가능	용출, 함량
함량	20mg	의약품의 동등성 확보를 위한 동일한 함량 선택	함량

QTPP 요소		목표	타당성/설정근거	관련 품질특성
제형설계		선으로 분할되지 않는 속박성 나정	유효성 확보를 위한 속방정 디자인	용출
약동학		Tmax 값 이내의 속방성 정제이며, 대조약과 생물학적 동등성 확보	의약품의 동등성 확보를 위한 유효성이어야 함	용출, 함량
안정성		실온에서 사용시간 제조일로부터 24개월	대조약과 동등 이상	성상, 함량
완제 의약품 품질 특성	성상	의약품의 동등성 확보를 위한 동일 규격 설정 혹은 기타 품질 기준 적합 여부 확인 필요함 (함량, 성상, 순도 등)		성상
	확인			확인
	함량			함량
	함량 균일성			함량 균일성
	용출			용출
	잔류용매			잔류용매
	분해산물			분해산물
	수분			수분
	미생물 한도			미생물 한도

2.2 주요품질특성(Critical Quality Attribute, CQA)

주요품질특성(CQA)이란 제품의 품질 보증을 위해 적정 범위(한도) 및 분포 내에 있어야 하는 물리적, 화학적, 생물학적 또는 미생물학적 특성을 의미한다(ICH guideline Q8(R2)). 예를 들어 내용 고형제의 주요품질특성(CQA)은 주로 제품의 함량, 안정성, 약물 방출, 순도 등에 영향을 미치는 요소들이 될 수 있으며, 타 제형을 위한 주요품질특성(CQA)은 추가로 포함될 수 있다. 완제의약품의 경우, 제형의 특징에 따라 주요품질특성이 다를 수 있으며 허용기준은 과학적인 근거를 기준으로 설정하도록 하고 있다.

2.2.1 주요품질특성(CQA) 예시 자료 비교

주요품질특성(Critical Quality Attribute, CQA) 단계도 품질목표 및 제품프로필(QTPP) 단계와 동일하게 Sakura tablet 2009, Sakura tablet 2014, IR(Instant Release)·MR(Monderate Release) tablet, ACE tablet 등에서 다양한 방법을 사용하여 플랫폼을 제시하고 있다. 우선 Sakura tablet 2009의 경우, 위해평가(Risk Assessment, RA)를 사용하여 위험도에 따라 주요품질특성(CQA)을 도출하고 있으며 [그림 2-2]와 같이 제시되고 있다.

	Clinical quality			Physical quality	
	Disolution	Assay	Content uniformity	Appearance	Hardness
Material characteristics					
Drug substance partcle size	■		▨		
Lubricant amount on tablet surface				▨	
Process parameters					
Blending (speed and time)			▨		
Lubricant (blending speed and time)	▨				
Tableting pressure	▨			▨	■
Tableting speed					
Batch size					

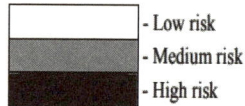
- Low risk
- Medium risk
- High risk

그림 2-2 Summary of Effects of Each Parameter on Tablet Quality(MHLW, 2009)

Sakura tablet 2014에서는 Sakura tablet 2009와 달리 위해평가(RA)를 사용하지 않고 특성요인도(Cause & Effect Diagram)를 사용하여 주요품질특성(CQA) 뿐만 아니라 공정변수(Process Parameter, PP)를 동시에 도출하고 있으며, 아래의 [그림 2-3]과 같이 제시되고 있다.

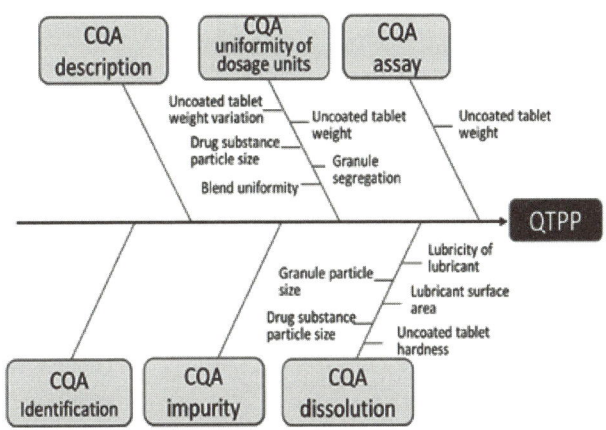

그림 2-3 Relation among QTPP, CQA, and p-CMA(MHLW, 2014)

IR(Instant Release) tablet에서는 Sakura tablet에서 제시하는 방법과 달리 품질 요소, 목표, 주요품질특성(CQA) 여부 및 판단 근거를 표 형태로 제시하고 있다(〈표 2-9〉 참조).

표 2-9 Critical Quality Attributes(CQAs) for Generic Acetriptan Tablet(FDA, 2012)

Quality Attributes of the Drug product		Target	Is is a CQA?	Justification
Physical Attributes	Appearance	Color and shape acceptable to the patient. No visual tablet defects observed.	No	Color, shape and appearance are not directly linked to safety and efficacy. Therefore, they are not critical. The target is set to ensure patient acceptability.
	Odor	No unpleasant odor	No	In general, a noticeable odor is not directly linked to safety and efficacy, but odor can affect patient acceptability. For this product, neither the drug substance nor the excipients have an unpleasant odor. No organic solvents will be used in the drug product manufacturing process.
	Size	Similar to RLD	No	For comparable ease of swallowing as

Quality Attributes of the Drug product		Target	Is is a CQA?	Justification
				well as patient acceptance and compliance with treatment regimens, the target for tablet dimensions is set similar to the RLD.
	Score configura-tion	Unscored	No	The RLD is an unscored tablet; therefore, the generic tablet will be unscored. Score configuration is not critical for the acetriptan tablet.
	Friability	NMT 1.0% w/w	No	Friability is a routine test per compendial requirements for tablets. A target of NMT 1.0% w/w of mean weight loss assures a low impact on patient safety and efficacy and minimizes customer complaints.
Identification		Positive for acetriptan	Yes	Though identification is critical for safety and efficacy, this CQA can be effectively controlled by the quality management system and will be monitored at drug product release. Formulation and process variables do not impact identity. Therefore, this CQA will not be discussed during formulation and process development.
Assay		100% w/w of label claim	Yes	Assay variability will affect safety and efficacy. Process variables may affect the assay of the drug product. Thus, assay will be evaluated throughout product and process development.
Content Uniformity (CU)		Conforms to USP 〈905〉 Uniformity fo Dosage Units	Yes	Variability in content uniformity will affect safety and efficacy. Both formulation and process variables impact content uniformity, so this CQA will be evaluated throughout product and process development.
Dissolution		NLT 80% at 30minutes in 900mL of 0.1 N HCl with 1.0%w/v SLS using USP apparatus 2 at 75rpm	Yes	Failure to meet the dissolution specification can impact bioavailability. Both formulation and process variables affect the fissolution profile. This CQA will be investigated throughout formulation and process development.

Quality Attributes of the Drug product	Target	Is is a CQA?	Justification
Degradation Products	ACE12345: NMT 0.5% Any nuknown impurity : NMT 0.2% Total impurities : NMT 1.0%	Yes	Degradation products can impact safety and must be controlled based on compendial/ICH requirements or RLD characterization to limit patient exposure. ACE12345 is a common degradant of acetriptan and its target is based on the level found in near expiry RLD product. The limit for total impurities is also based on RLD analysis. The target for any unknown impurity is set according to the ICH identification threshold for this drug product. Formulation and process variables can impact degradation products. Therefore, degradation products will be assessed during product and process development.
Residual Solvents	USP ⟨467⟩ option 1	Yes	Residual solvents can impact safety. However, no solvent is used in the frug product manufacturing process and the drug product complies with USP ⟨467⟩ Option 1. Therefore, formulation and process variables are unlikely to impact this CQA.
Water Content	NMT 4.0% w/w	No	Generally, water content may affect degradation and microbial growth of the drug product and can be a potential CQA. However, in this case, acetriptan is not sensitive to hydrolysis and moisture will not impact stability.
Microbial Limits	Meets relevant pharmacopoeia criteria	Yes	Non-compliance with microbial limits will impact patient safety. However, in this case, the risk of microbial growth is very low because roller compaction (dry granulation) is utilized for this product. Therefore, this CQA will not be discussed on detail during formulation and process development.

MR(Moderate Release) tablet에서 제시하고 있는 방법은 IR tablet과 동일한 방법으로 제시하고 있으며, 〈표 2-10〉에 정리하여 제시하였다.

표 2-10 Critical Quality Attributes(CQAs) for MR Tablets(FDA, 2011)

Quality Attributes of the Drug product		Target	Is it a CQA?	Justification
Physical Attributes	Appearance	Color and shape acceptable to the patient. No visual tablet defects observed.	No	Color, shape and appearance are not directly linked to safety and efficacy. Therefore, they are not critical. The target is set to ensure patient acceptability.
	Odor	No unpleasant odor	No	In general, a noticeable odor is not directly linked to safety and
	Size	Similar to RLD	Yes	For comparable ease of swallowing as well as patient acceptance and compliance with treatment regimens, the target for tablet dimensions is set similar to the RLD.
	Score and Splitability	Score and can be split for half-dosing	Yes	The RLD is an unscored tablet; therefore, the generic tablet will be unscored. Score configuration is not critical for the acetriptan tablet.
	Friability (whole and split tablets)	Not more than 1.0%w/w	No	A target of NMT 1.0% mean weight loss is set according to the compendial requirement and to minimize post-marketing complaints regarding tablet appearance. This target friability will not impact patient safety or efficacy.
Identification		Positive for drug substance Z	Yes	Though Identification is critical fir safety and efficacy, this CQA can be effectively controlled by the quality management system and will be monitored at drug product release. Formulation and process variables do not impact identity.
Assay (whole and split tablets)		100.0% of label claim	Yes	Variability in assay will affect safety and efficacy; therefore, assay is critical.
Content Uniformity	Whole tablets	Conforms to USP 〈905〉	Yes	Variability in content uniformity will affect safety and efficacy. Content

Quality Attributes of the Drug product		Target	Is it a CQA?	Justification
	Split tablets	Uniformity of Dosage Units		uniformity of whole and split tablets is critical.
Degradation Products		Individual unknown degradation product: NMT 0.2% Total degradation products: NMT 1.0%	Yes	The limit of degradation products is critical to drug product safety. The limit for individual unknown degradation products complies with ICH Q3B. A limit for the total degradation products is set based on analysis of the RLD near expiry. the molecular structure of drug substance Z contains no functional groups with obvious sensitivities to oxidation, hydrolysis, acid, base, light or heat and its stability was confirmed in forced degradation study. No chemical interactions were observed during the development of the IR tablet(ANDA aaaaaa, Section 3.2.P.2.1.2 and Section 3.2.P.8.3 (Appendix I)) or during the excipient compatibility studies performed as part of the development of the MR tablet. Therefore, formulation and process variables are unlikely to impact this CQA.
Residual Solvents		Conforms to USP⟨467⟩	Yes	The drug substance and excipients used in the drug product formulation contain residual solvents. The limit is critical to drug product manufacturing process and the drug product complies with USP ⟨467⟩ Option 1. This CQA will not be discussed in the pharmaceutical development report but will be considered when setting the raw material acceptance criteria.
Drug Release	Whole tablets	Similar drug release profile as RLD using a predictive dissolution method.	Yes	The drug release profile is important for bioavailability(BA) and bioequivalence(BE); therefore, it is critical. Since in vitro drug release is a surrogate for in vivo performance, a similar drug release profile to the RLD is targeted to ensure bioequivalence.

Quality Attributes of the Drug product		Target	Is it a CQA?	Justification
	Split tablets	Similar drug release to whole tablets: f2>50		For tablets containing a multi-particulate system, a non-uniform distribution of beads may cause different drug release profiles between whole and split tablets. Therefore, it is critical and the target is set in accordance with regulatory guidance.
	Alcohol-induccd docs dumping	Comparable or lower drug release compared to the RLD in 5%(v/v), 20%(v/v), and 40%(v/v) Alcohol USP in 0.1 N HCl dissolution medium		The drug release profile in alcohol is critical to patient safety. The target is set to ensure that alcohol stress conditions do not alter bioavailability of the generic product and introduce additional risks to the patient.
Water Content		Not more than 2.0% w/w	No	Limited amounts of water in oral solid dosage forms will not impact patient safety or efficacy. Therefore, it is not critical.
Microbial Limits		Meets relevant pharmacopoeia criteria	Yes	Non-compliance with microbial limits will impact patient safety. However, as long as raw materials comply with compendial microbial requirements, the activity will be tested on the final prototype formulation to confirm that the drug product does not support microbial growth.

ACE tablet의 경우 품질목표 및 제품프로필(QTPP)과 위해성의 식별을 통하여 주요품질특성(CQA)을 도출한다. 타당한 근거를 제시하지 않지만, 위해성이 IR(Instant Release) 및 MR(Moderate Release) tablet의 주요품질특성(CQA) 여부와 같은 역할을 하며, 아래 〈표 2-11〉과 같이 제시되어 있다.

표 2-11 Critical Quality Attributes(CQAs) for ACE Tablet(CMC-IM Working Group, 2008)

Quality Attribute	Target	Criticality
Dosage form	Tablet, maximum weight 200mg	Not applicable
Potency	20mg	Not applicable
Pharmacokinetics	Immediate release enabling Tmax in 2hours or less	Related to dissolution
Appearance	Tablet conforming to description shape and size	Critical
Identity	Positive for acetriptan	Critical
Assay	95 – 105%	Critical
Impurities	ACE12345 NMT 0.5%, other impurities NMT 0.2%, total NMT 1%	Critical
Water	NMT 1%	Not critical - API not sensitive to hydrolysis
Content Uniformity	Meets USP	Critical
Resistance to Crushing(Hardness)	5-12kP	Not critical since related to dissolution
Friability	NMT 1.0%	Not critical
Dissolution	Consistent with immediate release, e.g., NLT 75% at 30mins	Critical
Disintegration	NMT 15mins	Not critical, a precursor to dissolution
Microbiology	If testing required, meets USP criteria	Critical only if drug product supports microbial growth

기존 국외 예시 모델에서 제시하는 QbD 플랫폼 중 주요품질특성(CQA)의 특징 및 장·단점을 아래의 〈표 2-12〉와 같이 비교 분석을 요약하여 제시하였다.

표 2-12 국외 예시 모델 주요품질특성(CQA) 비교분석

구분	주요품질특성(CQA)
Sakura tablet (2009)	• 위해평가(RA)를 사용하여 위험도에 따라 CQA 도출 • 위험도 : Low, Medium, High Risk로 나눔
Sakura tablet (2014)	• 위해평가(RA) 사용하시 않음 • Cause & Effect Diagram 사용, 공정변수(PP)도 도출
IR tablet (2012)	• Sakura tablet에서 제시하는 방법과 다름
MR tablet (2011)	• 품질요소, 목표, CQA 여부 및 판단근거 제시
ACE tablet (2008)	• QTPP와 위해성 식별을 통해 CQA 도출 • 타당한 근거를 제시하지 않음 • 위해성이 IR/MR tablet의 CQA 여부와 같은 역할

주요품질특성(CQA) 파악 단계의 경우, Tablet 9가지 모두 각각의 특징을 가지고 상이하게 제시되어 있다. 먼저 Sakura tablet 2009에서는 위험도에 따라 주요품질특성(CQAs)을 선정하게 된다. 또한 위험도를 확인함으로써 공정 및 제형 변수가 주요품질특성(CQA)에 미치는 영향을 파악할 수 있다. Sakura tablet 2014에서는 위험도를 사용하지 않고 특성요인도(Cause & Effect Diagram)를 사용하면서 품질목표 및 제품프로필(QTPP) 달성을 위한 모든 주요품질특성(CQA)과 공정변수(PP)를 나타냄으로써 한 눈에 파악할 수 있다는 장점이 있다. 그러나 Sakura tablet 모두 주요품질특성(CQA) 선정에 대한 타당한 이유가 제시되어 있지 않아 구체성이 미흡하다는 단점을 보인다. IRMR tablet의 경우 주요품질특성(CQA)으로의 선정 여부와 각 항목에 대한 설정근거가 제시되어 있어 Sakura Tablet에 비해 구체성이 우수하다.

2.2.2 주요품질특성(CQA) 제안 플랫폼

국내외 플랫폼들의 장단점을 바탕으로 가장 효과적이고 체계적인 CQA의 제안 표준양식을 〈표 2-13〉에 제시하였다. 아래 〈표 2-13〉을 살펴보면 품질목표 및 제품프로필(QTPP)과 직접적으로 관련되어 있는 항목에 대하여 주요품질특성(CQA) 설정 여부를 결정하고, 그에 대한 타당성 및 설정근거를 제시하고 있다. 또한, 타 품질특성으로 대체 가능 여부와 출력변수로의 설정여부에 대해 추가적으로 제시함으로써 보다 구체적으로 주요품질특성(CQA)을 파악할 수 있도록 구성하였다. 또한 위해평가(RA)와의 연관성을 추가하여 제시하기 위해 관련 중간생성물(CIA)을 제시하도록 구성하였다.

표 2-13 주요품질특성(CQA) 제안 플랫폼(예시)

완제의약품의 품질특성		목표	CQA 여부	타당성/설정근거	타품질특성으로 대체 가능 여부	출력 변수	관련 중간 생성물
물리적 특성	성상	백색의 나정	아니오	육안으로 확인가능	대체불가능	아니오	입자 크기
	냄새	냄새 없음	아니오	원료의약품/첨가제 (냄새없음), 제조공정 오염 우려 존재 없음	대체불가능	아니오	입자 크기, 수분 함량
	크기	없음	아니오	–	대체불가능	아니오	입자 크기
	마손도	1.0% 이하	아니오	공정 중 시험 항목으로 관리되고, 질량	대체불가능	아니오	수분 함량

완제의약품의 품질특성	목표	CQA 여부	타당성/설정근거	타품질특성으로 대체 가능 여부	출력 변수	관련 중간 생성물
			손실(1%)은 함량에 영향을 크게 주지 않음			
확인	주성분 확인	예	안정성 및 유효성 확보에 필수	대체가능 (함량시험)	아니오	입자 크기
함량	표시량 100%	예	치료 효과 및 이상반응의 중요 요소이며, 전 제조 과정에서 관리되는 항목	대체불가능	개별	입자 크기, 흐름성
함량균일성	판정치 15% 이하	예	함량균일성의 편차는 약물의 안정성·유효성에 영향을 주며 제조 공정의 편차에 영향을 받을 수 있기 때문에 이 CQA는 제조공정 설계와 제품 개발 시 고려되어야 함	대체불가능	다변량	입자 크기, 흐름성
용출	30분간 80% 이상	예	생체이용률과 관련되는 항목	대체불가능	다변량	입자 크기

2.3 위해평가(Risk Assessment, RA)

위해평가(RA)는 과학적 근거를 바탕으로 주요품질특성(CQA)에 겉으로 드러나지는 않지만 실질적으로는 영향을 미칠 수 있는 물질특성(Material Attributes, MA)과 공정변수(Process Parameter, PP)를 확인하는 단계이다. 일반적으로 의약품 개발 시 초기 단계에서 위해평가(RA)를 실시하며, 한 번만 하는 것이 아니라 시험 결과와 디자인스페이스(DS)를 통해 새로운 정보와 지식이 확보됨에 따라 이를 반복해서 수행한다. 위해 요소 중점관리 기준(Hazard Analysis and Critical Control Point, HACCP), 고장모드영향분석(Failure Mode and Effect Analysis, FMEA) 등과 같은 위해평가(RA) 도구를 활용하여, 선행 지식과 초기 실험 데이터에 근거해 제품 품질에 영향을 줄 가능성이 있는 변수를 파악하고 순위를 정한다(ICH Q9, 2005). HACCP는 원료의약품(Raw material)에서 고객에 이르기 까지 위험 분석(Hazard Analysis, HA)과 중요관리점(Critical Control Points, CCP)을 위한 12단계로 구성되어 있다. 위험 분석(HA)은 원료의약품 및 제조 공정에서의 위험성을 평가하고 분석한다. 중요관리점(CPP)은 위험을 제거하고 예방함으로써 안전을 보장하는 중요한 관리 지점을 의미한다. FMEA는 설계의 불완전이나 잠재적 결점을 찾아내기 위해서 구성요소의 고장모드와 품목에 미치는 영향을 분석하는 방법으로 완성된 제품 혹은 시스템을 검토하기 위해 사용되기 보다는 향후 개발하려는 제품이나 시스템의 설계 개선에 활용되고 있으며, 시스템의 구성요소인 프로세스 각각의 요소에서 고장(Failure)이 발생했을 경우 전체 시스템에 미치는 영향 또는 심각성을 평가하는 기법이라 정의하고 있다(박성민, 2017). FMEA의 주목적은 위험성이 높은 소수 항목을 집중 관리함으로써, 실패 발생률을 줄이고 영향을 최소화함에 있다. FMEA의 적절한 활용을 위한 가장 중요한 점은 위해평가(RA) 대상의 심각도(Severity), 검출도(Detectability), 발생도(Occurrence)의 가치를 곱함으로써 위험 우선순위 번호(Risk Priority Number, RPN)를 계산할 수 있기 때문에 적합한 등급 및 평가 기준의 설정에 대한 이유나 판단근거가 타당해야 한다. 원료의약품의 물질특성(Material Attributes, MA)과 완제의약품의 주요품질특성(CQA)에 대한 위험성 평가에서 위험성이 중간 또는 높음으로 평가된 원료의약품의 핵심물질특성(Critical Material Attributes, CMA)을 낮음으로 변환시키기 위해서는 첨가제들을 혼합하게 되는데, 이 때 첨가제를 혼합함으로써 완제의약품의 목표품질 및 목표성능에 부적합한 변화를 일으켜서는 안되며, 규정된 여러 시험에서 또한 지장을 주어서는 안된다. 그러므로 QbD 플랫폼들에서는 첨가제를 기능에 따라 분류하고 기능과 선정사유를 제시하고 있으며, 필요에 따라 추가적으로 배합적합성 실험을 통해 근거를 제시함으로써 가장 적합한 첨가제를 선별하게 된다.

2.3.1 위해평가(RA) 예시 자료 비교

Sakura Tablet 2009에서는 초기, 공정 개선 전, 공정 개선 후, 관리전략(CS) 적용 후 위해평가 순으로 실시하여 주요품질특성(CQA)에 영향을 미칠 가능성이 있는 변수들(CPP)을 파악하고 순위를 정한다. 정량적 방법의 FMEA를 사용하는 것이 특징이며, 낮은 위해 항목을 배제한다. 네 단계의 위해평가(RA)는 같은 방법으로 수행되며, 위해평가(RA)는 전체 공정과 제형에 대하여 동시에 수행한다. Sakura tablet 2009의 경우 주요품질특성(CQA)을 세로축으로 표시하고 가로축에는 세부 공정, 약물, 입자크기 등에 대하여 표시하여 위해평가(RA)를 수행하고 있다. 제시하는 방법은 아래 [그림 2-4]와 [그림 2-5]와 같다.

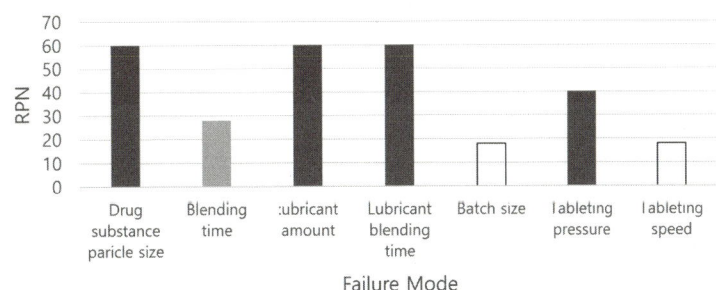

그림 2-4 Summary of Initial Risk Assessment(MHLW, 2009)

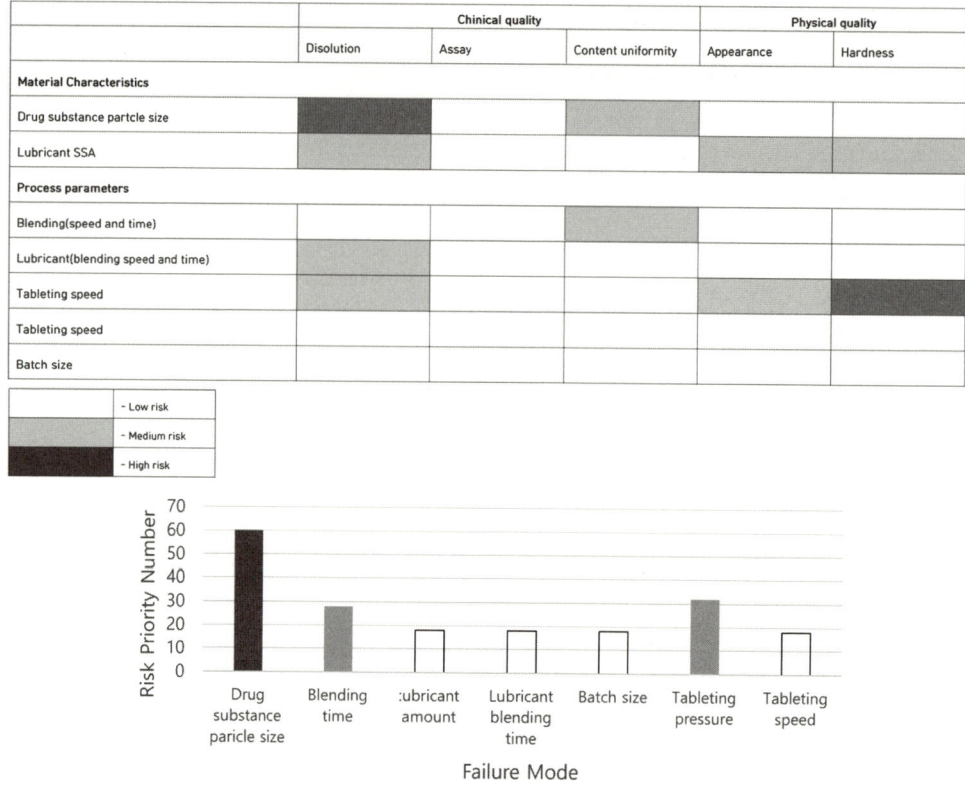

그림 2-5 Risk Assessment(RA) Sakura Tablet 2009 (MHLW, 2009)

Sakura Tablet 2014에서는 Sakura Tablet 2009와 달리 초기, 공정 개선 전, 공정 개선 후, 주요물질특성(CMA) 적용 후, 주요공정변수(CPP)의 관리전략(CS) 적용 후에 대하여 위해평가(RA)를 제시하고 있다. Sakura Tablet 2009와 유사하게 FMEA 방법을 사용하여 정량적으로 위해 요소를 파악하지만 Sakura Tablet 2009의 경우 RPN법과 치명도 행렬법을 혼용하여 적용하는 반면 Sakura Tablet 2014는 RPN법을 적용한다. 같은 방법으로 다섯 단계의 위해평가(RA)를 수행하며, 위해평가(RA)는 전체 공정과 제형에 대하여 동시에 수행한다.

CQA	Potential failure mode	Effect	Severity	Probability	Detectability	RPN[a]
Uniformity of dosage units	Drug substance particle size	Not uniform	3	4	4	48
	Blend uniformity	Not uniform	4	4	4	64
	Granule segregation	Not uniform	4	4	4	64
	Uncoated tablet weight	Not uniform	4	3	4	48
	Uncoated tablet weight variation	Not uniform	4	4	4	64
Content	Uncoated tablet weight	Change in content	4	4	4	64
Dissolution	Drug substance particle size	Change in dissolution	4	4	4	64
	Lubricant surface area	Change in dissolution	3	3	4	36
	Granule particle size	Change in dissolution	3	4	4	48
	Lubricity of lubricant	Change in dissolution	3	4	4	48
	Uncoated tablet hardness	Change in dissolution	4	5	4	80

a) RPN (Risk Priority Number) is severity × probability × detectability : ≥ 40 is high risk, ≥ 20 and <40 is medium risk, and <20 is low risk.

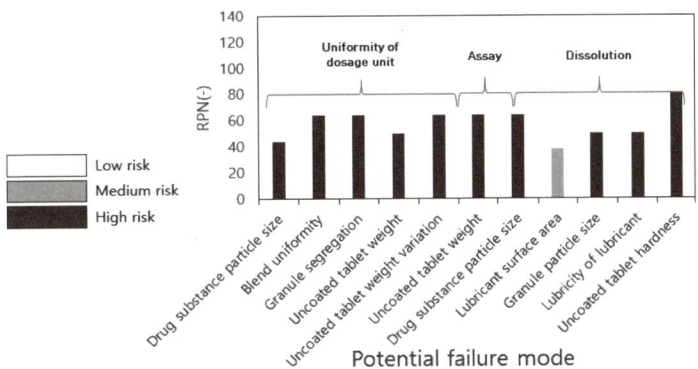

그림 2-6 Risk Assessment(RA) Sakura Tablet 2009 (MHLW, 2009)

CQA	Potential failure mode	Effect	Severity	Probability	Detectability	RPN[a]
Uniformity of dosage units	Drug substance particle size	Not uniform	1	4	4	16
	Blend uniformity	Not uniform	4	1	4	16
	Granule segregation	Not uniform	4	3	4	48
	Uncoated tablet weight	Not uniform	4	2	4	32
	Uncoated tablet weight variation	Not uniform	4	3	4	48
Content	Uncoated tablet weight	Change in content	4	2	4	32
Dissolution	Drug substance particle size	Change in dissolution	4	4	4	64
	Lubricant surface area	Change in dissolution	1	3	4	12
	Granule particle size	Change in dissolution	3	4	4	48
	Lubricity of lubricant	Change in dissolution	1	4	4	16
	Uncoated tablet hardness	Change in dissolution	4	4	4	64

a) RPN of ≥ 40 is high risk, ≥ 20 and < 40 is medium risk, and < 20 is low risk.

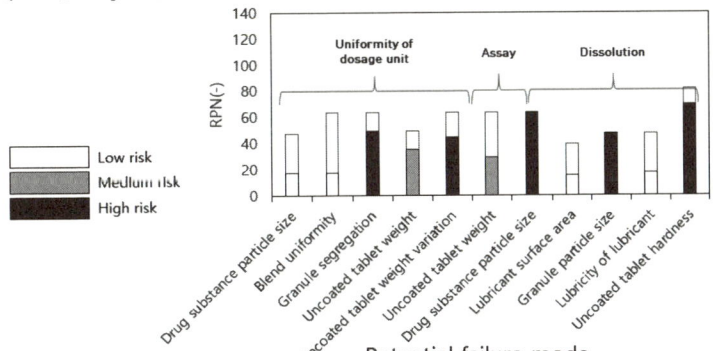

그림 2-7 FMEA Risk Assessment(RA) after manufacturing process development for Sakura Bloom Tablets(MHLW, 2014)

IR(Instant Release) 및 MR(Moderate Release) Tablet에서는 Sakura Tablet과는 다르게 원료 의약품에 대한 초기 위해평가(Pre-RA)를 실시하고, 제형과 제조 공정을 분리하여 본 위해평가(Primary-RA)를 실시한다. 제형의 위해평가(RA)는 초기 및 개선 후 최종 위해평가(Post-RA)를 실시한다. 제조 공정의 위해평가(RA)는 초기 위해평가(Pre-RA)를 주요품질특성(CQA)에 대하여 수행하고, 본 위해평가(Primary-RA)와 최종 위해평가(Post-RA)는 중간생성물의 품질특성(Critical In-process Attributes, CIA)에 대해 평가를 실시한다. 제조 공정의 본 위해평가(RA)는 단위 공정별로 위해 평가를 실시하고 단위 공정별 실험을 통하여 개선한 후에 최종 위해평가(RA)를 실시한다. Scale up 후 주요품질특성(CQA)에 대한 위해평가(RA)를 실시한다. 위해평가(RA)는 정성적 방법으로 수행되며, 각 주요품질특성(CQA)에 영향을 미친다고 판단되는 공정변수(PP)들의 위험성에 대해 세 단계(높음, 중간, 낮음)로 정의하고 그에 대한 타당한 근거를 제시한다.

Drug Product CQAs	Drug Substance Attributes								
	Solid State Form	Particle Size Distribution (PSD)	Hygroscopicity	Solubility	Moisture Content	Residual Solvents	Process Impurities	Chemical Stability	Flow Properties
Assay	Low	Medium	Low	Low	Low	Low	Low	High	Medium
Content Uniformity	Low	High	Low	Low	Low	Low	Low	Low	High
Dissolution	High	High	Low	High	Low	Low	Low	Low	Low
Degradation Products	Medium	Low	Low	Low	Low	Low	Low	High	Low

그림 2-8 Initial Risk Assessment(RA) of the drug substance attributes(FDA, 2012)

표 2-14 Justification for the initial risk assessment(RA) of the drug substance attributes(FDA, 2012)

Drug Substance Attributes	Drug Products CQAs	Justification
Solid State Form	Assay	Drug substance solid state form does not affect tablet assay and CU. The risk is low.
	Content Uniformity	
	Dissolution	Different polymorphic forms of the dug substance have different solubility and can impact tablet dissolution. The risk is high. Acetriptan polymorphic FormⅢ is the most stable form and the DMF holder consistently provides this form. In addition, pre-formulation studies demonstrated that FromⅢ does not undergo any polymorphic conversion under the various stress conditions tested.

Drug Substance Attributes	Drug Products CQAs	Justification
		Thus, further evaluation of polymorphic form on drug product attributes was not conducted.
	Degradation Products	Drug substance with different polymorphic forms may have different chemical stability and may impact the degradation products of the tablet. The risk is medium.
Particle Size Distribution (PSD)	Assay	A small particle size and a wide PSD may adversely impact blend flowability. In extreme cases, poor flowability may cause an assay failure. The risk is medium.
	Content Uniformity	Particle size distribution has a direct impact on drug substance flowability and ultimately on CU. Due to the fact that the drug substance is milled, the risk is high.
	Dissolution	The drug substance is a BCS class II compound; therefore, PSD can affect dissolution. The risk is high.
	Degradation Products	The effect of particle size reduction on drug substance stability has been evaluated by the DMF holder. The milled drug substance exhibited similar stability as unmilled drug substance. The risk is low.
Hygroscopicity	Assay	Acetriptan is not hygroscopic. the risk is low.
	Content Uniformity	
	Dissolution	
	Degradation Products	
Solubility	Assay	Solubility does not affect tablet assay, CU and degradation products. Thus, the risk is low
	Content Uniformity	
	Degradation Products	
	Dissolution	Acetriptan exhibited low (~ 0.015mg/ml) and constant solubility across the physiological pH range. Drug substance solubility strongly impacts dissolution. The risk is high. Due to pharmaceutical equivalence requirements, the free base of the drug substance must be used in the generic product. The formulation and manufacturing process will be designed to mitigate this risk.
Moisture Content	Assay	Moisture is controlled in the drug substance specification (NMT 0.3%). Thus, it is unlikely to impact assay, CU and dissolution. The risk is low.

Drug Substance Attributes	Drug Products CQAs	Justification
	Content Uniformity	
	Dissolution	
	Degradation Products	The drug substance is not sensitive to moisture based on forced degradation studies. The risk is low.
Residual Solvents	Assay	Residual solvents are controlled in the drug substance specification and comply with USP ⟨467⟩. At ppm level, residual solvents are unlikely to impact assay, CU and dissolution. The risk is low.
	Content Uniformity	
	Dissolution	
	Degradation Products	There are no known incompatibilities between the residual solvents and acetriptan or commonly used tablet excipients. As a results, the risk is low.
Process Impurities	Assay	Total impurities are controlled in the drug substance specification (NMT 1.0%). Impurity limits comply with ICH Q3 A recommendations. Within this range, process impurities are unlikely to impact assay, CU and dissolution. The risk is low.
	Content Uniformity	
	Dissolution	
	Degradation Products	During the excipient compatibility study, no incompatibility between process impurities and commonly used tablet excipients was observed. The risk is low.
Chemical Stability	Assay	The drug substance is susceptible to dry heat, UV light and oxidative degradation; therefore, acetriptan chemical stability may affect drug product assay and degradation products. The risk is high.
	Content Uniformity	Tablet CU is mainly impacted by powder flowability and blend uniformity. Tablet CU is unrelated to drug substance chemical stability. The risk is low.
	Dissolution	Tablet dissolution is mainly impacted by drug substance solubility and particle size distribution. Tablet dissolution is unrelated to drug substance chemical stability. The risk is low.
	Degradation Products	The risk is high. See justification for assay.
Flow Properties	Assay	Acetriptan has poor flow properties. In extreme cases, poor flow may impact assay. The risk is medium.
	Content Uniformity	Acetriptan has poor flow properties which may lead to poor tablet CU. The risk is high.
	Dissolution	The flowability of the drug substance is not related to its degradation pathway or solubility. Therefore, the risk is low.
	Degradation Products	

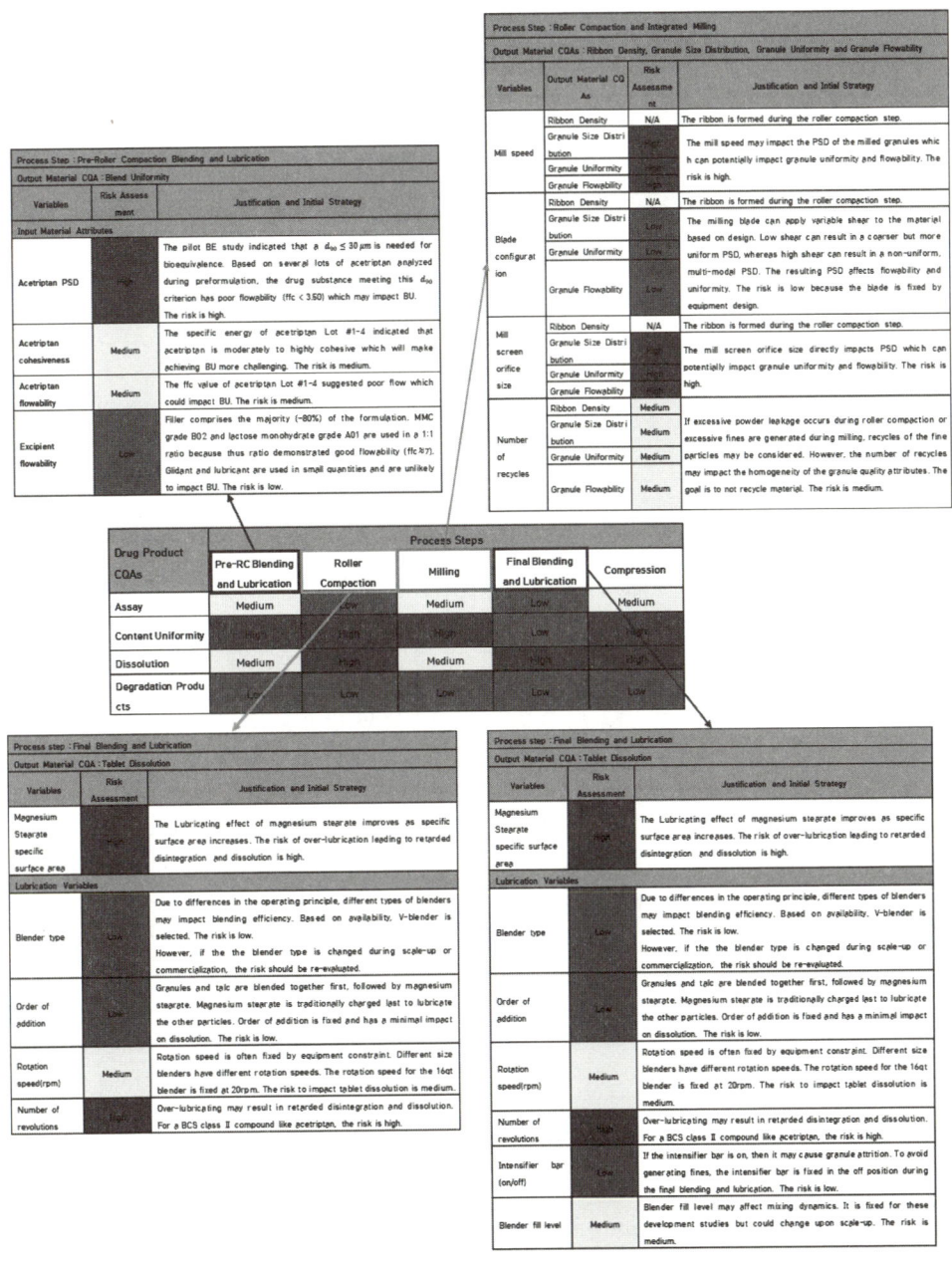

그림 2-9   IR Tablet Risk Assessment(RA)(FDA, 2012)

MR(Moderate release) Tablet에서는 IR(Instant Release) Tablet과 동일한 방법을 사용하였으며 본 위해평가(Primary-RA)에서 제조 공정뿐만 아니라 제형에 대하여 공정별 세부적 위해평가(RA)를 수행하였다. 또한 수행한 위해평가(RA)에 대하여 IR(Instant Release) Tablet과 동일한 방법으로 위험성 판단근거를 제시하고 있다.

Drug Product CQAs	Drug Substance Attributes						
	Solid State Form	Particle Size/ Bulk Density	Hygroscopicity	Solubility	Residual Solvents	Process Impurities	Chemical Stability
Physical Attributes (size and splitability)	Low	Low	Low	Low	Low	Low	Low
Assay	Low	Low	Low	Low	Low	Low	Low
Content Uniformity	Low	Low	Low	Low	Low	Low	Low
Drug Release	High	Low	Low	High	Low	Low	Low

그림 2-10 Risk Assessment(RA) for the drug substance attributes(FDA, 2011)

표 2-15 Justification for the Risk Assessment(RA) of the drug substance attributes(FDA, 2011)

Drug Substance Attributes	Drug Product CQAs	Justification
Solid State Form	Physical Attributes (size and splitability)	Solid state form does not affect tablet physical attributes (size and splitability), assay or content uniformity (CU).
	Assay	
	Content Uniformity	
	Drug Release	Example IR Tablets contain crystalline drug substance Z and no solid state form transformation occurs during manufacture. However, the drug substance may convert to its amorphous state during the drug layering process used to manufacture Example MR Tablets. This transformation may impact drug release. Furthermore, if Example MR Tablets contain amorphous drug substance that crystallizes during storage of the finished product, the drug release profile may change. The risk of solid state form to impact drug release from the tablets is high.
Particle Size/Bulk Density	Physical Attributes (size and splitability)	As discussed in ANDA aaaaaa, drug substance Z has poor flow characteristics. Particle size distribution (PSD) was optimized (d10: 1-10 μm; d50: 10-30μm; d90: 25-50μm) during the IR granulation development. The risk of starting PSD and bulk density to impact the IR granules is low.

The drug substance Z is dissolved in the drug layering solution used to manufacture the drug-layered beads. The risk of starting PSD |
	Assay	
	Content Uniformity	
	Drug Release	

Drug Substance Attributes	Drug Product CQAs	Justification
		and bulk density to impact the ER coated beads is low. Therefore, the risk of PSD or bulk density to impact the drug product CQAs is also low.
Hygroscopicity	Physical Attributes (size and splitability)	Because the drug substance is not hygroscopic, the risk of sorbed water to impact tablet physical attributes (size and splitability), assay, CU or drug release is low.
	Assay	
	Content Uniformity	
	Drug Release	
Solubility	Physical Attributes (size and splitability)	Drug substance solubility has no impact on tablet physical attributes (size and splitability), assay, or CU. The risk is low
	Assay	
	Content Uniformity	
	Drug Release	Drug substance Z has a high intrinsic dissolution rate and a high solubility. It may migrate into the ER polymer film and potentially impact the drug release profile. The risk is high.
Residual Solvents	Physical Attributes (size and splitability)	The residual solvents in the drug substance are well below the ICH Q3C levels (based on ten commercial batches). As such, the risk of drug substance residual solvents to impact the drug product CQAs is low.
	Assay	
	Content Uniformity	
	Drug Release	
Process Impurities	Physical Attributes (size and splitability)	The drug substance supplied by the vendor is cinsistently pure with total impurities < 0.05%(based on ten commercial batches). The risk of process impurities in drug substance Z to impact the frug product CQAs is low.
	Assay	
	Content Uniformity	
	Drug Release	
Chomical Stability	Physical Attributes (size and splitability)	Both crystalline and amorphous forms of the drug substance are stable both in the solid state and in solution. The risk of the drug substance chemical stability to impact the drug product CQAs is low.
	Assay	
	Content Uniformity	
	Drug Release	

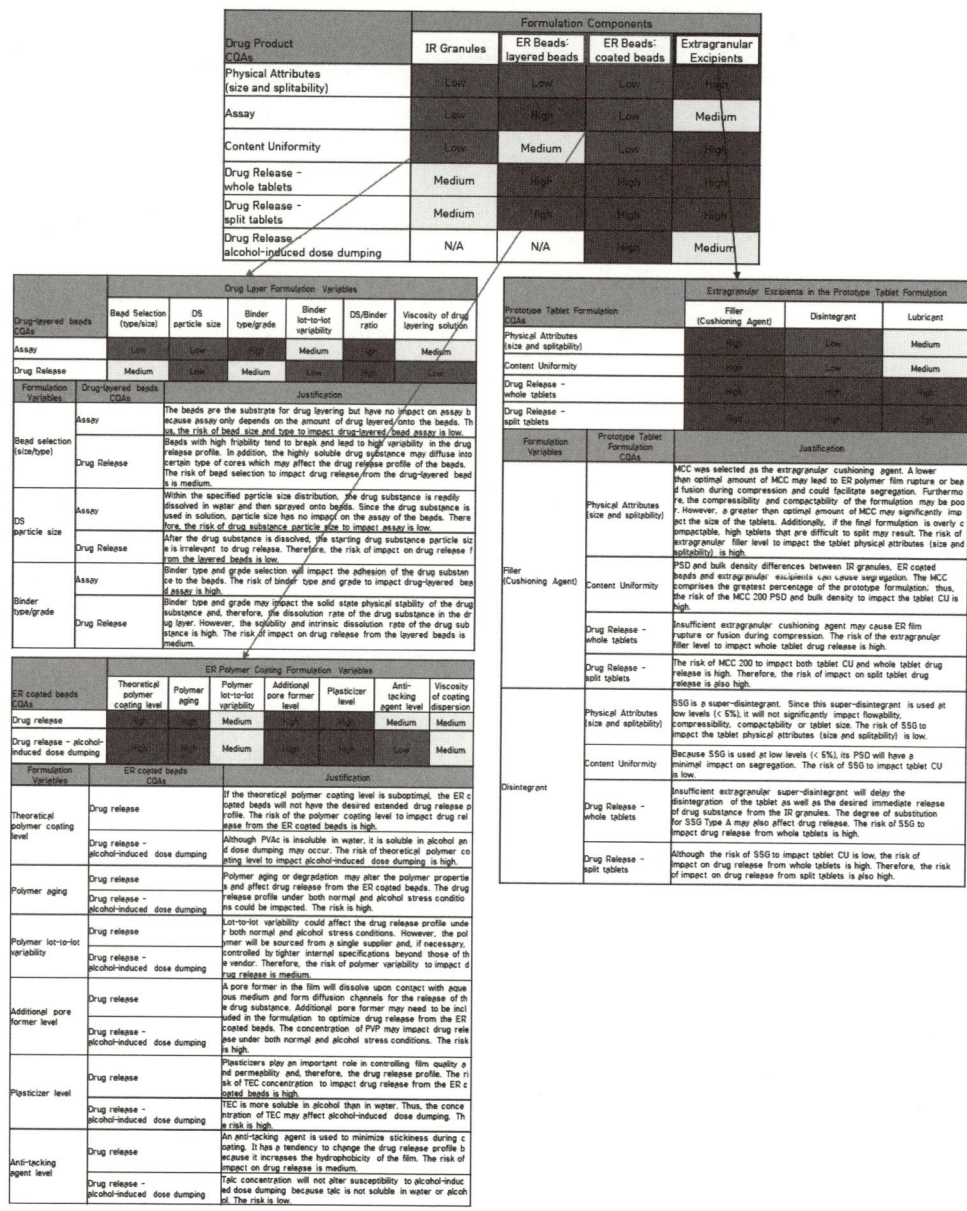

그림 2-11 MR Tablet Risk Assessment(RA)(FDA, 2011)

ACE Tablet의 초기 위해평가(Pre-RA)는 제형과 공정을 한꺼번에 결합하여 수행하고 있다. 제형의 위해평가(RA)에서 핵심 원료 의약품(API)과 제형에 대한 위해평가(RA)를 수행한다. 공정의 위해평가(RA)는 전체 공정에 대한 위해평가(RA)를 실시한 후 공정별 세부요소에 대하여 본 위해평가(Primary-RA)를 수행한다. 각 공정의 세부요소에 대한 위해평가(RA)를 수행하고, 개선 후 최종 위해평가(Post-RA)를 실시한다. 위해평가(RA)는

IR(Instant Release) 및 MR(Moderate Release) Tablet과 유사한 방법으로 수행하며, 두 단계(높음, 낮음)로 판단한다.

DP CQAs	API Attribute								
	Particle Size	Salt form	Moisture	Crystallinity	Morphology	Stability	Solvent content	Purity	Solubility
Appearance	Low	Low	Low	Low	Low	Low	Low	Low	Low
Identity	Low	High	Low	Low	High	Low	Low	Low	Low
Assay	Low	Low	Low	Low	Low	Low	Low	High	Low
Impurities	Low	Low	High	Low	Low	High	High	High	Low
Content Uniformity	High	Low	Low	Low	Low	Low	Low	Low	Low
Dissolution	High	High	Low	High	High	Low	Low	Low	High

DP CQAs	Formulation Attributes				
	Microcrystalline Cellulose	Lactose Monohydrate	Croscarmellose Sodium	Magnesium stearate	Talc
Appearance	Low	Low	Low	High	Low
Identity	Low	Low	Low	Low	Low
Assay	Low	Low	Low	Low	Low
Impurities	Low	Low	Low	High	Low
Content Uniformity	High	Low	Low	High	Low
Dissolution	Low	Low	High	High	Low

그림 2-12 Initial Risk Assessment(RA) for ACE Tablet(CMC-IM Working Group, 2008)

DP CQAs	Formulation Attributes						
	API level	API particle size	Lactose level	Disintegrant level	MCC particle size	Glidant level	Mg St level
Appearance	Low	Low	Low	Low	Low	Low	High
Identity	Low	Low	Low	Low	Low	Low	Low
Assay	Low	Low	Low	Low	Low	Low	Low
Impurities	Low	Low	Low	Low	Low	Low	Low
Content Uniformity	High	High	Low	Low	High	Low	Low
Dissolution	High	High	Low	High	Low	Low	High

DP CQAs	Unit Operations				
	Blending I	Roller Compaction	Milling	Lubrication	Compresssion
Appearance	Low	Low	Low	High	High
Identity	Low	Low	Low	Low	Low
Assay	Low	Low	Low	Low	High
Impurities	Low	Low	Low	Low	Low
Content Uniformity	High	High	High	Low	High
Dissolution	Low	High	High	High	High

그림 2-13 Risk Assessment(RA) for ACE Tablet(CMC-IM Working Group, 2008)

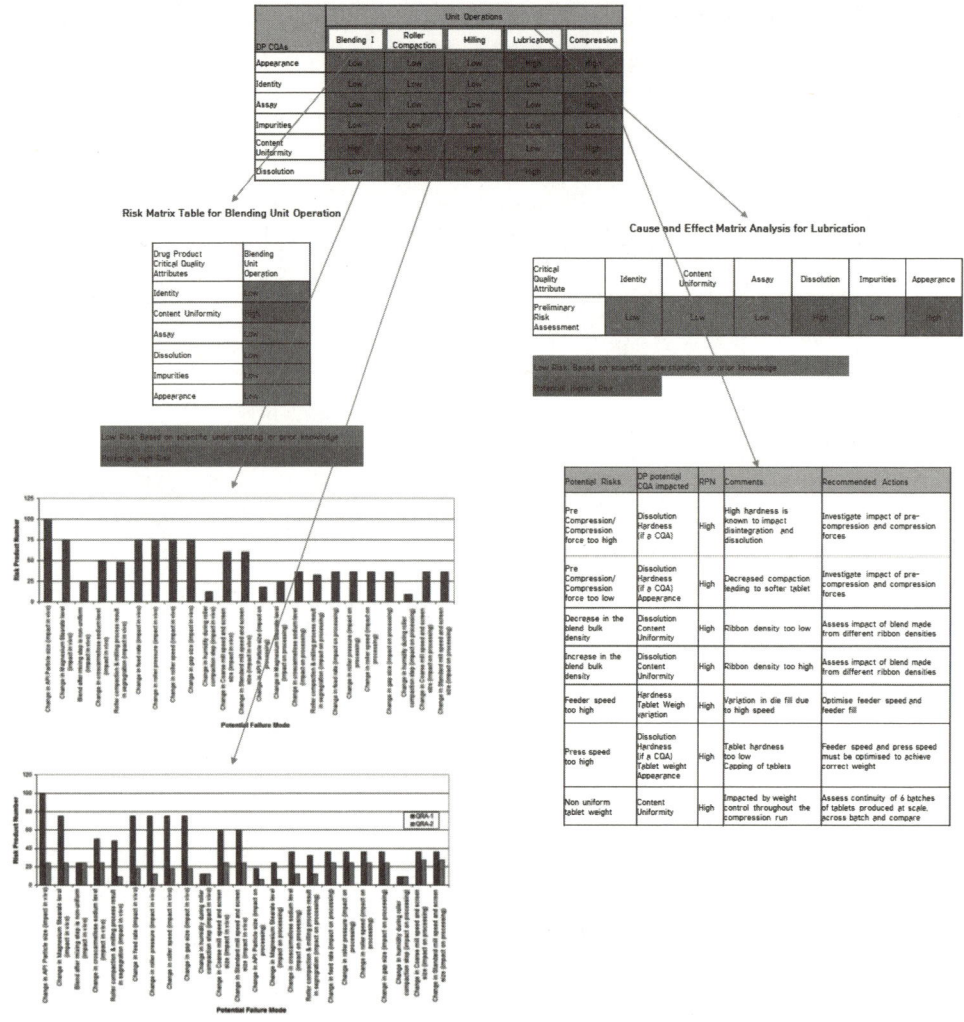

그림 2-14 ACE Tablet 추가 위해평가(RA) 예시(CMC-IM Working Group, 2008)

기존 국외 예시 모델에서 제시하는 QbD 플랫폼 중 위해평가(RA)의 특징을 아래의 〈표 2-16〉과 같이 비교 분석을 요약하여 제시하였다.

표 2-16 국외 예시 모델 위해평가(RA)

구분	위해평가(RA)
Sakura tablet (2009)	• 초기, 공정 개선 전/후, CS 적용 후 순서로 위해평가 실시 • CQAs에 영향을 미칠 가능성 있는 CPPs 파악하고 순위 정함 • FMEA 방법 사용, 낮은 위해 항목 배제 • 전체 공정과 제형에 대하여 동시에 수행 • 세로축 : CQA, 가로축 : 각 공정 및 약물, 입자크기 등

구분	위해평가(RA)
Sakura tablet (2014)	• 초기, 공정 개선 전/후, CMA CS 및 CPP 적용후 순서로 위해평가 실시하여 CPPs 파악 • FMEA 방법 사용 • Sakura tablet 2009 : 치명도 행렬법, RPN법 혼용하여 적용 • Sakura tablet 2014 : RPN법 적용 • 전체 공정과 제형에 대하여 동시에 수행
IR tablet (2012)	• 원료의약품에 대하여 초기 위해평가 실시 • 제형과 제조 공정을 분리하여 위해평가 실시 • 제형 : 초기, 개선 후 최종 위해평가 실시
MR tablet (2011)	• 제조 공정 : 초기 위해평가는 CQAs에 대하여 수행, 본 위해평가와 최종 위해평가는 CIAs에 대하여 평가 실시 • 제조 공정의 본 위해평가는 단위 공정별로 실시하고 실험을 통하여 개선한 후 최종 위해평가 실시 • PPs의 위험성에 대한 타당한 근거 제시, 위험성은 세 단계(높음, 중간, 낮음)로 구분 • MR tablet은 본 위해평가에서 제형 및 제조 공정의 공정별 세부 위해평가 수행
ACE tablet (2008)	• 초기 위해평가는 제형과 공정을 동시에 수행 • 제형 : 핵심 원료 의약품(API), 제형에 대한 위해평가 실시 • 공정 : 전체 공정에 대한 위해평가 실시 → 공정별 세부 요소에 대하여 본 위해평가 실시 → 개선 후 최종 위해평가 실시 • IR·MR tablet과 유사한 방법으로 수행, 위험성은 두 단계(높음, 낮음)로 판단

2.3.2 위해평가(RA) 제안 플랫폼

국내외 플랫폼의 장단점을 검토하여 가장 효과적으로 위해평가(RA)를 수행할 수 있는 표준화된 방법을 본 절에 상세하게 제시하였다. 먼저 본 절에서 제시하는 위해평가(RA) 예시 모델에서는 완제의약품을 제제 조성과 제조 공정으로 나누어 초기 위해평가(Pre-RA)를 실시할 것을 제안하였다. 그리고 주요품질특성(CQA)과 제제 조성 및 단위 제조 공정들 간의 초기 위해평가(Pre-RA)를 실시하기 전, 주요품질특성(CQA)과 중간생성물 특성(CIA) 간의 연관성을 바탕으로 초기 위해평가(Pre-RA)를 실시함으로써 중간생성물의 특성(CIA)이 완제의약품의 주요품질특성(CQA)에 미치는 영향의 정도를 품질기능전개(QFD) 방법을 활용하여 파악한다. 제안한 QFD 방법은 중간생성물특성(CIA)에 따라 완제의약품의 주요품질특성(CQA)가 변할 가능성을 고려하여 점수를 3점 척도(1, 3, 9)로 부여하며, 점수 부여에 대한 근거를 함께 제시한다. 주요품질특성(CQA)과 중간생성물특성(CIA)들

간의 위해평가(RA)에 대한 예시는 아래 〈표 2-18〉과 〈표 2-19〉에 제시하였다.

표 2-17 연관성 정의

연관성	점수	설명 및 근거
관련성 약함	1	완제의약품의 주요품질특성(CQA)이 중간생성물 특성(CIA)에 따라 변할 가능성이 낮음
관련성 있음	3	완제의약품의 주요품질특성(CQA)이 중간생성물 특성(CIA)에 따라 변할 가능성이 있음
관련성 높음	9	완제의약품의 주요품질특성(CQA)이 중간생성물 특성(CIA)에 따라 변할 가능성이 매우 높음

표 2-18 중간생성물(CIA)과 주요품질특성(CQA) 초기 위해평가(Pre-RA) 예시

		CQAs				
		용출	함량	제제균일성	…	분해산물
CIAs	입자크기	1	3	1		9
	수분함량	3	9	3		3
	흐름성	3	1	9		1

표 2-19 중간생성물(CIA)과 주요품질특성(CQA) 초기 위해평가(Pre-RA) 근거

CIAs	CQAs	연관성	타당성/근거
입자 크기	용출	1	중간생성물의 입자 크기는 완제의약품의 용출에 영향을 주지 않으므로 연관성 낮음
	함량	3	중간생성물의 입자크기에 따라 함량에 영향을 줄 수 있으므로 연관성 중간
	제제균일성	1	입자의 크기가 완제의약품의 제제균일성에 미치는 영향이 낮으므로 연관성 낮음
	유연물질	9	입자크기가 완제의약품의 유연물질에 미치는 영향이 높으므로 연관성 높음
수분 함량	용출	⋮	⋮
	함량		
	제제균일성		
	유연물질		
흐름성	용출		
	함량		
	제제균일성		
	유연물질		

주요품질특성(CQA)과 중간생성물특성(CIA) 간의 초기 위해평가(Pre-RA) 후에는 주요품질특성(CQA)과 제제 조성 및 단위 제조 공정 인자 간의 초기 위해평가(Pre-RA)를 실시하

며, 〈표 2-20〉과 같이 QFD(Quality Function Deployment, 품질기능전개)를 이용해 완제의약품의 주요품질특성(CQA)과 제제 조성 및 단위 제조 공정 사이의 중요도를 확인한다. 품질기능전개(QFD)는 자동차 산업에서 많이 활용되는 방법인데, 두 가지 측면을 동시에 고려하면서 두 특성의 연관성을 중요도를 반영하여 정량적으로 파악할 수 있는 방법이다. 따라서 주요품질특성(CQA)와 중간생성물특성(CIA)과의 연관성을 제시할 수 있는 방법이라고 할 것이다.

QFD 활용에서 중요도는 품질목표 및 제품프로필(QTPP)에서 설정한 목표를 달성하기 위한 중요성으로, 정도에 따라서 점수를 5점 척도(1, 2, 3, 4, 5)로 부여하고, 처방변수와 단위공정에 따라서 완제의약품의 주요품질특성(CQA)이 변할 가능성을 고려하여 연관성 점수를 3점 척도(1, 3, 9)로 부여한다. 이를 통해 제제 조성과 각 단위 공정의 점수를 도출하여 순위를 결정하고, 도출된 최종 점수를 이용하여 위험수준을 표시한 후 이에 대한 타당성/근거를 함께 제시하도록 한다. 주요품질특성(CQA)과 제제 조성, 단위 제조 공정 간 초기 위해평가(Pre-RA)에 대한 예시는 다음 〈표 2-22〉와 〈표 2-23〉에서 볼 수 있다.

표 2-20 품질기능전개(QFD)에서 사용되는 중요도 정의

중요도	점수	설명/근거
중요도 매우 낮음	1	품질목표 및 제품프로필(QTPP)에서 설정한 목표를 달성하기 위해 완제의약품의 주요품질특성(CQA)의 중요도가 매우 낮으며, 해당 CQA의 목표를 달성하기가 매우 쉬움
중요도 낮음	2	품질목표 및 제품프로필(QTPP)에서 설정한 목표를 달성하기 위해 완제의약품의 주요품질특성(CQA)의 중요도가 낮으며, 해당 CQA의 목표를 달성하기가 쉬움
보통 수준의 중요도	3	품질목표 및 제품프로필(QTPP)에서 설정한 목표를 달성하기 위해 완제의약품의 주요품질특성(CQA)의 중요도가 중간이며, 해당 CQA의 목표를 달성하기 에 어려움이 있을 수도 있음
중요도 낮음	4	품질목표 및 제품프로필(QTPP)에서 설정한 목표를 달성하기 위해 완제의약품의 주요품질특성(CQA)의 중요도가 높으며, 해당 CQA의 목표를 달성하기가 어려움
중요도 매우 낮음	5	품질목표 및 제품프로필(QTPP)에서 설정한 목표를 달성하기 위해 완제의약품의 주요품질특성(CQA)의 중요도가 매우 높으며, 해당 CQA의 목표를 달성 하기가 매우 어려움

표 2-21 품질기능전개(QFD)에서 사용되는 연관성 정의

연관성	점수	설명 및 근거
관련성 약함	1	완제의약품의 주요품질특성(CQA)이 제제변수 또는 공정변수에 따라 변할 가능성이 낮음
관련성 있음	3	완제의약품의 주요품질특성(CQA)이 제제변수 또는 공정변수에 따라 변할 가능성이 있음
관련성 높음	9	완제의약품의 주요품질특성(CQA)이 제제변수 또는 공정변수에 따라 변할 가능성이 매우 높음

표 2-22 완제의약품 주요품질특성(CQA)에 대한 품질기능전개(QFD) 평가 및 초기 위해평가(Pre-RA) 예시

CQAs	제제 조성	제조공정			중요도
		혼합	활택	건조	
용출	9	1	3	3	9
함량	1	3	3	1	9
제제균일성	9	3	1	1	3
분해산물	3	3	9	1	1
Score	120	48	66	40	
Rank	1	3	2	4	

연관성	
낮음	9
중간	3
높음	1

위험성	
낮음	
중간	
높음	

표 2-23 완제의약품 주요품질특성(CQA) 초기 위해평가(Pre-RA)에 대한 근거

	CQAs	위험성	연관성	타당성/근거
제제조성	용출	높음	9	의약품 제제조성 특성에 따라 용출률이 달라지므로 위험성 높음
	함량	낮음	1	의약품 제제조성의 특성이 함량에 영향을 미치지 않으므로 위험성 낮음
	제제균일성	높음	9	제제조성이 의약품의 균일성에 상당한 영향을 미치므로 위험성 높음
	분해산물	보통	3	제제조성 특성이 분해산물에 영향을 미치나 그 정도가 크지 않으므로 위험성 보통
단위공정	CQAs	위험성	연관성	타당성/근거
혼합	용출	⋮	⋮	⋮
	함량			
	제제균일성			
	분해산물			

	CQAs	위험성	연관성	타당성/근거
활택	용출			
	함량			
	제제 균일성			
	분해산물			
건조	용출			
	함량			
	제제 균일성			
	분해산물			

본 위해평가(Primary-RA)에서는 품질기능전개(QFD)를 이용하여 수행한 초기 위해평가(Pre-RA) 결과를 바탕으로 고장모드영향분석(FMEA)을 적용하여 주요품질특성(CQA)과 제제 조성 및 제조 공정 주요 인자들 간의 위해 평가(RA)를 수행한다. 그에 대한 설정 예시 및 근거는 〈표 2-28〉, 〈표 2-29〉와 같이 제시한다. 앞서 초기 위해평가(Pre-RA)와 마찬가지로 제형변수(MA)와 공정변수(PP)에 따라서 완제의약품의 주요품질특성(CQA)이 변할 가능성을 고려하여 연관성 점수를 3점 척도(1, 3, 9)로 부여한다. 위험성은 총 3단계(낮음, 보통, 높음)로 나뉘며, 위험우선순위번호(RPN)를 기반으로 평가한다. 그에 대한 근거는 심각도(S), 발생도(O), 검출도(D)를 바탕으로 제시한다.

심각도(S)는 제형변수(MA)와 공정변수(PP)가 완제의약품의 주요품질특성(CQA)에 미치는 영향의 정도 또는 관리 강도에 따라서 5점 척도(1, 2, 3, 4, 5)로 부여한다. 발생도(O)의 경우 제형변수(MA) 또는 공정변수(PP)의 위해요소로 인하여 목표품질 및 목표성능에 저하를 일으키는 정도에 따라서 5점 척도로 점수를 부여한다. 검출도(D)는 제형변수(MA)와 공정변수(PP)의 고장요인을 발견할 확률 또는 발견하는 시점을 기준으로 앞의 두 척도와 마찬가지로 5점 척도 점수를 부여한다. 위험우선순위번호(RPN)는 심각도(S), 발생도(O), 검출도(D)를 곱한 값으로 1~125까지의 범위를 가지며, 20 미만은 위험성 낮음, 20 이상 40 미만은 보통, 40 이상은 위험성 높음으로 판단할 수 있다.

또한 Scale-up 시 위험성, 즉 생산의 규모가 커짐에 따라 발생할 수 있는 위험성의 정도를 3점 척도(1, 3, 5)로 부여하여 Scale up에 따른 잠재 위험성 또한 평가를 추가하는 것이 바람직할 것이다.

표 2-24 심각도(Severity, S) 정의

심각도	점수	근거
미미한 영향	1	제제조성의 특성이나 제조공정의 변수가 완제의약품의 주요품질특성(CQA)에 영향을 미치지 않거나 주목할 만한 영향이 없음
약한 영향	2	제제조성의 특성이나 제조공정의 변수가 완제의약품의 주요품질특성(CQA)에 약한 영향을 미치며, 주요품질특성(CQA)에 경미한 변동을 일으킴
보통 영향	3	제제조성의 특성이나 제조공정의 변수가 완제의약품의 주요품질특성(CQA)에 영향을 미치며, 주요품질특성(CQA)에 변동을 일으킴
중대한 영향	4	제제조성의 특성이나 제조공정의 변수가 완제의약품의 주요품질특성(CQA)에 중대한 영향을 미치며, 주요품질특성(CQA)에 중대한 변동을 일으킬 수 있으므로 철저한 관리가 필요함
치명적 영향	5	제제조성의 특성이나 제조공정의 변수가 완제의약품의 주요품질특성(CQA)에 치명적인 영향을 미치므로 철저한 관리가 수반되지 않을 경우 목표를 충족 못할 수 있음

표 2-25 발생도(Occurrence, O) 정의

발생도	점수	근거
발생확률 희박	1	완제의약품의 목표품질 및 목표성능에 영향을 미치는 위해요소의 발생확률이 희박함
발생확률 낮음	2	완제의약품의 목표품질 및 목표성능에 영향을 미치는 위해요소가 있으나 발생확률이 낮음
발생확률 보통	3	완제의약품의 목표품질 및 목표성능에 영향을 미치는 위해요소의 발생확률이 있으며, 제제 조성 특성 또는 제조공정 변수의 각 인자가 만족하지 못할 가능성 존재
발생확률 높음	4	완제의약품의 목표품질 및 목표성능에 영향을 미치는 위해요소의 발생확률이 높으며, 목표품질 및 목표성능에 심각한 저하를 일으킬 수 있음
발생확률 빈번	5	완제의약품의 목표품질 및 목표성능에 영향을 미치는 위해요소의 발생확률이 매우 빈번하며, 목표품질 및 목표성능을 달성하지 못할 확률이 높음

표 2-26 검출도(Detectability, D) 정의

검출도	점수	근거
검출도 매우 높음	1	제제 조성의 특성 및 제조공정의 변수가 완제의약품의 주요품질특성(CQA)에 미치는 영향을 검출할 확률이 매우 높으며, 각 단위공정 이전에 확실히 발견될 수 있음
검출도 높음	2	제제 조성의 특성 및 제조공정의 변수가 완제의약품의 주요품질특성(CQA)에 미치는 영향을 검출할 확률이 높으며, 각 단위공정 수행 중 발견할 수 있음
검출도 보통	3	제제 조성의 특성 및 제조공정의 변수가 완제의약품의 주요품질특성(CQA)에 미치는 영향을 검출할 확률이 보통이며, 제조 공정 중에 발견됨
검출도 낮음	4	제제 조성의 특성 및 제조공정의 변수가 완제의약품의 주요품질특성(CQA)에 미치는 영향을 검출할 확률이 낮으며, 완제품 시험에서 발견됨

검출도	점수	근거
검출도 매우 낮음	5	제제 조성의 특성 및 제조공정의 변수가 완제의약품의 주요품질특성(CQA)에 미치는 영향을 검출할 확률이 매우 낮으며, 사용자에 의해 발견됨

표 2-27 Scale-up 시 위험성

검출도	점수	근거
변동성 낮음	1	제제 조성의 특성 또는 제조공정의 변수가 생산의 규모가 커지더라도 완제의약품의 주요품질특성(CQA)에 미치는 위험성이 낮으며, 발생하더라도 대처하기 쉬움
변동성 보통	3	제제 조성의 특성 또는 제조공정의 변수가 생산의 규모가 커짐으로써 완제의약품의 주요품질특성(CQA)에 영향을 미칠 수 있으며, 그에 따른 대처 전략이 필요함
변동성 높음	5	제제 조성의 특성 또는 제조공정의 변수가 생산의 규모가 커짐으로써 완제의약품의 주요품질특성(CQA)에 미치는 위험성이 크며, 철저한 대처 전략이 필요함

표 2-28 고장모드영향분석(FMEA)을 통한 본 위해평가(Primary-RA) 예시

CQAs	제제 조성			제조공정								
				혼합			활택			건조		
	부형제 A	부형제 B	부형제 C	혼합 속도	혼합 시간	장입 율	활택 시간	활택 온도	활택 속도	건조 시간	건조 온도	외기 습도
용출	3	3	9	3	1	1	1	1	3	1	1	3
함량	1	1	3	1	1	3	1	9	3	1	1	1
제제 균일성	9	3	1	3	3	3	9	9	1	3	1	1
유연물질	1	3	1	1	1	9	3	9	1	1	1	1

연관성	
낮음	9
중간	3
높음	1

위험성	
낮음	
중간	
높음	

표 2-29 고장모드영향분석(FMEA)을 통한 본 위해평가(Primary-RA) 근거

제제조성 특성	CQAs	심각도	발생도	검출도	RPN (위험성 우선순위 번호)	Scale up 시 위험성	근거/타당성
제제 조성 / 부형제 A	용출	3	3	4	36	5	부형제 A가 용출에 영향을 미칠 수 있으므로 위험성 보통
	함량	3	2	2	12	1	부형제 A에 따라 정제의 함량이 달라지지 않으므로 위험성 낮음

제제조성 특성		CQAs	심각도	발생도	검출도	RPN (위험성 우선 순위 번호)	Scale up 시 위험성	근거/타당성
	부형제 A	제제균일성	5	3	3	45	3	부형제 A가 CQA에 중대한 변동을 일으킬 수 있으므로 위험성 높음
		유연물질	1	3	2	6	1	부형제 A는 유연물질에 영향을 미치지 않으므로 위험성 낮음
	부형제 B	용출	4	4	2	32	5	부형제 B에 따라 용출에 영향을 미칠 수 있으므로 위험성 보통
		함량	2	4	2	16	3	부형제 B의 발생률은 다소 높으나 큰 영향을 미치지 않으므로 위험성 낮음
		제제균일성	2	3	4	24	3	부형제 B의 검출도가 낮고 제제균일성에 영향을 줄 수 있으므로 위험성 보통
		유연물질	4	3	3	36	1	부형제 B가 유연물질에 변동을 일으킬 수 있으므로 위험성 보통
	부형제 C	용출	5	2	4	40	3	부형제 C가 용출에 미치는 영향이 크므로 위험성 높음
		함량	5	2	2	20	1	부형제 C는 함량에 영향을 줄 수 있으므로 위험성 보통
		제제균일성	4	2	1	8	1	부형제 C가 관리되지 않을 경우 변동을 일으킬 수 있으나 검출확률이 높아 위험성 낮음
		유연물질	1	3	3	9	1	부형제 C 변동의 발생이 유연물질에 영향을 미치지 않으므로 위험성 낮음

공정변수		CQAs	심각도	발생도	검출도	RPN (위험성 우선 순위 번호)	Scale up 시 위험성	근거/타당성
혼합	혼합 속도	용출	3	4	3	36	1	
		함량	2	4	2	16	3	
		제제균일성	3	3	3	27	5	
		유연물질	3	3	1	9	1	
	혼합 시간	용출	4	1	1	4	1	
		함량	4	1	2	8	1	⋮
		제제균일성	1	5	3	15	5	
		유연물질	3	3	2	18	1	
	장입율	용출	4	1	1	4	3	
		함량	3	4	2	24	3	
		제제균일성	3	4	3	36	5	
		유연물질	4	5	3	60	1	
활택		⋮				⋮		
건조								

본 위해평가(Primary-RA)에서는 초기 위해평가(Pre-RA)를 기반으로 주요품질특성(CQA)과 주요 제제 조성 및 제조 공정 인자들 간의 심층 위해평가(RA)를 수행하였다. 추가 위해평가(Post-RA)에서는 본 위해평가(Primary-RA) 결과를 기반으로 위험성이 낮은 인자는 제외한 후 재평가를 실시하며, 실험계획법(DoE) 기반의 디자인스페이스(DS)단계에서 도출된 결과를 기반으로 주요 제형변수(MA) 및 공정변수(PP)에 안정적인 범위를 적용하여 위해평가(RA)를 실시한다. 〈표 2-30〉과 〈표 2-31〉에서 보는 바와 같이 건조온도의 경우 위험성이 낮아 추가 위해평가(Post-RA) 대상에서 제외하였으며, 최적화 결과를 바탕으로 나온 인자들의 범위를 적용하여 추가 위해평가(Post-RA)를 실시한 결과, 대부분 인자들의 위험성이 낮아졌음을 볼 수 있다.

표 2-30 본 위해평가(Primary-RA) 예시

CQAs	제제 조성			제조공정								
				혼합			활택			건조		
	부형제 A	부형제 B	부형제 C	혼합 속도	혼합 시간	장입율	활택 시간	활택 온도	활택 속도	건조 시간	건조 온도	외기 습도
용출	3	3	9	3	1	1	1	1	3	1	1	3
함량	1	1	3	1	1	3	1	9	3	1	1	1
제제 균일성	9	3	1	3	3	3	9	9	1	3	1	1
유연물질	1	3	1	1	1	9	3	9	1	1	1	1

표 2-31 추가 위해평가(Post-RA) 예시

CQAs	제제 조성			제조공정								
				혼합			활택			건조		
	부형제 A	부형제 B	부형제 C	혼합 속도	혼합 시간	장입율	활택 시간	활택 온도	활택 속도	건조 시간	건조 온도	외기 습도
용출	3	3	9	3	1	1	1	1	3	1	3	3
함량	1	1	3	1	1	3	1	9	3	1	1	1
제제 균일성	1	3	1	3	3	3	9	9	1	3	1	1
유연물질	1	3	1	1	1	9	3	9	1	1	1	1

표 2-32 추가 위해평가(Post-RA) 근거

제제조성 특성		CQAs	심각도	발생도	검출도	RPN (위험성 우선순위 번호)	Scale up 시 위험성	근거/타당성
제제 조성	부형제 A	용출	3	1	1	3	5	부형제 A이 용출의 목표에 미치는 범위를 조절할 수 있으므로 위험성 낮음
		함량	2	2	2	8	1	부형제 A의 함량에 미치는 영향이 낮으므로 위험성 낮음
		제제균일성	4	2	3	24	3	의약품 부형제 A의 특성에 따라 제제균일성에 영향을 줄 수 있으므로 위험성은 보통이며, 추가 DoE를 통한 위험성 감소
		유연물질	1	3	1	3	1	부형제 A의 유연물질에 미치는 영향이 경미하므로 위험성 낮음
	부형제 B	용출	3	2	1	6	5	부형제 B가 용출에 크게 영향을 미치지 않으므로 위험성 낮음
		함량	2	4	2	16	3	부형제 B가 함량에 직접적으로 미치는 영향을 목표범위 내에서 조절할 수 있으므로 위험성 낮음
		제제균일성	3	2	1	6	3	부형제 B의 검출도를 높이고 제제균일성에 미치는 영향을 조절할 수 있으므로 위험성 보통
		유연물질	1	2	1	2	1	부형제 B가 유연물질에 변동을 주지 않으므로 위험성 낮음
	부형제 C	용출	2	3	2	12	3	부형제 C가 용출에 미치는 영향이 미미하므로 위험성 낮음
		함량	3	4	1	12	1	부형제 C가 함량에 영향을 주지 않으므로 위험성 낮음
		제제균일성	2	2	2	8	1	부형제 C가 제제균일성에 직접적으로 영향을 미치지 않으므로 위험성 낮음
		유연물질	1	1	4	4	1	부형제 C가 유연물질에 미치는 영향이 매우 적으므로 위험성 낮음

공정변수		CQAs	심각도	발생도	검출도	RPN (위험성 우선 순위 번호)	Scale up 시 위험성	근거/타당성
혼합	혼합 속도	용출	3	1	1	3	1	
		함량	1	1	2	2	3	
		제제균일성	3	3	2	18	5	⋮
		유연물질	3	2	2	12	1	
	혼합 시간	용출	1	2	3	6	1	
		함량	2	3	2	12	1	

제제조성 특성		CQAs	심각도	발생도	검출도	RPN (위험성 우선순위 번호)	Scale up 시 위험성	근거/타당성
		제제균일성	4	3	2	24	5	
		유연물질	2	2	2	8	1	
	장입율	용출	3	1	4	12	3	
		함량	2	1	3	6	3	
		제제균일성	2	3	3	18	5	
		유연물질	2	4	4	32	1	
활택 건조		⋮				⋮		

2.4 디자인스페이스(Design Space, DS)

디자인스페이스(DS)는 출력변수의 규격 상·하한을 만족하는 입력변수의 영역을 중첩등고선도 등을 통하여 나타낼 수 있으며, 입력변수의 공통 영역은 높은 품질을 갖는 것을 의미한다. 일반적인 개념에서 디자인스페이스(DS) 범위 내에서의 변경은 작업 변경으로 간주하지 않아도 되지만 QbD의 표준제작 시 FDA나 EMA 등에서 많은 논란이 있었으며, 초창기 FDA의 경우 디자인스페이스(DS)를 인정하였으나 현재는 디자인스페이스(DS)를 초기 승인에서는 인정하지 않고 있으며, 위험성을 낮추는 가장 효과적인 방법으로 권장하고 있다. 이러한 디자인스페이스(DS)는 실험계획법(DoE)의 적용과 결과의 활용을 통하여 도출될 수 있다. 디자인스페이스(DS)를 도출하는 대표적인 방법은 각 2개의 입력변수에 대한 2차원 중첩등고선도를 도출하는 방법이 있다. 그 이외에도 입력변수와 반응변수에 대해 개별적으로 디자인스페이스를 나타낸 Independent input & output graphs(MHLW, 2009)도 있으며, 많은 입력변수가 존재할 경우에 모든 경우의 수에 대해 중첩등고선도를 모두 도출하고 임의의 영역을 디자인스페이스(DS)로 설정 후, 각 설정된 디자인스페이스(DS)의 영역을 수치화하고, 표 형태로 나타낸 Integrated matrix 등도 제시되고 있다(정준혁, 2017).

본 절에서는 국외 디자인스페이스(DS) 플랫폼의 특징을 소개하고 제시된 국내외 예시모델의 특징을 비교분석하여 제시하고자 한다. 또한 국내외 논문의 예시를 소개하고 국내외 플랫폼과 논문예시를 바탕으로 가장 효과적인 디자인스페이스(DS) 도출 및 제시 방법을 제안하고자 한다.

1) 사쿠라정(Sakura Tablet)

Sakura tablet 예시모델에서는 주요공정변수(CPP)의 상호작용이 없고 각각 독립이라는 가정 하에 실시하는 방법인 Independent input & output graphs(MHLW, 2009)를 다음 [그림 2-15]와 〈표 2-33〉과 같이 제시하였다. 이 방법의 경우, 먼저 하나의 인자를 선택하고 나머지인자들은 특정값으로 고정한다. 그리고 선택한 인자와 CQA 사이의 함수관계를 도출하여 해당 함수식에 CQA의 규격 상·하한을 대입하면 선택된 인자의 상하한을 계산할 수 있다. 그러나, 이 방법은 고정시킨 다른 인자들에 대한 상호작용을 고려하지 못하기 때문에 정밀한 디자인스페이스(DS)를 도출할 수 없다. 일반적으로 이 방법은 One at a time과같은 간단한 실험과 회귀분석으로 주요품질특성(CQA)과 공정변수(PP)간에 대략적인 함수관계를 도출하기 때문에 인자가 많은 초기 스크리닝 단계에서 적합하며, 최적화 단계에서는 부적절하다(박성민, 2017).

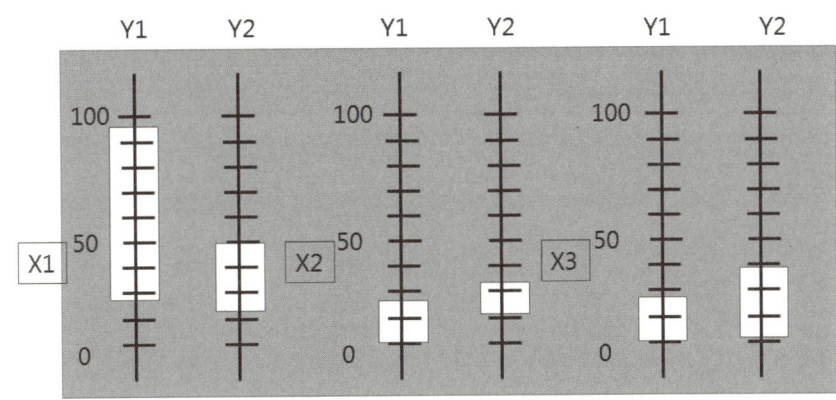

그림 2-15 Independent input & output graphs(MHLW, 2009)

표 2-33 주요품질특성(CQA)의 추정함수(MHLW, 2009)

	함수식		
	X_1	X_2	X_3
Y_1	$14.195-0.1494X_1$	$4.53 +0.312X_2$	$7.72 + 0.134X_3$
Y_2	$110.95-0.7711X_1$	$57.0 +1.92X_2$	$78.5 +0.54X_3$

2) 중첩등고선도(Overlay Contour Plot)

디자인스페이스(DS)를 도출하는 다른 방법 중 하나는 중첩등고선도로서 가장 많이 쓰이는 기법이다. 중첩등고선도란 실험한 인자의 범위(낮은 수준 ~ 높은 수준) 내에서 우리가 설정한 주요품질특성(CQA)의 하한 및 상한을 만족하는 부분을 표시해놓은 그래프이다. [그림 2-16]은 인자 A와 B에 대한 Y1의 중첩등고선도를 그린 것이다. 인자 A와 B의 범위(-1 ~ +1) 내에서 Y1의 범위 95~105를 만족할 수 있는 A와 B의 범위를 나타낸 것이다. 등고선도 내의 실선 부분은 Y1이 95가 되는 조합을 이어놓은 것이고, 점선 부분인 Y2는 Y1이 105가 되는 부분을 이어놓은 것이다. 흰색 영역은 Y1의 값이 95~105를 만속하는 영역이다. [그림 2-17]은 Y1, Y2의 등고선도로, A와 B의 범위 (-1 ~ +1) 내에서 Y1의 범위 95~105와 Y2의 범위 90~110을 동시에 만족할 수 있는 A와 B의 영역을 나타낸 것이다.

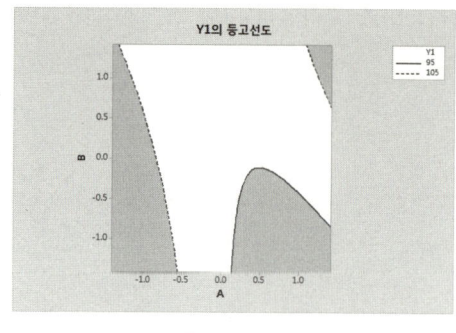
그림 2-16 Y₁의 등고선도

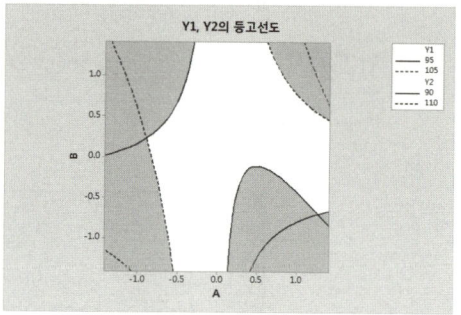
그림 2-17 Y₁, Y₂의 등고선도

중첩등고선도의 경우, 2차원적으로 밖에 디자인스페이스(DS)를 파악할 수 없다는 단점이 존재하여, 이를 보완하기 위해 인자가 3개 이상인 경우, 가장 중요한(영향도가 큰) 2개 인자를 선별하여 x축과 y축으로 두고, 나머지 인자들은 고정인자로 특정값으로 고정하여 활용한다. 그리고 고정값을 -1, 0, 1로 변화한 중첩등고선도를 다시 모두 중첩시켜 다차원 디자인스페이스(DS)를 도출할 수 있다. [그림 2-18]은 인자가 3개일 경우에 중첩등고선도를 그리는 것을 나타내었다. 고정한 인자의 수준이 변함에 따라 두 축에 있는 인자의 가용 영역의 범위 변화가 가장 작은 경우를 찾는다. 이 때, 고정 인자가 주요품질특성(CQA)에 가장 작게 영향을 주는 인자라고 판단한다. 아래의 [그림 2-18]에서는 인자 A를 고정하였을 경우, 가용 영역의 범위의 변화가 가장 작은 것으로 보이며, 이는 A의 영향도가 가장 작다고 판단할 수 있다.

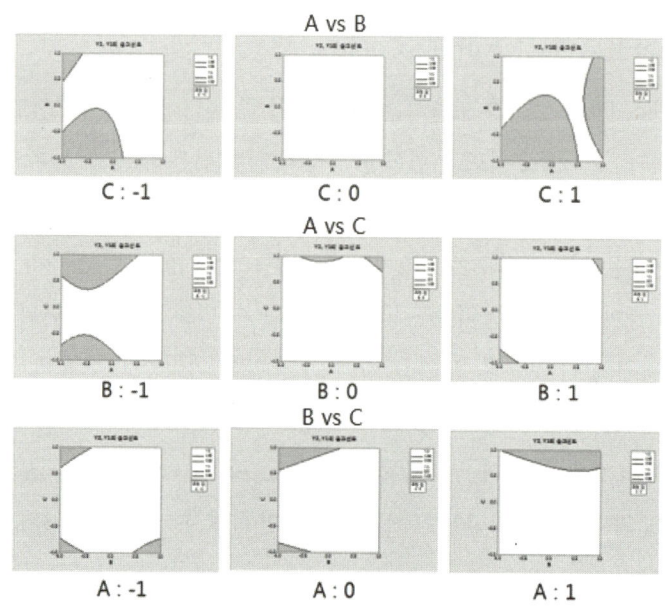
그림 2-18 인자가 3개일 경우 중첩등고선도

가장 영향도가 작은 인자 A를 고정하고 도출한 등고선도로부터 [그림 2-20]과 같이 다차원 중첩등고선도를 도출할 수 있다. 일반적으로 다차원 중첩등고선도를 그릴 때, 고정 인자의 수준을 -1, 0, 1 총 3가지 경우로 그리는 것이 바람직하다. 인자가 3개일 경우, 인자 3개 중 등고선도 평면상의 인자 2개를 배치하는 경우의 수 ($_3C_2$) × 고정 인자의 경우의 수 (3가지) = 9개이고, 인자가 4개일 경우, $_4C_2$ × 9 = 54개이며, 인자가 5개일 경우는 $_5C_2$ × 9 = 90개로 많은 등고선도를 중첩시켜 디자인스페이스(DS)를 한번에 파악해야 하는 어려움이 존재한다.

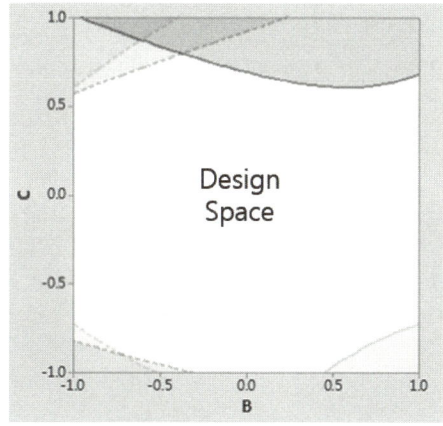

그림 2-19 B vs C의 중첩등고선도 (A의 범위 : -1 ~ 1)

이러한 디자인스페이스(DS)는 회귀 함수를 사용하여 도출되기 때문에 오차의 분산이 클 경우, 도출된 회귀 함수의 신뢰성이 떨어지게 되는데, 이러한 분산성을 고려하기 위해 신뢰구간을 적용한 중첩등고선도를 통해 안전가용영역(Safe Operating Space, SOS)을 도출할 수 있다. 아래의 [그림 2-20]은 신뢰구간 95%를 적용한 중첩등고선도이다.

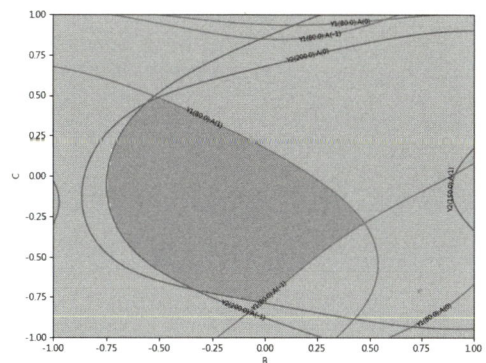

그림 2-20 신뢰구간을 적용한 Y_1, Y_2의 중첩등고선도

3) 허용범위(Normal Acceptable Range, NAR)

디자인스페이스(DS)를 도출하는 방법 중 중첩등고선도, Independent input & output graphs 이외에도 Integrated matrix 방법이 있다. Integrated matrix란 중첩등고선도에서 디자인스페이스(DS)를 만족하는 인자들의 범위를 지정하여 모든 주요품질특성(CQA)을 만족시킬 수 있는 공통 영역을 구하는 방법이다. 각 주요품질특성(CQA)에 대한 함수관계를 통해 도출한 중첩등고선도를 아래 [그림 2-21], [그림 2-22], [그림 2-23]과 같이 나타냈으며, 각 그림에서 볼 수 있듯이 주요공정변수(CPP)가 3개이므로 2차원적으로만 나타낼 수 있는 모든 경우의 수인 3개의 디자인스페이스(DS)가 도출되었고, X축과 Y축으로 설정된 2개의 인자를 제외한 나머지 1개 인자는 특정값으로 고정시킨다. 이 특정값의 경우 인자 수준의 중앙값 혹은 최적화를 진행하여 도출된 값으로 고정시킨다.

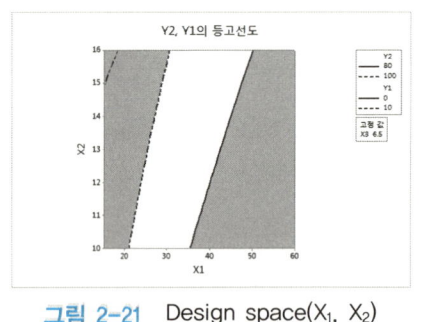

그림 2-21 Design space(X_1, X_2)

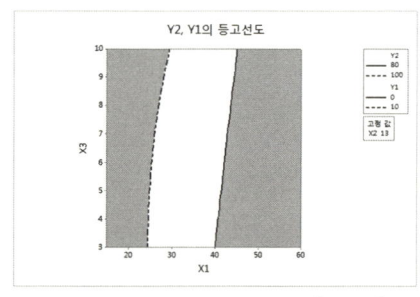

그림 2-22 Design space(X_1, X_3)

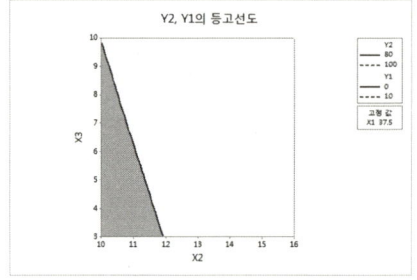

그림 2-23 Design space(X_2, X_3)

위의 중첩등고선도에서 디자인스페이스(DS)를 다음 [그림 2-24], [그림 2-25], [그림 2-26]과 같이 직사각형 모양으로 나타내고, 이 범위를 〈표 2-34〉의 Intergrated matrix Design space로 나타낼 수 있으며, 이를 통해 모든 디자인스페이스(DS)를 만족시키는 허용범위(NAR)를 〈표 2-35〉와 같이 얻을 수 있다.

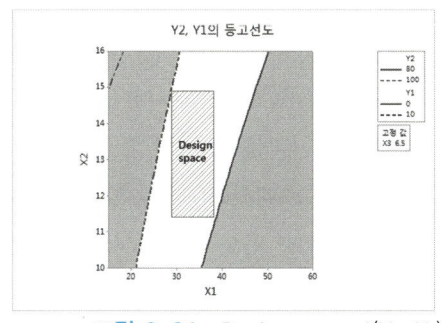
그림 2-24 Design space1(X_1, X_2)

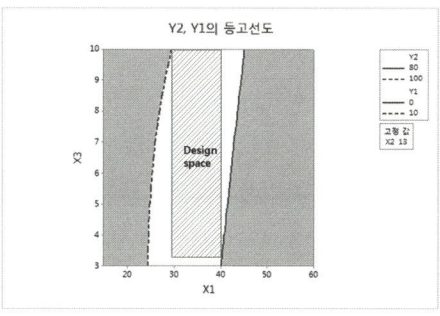
그림 2-25 Design space2(X_1, X_3)

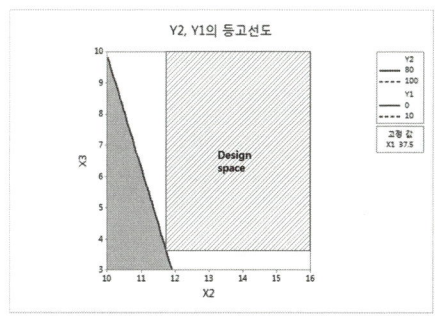
그림 2-26 Design space3 (X_2, X_3)

표 2-34 Intergrated matrix Design space

Design space		중요 공정 변수		
DS NO.	범위	X1	X2	X3
Design space1	낮음	30	11.5	6.5
	높음	38	14.8	
Design space2	낮음	30	13	3.3
	높음	40		10
Design space3	낮음	37.5	11.8	3.5
	높음		16	10

표 2-35 Normal Acceptable Range (NAR)

NAR	주요공정변수(CPP)		
	X_1	X_2	X_3
Lower NAR	30	11.8	3.5
Upper NAR	38	14.8	10

2.4.1 디자인스페이스(DS) 예시 자료 비교

Sakura tablet 2009에서는 디자인스페이스(DS)를 실험계획법(DoE)를 통해 도출하지 않아 변수들 간의 상호작용(교호작용)이 고려되지 않고 개별적 단일 변량에 대해서만 설정되었다. 따라서 각각의 변수에 대한 독립적인 디자인스페이스(DS)를 도출하고 이를 하나의 디자인스페이스(DS)로 나타내기 때문에 변수들 간의 변화를 고려하지 못한다는 문제점이 있다. 도출된 디자인스페이스(DS)는 아래의 [그림 2-27]과 같다.

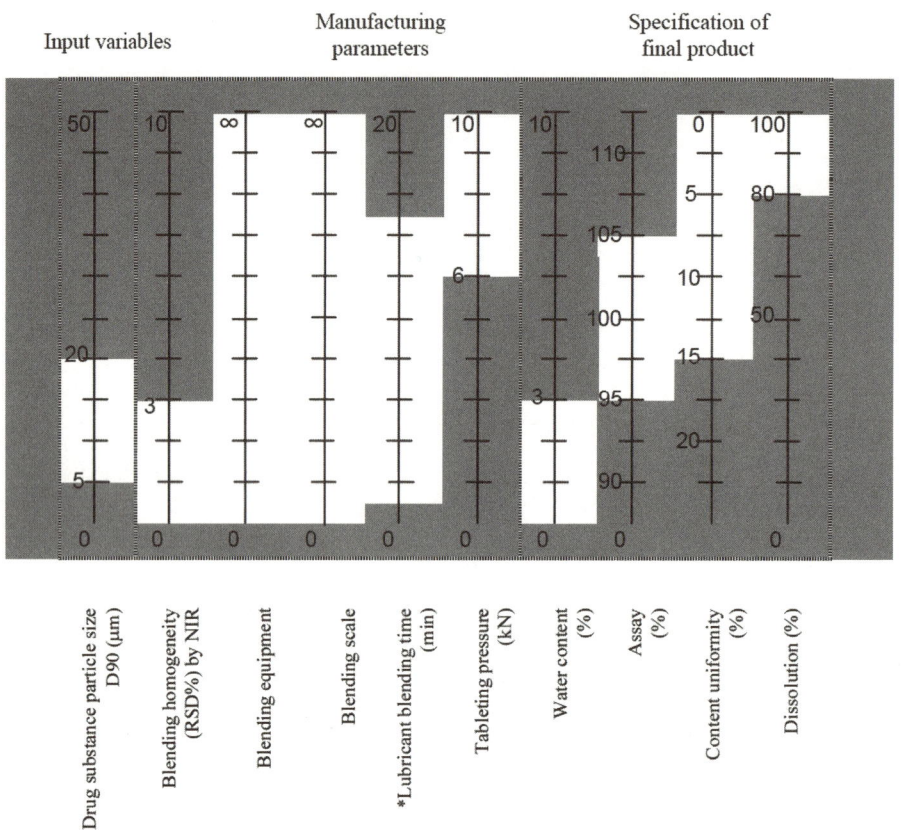

그림 2-27 Design Space(DS) and Specifications of Sakura Tablet(MHLW, 2009)

Sakura tablet 2014에서는 Sakura tablet 2009와 달리 실험계획법(DoE)을 통하여 단일 변량뿐만 아니라 변수들 간에 상호작용을 고려한 디자인스페이스(DS)를 도출하였다. 도출된 디자인스페이스(DS)는 아래의 [그림 2-28]과 같다.

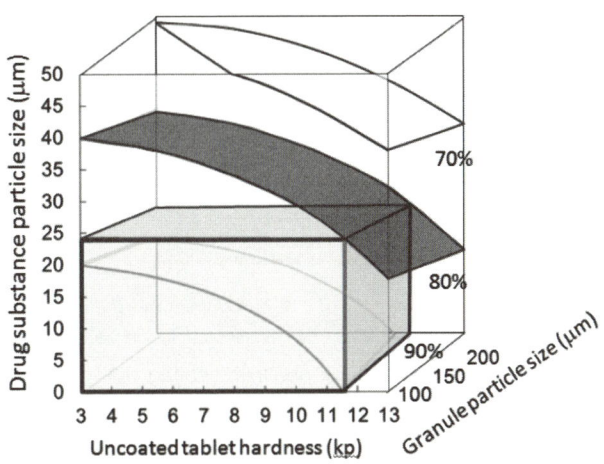

그림 2-28   Design Space(DS) to assure dissolution CQA(MHLW, 2014)

IR(Instant Release) tablet에서도 Sakura tablet 2014와 같이 실험계획법(DoE)을 적용하여 각 변량뿐만 아니라 변수 간 상호작용을 고려한 디자인스페이스(DS)를 도출하였으며, 차이점은 Sakura tablet 2014와는 달리 중첩등고선도를 이용하여 2차원적으로 도출하였다. 디자인스페이스(DS)는 아래 [그림 2-29]와 같이 제시되어 있다.

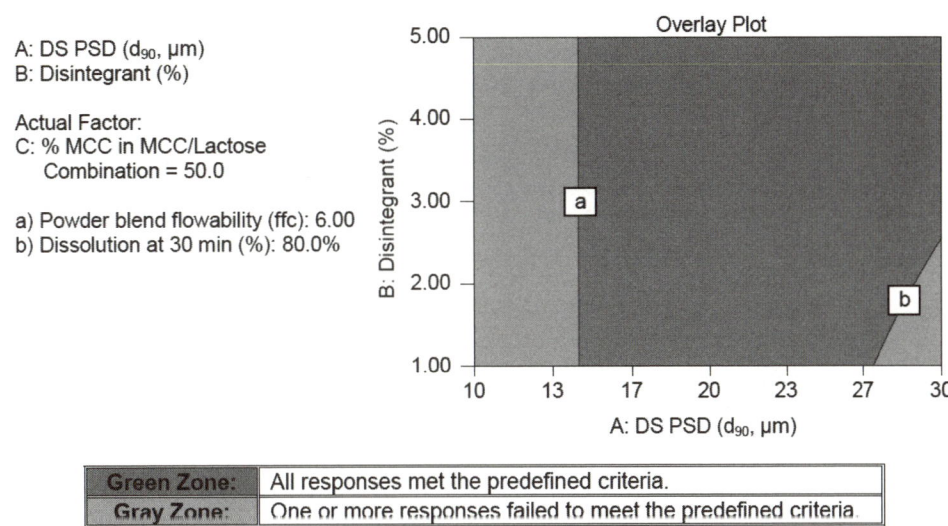

그림 2-29   Overlay plot – effect of acetriptan fomulation variables on responses(FDA, 2012)

MR(Moderate release) tablet의 경우, IR(Instant release) tablet과 동일한 방법으로 디자인스페이스(DS)를 도출하였으며 도출된 디자인스페이스(DS)는 다음과 같다.

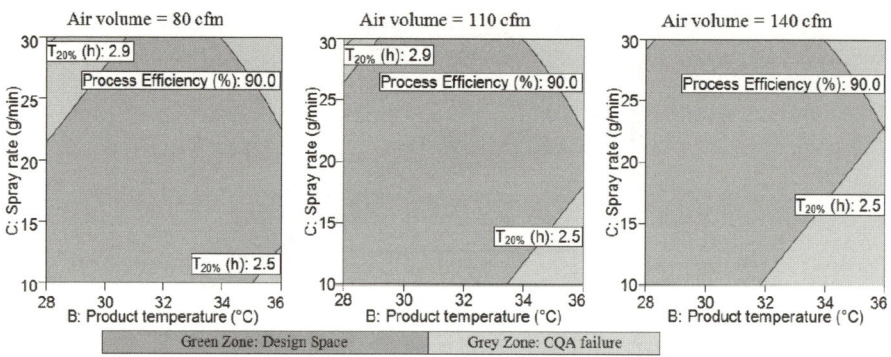

그림 2-30 Overlay plots of the ER polymer coating unit operation at 4 kg scale(FDA, 2011)

ACE tablet에서는 Contour Plot, Design Expert를 통한 분산분석(ANOVA)을 실시하여 데이터를 표로써 제시한다.

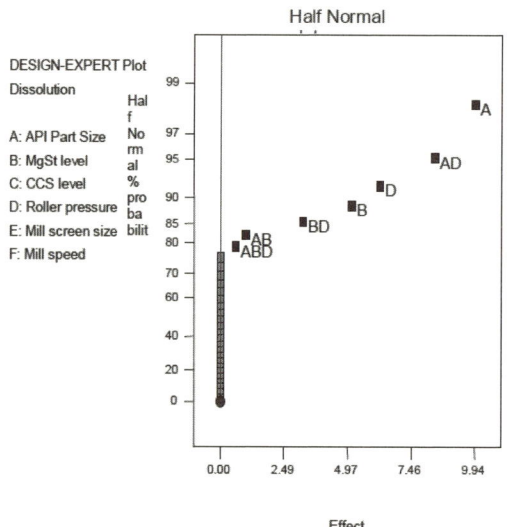

Factor	Coefficient Estimate	DF	Standard Error	t for H₀ Coeff=0	Prob > |t|	VIF
Intercept	86.99	1	0.000			
A-API Part Size	-4.97	1	0.000	-7978.72	< 0.0001	1.00
B-MgSt level	-2.56	1	0.000	-7978.72	< 0.0001	1.00
D-Roller pressur	-3.11	1	0.000	-7978.72	< 0.0001	1.00
AB	-0.50	1	0.000	-7978.72	< 0.0001	1.00
AD	4.18	1	0.000	7978.72	< 0.0001	1.00
BD	-1.61	1	0.000	-7978.72	< 0.0001	1.00
ABD	-0.29	1	0.000	-7978.72	< 0.0001	1.00

그림 2-31 Half-normal plot and ANOVA for effects on tablet dissolution (CMC-IM Working Group, 2008)

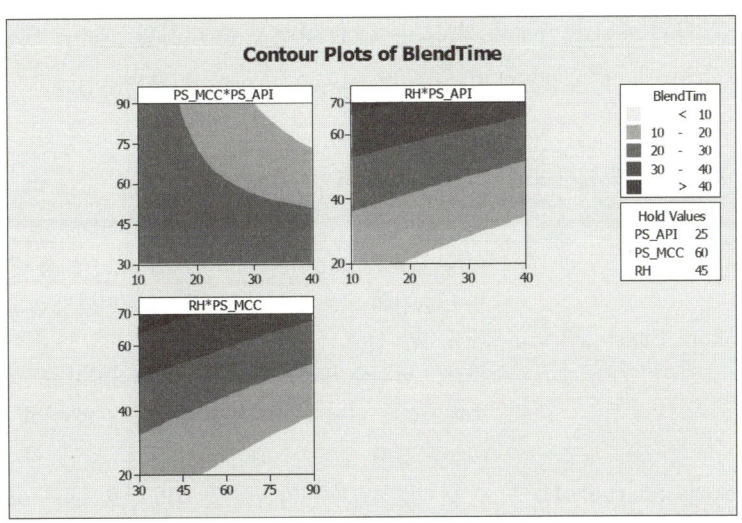

그림 2-32 | Blend Contour plots(CMC-IM Working Group, 2008)

표 2-36 | Summary of overall Design Space for ACE tablets(CMC-IM Working Group, 2008)

Formulation, blending, compaction and milling p arameters		
Acetriptan particle size	d90 10-35 microns	d90 35-40 microns
Acetriptan concentration	10%	10%
Microcrystalline cellulose(MCC)	40% (intragranular)	40% (intragranular)
MCC particle size(d50)	30-90micron	30-90micron
Croscarmellose level	3-4%	3-4%
Lactose monohydrate	38.75-40.75%*	39.00-40.75%*
Lactose particle size(d50)	70-100micron	70-100micron
Talc	5%	5%
Mg Stearate level	1-2%(intragranular) 0.25%(extragranular)	1-1.75%(intragranular) 0.25%(extragranular)
Blender	Any diffusive blender	Any diffusive blender
Humidity	20-70% RH	20-70% RH
Relative ribbon density	0.68-0.81	0.68-0.81
Granule GSA(cm^2/100g)	12,000-41,000	12,000-41,000
Hardness (kN)	5-12	5-12
Mean core weight 20 cores	194-206mg	194-206mg
Individual core weight	190-210mg	190-210mg
Scale	Any	Any
Site	Any certified site using equipment of same principles	Any certified site using equipment of same principles

* Quantity adjusted to compensate for amount of corscarmellose sodium and/or magnesium stearate used in order to ensure 200mg overall tablet weight.

기존 국외 예시 모델에서 제시하는 QbD 플랫폼 중 디자인스페이스(DS)의 특징 및 장단점을 아래의 〈표 2-37〉과 같이 비교 분석을 요약하여 제시하였다.

표 2-37 국외 예시 모델 디자인스페이스(DS) 비교분석

구분	디자인스페이스(DS)
Sakura tablet (2009)	• 디자인스페이스(DS)를 실험계획법(DoE)을 통해 도출하지 않음 • 변수들 간의 교호작용(상호작용)이 고려되지 않고 개별적 단일 변량에 대해서만 설정 • 각각의 변수에 대한 독립적인 디자인스페이스가 아니라 하나의 디자인스페이스로 나타내기 때문에 변수들 간의 변화 고려 못함
Sakura tablet (2014)	• DoE를 통해 디자인스페이스 도출 • 단일 변량뿐만 아니라 변수들 간의 상호작용을 고려한 디자인스페이스 도출
IR tablet (2012) MR tablet (2011)	• DoE를 통해 디자인스페이스 도출 • 각 변량뿐만 아니라 변수 간 교호작용(상호작용)을 고려한 디자인스페이스 도출 • 중첩등고선도를 이용하여 2차원적으로 도출
ACE tablet (2008)	• Contour Plot, Design Expert를 통한 분산분석(ANOVA)을 실시하여 데이터 표로써 제시

디자인스페이스(DS) 단계에서는 모든 주요품질특성(CQA)을 만족하는 주요공정변수(CPP)와 formulation의 설정 범위를 알려주어야 한다. 이점에 중점을 두고 살펴볼 때, Sakura tablet 2009는 교호작용을 고려하지 않았다는 치명적인 단점을 지니고 있고 Sakura tablet 2014는 디자인스페이스(DS)를 3차원적으로 나타내고 있기 때문에 정확한 해석이 어렵다는 한계점을 보인다. 그리고 IR(Instant Release)MR(Moderate Release) tablet의 경우, 각 인자의 교호작용을 반영하면서 2차원적으로 중첩등고선도를 제시하고 있다. 그러나 IR(Instant Release)MR(Moderate Release) tablet에서는 분산을 고려한 신뢰구간을 적용하지 않아 반응의 분산이 큰 경우에는 설계 공간 또는 다차원의 설계 공간 내에 인자가 존재하더라도 분산에 의해서 규격을 벗어날 확률이 생긴다는 단점을 지니고 있다.

2.4.2 디자인스페이스(DS) 제안 플랫폼

이계원 외 3명(2020)은 사포글리레이트 염산염을 함유하는 초다공성상호침투 고분자 네트워크 하이드로겔의 개발을 위해 실험계획법(DoE)을 기반으로 반응표면설계(RSM)의 중심합성설계(CCD)를 활용하여 실험을 설계 및 수행하고(〈표 2-38〉 참조), 실험 결과에 대한 통계분석을 수행하였다. 그 결과 P-value를 통해 모형의 적합성을 확인하고 입력변수(X)와 출력변수(Y)사이의 함수관계를 규명한 회귀식을 다음의〈표 2-39〉과 같이 도출하였다.

표 2-38 실험계획법(DoE) 기반 중심합성설계(CCD) 수행 예시(이계원 외 3명, 2020)

Fomulation No.	L-PVA X_1	FA X_1	NaHCO$_3$ X_1	Swelling ratio(%)	DEE(%)	Physical appearance	Recovery (%)
1	50	50	5	820.1±86.45	29.4±4.33	Viscous liquid	87.6
2	200	50	5	152.1±271.2	93.8±14.36	Elastic gel	40.1
3	50	150	5	1216.8±73.48	61.8±1.75	Viscous liquid	88.9
4	200	150	5	2078.9±47.39	85.5±0.76	Rigid solid	44.5
5	50	50	10	1379.5±14.06	41.7±2.63	Viscous liquid	68.9
6	200	50	10	1785.9±181.25	75.2±2.52	Elastic gel	36.5
7	50	150	10	3112.0±388.93	93.7±2.06	Elastic gel	68.9
8	200	150	10	5489.2±89.43	91.1±2.61	Liquid	30.5
9	-1.13	100	7.5	1036.9±82.27	29.5±4.94	Viscous liquid	95.2
10	251.13	100	7.5	2251.3±55.28	78.9±3.21	Elastic gel	32.3
11	125	15.91	7.5	740.6±57.00	42.8±3.26	Viscous liquid	71.1
12	125	184.09	7.5	2868.2±47.14	94.4±2.59	Liquid	40.9
13	125	100	3.30	740.4±149.51	27.4±6.42	Fluidic gel	68.3
14	125	100	11.70	3448.5±306.17	100.0±1.09	Elastic gel	39.8
15~20*	125	100	7.5	2289.1±354.76**	81.0±7.02**	Elastic gel	58.6

*Fomulation 15~20 were same composition.
**Values were expressed as the mean±SD of formulation 15~20.
L-PVA: low molecular weight-polyvinyl alcohol, FA: formaldehyde, DEE: drug entrapment efficiency

표 2-39 반응변수에 대해 도출된 회귀식 및 분석 결과(이계원 외 3명, 2020)

Variables		Observed response									
		bo	X_1	X_2	X_3	X_1^2	X_2^2	X_3^2	X_{12}	X_{13}	X_{23}
Y_1	Coefficient	2278	468	730	782	−153	−97	6	266	153	560
	P-value	0.000	0.019	0.001	0.001	0.372	0.569	0.972	0.253	0.504	0.029
	\multicolumn{11}{c}{$1945-0.2X_1-20.2X_2-251X_3-0.0272X_1^2-0.0386X_2^2+1.0X_3^2+0.0711X_1{*}X_2+0.81X_1{*}X_3$ $+4.48X_2{*}X_3$ (R^2=0.852, P=0.004)}
Y_2	Coefficient	80.70	14.80	13.09	11.22	−7.27	−2.18	−3.92	−9.60	−7.14	5.48
	P-value	0.000	0.002	0.004	0.011	0.063	0.547	0.289	0.068	0.159	0.270
	\multicolumn{11}{c}{$-102.8+1.062X_1+0.427X_2+14.26X_3-0.001293X_1^2-0.00087X_2^2-0.627X_3^2-0.00256X_1{*}X_2$ $-0.0381X_1{*}X_3+0.0438X_2{*}X_3$ (R^2=0.842, P=0.005)}
Y_3	Coefficient	80.80	−1.50	3.31	13.71	8.59	8.75	−4.58	8.57	1.04	−1.95
	P-value	0.000	0.652	0.330	0.002	0.021	0.020	0.177	0.070	0.811	0.654
	\multicolumn{11}{c}{$75.2-0.672X_1-0.802X_2+17.34X_3+0.001528X_1^2+0.00350X_2^2-0.732X_3^2+0.00229X1{*}X_2$ $+0.0055X_1{*}X_3+0.0156X_2{*}X_3$ (R^2=0.805, P=0.013)}

X_1: L-PVA, X_2: FA, X_3: NaCHO$_3$

Y_1: Swelling ratio, Y_2: Drug entrapment efficiency, Y_3: Dissolution rate

그리고 나서 도출된 회귀식을 기반으로 3개의 입력변수(X) 중 1개 변수를 특정값으로 고정한 후 2개의 주요입력변수를 통해 2차원 디자인스페이스(DS)를 도출하였다. 또한, 도출된 2차원 디자인스페이스(DS)내에서 출력변수(Y)의 설정범위를 만족하는 설계영역을 아래 [그림 2-33]과 같이 도출하였다.

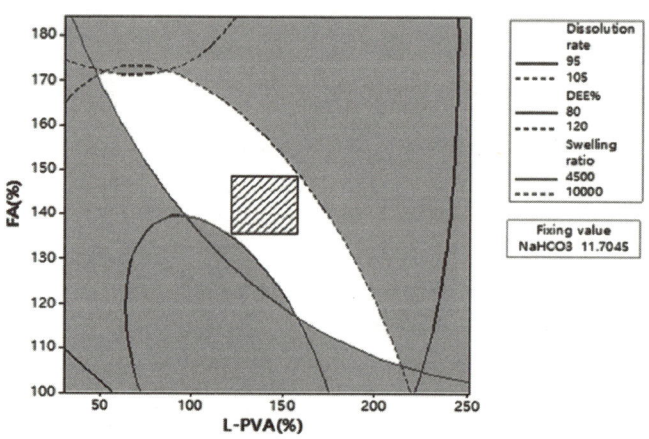

그림 2-33 2차원 디자인스페이스 예시(이계원 외 3명, 2020)

마지막으로 아래 〈표 2-40〉에서는 도출된 디자인스페이스(DS)내의 설계영역을 기반으로 최적화 예측값과 실제 실험결과를 비교하는 재현성 실험 결과를 수행하였다. 본 예시에서는 실험계획법(DoE)을 기반으로 실제 실험을 수행하고 실험 결과에 대한 통계적인 분석을 통해 디자인스페이스(DS)를 제시하였다. 그러나 본 예시의 경우, QbD의 전 과정이 아닌 디자인스페이스(DS) 도출에 대한 내용만을 다루고 있어 디자인스페이스(DS)와 깊은 연관이 있는 CQA, 위해평가(RA)에 대한 예시가 구체적으로 제시되어 있지 않다. 그리고 최종적으로 도출한 디자인스페이스(DS)를 보면, 입력변수 1개를 특정값으로 고정한 2차원 디자인스페이스(DS)로 이는 주요입력변수가 아닌 변수에 대해 -1, 0, +1 수준별 중첩을 통한 다차원 디자인스페이스 도출이 수행되지 않았음을 나타낸다. 이러한 경우, 특정값으로 고정된 입력변수의 모든 수준이 고려되지 않는다는 단점이 존재한다. 또한 다차원 디자인스페이스(DS)에 95% 신뢰구간을 적용하지 않아 CQA의 분산이 충분히 고려되지 않았다는 점 역시 도출된 설계 영역이 안전가용영역(SOS)이 아니라는 문제점이 존재한다.

표 2-40 최적 입력변수 기반 최적화 예시(이계원 외 3명, 2020)

Item	Formulation	
	Optimized value	Actual value (n=3, Mean±SD)
Swelling ratio(%)	5631.93	5495.78 ± 88.78
Drug entrapment efficiency(%)	86.76	85.95 ± 1.56
Dissolution rate	100	103.8 ± 2.5

또 다른 디자인스페이스(DS) 도출 예시로 Wang, J. et al.(2015)은 설계기반 품질고도화(QbD)를 기반으로 나프록센장용 코팅 펠릿 (NAP-ECP)에 대한 연구를 수행하였다. 먼저 FMEA (고장 모드 및 영향 분석)을 통해 위해평가(RA)를 수행하였으며 그 다음 실험계획법(DoE)의 Plackette-Burman Design으로 주요품질특성(CQA)에 영향을 미치는 주요입력변수를 선정하였다. 아래의 〈표 2-41〉은 Plackette-Burman Design을 기반으로 설계된 실험표 및 실험 결과이며, 〈표 2-42〉는 실험 결과에 대한 통계적 분산분석(ANOVA)을 수행한 결과이다. 또한 파레토도 [그림 2-34]를 통해 주요한 영향을 미치는 입력변수를 육안으로도 쉽게 확인하고 선별할 수 있다.

표 2-41 주요 입력변수 스크리닝을 위한 플라켓 버만 설계 및 수행 예시(Wang, J. et al., 2015)

ID	Pattern	X_1 (%)	X_2 (%)	X_3 (ml/min)	X_4 (MPa)	X_5 (g)	X_6 (%)	X_7 (%)	X_8 (min)	Y_1 (%)	Y_2 (%)
PB-1	+-+---++	16	3	0.25	0.02	5	15	60	120	8.78±0.14	75.20±1.02
PB-2	++-+---+	16	10	0.15	0.04	5	15	20	120	12.30±0.32	86.60±1.80
PB-3	-++-+---	10	10	0.25	0.02	8	15	20	15	11.93±0.28	83.16±1.23
PB-4	+-++-+--	16	3	0.25	0.04	5	25	20	15	12.14±0.22	85.54±1.45
PB-5	++-++-+-	16	10	0.15	0.04	8	15	60	15	9.07±0.20	79.04±1.66
PB-6	+++-++-+	16	10	0.25	0.02	8	25	20	120	12.47±0.19	90.11±1.57
PB-7	-+++-++-	10	10	0.25	0.04	5	25	60	15	6.79±0.33	78.34±1.48
PB-8	--+++-++	10	3	0.25	0.04	8	15	60	120	3.37±0.25	72.47±0.97
PB-9	---+++-+	10	3	0.15	0.04	8	25	20	120	6.42±0.24	80.95±1.15
PB-10	+---+++-	16	3	0.15	0.02	8	25	60	15	5.44±0.22	78.18±1.61
PB-11	-+---+++	10	10	0.15	0.02	5	25	60	120	7.08±0.47	79.10±1.48
PB-12	--------	10	3	0.15	0.02	5	15	20	15	7.43±0.25	83.57±1.27

+: high level, -: low level.

표 2-42 스크리닝 실험 분석 결과 예시(Wang, J. et al., 2015)

Term	Effect		Coef		Std Err Coef		T		P	
	Y_1	Y_2	Y_1	Y_2	Y_1	Y_2	Y_1	Y_2	Y_1	Y_2
Constant			8.602	81.022	0.3719	0.4784	23.13	169.37	0	0
X1	2.863	2.847	1.432	1.423	0.3719	0.4784	3.85	2.98	0.031*	0.059
X2	2.677	3.407	1.338	1.703	0.3719	0.4784	3.6	3.56	0.037*	0.038*
X3	1.29	-0.437	0.645	-0.218	0.3719	0.4784	1.73	-0.46	0.181	0.679
X4	-0.507	-1.063	-0.253	-0.532	0.3719	0.4784	-0.68	-1.11	0.545	0.347
X5	-0.97	-0.74	-0.485	-0.37	0.3719	0.4784	-1.3	-0.77	0.283	0.496
X6	-0.423	2.03	-0.212	1.015	0.3719	0.4784	-0.57	2.12	0.609	0.124
X7	-3.693	-7.933	-1.847	-3.967	0.3719	0.4784	-4.96	-8.29	0.016*	0.004*
X8	-0.397	-0.567	-0.198	-0.283	0.3719	0.4784	-0.53	-0.59	0.631	0.595

*Means P-value is less than the a priori value of 0.05 and is statistically significant.

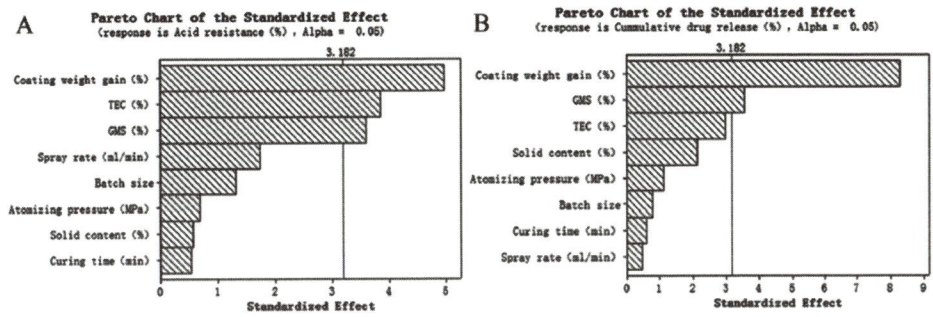

그림 2-34 주요 입력변수 선정을 위한 파레토 차트 예시(Wang, J. et al., 2015)

그 결과, X_1(TEC), X_2(GMS), X_7(Coating weight gain)의 세 개 인자가 선정되었으며, 이 세 개 인자를 활용하여 실험계획법(DoE)의 최적화단계 수행을 위해 반응표면법(RSM)의 Box-Behnken 설계를 기반으로 실험표를 아래 〈표 2-43〉과 같이 설계 및 수행하였다. 그리고 실험 결과에 대한 통계적인 분산분석을 수행하였으며 결과는 아래 〈표 2-44〉에서 확인할 수 있다. 분석 결과 모형의 P-value가 0.05 이하로 적절하며 이는 CQA와 CPP 사이의 함수관계가 통계적으로 유의하게 추정되었음을 의미한다.

표 2-43 최적화를 위한 반응표면법(RSM)의 Box-Behnken 설계 및 수행 예시(Wang, J. et al., 2015)

ID	Pattern	Coating weight gain(%) X_7	TEC(%) X_1	GMS(%) X_2	Y_1(%)	Y_2(%)
BB-1	+-0	60.00	10.00	6.50	4.51±0.20	56.17±1.47
BB-2	0+-	37.50	16.00	3.00	8.29±0.35	89.04±1.49
BB-3	0-+	37.50	10.00	10.00	7.59±0.31	79.87±1.30
BB-4	000	37.50	13.00	6.50	8.05±0.25	82.76±1.15
BB-5	++0	60.00	16.00	6.50	6.47±0.20	70.22±1.21
BB-6	0++	37.50	16.00	10.00	10.03±0.28	93.37±1.32
BB-7	--0	15.00	10.00	6.50	11.46±0.22	95.12±1.30
BB-8	-+0	15.00	16.00	6.50	13.12±0.31	100.13±0.82
BB-9	-0-	15.00	13.00	3.00	12.33±0.26	97.33±1.31
BB-10	-0+	15.00	13.00	10.00	12.63±0.28	98.14±1.10
BB-11	+0+	60.00	13.00	10.00	6.32±0.18	65.52±1.35
BB-12	0--	37.50	10.00	3.00	6.85±0.23	75.46±1.26
BB-13	000	37.50	13.00	6.50	8.14±0.21	84.21±1.33
BB-14	000	37.50	13.00	6.50	7.76±0.23	83.14±1.20
BB-5	+0-	60.00	13.00	3.00	5.35±0.20	60.02±1.24

표 2-44 Box-Behnken 설계 분석 예시(Wang, J. et al., 2015)

Term	Coefficient (coded)		SE Coef (coded)		Coefficient(uncoded)		F-ratio		P	
	Y_1	Y_2	Y_1	Y_2	Y_1	Y_2	Y_1	Y_2	Y_1	Y_2
Constant	7.98	88.37	0.14	0.82	14.57395	106.71152	202.57	153.64	<0.0001*	<0.0001*
X_7	-3.36	-17.35	0.084	0.5	-0.31649	-0.77402	1600.61	1197.7	<0.0001*	<0.0001*
X_1	0.94	5.77	0.084	0.5	0.20394	-1.08651	124.52	132.37	0.0001*	<0.0001*
X_2	0.47	1.88	0.084	0.5	-0.50696	-0.4776	31.13	14.08	0.0025*	0.0133*
X_7*X_1	0.075	2.26	0.12	0.71	1.11E-03	0.033481	0.4	10.16	0.5556	0.0243*
X_7*X_2	0.17	1.17	0.12	0.71	2.13E-03	0.014889	1.99	2.74	0.2177	0.1591
X_1*X_2	0.25	-0.02	0.12	0.71	0.02381	-1.90E-03	4.43	7.96E-04	0.0893	0.9786
X_7^2	0.94	-3.57	0.12	0.74	1.85E-03	-7.05E-03	57.42	23.42	0.0006*	0.0047*
X_1^2	-0.03	0.61	0.12	0.74	-3.38E-03	0.067917	0.06	0.69	0.8155	0.4454
X_2^2	0.24	0.45	0.12	0.74	0.019354	0.037041	3.68	0.38	0.1133	0.5655

*Means P-value is less than the a priori value of 0.05 and is statistically significant.

그리고 나서 분석 결과를 바탕으로 입력변수들의 수준 변화에 따른 영향을 관찰하기 위해 3차원 반응표면도를 도출하여 입력변수 변화에 따른 CQA의 변화를 파악하였다. 반응표면도는 아래 [그림 2-35]와 같다. 그리고 아래의 [그림 2-36]을 보면 가장 변화가 큰 즉, 주요입력변수로 X_1(TEC)과 X_7(Coating weight gain)을 선정하여 각각 Y축과 X축에 설정하고 X_2(GMS)의 -1수준과 +1수준인 3%와 10%일 때의 2차원 디자인스페이스(DS)를 각각 도출하고([그림 2-36]의 A, B), 이를 중첩함으로써 다차원 디자인스페이스(DS)를 도출하고 설계 영역을 도출하였다.

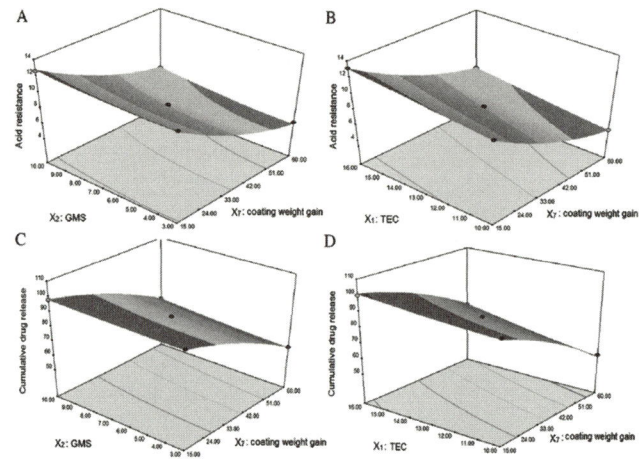

그림 2-35 주요 입력변수 수준에 대한 3차원 반응표면도 예시(Wang, J. et al., 2015)

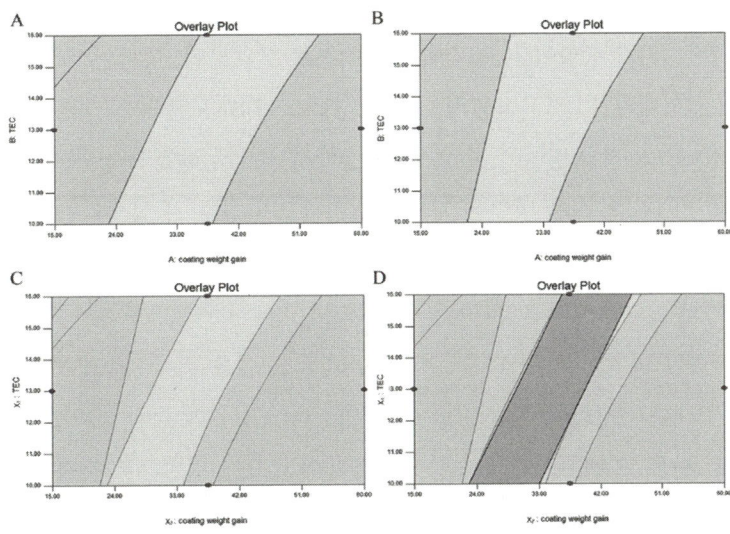

그림 2-36 2차원 디자인스페이스 및 다차원 디자인스페이스 도출 예시(Wang, J. et al., 2015)

마지막으로, 도출된 다차원 디자인스페이스(DS)와 설계영역을 기반으로 CQA의 조건을 만족하는 허용범위(NAR)와 그에 따른 CQA 최적화 예측값과 실제값을 제시하였다. 본 예시의 경우 앞서 제시된 예시보다 전반적인 수행 절차가 체계적이고 스크리닝 단계와 최적화 단계를 모두 수행하였으며 다차원 디자인스페이스까지 제시하였다는 점에서 좀 더 구체적이라고 볼 수 있다. 하지만 본 예시에서도 다차원 디자인스페이스(DS)도출 이후 CQA의 분산을 고려한 신뢰구간 적용이나 Monte Carlo 시뮬레이션 등의 절차가 수행되지 않았다는 점에서 신뢰도가 충분히 확보되지 않았다고 판단된다.

표 2-45 디자인스페이스(DS) 기반 허용범위 및 최적화 예시(Wang, J. et al., 2015)

Level	X_1	X_2	X_7	Y1		Y2	
				Predicted	Experimental	Predicted	Experimental
Low	10	3	23	9.70	9.62±0.14	88.68	89.36±1.36
Medium	13	6.5	34.75	8.34	8.77±9.15	85.44	84.64±1.28
High	16	10	46.5	8.64	8.66±0.17	85.93	85.05±1.34

국외 5개 플랫폼 및 국내 플랫폼의 장단점을 바탕으로 가장 효과적이고 체계적인 디자인스페이스 도출 방법을 제안하고자 한다. 특히 복잡한 디자인스페이스 도출 절차와 각 단계별 도구들을 정리하여 [그림 2-37]과 같이 제시하였다.

앞서 위해평가(RA) 절에서 제안한대로 디자인스페이스(DS)단계는 본 위해평가(Primary-RA) 이후 수행하며 그 이유는 위해평가(RA)를 통해 파악된 High Risk의 주요

공정변수(CPP)와 주요제형변수(CMA)의 위험성을 디자인스페이스(DS)단계에서 집중적으로 저감시키기 위함이다. 그림을 구체적으로 살펴보면, 디자인스페이스(DS) 도출 절차는 크게 실험계획법(DoE) 적용과 디자인스페이스(DS) 도출의 2가지로 나눌 수 있다. 실험계획법(DoE)의 적용 방안은 본 교재의 4장에서 자세히 다룰 예정이므로 본 절에서는 디자인스페이스(DS)의 도출 방안을 자세히 설명하고자 한다. 실험계획법(DoE)의 수행 이후에는 주요품질특성(CQA) vs. 주요공정변수(CPP) 그리고 중간생성물(CIA) vs. 주요공정변수(CPP)의 함수관계가 규명되어 2차원 디자인스페이스(DS) 도출이 가능하다. 입력변수가 3개 이상일 경우, 다차원 디자인스페이스(DS) 도출을 위해 X축과 Y축에 설정한 주요 입력변수 2개를 선정하여야 하는데, 이를 위해서는 경우의 수에 따른 모든 2차원 디자인스페이스(DS)를 도출하여 가장 영향이 큰 2개의 주요 입력변수를 선정한다. 선정 기준으로는 주효과 및 교호작용도 그리고 분산분석 결과의 P-값이 있으며 또한 2차원 디자인스페이스에서 수준별로 고정했을 때 가장 설계공간의 변화가 큰 2개를 선정할 수 있다. 이렇게 2개의 주요입력변수가 선정되고 나면 이를 각각 X축, Y축에 설정하고 나머지 입력변수를 수준별(-1, 0, +1)로 중첩하여 다차원(Multi-dimensional)의 디자인스페이스를 도출한다. 이로써 CQA의 모든 조건을 만족하는 입력변수(CPP와 중간생성물) 설계 공간을 확보하였으며 마지막으로 신뢰도 확보를 위해 95% 신뢰구간을 적용하거나 또는 Monte-Carlo Simulation을 수행함으로써 주요품질특성(CQA)의 분산까지 고려한 안전가용영역(SOS)을 최종적으로 도출한다. 안전가용영역(SOS)이 확보되면 이 영역에 대한 입력변수의 범위를 종합하여 허용범위(NAR)을 도출하고 다음 단계인 추가 위해평가(Post-RA)단계로 진행한다.

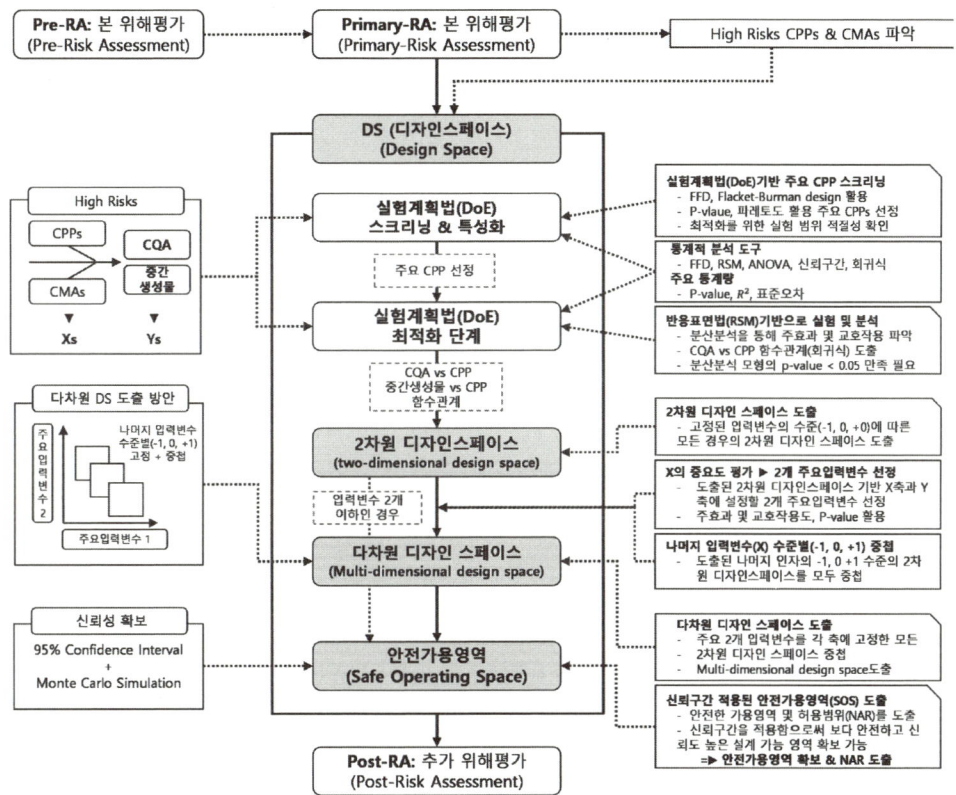

그림 2-37 디자인스페이스(DS) 도출 절차 방안

아래 [그림 2-38]은 본 교재에서 제안하는 2차원 디자인스페이스(DS) 도출 예시이다. 앞서 언급한대로 3개의 입력변수에 대해 모든 경우에 수를 고려하여 총 9개의 2차원 디자인스페이스(DS)가 도출되었으며, 이 중 가장 설계 공간의 변화가 큰 A와 G를 주요 입력변수로 선정하여 다음 단계로 진행하였다.

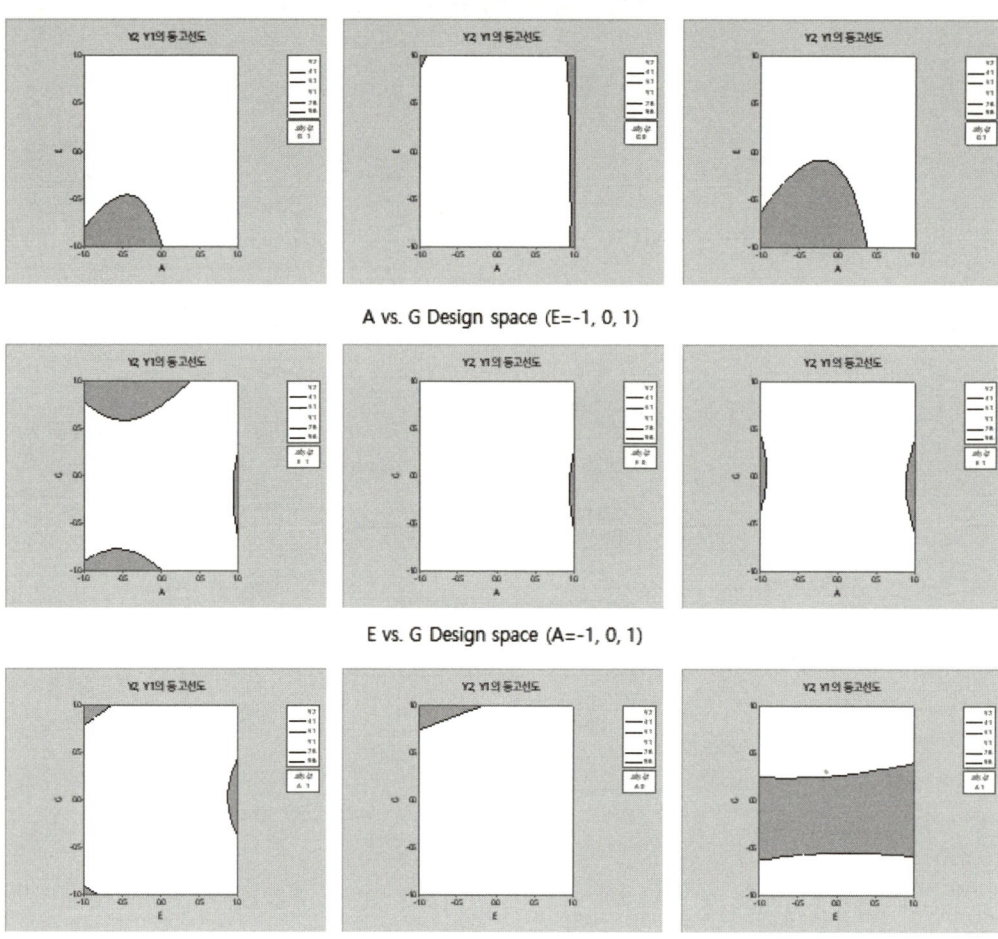

그림 2-38 2차원 디자인스페이스(DS) 도출 예시 제안

[그림 2-39]를 보면, 앞서 선정한 주요 입력변수인 A와 G를 각각 X축과 Y축에 고정하고 나머지 입력변수인 E를 수준별(-1, 0, +1)로 고정한 3개의 2차원 디자인스페이스(DS)를 모두 중첩한 다차원 디자인스페이스(DS)를 도출하였다.

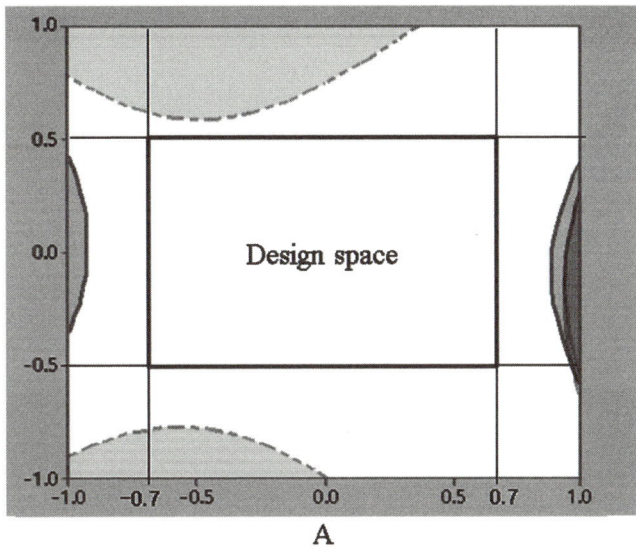

그림 2-39 다차원 디자인스페이스(DS) 예시 제안

마지막으로 도출된 다차원 디자인스페이스(DS)에 대해 95% 신뢰구간을 적용한 최종 디자인스페이스(DS)를 다음의 [그림 2-40]과 같이 나타냈으며, 그 안의 빨간 영역이 신뢰도가 확보된 안전가용영역(SOS)이다.

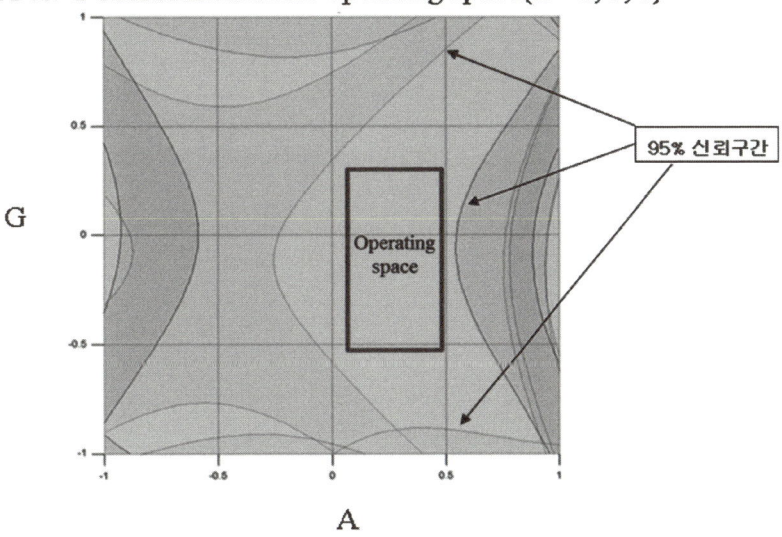

그림 2-40 안전가용영역(SOS) 도출 예시 제안

최종적으로 아래 〈표 2-46〉과 같이 도출된 안전가용영역(SOS)에 대해 입력변수(CPP, 중간생성물)들의 허용 범위를 도출한다.

표 2-46 안전가용영역(SOS) 기반 허용범위(NAR) 도출 예시 제안

	Input factors(Xs)	Level	
		−1	+1
1	A	0.1	0.5
2	E	−1 ~ 1	
3	G	−0.52	0.35

2.5 관리전략(Control Strategy, CS)

관리전략(CS)이란, 의약 완제품 및 제조 공정에 대한 이해를 기반으로 제조 공정의 성능 및 완제품의 품질을 일정하게 유지하기 위해 수립된관리 방안으로, 원료의약품, 물질 특성, 첨가제 관련 공정 변수, 설비 운전 조건, 완제의약품의 기준 및 시험 방법, In-process control, 모니터링 및 관리 주기 등과 같은 사항을 포함할 수 있다.

2.5.1 관리전략(CS) 예시 자료 비교

일본의 첫 번째 예시 모델인 Sakura Tablet 2009에서는 공정이해(Process Understanding)를 통하여 두 부분으로 나누어 관리전략(CS)을 제시하였다. 첫 번째 관리전략(CS)은 의약품 제조에 관한 전략이며, 두 번째 관리전략(CS)은 제조된 의약물에 관한 전략이다. 관리전략(CS)에 대한 그림은 아래의 [그림 2-41]과 같다.

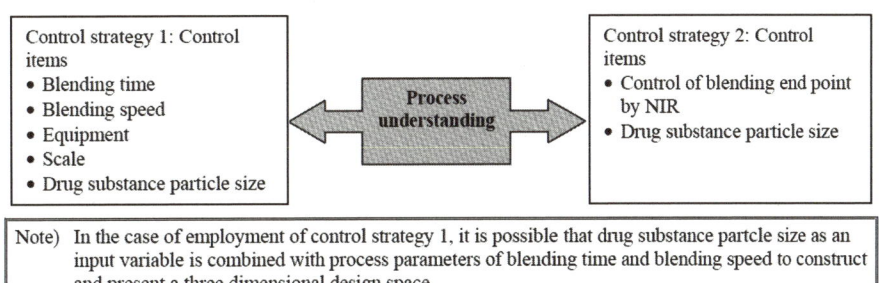

그림 2-41 Control Strategy(CS) for Blending Process(MHLW, 2009)

일본의 두 번째 예시 모델인 Sakura tablet 2014에서는 Sakura tablet 2009와 달리 공정과 의약품에 대하여 각각 관리전략(CS)을 제시하고 있다. 공정에 대한 관리전략(CS)은 해당 공정의 주요품질특성(CQA)을 관리하기 위한 방법과 함께 관리 범위까지 제시하고 있으며, 의약품에 대한 유지 관리전략(CS)은 의약품을 검사(test)하는 방법과 설명까지 포함하고 있다.

CQA	Process	CMA(control item)	Control Method	Control range
Assay	Tableting	Uncoated tablet weight	In-process control	Mean value is within a range of 194 mg ± 3%
Uniformity of dosage units	Tableting	Uncoated tablet weight variation Granule segregation	In-process control and feedback control of rotation speed of tableting by concentrations of drug substance in uncoated tablets(NIR methods)	Each value is within a range of 90.0% to 110.0%. If the value is out of the range, a feedback control is made.
Dissolution	(Drug Substance)	(Particle size)	It is controlled in three-dimensional design space so that the dissolution is about 90%(feedback control of spray rate by FBRM, compression force control by compression force controller).	25 μm or less
	Granulation	Granule particle size		90-210 μm
	Tableting	Hardness		3-11.5 kp
Description	Inspection	(Appearance)	Visual observaion	-
Identification	Inspection	(Identification)	Identification using an NIR method	-

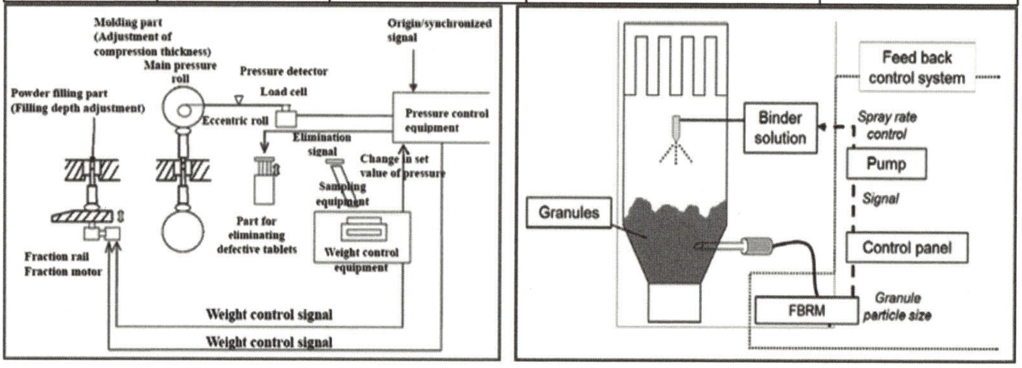

그림 2-42　Relationship among CQAs and monitoring process and material attributes(MHLW, 2014)

미국의 예시 모델인 IR(Instant Release) tablet에서는 제형과 공정에 대한 관리 전략을 실험실규모(Lab scale), 시생산규모(Pilot scale), 상업생산규모(Commercial scale)로 구분하여 상세하게 제시하고 있다(〈표 2-47〉 참조). 또한, IR tablet에서는 원료의약품이나 공정에 대하여 추가적인 관리가 필요한 부분이 있을 경우, 그에 대해서 추가적으로 자세한 관리 방안을 제시하는 방식으로 구성하고 있다.

표 2-47 Control Strategy(CS) for IR tablet(FDA, 2012)

Factor	Attributes or Parameters	Range studied (lab scale)	Actual data for the exhibit batch (pilot scale)	Proposed range for commercial scale	purpose of control
Raw Material Attributes					
Acetriptan polymorphic form	Melting point	185-187°C	186°C	185-187°C	To ensure polymorphic Form III
	XRPD 2θ values	2θ: 7.9°, 12.4°, 19.1°, 25.2°	2θ: 7.9°, 12.4°, 19.1°, 25.2°	2θ: 7.9°, 12.4°, 19.1°, 25.2°	
Acetriptan particle size distribution	d_{90}	10-45μm	20μm	10-30μm	To ensure in vitro dissolution, in vivo performance and batch-to-batch consistency
	d_{50}	6-39μm	12μm	6-24μm	
	d_{10}	3.6-33.4μm	7.2μm	3.6-14.4μm	
Lactose Monohydrate, Grade A01	Particle size distribution	d_{50} : 70-100μm	d_{50} : 85μm	d_{50} : 70-10μm	To ensure sufficient flowability and batch-to-batch consistency
Microcrystalline Cellulose(MCC), Grade B02	Particle size distribution	d_{50} : 80-140μm	d_{50} : 108μm	d_{50} : 80-140μm	
Croscarmellose Sodium(CCS), Grade C03	Particle size distribution	〉75μm: NMT 2%	〉75μm: NMT 1%	〉75μm: NMT 2%	To ensure batch-to-batch consistency
		〉45μm: NMT 10%	〉45μm: NMT 4%	〉45μm: NMT 10%	
Talc, Grade D04	Particle size distribution	〉75μm: NMT 0.2%	〉75μm: NMT 0.1%	〉75μm: NMT 0.2%	To ensure batch-to-batch consistency
Magnesium Stearate, Grade E05	Specific surface arena	5.8-10.4 m²/g	8.2 m²/g	5.8-10.4 m²/g	To ensure sufficient lubrication and to reduce the risk of retarded disintegration and dissolution
Pro-Roller Compaction Blending and Lubrication Process Parameters					
V-blender	Number of revolutions	250(25rpm, 10min) 100-500(20rpm, 5-25min)	285 revolutions(12rpm, 23.8min)	target to be determined based on DS PSD	In-line NIR method is used for endpoint determination to ensure BU is met consistently
	Blender fill level	~50%(1.0kg, 4qt) 35-75%(5.0kg, 16qt)	~74%(50.0kg, 150L)	~67%(150.0kg, 500L)	

다음 〈표 2-48〉에서 제시한 바와 같이 MR(Moderate Release) tablet은 IR(Instant Release) tablet과 동일한 방법으로 제시하고 있다.

표 2-48 Control Strategy(CS) for Generic Acetriptan tablets(FDA, 2011)

Factor	Attribute/Parameter	Range studied	Set point the verification batch	Validated operating range for commercial scale (min, max)	Purpose of control
IR Granules Input Material Attributes					
Z	Particle size distribution	d_{10}:1-10μm d_{50}:10-30μm d_{90}:25-50μm	d_{10}:5μm d_{50}:20μm d_{90}:35μm	d_{10}:1-10μm d_{50}:10-30μm d_{90}:25-50μm	To ensure granulation process variability
Microcrystalline Cellulose(MCC), Grade 200	Particle size distribution	d_{50}:150-250μm	d_{50}:196μm	d_{50}:150-250μm	
Lactose Monohydrate	Particle size distribution	d_{50}:50-100μm	d_{50}:65μm	d_{50}:50-100μm	
Providone(PVP), K30	K-value	Used matarial within in-house spec (K-value:29-32)	30	29-32	To eusure consistent binding functionality
Sodium Starch Glycolate(SSG), Type A	Particle size distribution	d_{50}:50-100μm	d_{50}:65μm	d_{50}:50-100μm	To ensure batch to batch consistency
	Degree of substitution	0.25-0.35	0.30	0.25-0.35	
Powder Mixing and Granulation Process Variables(Validated Process)					
	Impeller speed	Low and High	Low	Low	To ensure IR granule CQAs(PSD and bulk density) are met consistently
	Chopper speed	On and Off	Off	Off	
	Powder mixing time	2-10 min	5 min	2-10 min	
	Granulation mixing time	10-20 min	12 min	10-20 min	
	Solution addition rate	5-20 kg/min	10 kg/min	5-20 kg/min	
	Granulation fluid quantity	32-42% w/w	36.5% w/w	35-38% w/w	
Drying Process Variance and In-Process Controls (Validated Process)					
	Drying	50-55℃	52℃	50-55℃	To ensure low water activity

Factor	Attribute/Parameter	Range studied	Set point the verification batch	Validated operating range for commercial scale (min, max)	Purpose of control
	Water content	NMT 2.0%	NMT 2.0%	NMT 2.0%	in order to prevent microbial growth
Milling and Blending Process Variables and In-Process Controls (Validated Process)					
	Milling Speed	4740rpm	2500rpm	2500±20rpm	To ensure IR granule PSD is met consistently
	Mill screen size	20	20	20	
	Blend Uniformity (%RSD)		95.0-105.0% NMT 3.0%	95.0-105.0% NMT 3.0%	To ensure tablet CU is met consistently
IR Granules In-Process Controls					
Granule size distribution	Retained on 45 mesh(coarse granules>350㎛) : NMT 5% Retained on 60 mesh(>250㎛, but <350㎛) : NMT 5% Retained on fine collector(<250㎛) : NMT 10%				
LOD	<2.0%				
Dissolution	NLT 80% in 30min in 0.1 HCl				
Assay	95.0-105.0% w/w of label claim				

유럽의 예시 모델인 ACE tablet에서는 IR(Moderate release)·MR(Instant release) tablet과 유사하게 제형과 공정에 대한 관리전략(CS)을 각각의 표로 요약하여 제시하고, 각 공정별 관리전략(CS)은 세부적 추가 설명으로 제시하고 있다. 또한, ACE 예시 모델에서는 실험을 통하여 위험성을 저감시키지 않은 공정의 경우 관리전략(CS) 단계에서 그 위험성을 제거하기 위하여 필요한 조치들을 명확하게 제시하고 있다. 특히, 최근 디자인스페이스(DS) 활용의 어려움으로 인하여, 관리전략(CS)의 중요성이 대두되고 있으며, 많은 제약사들이 디자인스페이스(DS)를 통한 위험성 감소가 어려운 경우, 관리전략(CS)에서 그 위험성을 낮추는 방법들을 사용하고 있다. 장기적인 관점이나 위험성 저감 효과 측면에서 볼 때, 당장은 ACE 예시처럼 관리전략(CS)을 통하여 위험성을 감소시키는 전략이 쉬울 수 있지만, 디자인스페이스(DS) 도출 노하우의 축적을 통한 기술력 확보가 필요하다고 할 것이다. ACE tablet에 대한 관리전략(CS) 예시는 아래의 [그림 2-43]에 제시하였다.

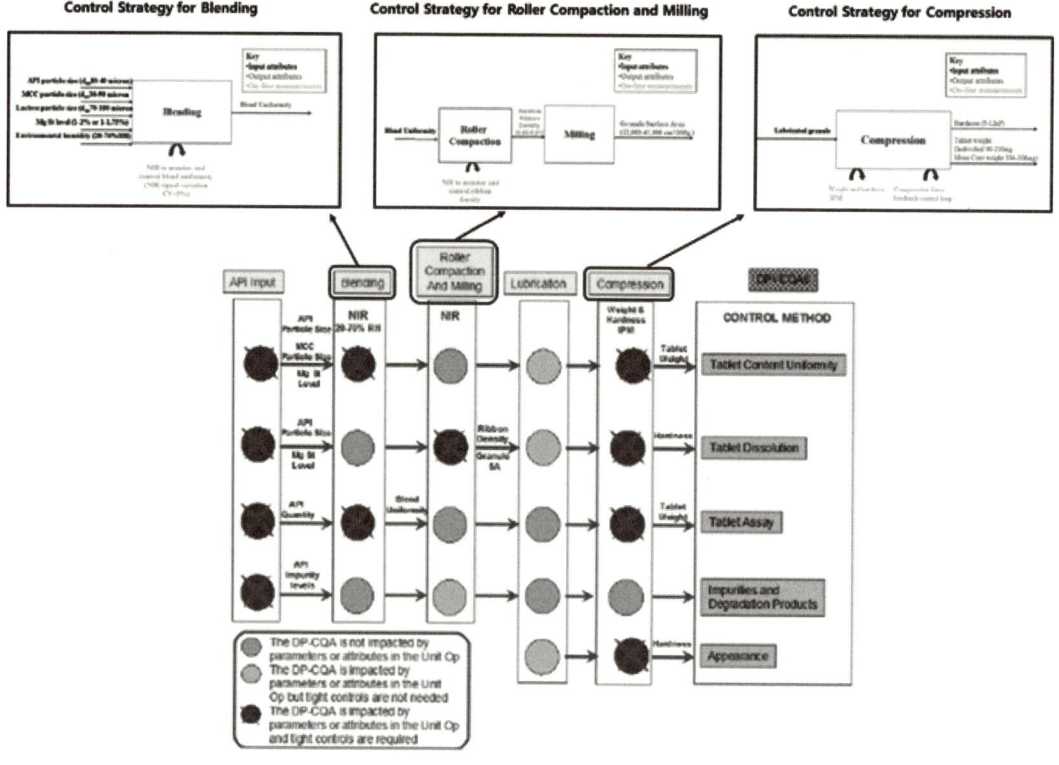

그림 2-43 Control Strategy(CS) overview(CMC-IM Working Group, 2008)

앞에서 제시한 다섯 가지 국외 QbD 플랫폼에서 관리전략(CS)을 특징 및 장단점을 포함하여 아래 〈표 2-49〉에 비교 분석하여 제시하였다.

표 2-49 국외 예시 모델 CS 비교분석

구분	관리전략(CS)
Sakura tablet (2009)	• 공정이해(Process Understanding)를 통하여 두 부분으로 나누어 관리전략 실시 • 첫 번째 관리전략 : 의약품 제조에 관한 전략 • 두 번째 관리전략 : 제조된 의약품에 관한 전략
Sakura tablet (2014)	• 공정과 의약품에 대하여 각각 관리전략 제시 • 공정 관리전략 : 해당 공정의 주요품질특성(CQA)을 관리하기 위한 방법 및 관리 범위 제시 • 의약품 관리전략 : 의약품을 검사(test)할 방법과 설명 제시
IR tablet (2011)	• 제형과 공정에 대한 관리전략을 실험실·시생산·상업생산규모에 대하여 표를 통하여 통합적으로 제시
MR tablet (2011)	• 추가적인 관리가 필요한 경우, 표 이외에 추가적 관리전략을 자세히 기술하여 제시

구분	관리전략(CS)
ACE tablet (2008)	• IR · MR tablet과 유사 • 제형과 공정에 대한 관리전략을 각각의 표로 요약 제시, 각 공정별 관리전략을 세부적으로 제시 • 디자인스페이스를 통하여 위험성을 낮추지 않는 부분은 반드시 관리전략에서 위험성을 낮추는 전략 및 방안을 제시

2.5.2 관리전략(CS) 제안 플랫폼

아래 〈표 2-50〉은 본 교재에서 제안하는 관리전략(CS) 수립 예시이다. 먼저 요소를 살펴보면 반제품 및 완제의약품에 대하여 관리가 필요한 원료 물질특성과 제조 설비 그리고 그에 해당하는 공정변수를 나열한다. 이후 특성/변수 열에는 요소에 대한 세부적인 특성 및 변수로 세분화하고 다음은 추가 위해평가(Post-RA) 결과를 제시하여 중간 단계 이상의 위험성에 대해서는 수용 근거를 제시하여야 한다. 그 이후에는 실험실규모, 시생산규모 그리고 상업생산규모에서의 관리가 필요한 설정값 및 설정범위를 결정하여야 한다. 이는 Scale-up을 진행함에 따라 제조 규모가 달라지고 규모의 변동에 따른 품질의 변동이 발생할 수 있기 때문이다. 따라서 마지막으로 관리유형을 수립하면서 동시에 Scale-up으로 인해 발생 가능한 위험성과 그에 대한 저감전략 역시 함께 수립하여 관리하여야 한다.

표 2-50 관리전략(CS) 적용 방안 예시

요소	특성/변수	Post 위해 평가	실험실 규모 설정 범위	시생산 규모 설정 범위	상업생산 규모 설정 범위	관리 유형	Scale-up에 따른 위험성	Scale-up 위험성 저감 전략
원료 물질특성								
안정성								
유연물질								
부형제 A								
부형제 B								
부형제 C								
부형제 D								
부형제 E								
공정 1 단계								
혼합기기								
공정 1 단계 공정검사항목								
혼합시간								

요소	특성/변수	Post 위해 평가	실험실 규모 설정 범위	시생산 규모 설정 범위	상업생산 규모 설정 범위	관리 유형	Scale-up에 따른 위험성	Scale-up 위험성 저감 전략
장입율								
공정 2 단계								
활택기기								
공정 2 단계 공정검사항목								
활택 온도								
활택 속도								
활택 시간								
⋮			⋮			⋮	⋮	

2.6 제품전주기관리(Life cycle Management, LM)

제품전주기관리(LM)는 제품의 전주기에 걸쳐 지속적으로 품질을 개선하기 위한 체계적이고 시스템적 관리방안을 말한다. 그리고 QbD 방법이 전사적 관리 플랫폼으로 지속적으로 작동될 수 있도록 체계를 갖추는 것을 목표로 한다. 제품의 라이프 사이클 동안 제품 및 공정지식을 관리하고 제조 공정의 개발과 개선 활동은 의약품의 라이프 사이클 전체에 걸쳐 계속된다. 또한, 제품전주기관리(LM)는 관리전략(CS)의 효과 및 제조 공정의 성능을 주기적으로 평가하고 공정 개발 활동, 기술 이전 활동, 의약품 라이프 사이클 동안의 공정 validation 실험, 변경 관리 활동 등을 포함한 지식 관리 등을 포함하고 있다. 체계화된 제품전주기관리(LM)의 효과는 공정 성능을 모니터링함으로써 공정이 예상대로 작동하는지와 디자인스페이스(DS)에 의한 제품의 품질특성(QA)을 확보할 수 있는지 등을 확인할 수 있다. 수학적 모델링을 활용하여 디자인스페이스(DS)를 도출한 경우, 주기적인 유지관리를 통해 모델 자체의 성능을 확인하고 품질을 보증하는 데 도움이 되며, 모델의 유지관리 측면에서는 디자인스페이스(DS)가 변경되지 않았을 경우, 자체적인 품질관리시스템 및 수립되어 있는 관리전략(CS)을 활용 가능하다. 현재 ICH(Q12)에서는 매우 간략한 제품전주기관리(LCM) 내용만을 제시하고 있으며, 차후 좀 더 강화 및 구체화될 것으로 예상된다. 하지만 여러 가지 측면에서 제품전주기관리(LM)의 강화는 제약업계로부터 강한 반발이 예상되며, 국내 QbD의 제도화와 정착에도 큰 영향을 미칠 것으로 판단된다.

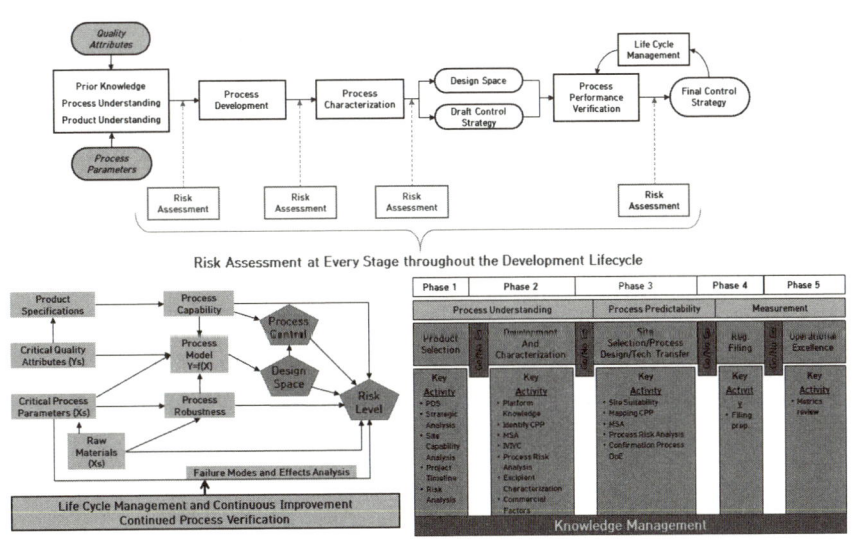

그림 2-44 Life cycle Management(LM)

2.7 Scale-up 및 기술 이전 전략

Scale-up이란 의약품 제조 시스템을 실험실규모(Lab scale)에서 시생산규모(Pilot scale)와 상업생산규모(Commercial Scale)로 생산 규모가 커지게 되면서 생산 장비나 작업 환경의 변화 등 위험요소들에 의해서 원래 의도한 것과 다른 결과나 위험이 발생하는 것을 줄이기 위한 전략을 의미한다. [그림 2-45]에서 보는 바와 같이 Scale-up에는 변화에 따른 여러 위험이 따르기 때문에 이런 위험을 사전에 잘 찾아내 어떻게 대처하고 지속적으로 관리하는지가 중요하다. 따라서 본 교재에서는 구체적으로 어떻게 Scale-up을 수행하는지 실제 사례 및 예시들과 함께 소개하려 한다.

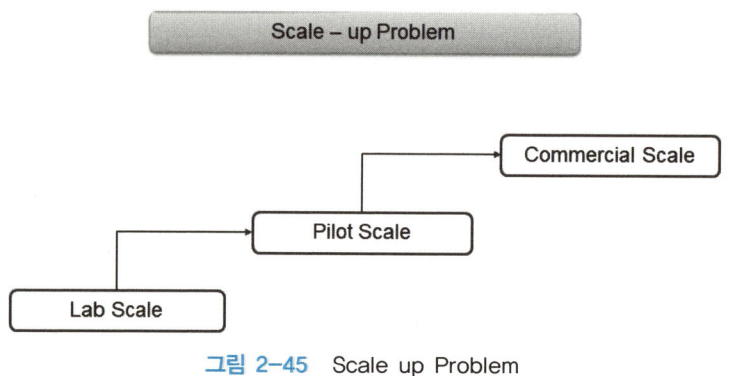

그림 2-45 Scale up Problem

첫 번째로 실험실규모(Lab scale)에서 확보한 자료 및 공정이해(Process Understanding)를 시생산규모(Pilot scale)와 상업생산규모(Commercial scale)로 전달하고 변화에 대한 위험성을 재평가하여야 하는데, ICH guideline에 따르면 기술 이전 형태로 진행할 것을 권고하고 있다. 먼저 기술 이전 시 고려할 사항을 〈표 2-51〉과 같이 제시하였고, 기술 이전 시 필요한 자료에 대한 체크리스트는 〈표 2-52〉과 같은 예시로 제시하였다. 기술 이전 시 기술 이전 자료들을 아래 표와 같이 체크리스트를 활용하여 체크해야 한다. 간단하면서도 어떤 기술들의 이전이 이루어지는지 빠지는 부분이 없게 고려해야 할 사항을 확인할 수 있다.

표 2-51 상업용 생산 단계에서 고려할 사항

순서	GAP Assessment 실시 내용	확인 여부
1	연구소와 제조소 간 제조 장비의 비교 및 RA 분석	
2	연구소와 제조소 간 시험 장비의 비교 및 RA 분석	
3	제조 공정 중 IPC 방법의 비교	
4	제조 공정 스케일 차이에 따른 RA 분석	

표 2-52 기술 이전 시 필요한 자료 예시

순서	기술 이전 자료	확인 여부
QTPP	완제품의 목표 품질 설정값 및 설정 근거	
CQA	완제품의 주요품질특성(CQA) 설정 여부 및 설정 근거	
Pre-RA	중요도 설정 여부 및 근거	
	위험성 설정 여부 및 근거	
Primary-RA	FMEA 기반 위험성 설정 근거	
	주요품질특성(CQA)과 제제 조성 및 제조 공정 연관성 설정근거	
	주요품질특성(CQA)의 주요성 설정 근거	
Post-RA	FMEA 기반 위험성 설정 근거	
	Scale up 시 위험성 설정 여부 및 근거	
DS	High risk CPPs & CMAs 최적화 결과 자료	
	신뢰성이 확보된 안전가용영역(SOS) 및 허용범위(NAR) 자료	
CS	완제의약품 시험 방법 및 초기설정값	
	반제품 시험 방법 및 초기설정값	
	원료 기준 시험 방법 및 초기설정값	

두 번째로 매트릭스를 이용하여 기술 이전이 이루어지면서 장비나 환경의 변화 정도에 따른 공정 변화의 위험성 정도를 분석하고 그에 맞는 전략을 세울 수 있어야 한다. 아래 [그림 2-46]과 같이 각 공정별로 위험성 정도를 3가지 수준으로 분석할 수 있는 예시를 제시하였다. 위험성이 High로 높은 경우 Scale up 시 장비 변화에 따른 위험성이 큰 공정에 해당하며, 위험성이 다소 존재할 경우(Medium) Scale up 시 장비 변화는 없지만 주로 작동 범위의 변화가 발생하는 경우에 해당한다. 위험성이 Low로 낮은 경우 Scale up 시 실험실규모와 시생산규모 장비가 동일하며 범위도 변하지 않는 경우에 해당한다. 하지만 Scale up의 상황은 앞에서 설명한 것처럼 쉽지 않은 문제들을 많이 포함하고 있다. Scale에 따른 장비의 변화와 양적인 변화 등이 복잡하게 연관되어 있으며, 특히 상업생산규모에서는 이를 규명하기 위한 실험 또한 많은 비용을 발생시키기 때문에 더욱 어려운 문제로 인식되고 있다. 이 문제를 효과적으로 극복하기 위해서는 Scale 차이와 장비의 차이 등에

따른 변화와 데이터를 지속적으로 관리하여 기업의 노하우로 집적하여야 시행착오를 줄이고 심층적 Scale up을 확보할 수 있을 것이다.

		시생산규모									
		칭량	결합액 조제	혼합	연합 및 제립	건조	정립	후혼합 (활택)	타정	코팅	선별 및 포장
실험실	칭량	High									
	결합액 조제		Low								
	혼합			High							
	연합 및 제립				High						
	건조					Medium					
	정립						Low				
	후혼합 (활택)							Low			
	타정								High		
	코팅									High	
	선별 및 포장										Low

Scale-up 시 발생하는 위험성 정도	
	High
	Medium
	Low

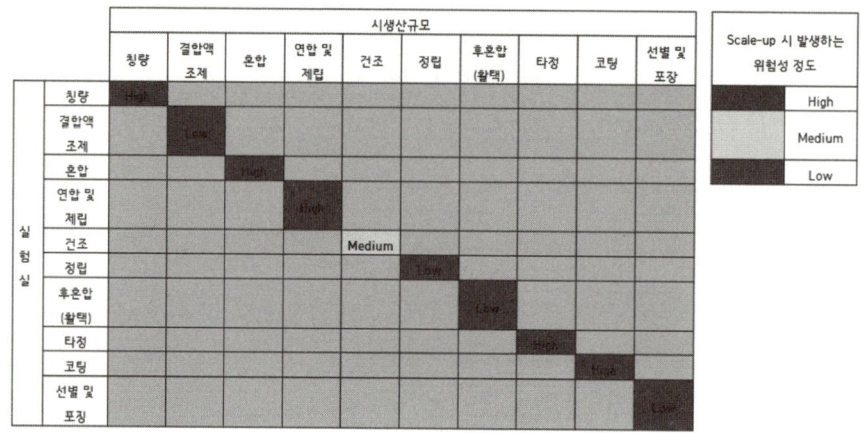

그림 2-46 공정 변화 분석 Matrix

세 번째로 이전 단계에서 정한 위험 수준에 따라서 각 공정별로 세부적인 비교분석, 위험성 평가 및 저감 전략을 수립해야 한다. 아래 [그림 2-47]을 보면 실험실규모에서의 세부 공정 설비와 시생산규모에서의 세부 공정 설비, 상업생2021년 12월 20일산규모에서의 세부 공정 설비 비교를 위하여 해당 장비와 그에 따른 주요공정변수(CPP) 및 작동 범위를 제시하고 생산 규모가 확대됨에 따른 위험요소를 재설정하여야 한다. 그리고 위험요소의 재설정에 따른 영향성 판단관리, 중간 생성물(CIA)의 변화 또한 파악하여 제시하여야 하고, 이를 바탕으로 [그림 2-47]에 제시한 바와 같이 위험 수준을 저감시키기 위한 전략을 제시하여야 한다.

제제조성 및 단위공정	위험도	실험실			시생산				위험요소	영향성	완제 CQAs	CIA (Critical In-process Attribute)	저감전략
		장비	CPP	특성 및 범위	장비	CPP	특성 및 범위	초기설정					
칭량													
결합액 조제													
혼합													
연합 및 제립													
건조													
정립													
후혼합 (활택)													
타정													
코팅													
선별 및 포장													

그림 2-47 공정별 위험성 평가 및 저감 전략

네 번째로는 Scale up 기반 위해평가(RA) 및 저감 조치를 바탕으로 디자인스페이스(DS)의 변화 또한 분석하여 필요시 새로운 디자인스페이스(DS)를 제시하여야 한다. 기존 실험 실규모(Lab scale)의 실험계획법(DoE) 기반 실험 결과의 분석을 통하여 주요품질특성(CQA)과 주요공정변수(CPP) 사이의 함수관계를 확보하였기 때문에 시생산규모(Pilot scale)에서는 이를 적극 활용하여 실험을 최소화할 수 있다. 따라서 시생산규모에서 실험계획법(DoE)을 진행할 경우, 소수의 주요공정변수(CPP)를 이용한 특성화 혹은 최적화 단계로 실험 횟수를 최소화하여 진행하는 것이 효과적이라 할 것이다. 만약 실험결과 분석 시 주요 통계량(모형의 P-값, R2, 표준오차 등)이 좋지 못할 경우, 선별된 인자와 실험범위 등을 면밀히 재검토할 필요가 있다(자세한 내용은 5장 참조). 그리고 Scale up 시 장비가 변경되는 경우에는 실험실규모(Lab scale)의 결과를 바탕으로 주요공정변수(CPP)를 재평가 및 선정하여야 하고, 중간생성물(CIA) 또한 재평가하여야 한다.

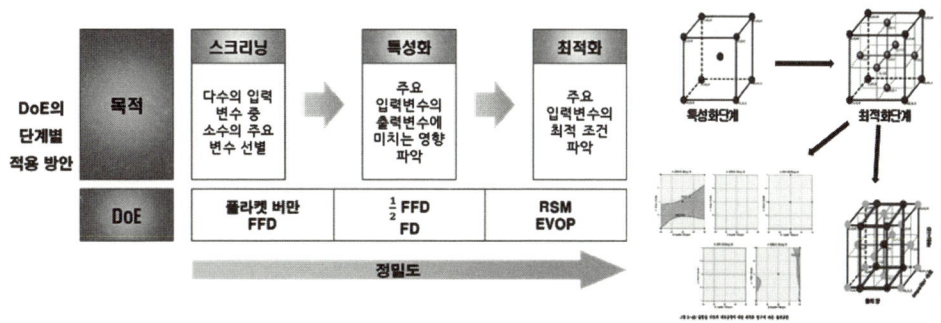

그림 2-48 Scale up 이후 디자인스페이스(DS) 도출 방안

다음은 다섯 번째로 Scale up 이후 공정을 어떻게 관리할 것인지 관리전략(CS)을 수립하고 제시하여야 한다. 이 부분은 특히 기업의 축적된 생산 및 품질 관련 기술이 요구된다고 할 것이다. 예를 들면, 연구소와 생산 부서의 노하우 공유 및 기술 이전에 따른 협력체 활동이 필요하다고 할 것이다. 따라서 향후 QbD의 기술력 확보와 Scale up에 따른 비용 절감을 위해서는 평소 연구소와 생산 부서의 기술 이전을 관리하고 노하우를 축적할 수 있는 체계의 마련이 필요하다고 할 것이다. 그리고 생산규모에 따른 변화를 비교하여 제시하고 위험요소와 저감 전략을 함께 제시한 후 공정별 주요공정변수(CPP)의 위험성을 재평가하여 제시하고 관련 근거를 함께 제시하여 관리전략(CS)으로 활용할 수 있다. 생산 규모 변경에 따른 공정 조건, 공정변수의 위해평가(RA), 디자인스페이스(DS) 변경 등을 바탕으로 최적 공정 조건을 제시하여야 한다. 또한 이를 바탕으로 대조약과의 비교용출 실험을

진행하여 동등성을 확인한다. 그리고 마지막으로 기술 이전 과정과 시생산규모에서 도출된 자료를 바탕으로 위험 저감 분석을 실시하고 원료의약품과 첨가제의 주요품질특성(CQA)을 지속적으로 관리하기 위한 품질 관리전략(CS)을 Scale 별로 구분하여 제시하는 것이 필요하다. 또한 공정, 반제품, 완제의약품에 대한 품질 관리전략(CS)도 함께 제시하는 것이 효과적일 것이다.

2.7.1 Scale-up 제안 플랫폼

〈표 2-53〉에서는 위해평가(RA)와 함께 공정별 장비 및 공정조건을 실험실규모와 시생산규모, 그리고 상업생산규모로 구분하여 제시하고 있으며, 〈표 2-60〉에서 보는 바와 같이 제제 조성 및 공정의 위험요소와 저감 전략을 제시하고 있다. 실험실규모에서 각 공정에 사용하는 장비 및 변수에 따른 위험성을 감소시키기 위한 초기 설정값을 바탕으로 기술 이전에 따른 체크리스트를 통해 기술 이전에 필요한 자료를 확보한다. 그리고 실험실규모에서 시생산규모로 기술 이전을 진행하여 생산 규모를 확대하는 과정에서 발생하는 잠재적인 위험요소를 파악하고 위험 수준을 저감하기 위한 전략을 수립하여 제시하도록 한다.

표 2-53 단위 공정 별 초기 설정값 및 위해평가(RA) 예시

QAs	제제 조성	제조 공정		
		혼합	활택	건조
용출	9	1	3	3
함량	1	3	3	1
제제 균일성	9	3	1	1
분해 산물	3	3	9	1

	성분	세부요소	Lab scale		Pilot scale		Commercial scale		Sclae up 시 위험성
			설정범위	설정값	설정범위	설정값	설정범위	설정값	
제제 조성	부형제 A	유당수화물	35~37 mg	36.08mg	35~38 mg	36mg	35.5~38mg	35mg	3
	부형제 B	D	4.48~6.1mg	6.02mg	5~6.08 mg	5.58mg	5.3~6.1 mg	6mg	3
	부형제 C	K전분	20.5~26mg	22.5mg	21~23 mg	22mg	21.08~22.03mg	21.3mg	1

	장비	공정변수	Lab scale		Pilot scale		Commercial scale		Sclae up 시 위험성
공정			운전가능범위	초기 설정값	운전가능범위	초기 설정값	운전가능범위	초기 설정값	
혼합 공정	고전단 과립기	임펠러 속도	120~130rpm	125rpm	110~140rpm	125rpm	120~127rpm	125rpm	3
		혼합시간	2~5min	2min	2~5min	2min	2~4min	2min	5
	교반기	교반속도	15~20rpm	18rpm	13~22rpm	17.5rpm	15~18rpm	17.5rpm	1
		혼합시간	1~3min	2min	1~5min	2min	1~4min	2min	5
활택 공정	더블콘 혼합기	장입율							
		활택시간			실험실 규모에서 최적화 연구를 통하여 도출된 최적값 및 범위를 바탕으로 설정					
		활택속도							
	드럼 혼합기	혼합시간							
		회전속도							
		Chopper							
건조 공정	사판건조기	건조온도							
		건조시간							
	캐비닛 건조기	건조온도							
		건조시간							

표 2-54 제제 조성 및 제조공정 위험요소 및 저감전략

제제조성 또는 공정	위험요소	위험저감전략
제제 조성	생산 규모가 커짐에 따라 기계에서 수용가능한 각 물질의 운전가능범위가 달라짐	실험실 규모에서 실시한 제제 조성 연구를 통해 최적화된 조성률을 확보하였으며, 동일한 분량을 사용하여 시생산규모에서 생산
혼합 공정	각 생산 규모에서 사용하는 장비의 원리는 동일하나 장비 제조사 및 생산 규모 확대에 따라 격차가 있을 것으로 보임	장비 제조사 및 생산 규모 확대에 따른 장비 격차분석 필요
혼합 공정	정제수 양의 변동이 과립물 특성에 영향을 미칠 확률이 높음	정제수 양에 따른 과립물의 특성을 확인하고 시생산 규모로 확대 시 영향을 평가

또한 시생산규모에서 설계한 제조 공정의 일부 단위 공정이 실험실규모의 제조 공정과 비교하였을 때 제조 원리 및 투입 물질의 특성이 상이하기 때문에 위험수준을 저감하기 위한 최적화 연구가 필요할 것이다. 따라서 생산규모 확대에 따른 위험성이 높을 것으로 예상되는 공정에 대하여 위험저감 전략 수립 후 실험계획법(DoE)을 적용한 실험을 통하여 시생산규모의 디자인스페이스(DS)와 최적 조건을 설정한다. 이 경우 기존 실험실규모의 실험 결과를 면밀히 검토하고 시생산규모 장비의 생산 및 품질 기술을 바탕으로 최소의 실험이 될 수 있도록 인자의 선별과 실험계획법(DoE) 적용을 고려하는 것이 바람직하다고 할 것이다. 그리고 선별된 주요공정변수(CPP)가 서로 상관성이 없다면 실험계획법(DoE)이 아닌 개별 실험을 통하여 결과를 도출할 수 있다.

만일 생산 규모의 확대에 따라 공정에서 변화가 생겼을 경우 공정변수(PP)의 변동이 생길 가능성이 높으므로 추가적인 최적화 연구가 필요하다. 따라서 각 제조 규모에서의 장비에 대한 공정변수(PP)를 도출하고 생산 규모 확대에 따른 격차분석을 수행하여 저감 전략을 수립하도록 한다. 이것은 향후 생산 장비의 개선이 진행되면서 발생할 수 있는 상황이며, 공정의 통합에 따른 변화를 효과적으로 분석하는 것이 핵심 내용이 될 것이다.

3

기초적 통계이론

3.1 확률과 확률 분포
   (Probability and Probability Distribution)
3.2 추정 및 가설검정
   (Estimation and Hypothesis, Test)

3.1 확률과 확률 분포(Probability and Probability Distribution)

3.1.1 확률(Probability)

1) 표본공간(Sample Space)과 사상(Event)

표본공간(Sample space)은 모든 가능한 실험 결과의 집합을 뜻하며 사상(Event)은 표본공간(S)의 부분집합을 뜻한다. 아래 [그림 3-1]과 같이 사상 A와 사상 B 간의 공통된 결과가 없는 경우, 이를 상호배반사상(Mutually exclusive event)이라고 한다. 예를 들어 주사위를 한 번 던지면 S={1, 2, 3, 4, 5, 6}, 6의 약수일 사상 A={1, 2, 3, 6}, 6의 약수가 아닐 사상 B={4, 5}이다. 이때 사상 A와 사상 B는 공통된 결과가 없으므로 상호배반이라고 할 수 있다.

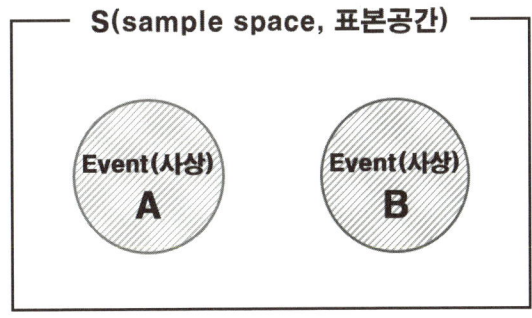

그림 3-1 상호배반사상

2) 확률의 정의

확률의 정의는 어떤 사건이 일어날 수 있는 경우의 수와 발생 할 수 있는 모든 경우의 수에 대한 비율이다. 예를 들어 주사위를 한 번 던지면 일어나는 모든 경우의 수는 6이며, 6의 약수가 나올 경우의 수는 4이다. 즉, 주사위를 한 번 던져 6의 약수가 나올 확률은 4/6이다. 확률은 고전적 정의 외에 수학적인 공리에 의한 방식으로 정의될 수 있으며 아래 〈표 3-1〉과 같다. 함수 P가 〈표 3-1〉의 세 가지 공리를 만족할 때의 함수 P를 확률이라 한다.

표 3-1 확률의 공리적 정의

$0 \leq P(A) \leq 1$	• A의 확률은 항상 0과 1 사이에 존재한다.
$P(S) = 1$	• 표본공간(S)의 확률은 1이다.
$A \cap B = \phi$이면, $P(A \cup B) = P(A) + P(B)$	• A와 B의 교집합이 공집합일 경우, A와 B의 합집합에 대한 확률은 A에 B의 확률을 합한 값과 같다.

3) 확률의 덧셈법칙

확률의 덧셈법칙은 아래의 〈표 3-2〉와 같이 7개의 법칙이 존재하는데 덧셈법칙을 이용하면 구하고자 하는 사상의 확률을 손쉽게 구할 수 있다. 예를 들면 주사위를 한 번 던졌을 때, 6의 약수일 확률을 계산하는 경우 표본공간(S)의 확률 1에서 6의 약수가 아닌 사상의 확률을 뺌으로써 더 쉽게 확률을 구할 수 있다.

표 3-2 확률의 덧셈법칙

- $P(\phi) = 0$
- $P(A) = 1 - P(A^c)$
- $P(B) = P(A \cap B) + P(A^c \cap B)$
- $P(B - A) = P(B) - P(A \cap B)$
- $A \subset B$이면, $P(B - A) = P(B) - P(A)$
- $A \subset B$이면, $P(A) \leq P(B)$
- $P(A \cup B) = P(A) + P(B) - P(A \cap B)$
- $A_1, A_2, A_3, ..., A_n$이 상호배반일 때, $P(\bigcup_n A_n) = \sum_{i=1}^{n} P(A_i)$

4) 조건부 확률(Conditional Probability)과 확률의 곱셈법칙

조건부 확률(Conditional Probability)이란 사상 A가 일어났다는 전제하에 사상 B가 일어날 확률로 단순히 사상 A가 일어날 확률과는 다르다. 조건부 확률의 식은 식 (3.1)과 같다.

$$P(A|B) = \frac{P(A \cap B)}{P(B)}, \quad 단\ P(B) > 0 \tag{3.1}$$

사상 A와 사상 B가 독립이면 $P(A \cap B) = P(A) \times P(B)$이고, $A \perp B$로 표기하고 조건부 확률에서 $P(A|B) = P(A)$ 또는 $P(B|A) = P(B)$가 가능하다. 그리고 조건부 확률로부터 식 (3.2)와 같이 확률의 곱셈법칙을 구할 수 있다.

$$P(A \cap B) = P(A|B)P(B) = P(B|A)P(A) \qquad (3.2)$$

5) 베이즈 정리(Bayes' theorem)

베이즈 정리(Bayes' theorem)는 두 개의 확률변수의 사전 확률, 사후 확률 간의 관계를 나타내는 정리로서 사건 B가 발생하였다는 전제하에 사건 A가 발생할 확률이다. 베이즈 정리는 아래의 식 (3.3)과 같이 나타낼 수 있으며, 새로운 정보가 추가되면 사후 확률이 계속 갱신된다.

이벤트(E) $A_1, A_2, \cdots, A_n$이 상호 배반이고, $P(A_i) > 0$, $P(B) > 0$, $i = 1, 2, 3, ..., k$일 때 베이즈 정리는 식 (3.3)으로 제시될 수 있다.

$$P(A_k|B) = \frac{P(B \cap A_k)}{\sum_{i=1}^{n} P(B \cap A_k)} = \frac{P(B|A_k) \cdot P(A_k)}{\sum_{i=1}^{n} P(B|A_i) \cdot P(A_i)} \qquad (3.3)$$

6) 확률변수(Random Variable)

확률변수는 표본공간(S)의 각 원소에 대응되는 실수 값이며 일반적으로 대문자 X로 나타낸다. 확률변수 X의 구체적인 값에 대해서는 보통 소문자를 사용한다. 예를 들어 X가 p의 확률로 x의 값을 가진다는 것은 $P(X = x) = p$ 등의 확률함수로 표현 가능하다. 확률변수 X가 가질 수 있는 값의 범위가 이산형인지/연속형인지에 따라 이산 확률 변수(Discrete Proability Distribution)와 연속 확률 변수(Continuous Probability Distribution)로 구분할 수 있다. 확률변수의 분류와 특징 및 형태를 다음 [그림 3-2]에 정리하여 제시하였다.

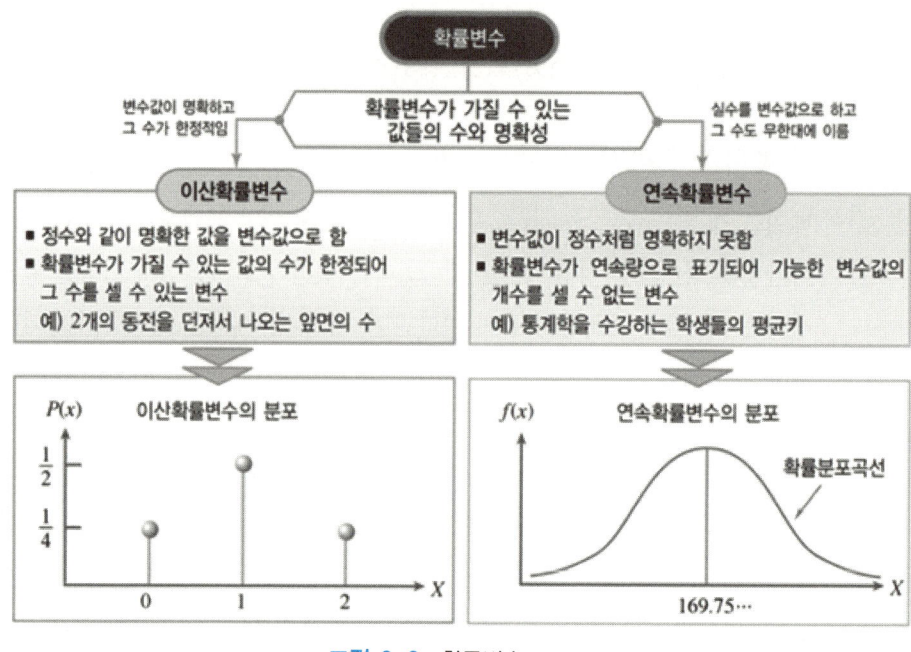

그림 3-2 확률변수

3.1.2 확률 분포(Probability Distribution)

확률변수(Random Variable)가 가지게 될 확률을 나타낸 함수를 확률 분포라고 한다. 확률 분포는 셀 수 있거나 유한개의 원소로 구성되어있는 이산 확률 분포(Discrete Proability Distribution)와 셀 수 없거나 무한개의 원소로 구성된 연속 확률 분포(Continuous Probability Distribution)로 나누어진다.

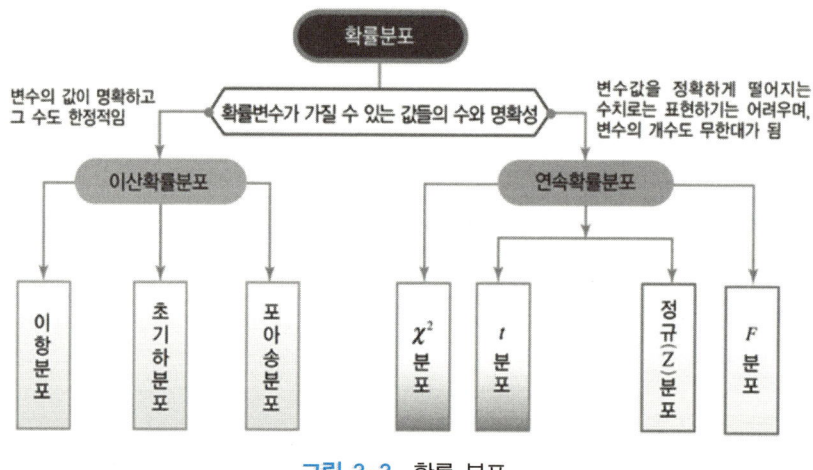

그림 3-3 확률 분포

1) 이산 확률 분포

이산 확률 분포(함수)는 아래 식 (3.4)와 식 (3.5)에 제시된 바와 같이 모든 x값에 대하여 확률은 항상 0 이상 1 이하의 값을 가져야 하고, 확률의 합은 반드시 1이 되어야 한다.

$$0 \leq P(x) \leq 1 \qquad (3.4)$$

$$\sum P(x) = 1 \qquad (3.5)$$

(1) 베르누이 분포(Bernoulli Distribution)

한 번의 시행에서 오직 두 가지의 결과(0 또는 1) 중 하나의 결과가 나오는 실험을 베르누이 시행이라고 말한다. 베르누이 분포의 확률질량함수와 기댓값(Expection, E) 및 분산은 아래 〈표 3-3〉과 같이 정의된다.

표 3-3 베르누이 분포의 확률질량함수(pmf), 기댓값, 분산

확률질량함수(pmf)	기댓값(평균)	분산
$P(X=x) = p^x(1-p)^{1-x}, (x=0,1)$	$E(X) = p$	$Var(X) = p(1-p)$

(2) 이항 분포(Binomial Distribution)

연속된 n번의 독립적인 시행에서 각 시행이 p의 확률을 가질 때, 확률변수 X(n번 시행에서의 성공 횟수)의 확률 분포를 시행 횟수 n과 성공률 p를 갖는 이항분포 $B(n,p)$라 한다. 이항 분포의 확률질량함수(pmf)와 기댓값 및 분산은 아래의 〈표 3-4〉에 정리하였다.

표 3-4 이항 분포의 확률질량함수(pmf), 기댓값, 분산

확률질량함수(pmf)	기댓값(평균)	분산
$P(X=x) = {}_nC_x P^x(1-P)^{n-x},$ $(x=0,1,2,\cdots,n)$	$E(X) = np$	$Var(X) = np(1-p)$

① 정의를 이용한 평균과 분산 구하는 방법

이항 분포의 확률 함수는 $P(X=x) = {}_nC_x P^x(1-P)^{n-x}, x=0,1,2,\cdots,n$이다. 일반적으로 이산 확률 분포에서 평균은 $E(X) = \sum_{i=1}^{n} x_i p_i$로 구하고 분산은 $Var(X) = E(X^2) - [E(X)]^2$로 구한다. 따라서 이항 분포의 평균과 분산은 다음 식 (3.6)~(3.8)과 같이 구할

수 있다. 먼저 이항 분포의 평균은 기댓값의 정의에 따라 식 (3.6)과 같이 나타낼 수 있다.

$$\begin{aligned}
E(X) &= \sum_{x=0}^{n} x \binom{n}{x} p^x (1-p)^{n-x} = \sum_{x=0}^{n} x \frac{n!}{x!(n-x)!} p^x (1-p)^{n-x} \\
&= \sum_{x=1}^{n} \frac{n!}{(x-1)!(n-x)!} p^x (1-p)^{n-x} \\
&= np \sum_{x=1}^{n} \frac{(n-1)!}{(x-1)!(n-x)!} p^{x-1} (1-p)^{n-x} \\
&= np \sum_{x=1}^{n} \binom{n-1}{x-1} p^{x-1} (1-p)^{n-x} = np \sum_{k=0}^{n-1} \binom{n-1}{k} p^k (1-p)^{n-1-k} \\
&= np \{p + (1-p)\}^{n-1} = np
\end{aligned} \quad (3.6)$$

이항 분포의 분산을 구하기 위해서 $x^2 = x(x-1) + x$를 이용하여 $E(X^2)$을 구하면 $E(X^2) = E[X(X-1) + X] = E[X(X-1)] + E(X)$가 된다. 여기서

$$\begin{aligned}
E[X(X-1)] &= \sum_{x=0}^{n} x(x-1) \binom{n}{x} p^x (1-p)^{n-x} \\
&= n(n-1) p^2 \sum_{x=2}^{n} \binom{n-2}{x-2} p^{x-2} (1-p)^{n-x} \\
&= n(n-1) p^2 \sum_{k=0}^{n-2} \binom{n-2}{k} p^k (1-p)^{n-2-k} \\
&= n(n-1) p^2 \{p + (1-p)\}^{n-2} \\
&= n(n-1) p^2
\end{aligned} \quad (3.7)$$

이고, $E(X) = np$ 이므로 $E(X^2) = E[X(X-1)] + E(X) = n(n-1)p^2 + np$ 이다. 따라서 이항 분포의 분산은 식(3.8)과 같이 구할 수 있다.

$$\begin{aligned}
Var(X) &= E(X^2) - [E(X)]^2 \\
&= n(n-1)p^2 + np - n^2 p^2 \\
&= np(1-p)
\end{aligned} \quad (3.8)$$

② 적률생성함수(Moment Generating Function, MGF)를 이용한 평균과 분산 구하는 방법

X가 이항 분포를 따를 때, X의 확률 질량 함수(pmf)는 $P(X=x) = {}_nC_x P^x (1-P)^{n-x}$, $x = 0, 1, 2, \cdots, n$이rh, X의 적률생성함수(MGF) $M_X(t)$는 $E[e^{tx}]$으로 정의되기 때문에 기댓값의 정의에 따라 적률생성함수 $M_X(t)$는 식(3.9)와 같이 도출될 수 있다.

$$M_X(t) = \sum_{x=0}^{n} e^{tx} \binom{n}{x} p^x (1-p)^{n-x}$$
$$= \sum_{x=0}^{n} \binom{n}{x} (pe^t)^x (1-p)^{n-x} \qquad (3.9)$$
$$= (pe^t + 1 - p)^n \quad (\text{이항정리를 적용하여 도출})$$

x의 적률생성함수 $M_X(t)$는 식(3.9)에 제시하였고, 도출된 적률생성함수를 1차 및 2차 미분한 결과는 식(3.10)에 제시하였다.

$$M_X'(t) = n(pe^t + 1 - p)^{n-1} pe^t$$
$$M_X''(t) = n(n-1)(pe^t + 1 - p)^{n-2}(pe^t)^2 + n(pe^t + 1 - p)^{n-1} pe^t. \qquad (3.10)$$

식(3.10)을 이용하여 기댓값 $E(X) = M_X'(0) = np$이고, $E(X^2) = M_X''(0) = n(n-1)p^2 + np$이며, $Var(X) = E(X^2) - [E(X)]^2 = n(n-1)p^2 + np - (np)^2 = np(1-p)$를 얻을 수 있다.

예제 3.1-1: 이항 분포

어느 자동차 부품 공장에서 생산하는 특정 부품의 불량률은 10%라고 한다. 검사원이 부품 10개를 무작위 추출했을 때 정상 부품이 나오는 횟수를 확률변수 X라 할 때, 3개가 부적합품일 확률과 3개 이상이 부적합품일 확률을 구하라.

(1) 3개가 부적합품일 확률을 구하기 위해 아래와 같이 확률질량함수(pmf)를 정의하여 $x=3$일 경우에 확률을 도출한다.

$$f(x) = {}_{10}C_x 0.1^x \times 0.9^{10-x}$$

$$P[X=3] = {}_{10}C_3 0.1^3 \times 0.9^7 = 0.057$$

(2) 3개 이상이 부적합품일 확률을 구하기 위해 아래와 같이 모든 확률의 합인 1에서 $X=0$, $X=1$, $X=2$의 확률을 더한 값을 빼서 구한다.

$$P(X \geq 3) = 1 - P(X \leq 2)$$
$$= 1 - [P(X=0) + P(X=1) + P(X=2)]$$
$$= 1 - [{}_{10}C_0 0.1^0 0.9^{10} + {}_{10}C_1 0.1^1 0.9^9 + {}_{10}C_2 0.1^2 0.9^8]$$
$$= 1 - [0.349 + 0.387 + 0.194]$$
$$= 0.07$$

(3) 기하 분포(Geometric Distribution)

n번의 베르누이 시행에서 첫 번째 성공까지 시행한 횟수를 확률변수 X라 할 때, X는 기하 분포를 따른다. 기하 분포의 확률질량함수(pmf)와 기댓값 및 분산은 아래 〈표 3-5〉와 같이 정의된다.

표 3-5 기하 분포의 확률질량함수(pmf), 기댓값, 분산

확률질량함수(pmf)	기댓값(평균)	분산
$P(X=x) = p(1-p)^{x-1}, (x=1,2,\cdots)$	$E(X) = \dfrac{1}{p}$	$Var(X) = \dfrac{1-p}{p^2}$

(4) 음이항 분포(Negative Binomial Distribution)

n번의 베르누이 시행에서 r번 성공할 때까지 시행한 횟수를 확률변수 X라고 할 때, X는 음이항 분포를 따른다. 음이항 분포의 확률질량함수(pmf)와 기댓값 및 분산은 아래 〈표 3-6〉과 같이 나타낸다.

표 3-6 음이항 분포의 확률질량함수(pmf), 기댓값, 분산

확률질량함수(pmf)	기댓값(평균)	분산
$P(X=x) = {}_{x+r-1}C_{r-1} p^r (1-p)^x,$ $(x=0,1,2,\cdots)$	$E(X) = \dfrac{r}{p}$	$Var(X) = \dfrac{r(1-p)}{p}$

※ 기하 분포와 음이항 분포

서로 독립인 확률변수 $X_1, X_2, X_3, \ldots, X_r$이 기하 분포를 따른다고 가정하였을 때, 이 변수들의 합 $S = X_1 + X_2 + \cdots + X_r$은 음이항 분포를 따른다. 이는 기하 분포와 음이항 분포의 평균과 분산을 통해 증명될 수 있다. $Y = X_1 + X_2 + \cdots + X_r$ 이라고 할 경우, Y의 평균과 분산은 〈표 3-5〉에 제시된 기하 분포의 평균과 분산을 이용하여 식 (3.11)과 식 (3.12)와 같이 두 분포의 관계를 이용하여 구할 수 있다.

$$\begin{aligned} E(Y) &= E(X_1) + E(X_2) + \cdots + E(X_r) \\ &= \sum_{i=1}^{r} E(x_i) \\ &= \frac{r}{p} \end{aligned} \quad (3.11)$$

$$Var(Y) = Var(X_1) + Var(X_2) + \cdots + Var(X_r) \ (단, X_i \perp X_j)$$
$$= \sum_{i=1}^{r} Var(X_i) \tag{3.12}$$
$$= \frac{r(1-p)}{p^2}$$

식 (3.11)과 (3.12)의 결과를 바탕으로 X_i의 평균과 분산은 기하분포를 따르고, Y의 평균과 분산은 음이항 분포의 평균과 분산이 됨을 확인할 수 있다. 따라서 확률변수 $X_1, X_2, X_3, \ldots, X_r$이 기하 분포를 따를 때, 서로 독립인 확률변수들의 합은 음이항 분포를 따른다고 할 수 있다.

(5) 초기하 분포(Hypergeometric Distribution)

크기가 N인 모집단에서 비복원으로 표본 n개를 취할 때, 확률변수 X가 나타내는 분포를 초기하 분포라고 한다. 초기하 분포의 확률질량함수(pmf)와 기댓값 및 분산은 아래 〈표 3-7〉과 같이 정의한다.

표 3-7 초기하 분포의 확률질량함수(pmf), 기댓값, 분산

확률질량함수(pmf)	기댓값(평균)	분산
$P(X=x) = \dfrac{{}_mC_x \cdot {}_{N-m}C_{n-x}}{{}_NC_n}$	$E(X) = \dfrac{nM}{N} = np$	$Var(X) = \dfrac{nM(N-M)(N-n)}{N^2(N-1)}$ $= np(1-p)\dfrac{(N-n)}{(N-1)}$

(6) 포아송 분포(Poisson Distribution)

특정 시간이나 특정 면적 등에서 사상(Event)의 발생 횟수를 의미하는 확률변수 X가 나타내는 분포를 포아송 분포라고 한다. 예를 들면 특정 지역에서 일정 기간에 발생하는 교통사고 빈도(사고 횟수)가 확률변수 X라면 X는 포아송 분포를 따른다고 할 수 있다. 포아송 분포는 3가지 전제 조건을 가지며 〈표 3-8〉과 같다.

표 3-8 포아송 분포 전제조건

- 독립성 : 임의의 주어진 단위 시간에서 발생되는 결과는 다른 단위시간에 발생하는 결과와 서로 독립임을 의미한다.
- 일정성 : 임의의 주어진 단위 시간에 발생하는 Event는 단위 시간의 크기 등에 비례한다.
- 비집락성 : 매우 짧은 두 개의 단위 시간에 동시에 Event가 발생할 확률은 0이다.

포아송 분포의 확률질량함수(pmf)와 기댓값 및 분산은 아래 〈표 3-9〉와 같이 정리할 수 있다.

표 3-9 포아송 분포의 확률질량함수(pmf), 기댓값, 분산

확률질량함수(pmf)	기댓값(평균)	분산
$P(X=x) = \dfrac{e^{-\lambda}\lambda^x}{x!}, (x=0,1,2,\cdots)$	$E(X) = \lambda$	$Var(X) = \lambda$

2) 연속 확률 분포

연속 확률 분포(함수)는 아래의 식 (3.13)과 식 (3.14)에 제시된 바와 같이 모든 x의 확률 $f(x)$는 항상 0보다 커야 하고, $f(x)$를 적분하여 더한 값은 1이 되어야 한다.

$$f(x) \geq 0 \tag{3.13}$$

$$\int_{-\infty}^{\infty} f(x)dx = 1 \tag{3.14}$$

(1) 균일 분포(Uniform Distribution)

[그림 3-4]에서 보는 바와 같이 구간 [a, b]에서 확률변수 X가 동일한 확률을 가질 때 확률변수 X는 균일 분포를 따른다고 정의될 수 있다. 균일 분포의 형태는 [그림 3-4]와 같고, 확률밀도함수(pmf)와 기댓값 및 분산은 아래 〈표 3-10〉과 같이 정의한다.

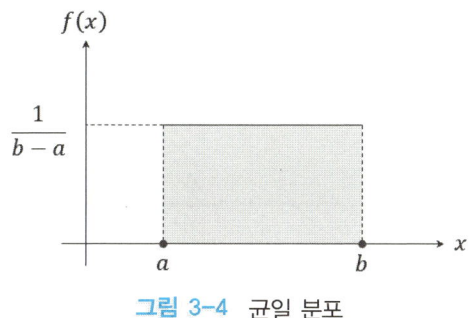

그림 3-4 균일 분포

표 3-10 균일 분포의 확률밀도함수(pdf), 기댓값, 분산

확률밀도함수(pdf)	기댓값(평균)	분산
$f(x) = \begin{cases} \dfrac{1}{b-a}, & a \leq x \leq b \\ 0, & elsewhere \end{cases}$	$E(X) = \dfrac{a+b}{2}$	$V(X) = \dfrac{(b-a)^2}{12}$

(2) 정규 분포(Normal Distribution)

정규 분포는 가장 많이 사용되는 분포로서 평균을 중심으로 좌우대칭인 종(鐘, bell) 모양을 가진다. 정규 분포의 모양과 위치는 평균(μ)과 분산(σ^2)에 따라 달라진다. 따라서 Location Parameter가 μ이고 Scale Parameter가 σ^2로 정의된다. 평균(μ)이 변하더라도 분산(σ^2)이 같으면 분포의 모양은 변하지 않는다. 분산(σ^2)이 바뀔 경우, 분산(σ^2)이 클수록 굵고 평평한 종 모양 형태를 가지며, 작을수록 가늘고 뾰족한 형태를 가진다. 정규 분포가 가지는 4가지 특성을 정리하여 〈표 3-11〉에 제시하였다.

표 3-11 정규 분포 4가지 특성

- 평균 μ를 중심으로 대칭이다.
- 평균, 중간값, 최빈값이 모두 동일하다.
- 확률밀도곡선의 총 면적은 항상 1이다.
- 평균 μ에서 최댓값을 가진다.

정규 분포의 형태는 아래 [그림 3-5]와 같고 확률밀도함수(pdf)와 기댓값 및 분산은 〈표 3-12〉처럼 정의할 수 있다.

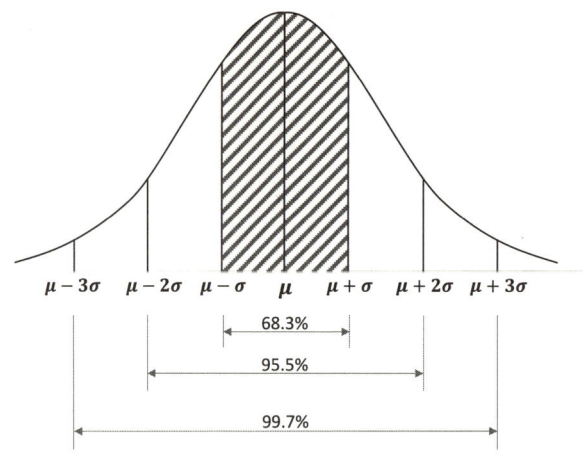

그림 3-5 정규 분포의 확률적 특성

표 3-12 정규 분포의 확률밀도함수(pdf), 기댓값, 분산

확률밀도함수(pdf)	기댓값(평균)	분산
$f(x) = \dfrac{1}{\sqrt{2n}\,\sigma} e^{-\dfrac{(x-\mu)^2}{2\sigma^2}}, \ (-\infty \leq x \leq \infty)$	$E(X) = \mu$	$Var(X) = \sigma^2$

정규 분포는 평균 및 표준편차에 따라 중심 위치 및 모양이 달라지는데 정규 분포를 평균이 0이고 표준편차가 1인 표준화된 표준정규분포로 변환하여 쉽게 활용할 수 있다. 표준정규분포 변환식은 아래와 같다.

$$Z = \frac{X - \mu}{\sigma} \tag{3.15}$$

> **예제 3.1-2: 정규 분포**
>
> A 회사 주식의 연 수익률은 평균 $\mu = 6.0\%$ 이고 표준편차 $\sigma = 1.0\%$ 인 정규 분포를 따른다고 알려져 있다. 이때 연 수익률이 3.0% 이상이면 만족, 9.0% 이상이면 매우 만족으로 조사하였다. 이에 따라 A 회사 주식의 연 수익률이 만족할만한 확률과 A 회사 주식의 연 수익률이 매우 만족 하지 못할 확률을 구하여라.
>
> (1) A 회사 주식의 연 수익률이 만족할만한 확률을 구하기 위해 아래와 같이 $X \geq 3.0$ 일 확률의 확률변수를 표준정규분포 확률변수로 변환한다. 도출된 표준정규분포의 확률변수로 표준정규분포표를 이용하여 확률을 다음과 같이 계산할 수 있다.

$$P(X \geq 3.0) = P(Z \geq \frac{3.0-6.0}{1.0})$$
$$= P(Z \geq -3)$$
$$= 0.9987$$

(2) A 회사 주식의 연 수익률이 매우 만족 하지 못할 확률을 구하기 위해 아래와 같이 $X \leq 9.0$일 확률의 확률변수를 표준정규분포 확률변수로 변환한다. 도출된 표준정규분포의 확률변수로 표준정규분포표를 이용하여 확률을 다음과 같이 계산할 수 있다.

$$P(X \leq 10.0) = P(Z \leq \frac{9.0-6.0}{1.0})$$
$$= P(Z \leq 3)$$
$$= 0.9987$$

(3) 지수 분포(Exponential Distribution)

지수 분포는 $x \geq 0$의 상태 공간을 가지며, 확률변수 X는 어떤 사건이 일어나는데 걸린 시간을 나타내는 분포를 말한다. 종종 고장이나 대기 시간 또는 도착 시간을 모형화하기 위하여 사용된다. 포아송 분포는 특정 사건들이 발생하는 횟수라면, 지수 분포는 다음 사건이 발생할 때까지의 대기 시간을 의미한다. 지수 분포는 기하 분포와 함께 무기억성의 성질을 가지는데, 무기억성이란 앞으로 일어날 일이 지나온 시간에 영향을 받지 않는 성질이다. 지수 분포의 확률밀도함수(pdf)와 기댓값 및 분산은 〈표 3-13〉과 같이 정의된다.

표 3-13 지수 분포의 확률밀도함수(pdf), 기댓값, 분산

확률밀도함수(pdf)	기댓값(평균)	분산
$f(x) = \lambda e^{-\lambda x}$	$E(X) = \frac{1}{\lambda}$	$Var(X) = \frac{1}{\lambda^2}$

(4) 감마 분포(Gamma Distribution)

감마 분포의 확률변수 X는 총 k번째 사건이 일어날 때까지 걸린 시간으로, 이때 확률변수 X가 나타내는 분포를 말한다. 감마 분포는 모수 $k > 0$와 $\lambda > 0$에 의해 결정되며, 확률밀도함수(pdf)에 감마 함수 $\Gamma(k)$가 포함되어 있는 것이 특징이다. $k = 1$일 때, 감마 분포는 모수 λ를 가지는 지수 분포로 근사 가능하고, $k = r/2$, $\lambda = 1/2$ 일 때, 카이제곱 분포로 근사 가능하다. 감마 분포의 확률밀도함수(pdf)와 기댓값 및 분산은 〈표 3-14〉와 같이 정의된다.

표 3-14 감마 분포의 확률밀도함수(pdf), 기댓값, 분산

확률밀도함수(pdf)	기댓값(평균)	분산
$f(x) = \begin{cases} \dfrac{\lambda^k x^{k-1} e^{-\lambda x}}{\Gamma(k)}, & x \geq 0 \\ 0, & x < 0 \end{cases}$	$E(X) = \dfrac{k}{\lambda}$	$Var(X) = \dfrac{k}{\lambda^2}$

※ 지수 분포와 감마 분포의 관계

확률변수 $X_1, X_2, X_3, \ldots, X_k$가 동일한 모수 $1/\lambda$을 갖는 독립인 지수 분포를 따른다면, 이 변수들의 합 $S = X_1 + X_2 + \cdots + X_k$는 감마 분포를 따른다고 할 수 있다. 모수 λ, k의 감마 함수의 확률밀도함수(pdf)는 $f(x) = \dfrac{1}{\lambda^k \Gamma(k)} x^{k-1} e^{-\frac{x}{\lambda}}$이고, 적률생성함수(MGF)는 식 (3.16)과 같이 도출될 수 있다.

$$\begin{aligned} M_X(t) &= E(e^{tx}) \\ &= \int_0^\infty e^{tx} \frac{1}{\lambda^k \Gamma(k)} x^{k-1} e^{-\frac{1}{\lambda} x} dx \\ &= \frac{1}{\lambda^k \Gamma(k)} \int_0^\infty x^{k-1} e^{-(\frac{1}{\lambda} - t)x} dx \\ &= \frac{1}{\lambda^k \Gamma(k)} \Gamma(k) \left(\frac{1}{\lambda} - t\right)^{-k} \\ &= \left(\frac{1}{1 - \lambda t}\right)^{-k} \end{aligned} \quad (3.16)$$

그리고 지수 함수의 확률밀도함수(pdf)는 $f(x) = \dfrac{1}{\theta} e^{-\frac{x}{\theta}}$이고, 적률생성함수(MGF)는 식 (3.17)과 같이 도출할 수 있다.

$$\begin{aligned} M_X(t) &= E(e^{tx}) \\ &= \int_0^\infty e^{tx} \frac{1}{\theta} e^{-\frac{x}{\theta}} dx \\ &= \frac{1}{\theta} \int_0^\infty e^{-(\frac{1}{\theta} - t)x} dx \\ &= \left(\frac{1}{1 - \theta t}\right)^{-1} \end{aligned} \quad (3.17)$$

따라서 식 (3.16)과 식 (3.17)을 통하여 볼 때 감마 분포가 $k=1$이고 $\lambda = \theta$일 때 지수 분포와 같다는 것을 확인할 수 있다.

(5) 와이블 분포(Weibull Distribution)

와이블 분포는 고장 시간이나 대기 시간을 모형화 하는 데 많이 사용되며, 두 모수 값을 변화시켜 다양한 형태의 분포를 표현할 수 있기 때문에 와이블 분포는 많은 분야에서 다양하게 활용되고 있다. 특히 유연물질의 분석에는 많은 시간이 필요한데, 이를 단축시키기 위하여 가속수명시험 방법을 주로 사용하고, 이 때 와이블 분포가 주로 사용된다. 와이블 분포는 모수 $\alpha = 1$일 때 지수 분포로 근사가 가능하고 $\alpha < 1$일 때 감마 분포로 근사가 가능하다. 와이블 분포의 확률밀도함수(pdf)와 기댓값 및 분산은 〈표 3-15〉와 같이 정의된다.

표 3-15 와이블 분포의 확률밀도함수(pdf), 기댓값, 분산

확률밀도함수(pdf)	기댓값(평균)	분산
$f(x) = \begin{cases} \left(\dfrac{\alpha}{\beta}\right) x^{\alpha-1} e^{-(\frac{x}{\beta})^\alpha}, & x \geq 0 \\ 0, & x < 0 \end{cases}$	$E(X) = \beta \Gamma(1 + \dfrac{1}{a})$	$Var(X) = \beta^2 \left\{ \Gamma(1 + \dfrac{2}{a}) - \Gamma(1 + \dfrac{1}{a})^2 \right\}$

3) 샘플링 분포(Sampling Distribution)

샘플링 분포는 모집단에서 표본을 추출하였을 때 표본이 나타내는 분포로써, 주로 3가지 분포(카이제곱 분포, t-분포, F-분포)를 말한다. 세 가지 샘플링 분포는 추측통계학의 범주인 추정과 가설검정에 많이 활용되는 분포이기도 하다. 그리고 샘플링 분포의 평균과 분산은 모두 샘플의 개수와 연관되어 있는 특징이 있다.

(1) t-분포(t-Distribution)

모표준편차(σ)를 모르는 경우 평균의 검정이나 추정에 사용될 수 있다. t-분포는 샘플링 분포 중 유일하게 0을 기준으로 좌우대칭인 종모양 형태를 가진 표준정규분포와 매우 비슷한 형태를 가지지만 사실은 표준정규분포보다는 더 평평한 형태이다. 그러나 자유도(ν)가 ∞로 가면 정규 분포에 근사한다는 특징이 있다. t-분포의 확률밀도함수(pdf)와 기댓값 및 분산은 아래 〈표 3-16〉과 같이 정의된다.

표 3-16 t-분포의 확률밀도함수(pdf), 기댓값, 분산

확률밀도함수(pdf)	기댓값(평균)	분산
$f(x) = \dfrac{\Gamma(\frac{\nu+1}{2})}{\Gamma(\frac{\nu}{2})} \dfrac{1}{\sqrt{\nu\pi}} \dfrac{1}{(1 + \frac{x^2}{\nu})^{\frac{\nu+1}{2}}}$, $-\infty \leq x \leq \infty$	$E(X) = 0$	$Var(X) = \dfrac{\nu}{\nu-2}$

(2) 카이제곱 분포(Chi-square Distribution)

하나의 모집단에 대한 모분산(σ^2)의 검정이나 추정에 카이제곱(χ^2) 분포가 사용되며, 분포의 형태는 [그림 3-6]과 같이 왼쪽으로 치우친 형태를 나타내고 있다. 카이제곱(χ^2) 분포는 자유도(ν)에 의해 분포의 형태가 결정되는데, 자유도(ν)가 증가할수록 꼬리가 오른쪽으로 길어지는 형태가 되고 자유도(ν)가 ∞가 되면 좌우대칭인 형태를 가진다. 카이제곱(χ^2) 분포의 확률밀도함수(pdf)와 기댓값 및 분산은 〈표 3-17〉에 정의되어 있다.

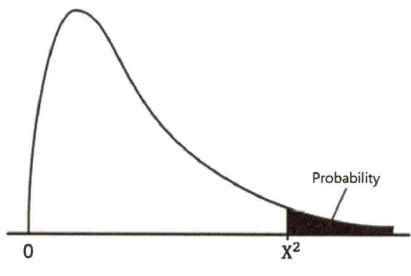

그림 3-6 χ^2-분포

표 3-17 χ^2 분포의 확률밀도함수(pdf), 기댓값, 분산

확률밀도함수(pdf)	기댓값(평균)	분산
$f(x) = \dfrac{1}{\Gamma\left(\dfrac{\nu}{2}\right)} \left(\dfrac{1}{2}\right)^{\frac{1}{2}} x^{\frac{\nu}{2}-1} e^{-\frac{x}{2}}, x \geq 0$	$E(X) = \nu$	$Var(X) = 2\nu$

(3) F-분포(F-Distribution)

F-분포는 두 개 이상의 모집단에 대한 분산(σ^2)의 추정 및 검정에 사용되고, 분포의 형태는 [그림 3-7]과 같이 왼쪽으로 치우침이 나타나는 형태를 갖는다. 두 독립인 카이제곱 분포를 따르는 확률변수들을 각각 해당하는 자유도로 나누었을 때 그 비율은 F-분포 $F_{\nu_1,\nu_2} \sim \dfrac{\chi^2_{\nu_1}/\nu_1}{\chi^2_{\nu_2}/\nu_2}$ 로 정의될 수 있다. 따라서 F-분포는 분자에 카이제곱 분포의 자유도 ν_1과, 분모에 카이제곱 분포의 자유도 ν_2를 가지게 된다. [그림 3-7]에서 F_{α,ν_1,ν_2}는 유의수준 α에 따른 임계값(기각치)을 의미하고 F-분포의 정의에 의해 $F_{\alpha,\nu_1,\nu_2} = \dfrac{1}{F_{1-\alpha,\nu_2,\nu_1}}$ 의 식이 성립한다.

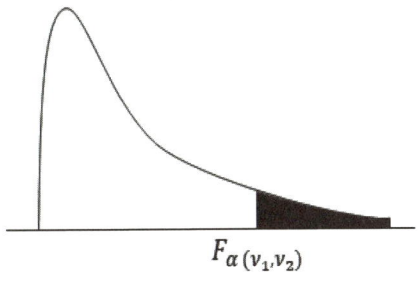

그림 3-7 F-분포

F-분포의 기댓값은 1에 가깝고 자유도 ν_1과 ν_2가 증가할수록 분산은 감소한다. F-분포의 확률밀도함수(pdf)와 기댓값 및 분산은 〈표 3-18〉과 같이 정의 된다.

표 3-18 F-분포의 확률밀도함수(pdf), 기댓값, 분산

확률밀도함수(pdf)	기댓값(평균)	분산
$f(x) = \dfrac{1}{\Gamma\left(\frac{\nu_1}{2}\right)\Gamma\left(\frac{\nu_2}{2}\right)2^{\frac{\nu_1+\nu_2}{2}}} U^{\frac{\nu_1-2}{2}} V^{\frac{\nu_2-2}{2}} e^{-\frac{u+v}{2}},$ $u,v \geq 0$ and ν_1, ν_2은 양수	$E(X) = \dfrac{\nu_2}{\nu_2-2}$	$Var(X)$ $= \dfrac{2\nu_2^2(\nu_1+\nu_2-2)}{\nu_1(\nu_2-2)^2(\nu_2-4)}$

3.2 추정 및 가설검정(Estimation and Hypothesis, Test)

추측통계학이란 모집단에서 추출한 한 표본을 분석하여 그 결과를 바탕으로 모집단의 특성을 밝히고 규명하는 통계학의 한 분야이다. 추측통계학은 크게 추정과 가설검정으로 나눌 수 있다. 추정은 모집단에서 표본을 추출한 후 표본으로부터 모집단의 특성 값을 추측하여 모집단의 성질을 예측하는 방법을 말하며, 모수를 추정하는 방법은 점추정과 구간추정이 있다. 가설검정은 하나 이상의 모집단의 모수들에 대한 특성을 통계적으로 입증하기 위한 방법이며, 통계적 입증을 위하여 가설과 허용가능한 유의수준(α)을 설정하고 추출한 표본의 통계량을 바탕으로 과학적 판단을 도출할 수 있는 방법이라고 정의할 수 있다.

3.2.1 점추정과 구간추정

1) 점추정(Point Estimation)

점추정이란 모집단의 특성을 하나의 값으로 예측하는 것을 말하며 구간추정(Interval Estimation)과 더불어 가설검정에서 중요한 구성 요소이다. 점추정은 표본 오차로 인하여 모수와 정확히 일치하는 값을 추정하기 어렵기 때문에 표본의 크기가 작을수록 그 신뢰성이 떨어지며 추정의 불확실 정도를 표현할 수 없다. 예를 들어, A 회사 직원들의 평균 나이를 추정할 때 "A 회사 직원들의 평균 나이는 42세 이다."라고 결론을 도출하는 방법이 점추정이다. 아래의 [그림 3-8]은 신뢰도를 고려하지 않은 점추정으로 디자인스페이스(DS)를 도출한 것이다.

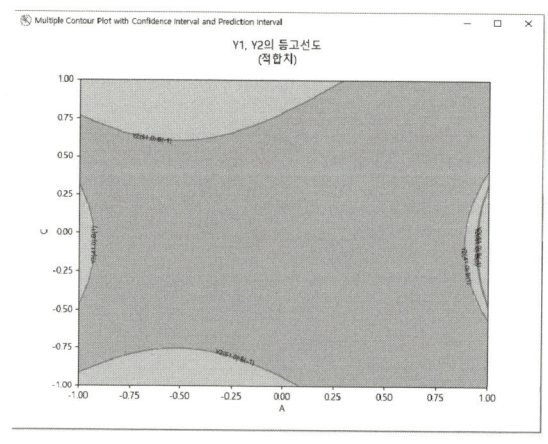

그림 3-8 점추정을 통한 디자인스페이스(DS) 도출 예시

2) 구간추정(Interval Estimation)

하나의 수치를 예측하여 제시하는 점추정과는 달리 구간추정은 신뢰수준(90%, 95%, 99%)에 따라 모수가 포함될 것으로 예상되는 구간을 예측하여 제시하는 방법을 말한다. 점추정의 단점을 극복하고 신뢰성 있는 모수를 추정하기 위해 구간추정을 사용한다. 신뢰구간(Confidence Interval, CI)의 크기가 작을수록 신뢰수준은 높으며 정확도(정밀도) 또한 높다고 할 수 있다. 예를 들어, A 회사 직원들의 평균 나이를 추정할 때 "A 회사 직원들의 평균 나이가 38세에서 45세에 있을 확률이 90%이다"라고 결론을 도출하는 방법이 구간추정이다. 아래의 [그림 3-9]는 95% 신뢰도를 고려한 구간추정을 적용하여 디자인스페이스(DS)를 도출한 예시를 나타내고 있다.

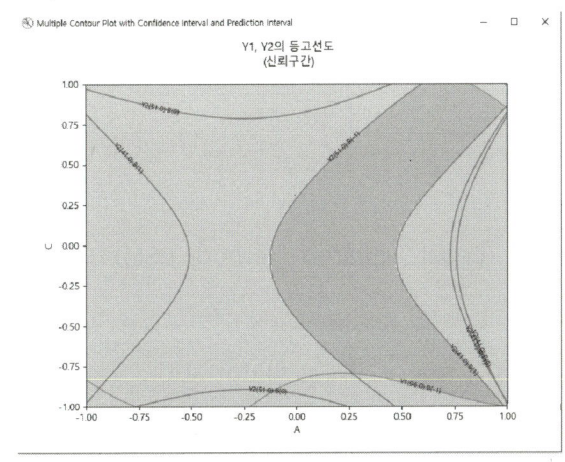

그림 3-9 구간추정을 통한 디자인스페이스(DS) 도출 예시

추정의 결정기준에는 불편성, 유효성, 일치성, 충분성이 있으며 아래 〈표 3-19〉에 구분하여 제시하였다.

표 3-19 추정의 결정 기준

구분	정의	수리적 정의
불편성	추정량의 평균이 추정한 모수의 실제값과 일치함을 의미	$E[\hat{\theta}] = \theta$
유효성	모수를 기준으로 추정량의 분산이 작아야함을 의미	$MSE = E[\hat{\theta} - \theta]^2$
일치성	표본의 크기가 클수록 추정량이 모수에 일치함을 의미	$\lim_{n \to \infty} P[|T - \theta| < \epsilon] = 1$
충분성	추정량이 모수에 대한 모든 정보를 제공한다는 것을 의미	-

3.2.2 추정 방법(Estimation method)

1) 적률법(Method of Moment Estimate, MME)

확률 분포로부터 추출한 확률표본 $x_1, x_2, \cdots, x_n$들로 구성된 데이터 집합이 미지의 모수 X에 의존한다고 하면, 모수 X의 적률 $E(X^k)$는 적률생성함수 $M_X(t)$를 k번 미분하면 구할 수 있다. 적률생성함수(MGF)로부터 구한 1차 적률 $E[x]$는 평균을 의미하고, 2차 적률 $E[x^2]$은 분산 $V[x] = E[X^2] - E[x]^2$의 구성요소이며, 3차 적률 $E[x^3]$은 분포의 비대칭 정도를 나타내는 왜도를 의미하고, 4차 적률 $E[x^4]$은 분포의 뾰족한 정도를 나타내는 첨도의 의미를 나타낸다. 적률생성함수(MGF)는 적률들의 합으로 이루어진 함수이며 아래의 식(3.18)과 같이 표현할 수 있다.

$$M_X(t) = E(e^{tx}) = \begin{cases} \sum_x e^{tx} f(x) & (X\text{가 이산인 경우}) \\ \int_{-\infty}^{\infty} e^{tx} f(x) dx & (X\text{가 연속인 경우}) \end{cases} \quad (3.18)$$

2) 최소자승법 (Least Squared Method, LSM)

최소자승법(Least Squared Method, LSM)이란 [그림 3-10]과 같이 측정값 $Y_i (i=1,2,\cdots,n)$와 추정 함수 $\widehat{Y} = b_0 + b_1 X$ 사이의 편차인 잔차 $e_i = Y_i - \widehat{Y}_i$ 의 제곱합이 최소가 되게 하는 회귀계수 b_0, b_1을 구하는 방법이다.

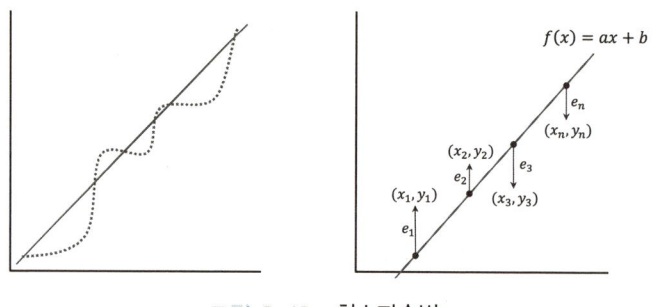

그림 3-10 최소자승법

〈표 3-20〉에 제시한 바와 같이 최소자승법(LSM)은 잔차(e_i)의 제곱합을 모형의 회귀계수로 편미분하여 유일한 최적해를 도출하는 방법이다. 따라서 [그림 3-10]과 같은 데이터가 존재할 경우 데이터의 가운데를 지나는 유일한 함수를 구하는 방법을 의미한다.

표 3-20 최소자승법(LSM)의 절차

단계	수식
① SSE(Sum of Square Error)를 최소화한다.	$SSE = \sum_{i=1}^{n}(y_i - \hat{y_i})^2 = \sum_{i=1}^{n}(y_i - (b_0 + b_1 x_1))^2 = \sum_{i=1}^{n} e_i^2$
② b_0, b_1 편미분을 수행한다.	$\dfrac{\partial SSE}{\partial b_0} = 0, \ \dfrac{\partial SSE}{\partial b_1} = 0$
③ 편미분한 함수들을 연립방정식으로 푼다.	$b_1 = \dfrac{SS_{xy}}{SS_{xx}} = 0, \ b_0 = \overline{y} - b_1 \overline{x}$ $SS_{xy} = \sum_{i=1}^{n}(x_i - \overline{x})(y_i - \overline{y}), \ SS_{xx} = \sum_{i=1}^{n}(x_i - \overline{x})^2$

최소자승법(LSM)을 이용해 회귀식을 추정하기 위해서는 〈표 3-21〉의 잔차에 대한 4가지 가정을 만족하여야 한다. 만약 4가지 가정을 만족하지 못 할 경우, 변환(Transformation)을 통하여 정규 분포를 따르게 유도한 후 최소자승법(LSM)을 사용할 수 있다. 변환(ex. 로그, 지수, 제곱 등)은 정보를 왜곡하지 않으면 언제든지 원래 값으로 다시 변환할 수 있는 장점을 가지고 있다. 변환의 방법으로는 Box-Cox 변환, Johnson 변환 등이 많이 활용되고 있다. 변환을 하였음에도 정규성을 만족하지 못할 경우, 최소자승법(LSM)을 사용할 수 없으므로 다른 추정 방법을 사용하여야 하는데, 최우추정법(Maximum Likelihood Estimation, MLE), 가중최소자승법(Weighted LSM, WLSM), 비선형최소자승법(Nonlinear LSM, NLSM) 등이 활용될 수 있다.

표 3-21 잔차의 4가지 가정

가정	수학적 모형	그래프 예시
잔차의 평균은 0이다.	$E[\epsilon_i] = 0$	
잔차의 분산은 일정하다.	$Var[\epsilon_i] = \sigma^2$	
잔차의 공분산은 존재하지 않는다.	$Corr[\epsilon_i, \epsilon_j] = 0$	
잔차는 정규분포를 따른다.	$\epsilon_i \sim NID(0, \sigma^2)$	

3) 최우추정법(MLE)

최우추정법(MLE)은 우도(Likelihood)함수를 최대화하는 모수를 추정하는 방법이다. 우도함수는 최적해가 될 수 있는 가능한 후보 함수(Candidate function)를 의미하고 최우추정법은 우도함수 중 가장 높은 확률폭을 가지는 우도함수를 도출하는 방법을 말한다. 관측되어지는 표본의 결합 확률을 나타내는 함수를 변수 X의 우도함수라고 하며, 아래의 식 (3.19) 같이 정의된다.

$$L(\theta|X_i) = \prod_{i=1}^{n} f_i(X_i) = f(x_1, x_2, \cdots, x_n | \theta) \tag{3.19}$$

최우추정법(MLE)의 장점은 최소자승법(LSM)의 오차에 대한 가정을 만족하지 않더라도 최적해를 찾을 수 있다는 것이나, 하지만 최우추정법(MLE)을 사용하기 위해서는 일반적으로 모집단의 분포를 알아야 하며, 결합 확률을 나타내는 우도함수가 복잡하여 미분을 통하여 최댓값을 도출하기 어려운 경우가 존재한다는 단점이 있다. 최대우도함수를 도출하는 절차는 아래의 〈표 3-22〉와 같다.

표 3-22 최우추정법(MLE)의 절차

단계	수식
① 우도함수를 구한다.	$L(\theta\|X_i)$
② 우도함수에 로그를 취한다.(곱셈이 덧셈으로 바뀌기 때문에 계산이 용이하다.)	$\log - Likelihood$ $l(\theta\|x_i) = \log L(\theta\|x_i)$ $\dfrac{\partial l(\theta\|x_i)}{\partial \theta} = 0 \to \hat{\theta} = MLE$
③ θ에 관해서 첫번째 편미분을 한다.	$\dfrac{\partial l(\theta\|X_i)}{\partial \theta} = 0$
④ θ에 관하여 방정식을 푼다.	$\theta = x$에 관한 함수 $\hat{\theta} = MLE$
⑤ 최댓값인지에 대한 여부를 판단하기 위해서 θ에 관해 한 번 더 편미분한다.	$\dfrac{\partial^2 l(\theta\|X_i)}{2\partial \theta^2} < 0 \to Global\ Max$ (두 번 미분한 함수의 값이 음수이면(-) 최대값)

4) 최소자승법(LSM)과 최우추정법(MLE)의 비교

최소자승법(LSM)과 최우추정법(MLE)을 〈표 3-23〉에 비교하였다.

표 3-23 최소자승법(LSM)과 최우추정법(MLE)의 비교

	최소자승법(LSM)	최우추정법(MLE)
치우침	없음	작은 표본에 치우침이 있지만 표본의 크기가 증가할 경우 치우침은 감소
이상치가 존재할 경우	추정결과에 이상치가 민감하게 작용함(이상치가 존재할 경우 추정의 정확성이 떨어짐)	추정결과에 이상치가 둔감하게 작용함(이상치가 존재한다면 LSM보다 추정에 대한 신뢰성이 높음)
오차에 대한 가정	필요함	필요하지 않음
적용성	쉬움(기존 소프트웨어 활용 가능)	어려움(기존 소프트웨어 활용이 어려움)

3.2.3 가설검정(Test of Hypothesis)

1) 가설(Hypothesis)

어떤 사실을 설명하거나 이론 체계를 이끌어 내기 위해 미리 설정한 가정을 가설(Hypothesis)이라 하며, 귀무가설 H_0와 대립가설 H_1이 있다. 귀무가설(H_0)은 일반적으로 옳지 않다는 것이 밝혀질 때까지는 옳은 것으로 받아들여지는 가설이다. 기존에 일반적인 사실로 받아들여지는 사실이며 기본적으로는 참으로 추정되지만 이를 증명하기 위해서는 통계학적 증거가 필요하다. 대립가설(H_1)은 표본에서 주어진 자료나 정보에 의하여 모수에 대한 주장을 입증하고자 하는 가설이다. 귀무가설을 반박하는 가설로 귀무가설이 부정되어야만 받아들여지는 가설이다.

2) 제 1종 오류(α)와 제 2종 오류(β)

가설검정(Test of Hypothesis)은 일반적인 수학 계산과 달리 표본의 결과를 근거로 모르는 사실에 대한 추정을 수행하는 과정이므로 오류가 생길 수 있다. 오류는 제 1종 오류(α)와 제 2종 오류(β)로 나누어진다. 제 1종 오류(α)는 귀무가설(H_0)이 참일 때 대립가설(H_1)을 채택하는 오류를 범할 확률을 뜻하며, 제 2종 오류(β)는 대립가설(H_1)이 참이지만 귀무가설(H_0)을 채택하는 오류를 범할 확률을 뜻한다. 오류를 요약하여 제시하면 다음 〈표 3-24〉와 같다.

표 3-24 제 1종 오류(α)와 제 2종 오류(β)

실제현상 검정결과	H_0 참	H_1 참
H_0 채택	올바른 판정($1-\alpha$)	제 2종 오류(β)
H_1 채택	제 1종 오류(α)	올바른 판정($1-\beta$)

3) 유의수준(Significant level : α)

유의수준이란 제 1종 오류(α)를 범할 확률의 최대 허용 한계를 의미하므로, 우측 검정일 경우 분포 우측의 꼬리 면적([그림 3-11] 참조)을 의미한다. 제 1종 오류(α)란 귀무가설(H_0)이 참일 때 대립가설(H_1)을 채택하는 오류를 범할 확률이다. 보통 유의수준 5%($\alpha=0.05$)를 일반적으로 사용하며, 상황에 따라 유의수준 1%($\alpha=0.01$)나 유의수준 10%($\alpha=0.1$)를 사용하기도 한다.

4) 기각치와 P-값

기각치(Critical value)는 기각영역과 채택영역을 분리시켜주는 X축 선상의 값으로 분포의 꼬리면적을 나타내는 유의수준(α)에 의하여 결정되어진다. 그리고 기각치는 검정통계량(Test statistic)과 비교하여 귀무가설의 기각 여부를 판단할 수 있다. 기각역은(Critical region) 귀무가설(H_0)이 기각되는 유의수준 부분의 영역을 뜻하며, 채택역(Acceptance region)은 귀무가설(H_0)이 채택되는 유의수준 부분의 영역을 뜻한다. P-값은 유의수준(α)와 유사한 개념의 꼬리면적을 의미하고, X축 선상의 값인 검정통계량에 의하여 분포의 꼬리면적으로 계산될 수 있다. 그리고 P-값은 유의수준(α)과 비교하며 귀무가설의 기각 여부를 판단할 수 있다. 기각치, 기각역, 채택역에 대한 설명은 [그림 3-11]과 같다.

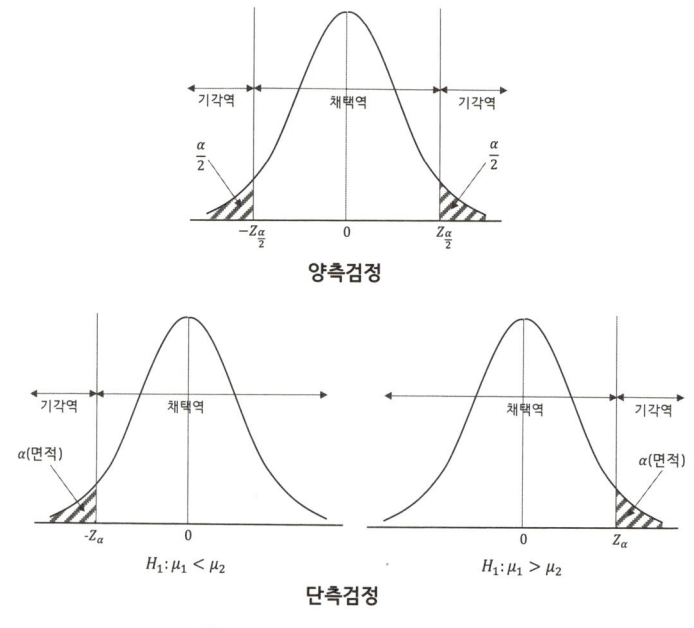

그림 3-11 기각치, 기각역, 채택역

5) 가설검정 절차

가설검정 절차는 아래와 같이 총 5단계로 이루어진다.

① 귀무가설과 대립가설을 설정한다.

H_0 : 귀무가설

H_1 : 대립가설

② 유의수준(α)을 선택한다.

제 1종 오류(α)의 위험성을 부담할 최대 확률을 미리 지정해준다.

③ 검정통계량(Test statistic) 계산

귀무가설의 옳고 그름을 판단하기 위하여 수집된 자료로부터 통계량을 계산한다.(상황에 맞는 분포를 사용해야 함) ex) Z^*, t^*, χ^{2*}, F^*

④ 기각치의 도출(분포표 값)

가설검정의 유의수준이 결정되면 검정통계량의 확률 분포를 이용하여 기각역과 채택역으로 구분할 수 있다.

⑤ 기각역과 검정통계량의 비교 및 결론

통계량과 기각역을 비교하여 유의성을 판정해 검정통계량의 값이 기각역에 위치하면 귀무가설(H_0)기각, 채택역에 위치하면 귀무가설(H_0) 채택을 하는 결정을 한다.

ex) $F^* > F$ 이면 귀무가설 기각, $P-$값 $< \alpha$ 이면 귀무가설 기각

6) 가설검정에 사용되는 분포

모수의 평균(Z, t), 분산(χ^2, F), 비율(p) 등 특성치에 따라 검정에 사용되는 분포를 아래의 〈표 3-25〉와 같이 정리하였다.

표 3-25 검정에 사용되는 분포

구분	추정항목	조건	분포함수
계량치	모평균 검정(한 개 모집단)	표준편차를 알 때	Z
		표준편차를 모를 때	t
	평균차이 검정(독립인 두 모집단)	표준편차를 알 때	Z
		표준편차를 모를 때	t
	모평균차이검정(대응관계의 두 모집단)	표준편차를 알 때	Z
		표준편차를 모를 때	t
	모분산 검정(한 개 모집단)		χ^2
	모분산 차이 검정(두 개 이상의 모집단)		F

구분	추정항목	조건	분포함수
계수치	모불량률 검정	$np \geq 5$이고 $n(1-p) \geq 5$	Z
		$np \geq 5$이고 $n(1-p) \geq 5$가 성립되지 않는경우	Bernoulli
	두 불량률 차이 검정	n_1, n_2가 다른 경우	Z
	모결점수 검정	$m \geq 5$	Z
		$m < 5$	Poisson
	모결점수 차이 검정	$m_1 \geq 5$이고 $m_2 \geq 5$	Z

7) 가설검정에 활용되는 분포(예시)

가설검정에 활용되는 여러 가지 분포들 중 이해를 돕기 위해 몇 가지 가설검정 예시를 제시하고자 한다.

(1) 정규 분포 활용 예시(표준편차를 알고, 모평균이 한 개일 때의 가설검정 예시)

어느 제조공장에서 제조되는 제품의 특성치는 $\mu = 50.2mm$, $\sigma = 0.10mm$ 인 정규 분포를 따르고 있다. 제품의 평균에 이상 유무를 체크하기 위해 오늘 제조한 제품 중 16개를 샘플링하여 평균을 측정한 결과 $\bar{x} = 50.24mm$가 나왔다. 신뢰수준 95%로 모평균의 차이가 있는지 없는지 검정하시오. 모표준편차를 아는 경우이므로 한 개의 모평균 검정에 사용하는 분포 중 정규분포를 사용한다. 가설검정 절차는 아래의 〈표 3-26〉과 같다.

표 3-26 표준편차를 알고, 모평균이 한 개일 때의 가설검정 절차 및 결과

가설검정의 단계	내용
① 귀무가설과 대립가설을 설정한다.	귀무가설 $H_0 : \mu = 50.2$ 대립가설 $H_1 : \mu \neq 50.2$ (양측 검정)
② 유의수준의 선택한다.	신뢰수준 $1 - \alpha = 0.95$ 즉, $\alpha = 0.05$
③ 검정통계량(Test statistic) 계산	검정통계량 $U_0 = \dfrac{\bar{x} - \mu_0}{\sigma_0/\sqrt{n}} = \dfrac{50.24 - 50.2}{0.1/\sqrt{16}} = 1.6$
④ 기각치의 도출(분포표 값)	$\|U_0\| > u_{1-\alpha/2} = 1.96$이면 귀무가설($H_0$) 기각
⑤ 기각역과 검정통계량의 비교 및 결론	$U_0 = 1.6 < u_{1-\alpha/2} = u_{0.975} = 1.96$이므로 대립가설($H_1$)을 기각한다. 즉, 모평균이 차이가 난다고 볼 수 없다.

(2) t-분포 활용예시(표준편차를 모르고, 모평균이 한 개일 때의 가설검정 예시)

어느 제조공정에서 반제품의 평균 무게가 1g인지 검정하고 싶다. 표본을 샘플링하여 표본의 평균 무게를 측정해보니 0.96g이고, 표준편차는 0.07g이었다. 표본의 크기가 25이며 유의수준을 5%라 한다면 반제품의 평균 무게가 1g이라는 주장이 옳은가, 1g보다 작다는 주장이 옳은지를 가설검정을 통하여 제시하라. 모표준편차를 모르는 경우이므로 한 개의 모평균 검정에 사용하는 분포 중 t-분포를 사용한다. 가설검정 절차는 아래의 〈표 3-27〉과 같다.

표 3-27 표준편차를 모르고, 모평균이 한 개일 때의 가설검정 결과

가설검정의 단계	내용
① 귀무가설과 대립가설을 설정한다.	귀무가설 $H_0 : \mu \geq 1$ 대립가설 $H_1 : \mu < 1$ (단측 검정)
② 유의수준의 선택한다.	신뢰수준 $1-\alpha = 0.95$ 즉, $\alpha = 0.05$
③ 검정통계량(Test statistic) 계산	$t_0 = \dfrac{\bar{x}-\mu_0}{s/\sqrt{n}} = \dfrac{0.96-1}{0.07/\sqrt{25}} = -2.8571$
④ 기각치의 도출(분포표 값)	$t_0 < t_{1-\alpha}(\nu)$ 이면 귀무가설(H_0) 기각 (단, $\nu = n-1$)
⑤ 기각역과 검정통계량의 비교 및 결론	$t_0 = -2.8571 < t_{1-\alpha}(\nu) = t_{1-\alpha}(24) = -1.711$이므로 귀무가설($H_0$)을 기각한다. 즉, 반제품의 평균 무게가 1g보다 작다고 볼 수 있다.

(3) 카이제곱(χ^2) 분포 적용 예시(모분산이 한 개일 때의 가설검정 예시)

어떤 제품의 A 성분의 표준편차는 9.0인 것을 알고 있다. 최근 생산된 제품 15개의 표준편차를 측정해본 결과 11.0이었다. 최근 제품의 산포가 커졌다고 할 수 있는지 유의수준 5%로 가설검정을 해보아라. 가설검정 절차는 다음의 〈표 3-28〉과 같다.

표 3-28 한 개의 모분산에 대한 가설검정 결과

가설검정의 단계	내용
① 귀무가설과 대립가설을 설정한다.	귀무가설 $H_0 : \sigma^2 \leq 10.0^2$ 대립가설 $H_1 : \sigma^2 > 10.0^2$ (단측 검정)
② 유의수준의 선택한다.	신뢰수준 $1-\alpha = 0.95$ 즉, $\alpha = 0.05$
③ 검정통계량(Test statistic) 계산	$\chi_0^2 = \dfrac{S}{\sigma_0^2} = \dfrac{\nu \cdot V}{\sigma_0^2} = \dfrac{(n-1) \cdot V}{\sigma_0^2}$ $= \dfrac{(15-1)(11)^2}{9^2} \fallingdotseq 20.91$
④ 기각치의 도출(분포표 값)	$\chi_0^2 > \chi_{1-\alpha}^2(\nu) = \chi_{0.95}^2(14) = 23.7$이면 귀무가설($H_0$) 기각
⑤ 기각역과 검정통계량의 비교 및 결론	$\chi_0^2 = 20.91 < \chi_{1-\alpha}^2(\nu) = \chi_{0.95}^2(14) = 23.7$으로 대립가설($H_1$)을 기각한다. 즉, 최근 제품의 산포가 증가하였다고 볼 수 없다.

(4) F-분포 적용 예시(두 개의 모분산 비에 대한 가설검정 예시)

정밀도가 좋다고 알려진 타정기 A와 A보다 저렴한 타정기 B가 있다. 실제로 A가 정밀도가 좋은 것이 맞는지 조사하기 위해 A, B 기계에서 각각 16개씩 실험한 결과 분산은 각각 $V_A = 0.035 kg$, $V_B = 0.143 kg$ 이었다. A 기계가 정밀도가 좋다고 볼 수 있는지를 검정하시오. 가설검정 절차는 아래의 〈표 3-29〉와 같다.

표 3-29 두 개의 모분산 비에 대한 가설검정 결과

가설검정의 단계	내용
① 귀무가설과 대립가설을 설정한다.	귀무가설 $H_0 : \sigma_A^2 \geq \sigma_B^2$ 대립가설 $H_1 : \sigma_A^2 < \sigma_B^2$ (단측 검정)
② 유의수준의 선택한다.	신뢰수준 $1-\alpha = 0.95$ 즉, $\alpha = 0.05$
③ 검정통계량(Test statistic) 계산	$F_0 = \dfrac{V_B}{V_A} = \dfrac{0.143}{0.035} = 4.086$ (단, $V_B > V_A$)
④ 기각치의 도출(분포표 값)	$F_0 < F_{1-\alpha}(\nu_B, \nu_A) = F_{0.95}(15, 15) = 2.40$이면 H_0(귀무가설) 기각
⑤ 기각역과 검정통계량의 비교 및 결론	$F_0 = 4.086 > F_{1-\alpha}(\nu_B, \nu_A) = F_{0.95}(15,15) = 2.4$이므로 대립가설($H_1$)을 기각한다. 즉, 타정기 A가 타정기 B보다 정밀도가 좋다고 볼 수 있다.

3.2.4 실험계획법(DoE)에서 사용되는 통계적 분석방법

실험계획법(DoE)은 크게 3가지(실험설계, 실험수행, 결과분석)로 구성되어 있고, 본 절에서는 실험결과의 분석 방법을 설명하고자 한다. 실험 결과에 대하여 어떻게 분석하느냐에 따라 매우 좋은 결과를 도출할 수도 있고, 반대로 잘못 분석하여 틀린 결론을 도출할 수 있기 때문에, QbD를 적용함에 있어서 통계적 분석 방법의 중요성은 매우 높다고 할 것이다. 따라서 본 절에서는 QbD를 적용하기 위해 꼭 필요한 통계적 분석 방법을 정리하여 제시하고자 한다. 일반적으로 실험 결과를 분석할 때 먼저 상관분석, 회귀분석, 분산분석 등이 고려될 수 있으며, 이러한 분석을 수행하기 위해 최소자승법(LSM), 잔차도분석, Box-Cox 변환, Johnson 변환, 결정계수(R^2)의 방법들이 활용될 수 있을 것이다. 또한 반응표면도 및 등고선도를 이용하여 실험 결과에서 어떠한 인자가 반응에 영향을 많이 미치는지에 대하여 쉽게 파악 가능하다.

1) 상관분석(Correlation Analysis)

상관분석(Correlation Analysis)이란 두 변수 사이의 관계를 통계적으로 분석하여 상관관계를 수치로 도출하는 분석 방법이다. 상관분석은 음(-)의 상관관계, 무상관관계, 양(+)의 상관관계로 구분 가능하다. 상관계수는 두 변수의 상관관계를 나타내는 수치로써 Pearson 상관계수를 많이 사용하며, 계수의 범위는 -1 ~ +1이다. 수치에 따른 상관관계는 아래의 〈표 3-30〉과 같다.

표 3-30 Pearson 상관계수와 상관관계의 정의

Pearson 상관계수	상관관계의 유형
-1.0 ~ -0.7	매우 강한 음(-)의 상관관계
-0.7 ~ -0.3	강한 음(-)의 상관관계
-0.3 ~ -0.1	약한 음(-)의 상관관계
-0.1 ~ +0.1	상관관계 없음
+0.1 ~ +0.3	약한 양(+)의 상관관계
+0.3 ~ +0.7	강한 양(+)의 상관관계
+0.7 ~ +1.0	매우 강한 양(+)의 상관관계

Pearson 상관계수는 두 변수가 동시에 변하는 정도의 척도인 공분산을 표준화한 값이고, 공분산 및 상관계수에 대한 수식은 아래의 식 (3.20)과 같다.

$$\text{공분산} = Cov(X, Y) = \frac{\sum(X_i - \overline{X})(Y_i - \overline{Y})}{n}$$

$$\text{상관계수} = r = \frac{\sum(X_i - \overline{X})(Y_i - \overline{Y})}{\sqrt{\sum(X_i - \overline{X})^2 \sum(Y_i - \overline{Y})^2}} \quad (3.20)$$

$$\therefore \hat{\mu} = \overline{x},\ \hat{\sigma}^2 = s^2$$

산점도는 두 개의 연속형 변수 사이의 관계를 나타내기 위하여 [그림 3-12]에서 보는 바와 같이 직교 좌표계에 점을 찍어 나타내는 도구이다. 산점도 (a)에서는 Pearson 상관계수 값이 +1이므로 아주 강한 양의 상관관계를 나타냄을 알 수 있고, 산점도 (c)는 Pearson 상관계수 값이 -1이므로 매우 강한 음(-)의 상관관계를 나타낸다. 산점도 (b)에서는 Pearson 상관계수 값이 0.013으로 서로 상관관계가 없음을 확인할 수 있다.

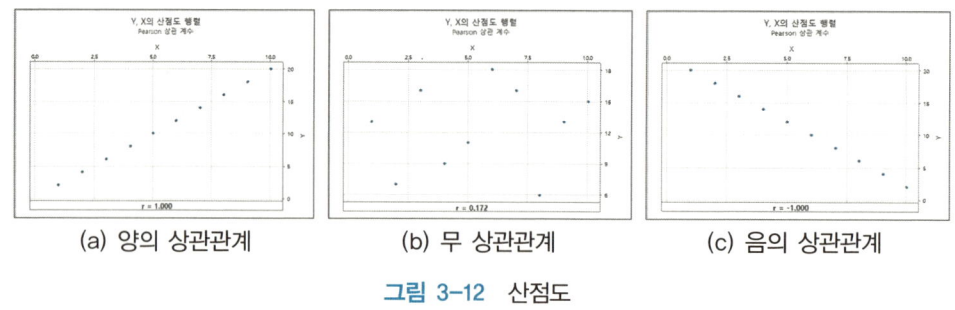

(a) 양의 상관관계   (b) 무 상관관계   (c) 음의 상관관계

그림 3-12 산점도

2) 회귀분석(Regression Analysis)

회귀분석(Regression Analysis)은 데이터들의 일정한 규칙을 찾아내고 가장 적절한 회귀함수를 찾는 방법으로 독립변수인 입력변수(X)와 종속변수인 출력변수(Y)의 함수 관계를 규명하는 분석 방법이다. 회귀분석 계수의 추정은 일반적으로 최소자승법(LSM)을 기반으로 하고 있으며, 분산분석을 이용하여 인자들의 주효과와 교호작용 뿐만 아니라 곡률효과 등을 알아낸다. 회귀분석에서 독립변수(independent variable)는 다른 변수에 영향을 주는 변수를 뜻하고 설명변수(explanatory variable)라고도 한다. 그리고 종속변수(dependent variable)는 독립변수에 영향을 받아서 변화하는 변수이며 반응변수(response variable)라고도 한다. 회귀분석은 [그림 3-13]과 같이 단순회귀분석, 다중회귀분석, 로지스틱 회귀분석 등으로 나뉜다. 회귀분석 방법 중 단순회귀분석(Simple Regression Analysis)이란 입력변수(X)와 출력변수(Y)가 각각 한 개일 때의 분석을 말하

고, 다중회귀분석(Multiple Regression Analysis)은 입력변수(X)가 2개 이상이고, 출력변수(Y)가 1개일 때의 분석을 말한다.

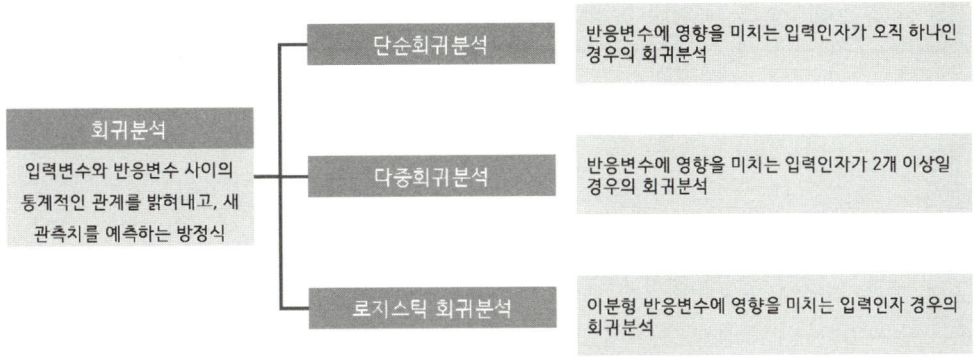

그림 3-13 회귀분석의 종류

3) 잔차도

입력변수와 출력변수 사이의 관계를 함수로 규명하기 위해서 일반적으로 회귀분석을 적용하는데, 이는 최소자승법(LSM)을 기반으로 하는 함수 관계 추정 방법이다. 최소자승법(LSM)을 사용하기 위해서는 위의 〈표 3-21〉 '잔차의 4가지 가정'을 만족하여야 한다. 잔차도는 회귀분석 및 분산분석에서 적합도를 조사하기 위해 사용되는 그래프로 잔차도를 검사하면 최소자승법(LSM) 가정이 충족되었는지 확인하는데 도움이 된다. 잔차도는 [그림 3-14]와 같이 4가지로 구성되어진다.

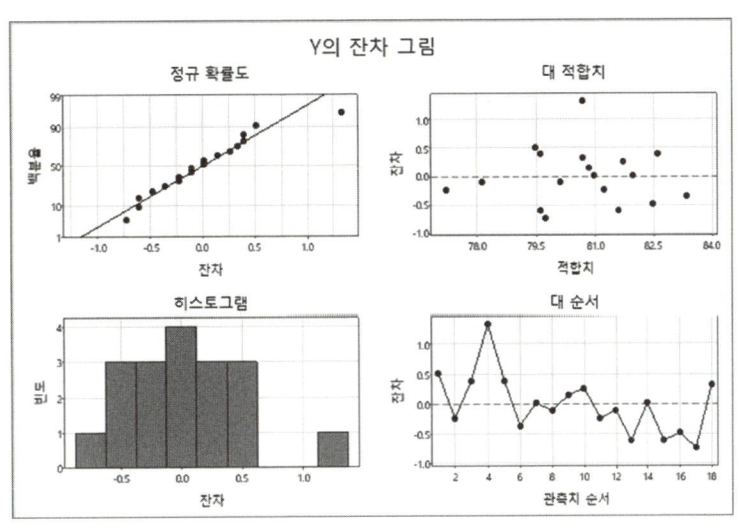

그림 3-14 잔차도

(1) 정규 확률도

[그림 3-14]에서 좌측 상단의 정규 확률도에서 잔차가 정규 분포를 따른다는 가정을 확인할 수 있고, 직선 가까이에 백분율 잔차값이 위치하고 있으면 잔차가 정규 분포를 따른다는 것을 의미한다. 패턴이 직선이 아니면 비정규성을 보인다고 해석할 수 있으며, 꼬리에 곡선이 있으면 왜도, 선에서 멀리 떨어져 있는 점들이 있으면 이상치가 존재, 기울기 변화가 있으면 식별되지 않은 변수가 있다고 판단할 수 있다.

(2) 대 적합치

[그림 3-14]의 잔차도에서 우측 상단의 대 적합지 그림은 잔차의 분산이 일정하다는 가정을 확인하는데 활용될 수 있다. 대적합치에서 잔차의 등분산성 및 기댓값이 0이라는 가정을 확인하는데 활용될 수 있다. 적합치의 잔차값이 0을 기준으로 랜덤하게 나타난 데이터로부터 기댓값이 0이라는 가정을 확인하고, 적합치가 증가함에 따라 산포도가 증감하는 경향이 없다는 것으로부터 등분산성의 가정을 확인 할 수 있다. 적합치에 대한 잔차가 부채꼴 모양으로 흩어져있거나 고르지 않게 퍼져 있는 패턴을 보이면 분산이 일정하지 않다는 것을 의미하며, 곡선일 경우 고차항이 누락되었는지 검토해보아야 한다. 또한 점들이 계속해서 증가 또는 감소하는 경우, 양(+)의 잔차 또는 음(-)의 잔차로 쏠려있는 경우, 0에서 멀리 떨어져 있는 점의 경우 등이 존재하는지 확인 하여야 한다. 만약 이와 같은 등분산성을 만족하지 못하는 잔차의 패턴이 나타나면 최소자승법(LSM)의 활용을 재검토 하여야 한다.

(3) 히스토그램

히스토그램 역시 잔차가 정규 분포를 따르는지를 확인할 수 있으며, 정규 분포의 특징인 중심을 기점으로 종(bell) 모양 형태를 보이는지와 데이터에 이상치가 존재하는지 등을 알 수 있다.

(4) 대 순서

[그림 3-14] 잔차도의 우측 하단에 있는 그림인 대 순서로부터 잔차의 상관성이 존재하지 않는다는 가정을 확인하며, 학습효과 또는 특정 주기성과 같은 일정한 패턴이 나타나지 않아야한다. 오차가 서로 독립적이라는 가정에 위배되는 패턴은 관측치의 순서가 왼쪽에서 오른쪽으로 감에 따라 잔차가 규칙적으로 줄어들거나, 잔차가 작은 값에서 큰 값으로 갑자기 변경되는 경우 등을 통하여 확인 할 수 있다.

4) 분산분석(Analysis of Variance, ANOVA)

F-분포 통계량(두 분산간의 비)을 바탕으로 데이터를 분석하는 방법으로써 데이터가 정규분포를 따를 시 특성치의 산포를 제곱합(Sum of square, SS)으로 표시하고, 이 제곱합(SS)을 요인마다의 제곱합으로 분해하여 오차에 비해 큰 영향을 주는 요인이 무엇인지 찾아내는 분석방법이다(황성주 외 4명, 2014). 즉 어떠한 인자와 오차의 분산 비인 F-분포의 통계량을 이용하여 어떤 인자가 반응에 유의한 결과를 나타내는지 알아내는 방법이다. 분산분석(ANOVA)의 종류로는 인자(요인)의 수에 따라 일원분산분석(인자가 1개), 이원분산분석(인자가 2개), 다원분산분석(인자가 3개 이상)으로 나누어지며, 인자의 모형에 따라 모수효과 모형, 변량효과 모형, 혼합효과 모형 등으로 나누어진다. 아래의 〈표 3-31〉은 분산분석표의 구성과 간단한 예시를 나타낸다.

표 3-31 분산분석표(ANOVA Table)

요인	자유도 (Degree of freedom, df)	제곱합 (Sum of square, SS)	평균제곱 (Mean square, MS)	F 통계량 (F^*)	P-값
Model	$df_M = df_A + df_B + df_{AB}$	SS_M	$MS_M = SS_M/df_M$	MS_M/MS_E	$P[x > F_M^*]$
A	$df_A = $ A의수준-1	SS_A	$MSA = SS_A/df_A$	MS_A/MS_E	$P[x > F_A^*]$
B	$df_B = $ B의수준-1	SS_B	$MS_B = SSB/df_B$	M_{SB}/MS_E	$P[x > F_B^*]$
A*B	$df_B = df_A \times df_B$	SS_{AB}	$MS_{AB} = SSA_B/df_{AB}$	MS_{AB}/MS_E	$P[x > F_{AB}^*]$
Error	$df_E = df_T - df_M$	SS_E	$MS_E = SS_E/df_E$		
Total	$df_T = $ Run-1	SS_T			

분산분석표(ANOVA Table)를 이해하기 위해서는 여러 통계학 용어를 이해하여야 한다. 먼저 자유도란 알 수 없는 모수의 값을 추정하고, 추정치의 변동성을 계산하는데 사용되는 데이터가 제공하는 정보의 양을 뜻한다. 기호로는 df(Degree of freedom)라고 표시한다. 예를 들어, 제한이 없는 상황에서 임의의 숫자 3개를 써보라고 한 경우에 숫자 3개를 자유롭게 택할 수 있으므로 자유도는 3이 된다. 통계적 분석에서의 자유도는 표본의 수(실험횟수, 사례수)와 통계적 제한 조건의 수와 관련이 있다. 예를 들어 5개의 물건이 있을 때, 물건의 주인인 사람들에게 물건을 1개씩 선택해 가져가라고 할 경우 자유롭게 선택할 수 있는 물건은 자신의 것을 제외한 4개이므로 자유도 df=N-1=5-1=4이다. 이 경우에 5개는 표본의 수(N)가 되고, 통계적 제한 조건의 수를 k라고 하면 1개를 선택할 때의 1은 통계적 제한 조건의 수(k)이다. 자유도(df)=표본의 수(N)-통계적 제한 조건의 수(k)로 구할 수 있다. 제곱합(SS)은 원래의 값과 평균의 차이인 편차를 제곱한 값들을 모두 합한 값을 의

미한다. 분산분석(ANOVA)에서 제곱합(SS)은 주효과, 교호작용, 오차의 제곱합으로 나누어 각각의 요인의 효과를 분석한다. 예를 들어 9, 12, 15의 세 개의 값의 편차는 -3, 0, 3이고, 제곱합(SS)은 9+0+9=18이 된다. 평균제곱(Mean Square, MS)이란 제곱합을 자유도로 나누어준 것을 말한다. 각 요인의 평균제곱(MS)을 오차의 평균제곱(MSe)으로 나누어 F-통계량을 구하고 설정한 유의수준(α)보다 작으면 요인이 영향을 준다고 판단할 수 있다.

5) 결정계수(R-square, R^2)

결정계수(R^2)란 추정한 회귀식이 실제로 관측된 표본에 얼마나 적합한지를 나타내는 척도이다. 즉, 데이터가 추정된 회귀선에 얼마나 가까이 존재하는지를 평가하는 계수이다. 결정계수는 회귀식의 변동(SS_R)에 전체의 변동(SS_T)을 나누어 구할 수 있으며, 0~100% 사이의 값을 가진다. 일반적으로 80% 이상이 되어야 추정된 선형식이 변수 간의 관계를 잘 나타낸다고 할 수 있다. 결정계수는 회귀식의 차수가 높아지거나 새로운 변수를 추가할 때마다 값이 좋아지는 경향이 있다. 회귀분석에서는 데이터의 패턴(증가 혹은 감소)을 찾고자 하는 것이 그 목적인데 차수를 증가시켜 결정계수 값을 좋게 만든다면 회귀식을 도출한 의미가 없어지게 되는 것이다. 이러한 결정계수의 특성을 고려하여 보완적으로 사용되는 것은 수정결정계수(R^2-adj)이다. 수정결정계수(R^2-adj)은 입력변수(X)의 수 및 항의 수의 증가만큼 그 자유도로 나누어 구함으로서 입력변수 수 또는 항의 수가 작은 모형과 동등한 입장에서의 값을 도출할 수 있으며, 새로 추가된 변수가 출력변수(Y)의 값에 기여하는 경우에만 증가하도록 수정된 척도이다.

6) 풀링(Pooling)

풀링(Pooling)이란 통계적으로 유의하지 않은 항을 오차항에 넣어 새로운 오차항을 만드는 것을 말한다. 추정된 초기 회귀모형의 P-값이 유의하지 않을 경우, P-값이 가장 큰 항을 제거하여 오차항의 자유도를 증가시키거나 모형의 P-값을 유의수준 아래로 낮추어 적합한 축소모형(Reduce model)을 구할 때 사용하는 방법이다. 초기 전체모형(Full model)의 분석에서 오차의 정규성이 만족하지 않더라도 풀링 후 축소 모형에서 정규성을 만족할 경우가 존재하기 때문에 가능하다면 전체모형과 축소모형 모두를 검토하는 것이 바람직하다고 하는 것이다. 풀링은 모형의 P-값이 0.05보다 작아질 때까지 실행하며, 오차의 자유도가 4~6정도가 확보될 때까지 수행하는 것이 바람직하다. 풀링의 방법은 아래의 〈표 3-32〉와 같이 정리하여 나타낼 수 있다.

표 3-32 풀링(Pooling) 방법

풀링(Pooling) 기준
① 최고차 교호작용 중 유의하지 않은 효과를 우선적으로 풀링
② 교호작용의 효과가 작고 높은 차수의 교호작용을 우선적으로 풀링
③ 되도록이면 주효과는 풀링시키지 않음.(스크리닝 단계는 예외)
④ 모형의 P-값이 유의(P-value $<\alpha$)하고 오차의 자유도가 충분($df_\epsilon > 4\sim6$)하면 풀링을 Stop.
⑤ 가능하면 2인자 교호작용을 파악할 수 있도록 풀링

7) 적합성 결여 검정(Lack-of-fit Test, LOF)

회귀분석에서 적합성 결여 검정(Lack-of-fit Test, LOF)이란 입력변수(X)와 출력변수(Y) 간의 함수관계가 회귀식으로 표현되는 것이 적합한지에 대한 검정방법으로 반복이 있어야 계산 가능하다. 적합성 결여 검정(LOF)의 귀무가설(H_0)은 '예측 모형의 적합성이 결여되지 않았다(적합하다).'이며 대립가설(H_1)은 '예측 모형의 적합성이 결여되었다(적합하지 않다).'로 검정을 수행한 결과가 일반적인 검정과는 다르게 유의수준(일반적으로 $\alpha=0.05$)보다 클 때 대립가설(H_1)이 기각되어 '모형의 적합성이 결여되지 않았다(적합하다).'라는 결론을 낼 수 있다. 적합성 결여 검정(LOF)은 분산분석(ANOVA)을 기반으로 수행되므로 아래의 〈표 3-33〉과 같이 먼저 적합성 결여(LOF)의 제곱합(SS_{LF})과 순수오차의 제곱합(SS_{PE})을 계산하여야 한다.

표 3-33 적합성 결여(LOF) 분산분석표(ANOVA Table)

요인	df	Adj SS	Adj MS	F-값
모형(M)	df_M	SS_M	SS_M/df_M	MS_M/MS_e
오차(E)	df_E	SS_e	SS_e/df_E	
적합성결여(LF)	df_{LF}	SS_{LF}	SS_{LF}/df_{LE}	MS_{LF}/MS_{PE}
순수오차(PE)	df_{PE}	SS_{PE}	SS_{PE}/df_{PE}	
총계(T)	df_T	SS_T		

적합성 결여(LOF)의 제곱합과 순수오차의 제곱합은 아래의 식 (3.21)과 같이 오차의 제곱합을 구하는 공식으로부터 도출 가능하다.

$$SSE = \sum_{i=1}^{k}\sum_{j=1}^{n_j}[(y_{ij}-\overline{y_i})+(\overline{y_i}-\widehat{y_i})]^2$$

$$= \sum_{i=1}^{k}\sum_{j=1}^{n_j}(y_{ij}-\overline{y_i})^2 + \sum_{i=1}^{k}(\overline{y_i}-\widehat{y_i})^2$$

$$SSPE = \sum_{i=1}^{k}\sum_{j=1}^{n_j}(y_{ij}-\overline{y_i})^2$$

$$SSLF = \sum_{i=1}^{k}(\overline{y_i}-\widehat{y_i})^2$$

(3.21)

다음으로는 도출된 적합성 결여(LOF)의 제곱합(SSLF)과 순수오차의 제곱합(SSPE)으로부터 순수오차 평균제곱(MSPE)과 적합성 결여 평균제곱(MSLF)을 구하여야 한다. 평균제곱을 구하기 위해서는 적합성 결여(LOF)와 순수오차의 자유도를 도출해내야 하며 순서는 아래의 〈표 3-34〉와 같다.

표 3-34 자유도 도출 순서

①	순수오차의 자유도를 도출 $df(순수오차의 자유도) = m(r-1)+(c-1)$
②	오차의 자유도에서 순수오차의 자유도를 빼주어 적합성결여의 자유도 도출 $df(적합성결여) = df오차 - df순수오차$
③	곡면성이라는 항이 존재할 경우 곡면성에게 부여한 자유도 1을 추가로 차감하여 도출 $df(적합성결여) = df오차 - df순수오차 - 1$

위와 같이 자유도를 구한 후, 각각의 제곱합에 자유도를 나누어 적합성 결여(LOFD)의 평균제곱(MS$_{LF}$)과 순수오차의 평균제곱(MS$_{PE}$)을 도출하는 방법이 아래의 식 (3.22)에 제시하였다.

$$MSPE = \frac{\sum_{i=1}^{k}\sum_{j=1}^{n_j}(y_{ij}-\overline{y_i})^2}{m(r-1)+(c-1)}$$

$$MSLF = \frac{\sum_{i=1}^{k}n_i(\overline{y}-\widehat{y_i})^2}{df(적합성결여)}$$

(3.22)

※ m = 중앙점을 제외한 실험점 수, c = 중심점 수, r = 반복 수

도출된 적합성 결여의 평균제곱(MS_{PE})와 순수오차의 평균제곱(MS_{LF})를 이용해서 아래의 식 (3.23)과 같이 적합성 결여(LOF) 검정을 위한 검정통계량(F-통계량) 값과 기각치를 계산할 수 있으며, 검정통계량이 기각치보다 크면 회귀식이 유의하다고 볼 수 있다.

$$F_0 = \frac{MSLF}{MSPE} > F_\alpha (적합성\ 결여\ 자유도,\ 순수오차\ 자유도) \qquad (3.23)$$

8) 결정계수(R^2)와 적합성 결여 검정(LOF)의 P-값의 관계

앞에서 소개하였던 중요한 통계적 지표(P-값, R^2, LOF 등)들은 데이터의 특성에 따라 조금씩 다르게 해석될 수 있으며, 각각에 장단점 또한 존재한다. 그 중 적합성 결여 검정(LOF)의 P-값과 결정계수(R^2)를 비교하여 〈표 3-35〉에 제시하였다.

표 3-35 R^2와 Lack-of-fit의 관계

	$R^2 \uparrow$	$R^2 \downarrow$
적합성 결여(LOF) $\uparrow$	데이터의 분산이 작고 데이터들의 평균이 회귀식을 잘 따라가는 경우	데이터의 분산이 크지만 데이터들의 평균이 회귀식을 잘 따라가는 경우
적합성 결여(LOF) $\downarrow$	데이터의 분산에 비해서 회귀식이 평균들을 잘 통과하지 못하는 경우 (회귀식이 잘못 되었을 경우, 흔히 잘 나타나지 않고 간혹 분산이 적은 경우 이런 현상이 나타남)	데이터의 분산이 크고 데이터들의 평균들도 회귀식을 잘 통과하지 못하는 경우

또한 반복이 있을 경우에 평균이 대표성을 가지기 때문에 반드시 반복한 데이터의 평균이 회귀식을 잘 따르는지에 대한 적합성 결여(LOF)부터 만족하고 결정계수를 확인해야 한다. P-값은 모형이 유의한지를 나타내는 가장 중요한 척도이다. 그러므로 모형의 P-값이 유의하지 않으면 나머지 수치들은 의미가 없다.

9) 단계적 회귀분석(Stepwise Regression)

단계적 회귀분석(Stepwise Regression)은 풀링과 비슷하게 가장 유의하지 않은 변수와 가장 유의한 변수를 단계별로 추가 또는 제거하여 단계적으로 적합한 모형을 찾아가는 방법이다. 단계적 회귀분석은 모형에 들어갈 모든 항의 P-값이 정해진 유의수준을 기준으로 높거나 모형에 지정된 모든 항의 P-값이 유의수준 보다 낮아질 경우 단계적 분석을 마무리함으로써 보다 신뢰도 높은 모형을 추정하는 방법이다. 단계적 회귀분석을 수행할 시 기준이 되는 유의수준은 일반적으로 0.15를 사용하며, 기준이 되는 유의수준은 상황에 따라 변경이 가능하다. 단계적 회귀분석은 많은 장점을 가지고 있지만 2개의 예측 변수가 서로 높은 상관관계를 갖고 있는 경우 두 변수가 중요하더라도 하나의 변수만 모형에 존재할 수 있으며, 자동 절차에서는 분석가가 해당 데이터에 대해 가질 수 있는 특별한 정보를 고려할 수 없으므로 선택된 모형이 실제적인 관점에서는 최상이 아닐 수도 있는 단점을 지니고 있다. 따라서 단계적 회귀 방법과 풀링을 비교하여 가장 적절한 모형을 선택하여 사용하는 것이 바람직하다고 할 것이다.

3.2.5 통계 분석을 위한 Minitab 활용법 및 예시

1) 1-Sample Z

Matrix tablet(알약) A의 평균 두께가 110(mm) 표준편차는 3으로 알려져 있다. 최근 생산에서 이 Matrix tablet(알약)의 두께가 110(mm)이 맞는지 확인하기 위해 25개의 표본 데이터를 채취하였다. 이 자료에 기초해 올해의 평균치수도 110이라고 할 수 있는지 가설검정을 통해 입증하시오.

(1) 채취한 원형의 Matrix tablet 25개의 두께를 측정하여 워크시트 창에 입력한다.

	두께
1	111.6
2	115.1
3	107.0
4	106.5
5	117.6
6	107.1
7	109.7
8	109.3
9	110.9
10	109.3
11	116.1
12	108.3
13	112.5
14	108.2
15	114.1
16	111.3
17	112.8
18	106.3
19	108.0
20	109.0
21	107.2
22	104.7
23	112.3
24	113.1
25	113.5

(2) '통계분석 > 기초통계 > 1-표본 Z 검정'을 클릭한다.

(3) '하나 이상의 표본, 한 열에 하나씩'을 클릭한다. 다음으로 바로 밑에 빈 공간의 창을 클릭하면 왼쪽 창에 데이터가 입력되어 있는 창의 열이 표시된다. 열 C1에 입력되어 있는 두께를 클릭하여 추가한 후 가설검정 수행 칸에 체크를 한다. 기존에 알려져 있는 가설 평균 110을 입력한 후 옵션을 클릭하여 신뢰수준은 95.0(일반적으로 $\alpha=0.05$)으로 설정을 하고 대립 가설은 '평균 ≠ 가설 평균'을 선택하고 최종적으로 확인을 클릭한다.

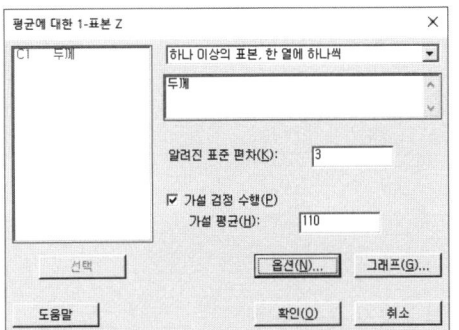
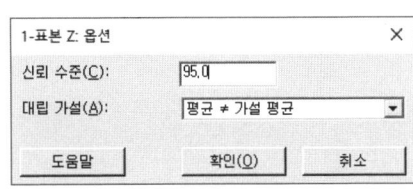

(4) 검정 결과는 세션 창에 출력된다. 이 가설검정의 P-값은 0.443이므로 귀무가설(H_0)을 기각할 수 없기 때문에 Matrix tablet 두께는 110(mm)가 아니라고 할 수 없다.

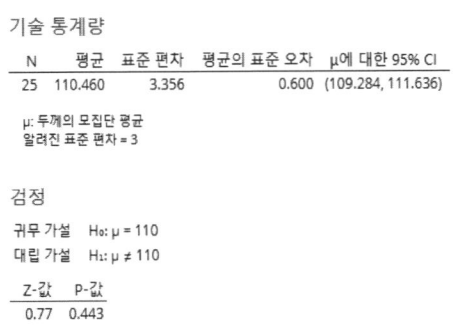

2) 1-Sample t

파일럿(Pilot)장비에서 생산되는 Matrix tablet(알약)의 두께가 평균 80(mm)을 목표로 하고 있다. 현재 파일럿 장비에서 생산되는 Matrix tablet의 두께가 80(mm)보다 커졌는지를 확인하기 위해 샘플 15개를 채취하여 가설검정을 통해 사실을 확인하고자 한다.

(1) 파일럿 장비에서 샘플링을 통하여 15개의 두께를 측정하여 아래와 같이 워크시트 창에 입력한다.

	C1 두께
1	83.5
2	79.2
3	84.8
4	76.7
5	80.3
6	77.9
7	81.5
8	86.0
9	81.6
10	81.4
11	82.9
12	78.7
13	80.2
14	81.4
15	81.6

(2) '통계분석 > 기초통계 > 1-표본 t검정'을 클릭한다.

(3) '하나 이상의 표본, 한 열에 하나씩'을 클릭한다. 다음으로 바로 밑에 빈 공간의 창을 클릭하면 왼쪽 창에 데이터가 입력되어 있는 창의 열이 표시된다. 열 C1에 입력되어 있는 '두께'를 클릭하여 추가한 후 가설검정 수행 칸에 체크를 한다. 기존에 알려져 있는 가설 평균 80을 입력한 후 옵션을 클릭하여 신뢰수준은 95.0(일반적으로 $\alpha=0.05$)으로 설정을 하고 대립 가설은 '평균 > 가설 평균'을 선택하고 최종적으로 확인을 클릭한다.

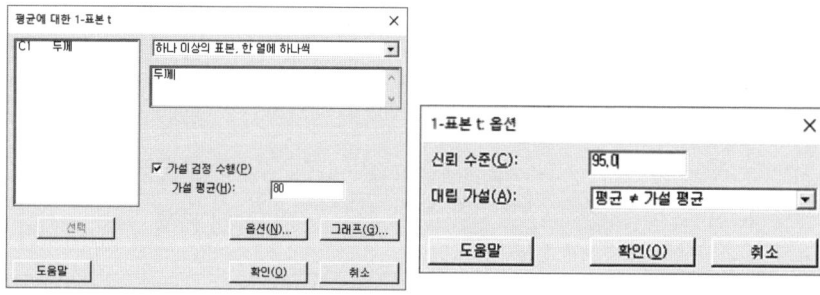

(4) 가설검정의 P-값은 0.045이므로 귀무가설(H_0)을 기각할 수 있고 대립가설(H_1)인 두께가 80(mm)보다 커졌다고 판단할 수 있다.

1-표본 T 검정: 두께

기술 통계량

N	평균	표준 편차	평균의 표준 오차	μ에 대한 95% CI
15	81.180	2.505	0.647	(79.793, 82.567)

μ: 두께의 모집단 평균

검정

귀무 가설 H₀: μ = 80
대립 가설 H₁: μ ≠ 80

T-값	P-값
1.82	0.090

3) 1-Variances

제네릭 의약품 개발을 위하여 대조약(K-정제)의 원료의약품의 성분 A에 대한 함량 테스트를 수행하였다. 기존 문헌에 의하면 성분 A의 함량에 대한 표준편차가 0.8로 알려져 있다. 제품의 표준편차를 가설검정을 통하여 확인하고자 한다.

(1) 20개의 대조약을 샘플링하여 성분 A 함량을 측정하고 다음과 같이 워크시트 창에 입력한다.

	성분 A 함량
1	49.2461
2	49.7452
3	48.6519
4	50.0196
5	48.6692
6	51.0389
7	47.9387
8	50.4440
9	49.9071
10	48.7380
11	49.4187
12	49.9732
13	52.8654
14	50.4344
15	50.6207
16	51.3732
17	48.7292
18	49.0531
19	48.9686
20	51.2754

(2) '통계분석 > 기초통계 > 단일 표본 분산'을 클릭한다.

(3) '하나 이상의 표본, 한 열에 하나씩'을 클릭한다. 다음으로 바로 밑에 빈 공간의 창을 클릭하면 왼쪽 창에 데이터가 입력되어 있는 창의 열이 표시된다. 열 C1에 입력되어 있는 '성분 A 함량'을 클릭하여 추가한 후 가설검정 수행 칸에 체크를 한다. 기존에 알려져 있는 표준편차 0.8을 입력한 후 옵션을 클릭하여 신뢰수준은 95.0(일반적으로 $\alpha=0.05$)으로 설정을 하고 대립 가설은 '표준편차 > 귀무 가설에서의 표준편차'를 선택하고 최종적으로 확인을 클릭한다.

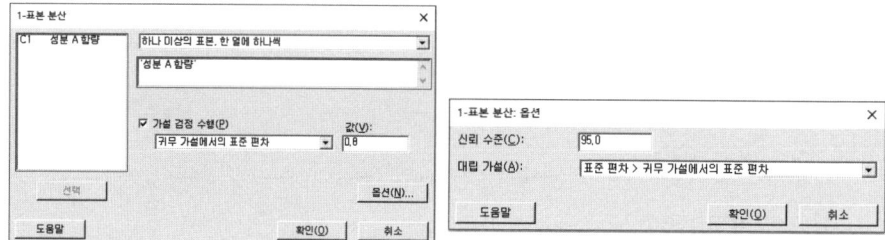

(4) 단일 표본 분산에서는 분산에 대한 검정 및 신뢰구간(CI)을 카이제곱 검정과 Bonett 검정 2가지 방법을 사용하여 결정할 수 있다. 표본이 정규 분포를 따르는 경우 카이제곱 검정 값을 사용하며, 반대로 표본이 정규 분포를 이탈한 경우 Bonett 검정을 사용한다. 표본이 비정규적인 경우에는 Bonett 검정이 카이제곱 검정보다 훨씬 더 정확하다고 알려져 있다. 위의 표본의 경우 정규 분포를 따르는 데이터이므로 카이제곱 검정의 P-값으로 판단하여야 한다. 카이제곱 검정 결과 P-값은 0.002이므로 귀무가설(H_0)을 기각하게 되고, 대립가설(H_1)인 현재 표준편차가 기존에 알려져 있던 표준편차 0.8보다 커졌다고 볼 수 있다.

단일 표본 분산에 대한 검정 및 CI: 성분 A 함량

방법

σ: 성분 A 함량의 표준 편차
Bonett 방법은 모든 계량형 분포에 유효합니다.
카이-제곱 방법은 정규 분포에만 유효합니다.

기술 통계량

N	표준 편차	분산	Bonett을 사용한 σ에 대한 95% 하한	카이-제곱을 사용한 σ에 대한 95% 하한
20	1.20	1.43	0.90	0.95

검정

귀무 가설 $H_0: \sigma = 0.8$
대립 가설 $H_1: \sigma > 0.8$

방법	검정 통계량	DF	P-값
Bonett	—	—	0.013
카이-제곱	42.41	19	0.002

4) 2-Variances

A 제약회사는 K-정제의 주요품질특성(CQA)인 함량에 대하여 실험실규모(Lab Scale)와 시생산규모(Pilot Scale)의 표준편차에 차이가 있는지를 가설검정을 통하여 확인하고자 한다.

(1) 실험실규모와 시생산규모에서 각각 25개의 함량 데이터를 다음과 같이 워크시트 창에 입력한다.

	C1 실험실규모	C2 시생산규모
1	100.047	103.041
2	98.694	99.529
3	98.849	98.884
4	98.493	103.778
5	99.852	98.404
6	99.843	99.867
7	97.409	101.262
8	100.137	99.460
9	101.941	100.802
10	102.502	101.497
11	99.222	100.406
12	100.430	100.898
13	99.239	100.567
14	99.142	100.013
15	99.231	101.271
16	101.805	99.867
17	100.396	103.119
18	101.392	102.407
19	99.512	99.534
20	99.625	100.036
21	101.687	101.458
22	99.890	101.306
23	99.447	100.053
24	100.875	99.820
25	100.415	102.335

(2) 두 분산에 대한 검정을 실시하기 전 각각의 데이터가 정규 분포를 따르는지 보기위해 정규성 검정을 실시하여야 한다. 정규성 검정을 실시하기 위해 '통계분석 〉 기초통계 〉 정규성 검정' 순서로 클릭한다.

(3) 변수에 '실험실규모'를 입력하고 확인을 누르면 실험실규모 확률도가 출력된다. P-값이 0.420으로 실험실규모의 데이터는 정규성을 보인다고 할 수 있다. 마찬가지로 위와 같은 방법으로 시생산규모의 데이터를 확인해본 결과, P-값이 0.294로 정규성을 보인다고 할 수 있다.

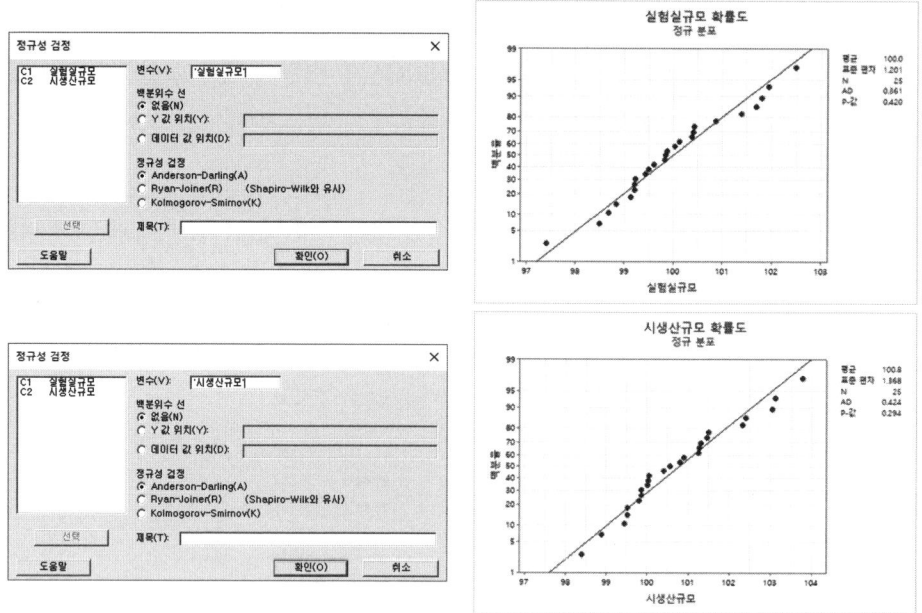

(4) '통계분석 > 기초통계 > 두 표본 분산'을 클릭한다.

(5) '각 표본이 자체적인 열에 있는 경우'를 선택한 후 표본 1에 '실험실규모', 표본 2에 '시생산규모'를 선택한다. 옵션을 클릭하여 비율은 '(표본 1 표준 편차)/(표본 2 표준 편차)'로 설정하고 신뢰수준은 95.0(일반적으로 α=0.05)으로 설정을 하고 귀무 가설에서의 비율은 1, 대립 가설은 '비율 ≠ 귀무 가설에서의 비율'을 선택하고 최종적으로 확인을 클릭한다.

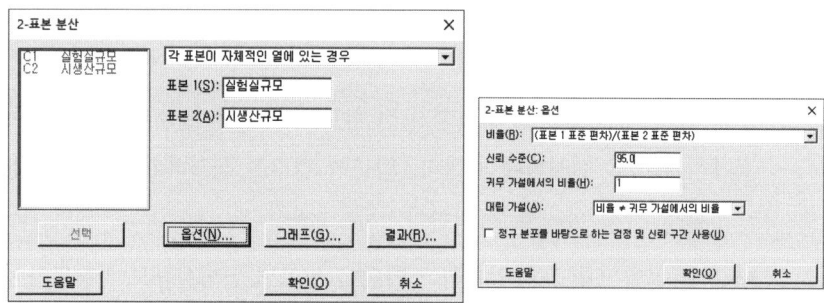

(6) 두 표본이 모두 정규 분포를 따르므로 Bonett 검정의 P-값으로 결과를 판단한다. P-값이 0.515이므로 실험실규모 제품과 시생산규모 제품사이의 분산의 차이가 있다고 볼 수 없다.

두 표본 분산에 대한 검정 및 CI: 실험실규모, 시생산규모

방법

σ_1: 실험실규모의 표준 편차
σ_2: 시생산규모의 표준 편차
비율: σ_1/σ_2
Bonett과 Levene의 방법은 모든 계량형 분포에 유효합니다.

기술 통계량

변수	N	표준 편차	분산	σ에 대한 95% CI
실험실규모	25	1.201	1.443	(0.926, 1.692)
시생산규모	25	1.368	1.872	(1.063, 1.911)

표준 편차의 비율

추정 비율	Bonett을 사용한 비율에 대한 95% CI	Levene을 사용한 비율에 대한 95% CI
0.878159	(0.567, 1.346)	(0.511, 1.329)

검정

귀무 가설 H_0: $\sigma_1 / \sigma_2 = 1$
대립 가설 H_1: $\sigma_1 / \sigma_2 \neq 1$
유의 수준 $\alpha = 0.05$

방법	검정 통계량	DF1	DF2	P-값
Bonett	0.42	1		0.515
Levene 검정	0.63	1	48	0.431

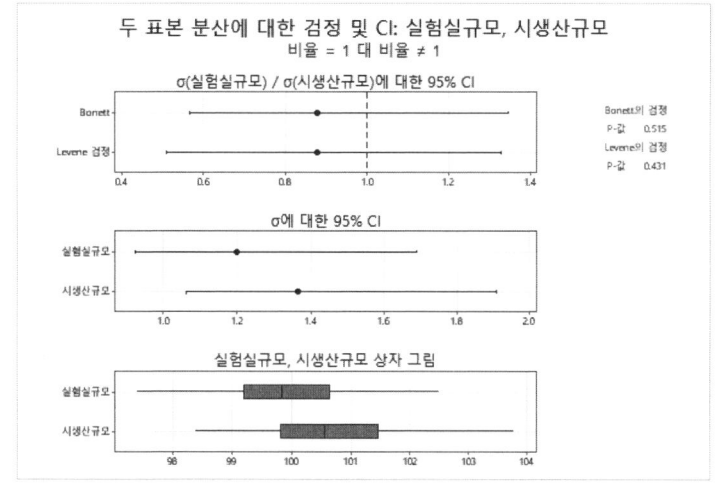

5) 상관분석

국내 S 제약회사는 기관지 질병 관련 처방약 A를 생산판매하고 있는데, 기온의 변화에 따라서 처방약 A의 판매량의 변화가 있는지 파악하기 위하여 상관분석을 수행하였다.

(1) 기온에 따른 약 A의 판매량을 워크시트 창에 입력한다.

↓	C1 기온(℃)	C2 처방약 A 판매량
1	-10	2070
2	-9	1937
3	-8	1587
4	-7	1804
5	-6	2113
6	-5	1988
7	-4	1917
8	-3	1718
9	-2	1770
10	-1	1726
11	0	1771
12	1	1669
13	2	1658
14	3	1579
15	4	1652
16	5	1640
17	6	1809
18	7	1595
19	8	1561
20	9	1522
21	10	1486
22	11	1669
23	12	1238
24	13	1336
25	14	1434
26	15	1563
27	16	1595
28	17	1019
29	18	1615
30	19	1205
31	20	1283
32	21	1291
33	22	1064
34	23	1196
35	24	1407
36	25	1173
37	26	1199
38	27	1239
39	28	823
40	29	1056
41	30	1402
42	31	871
43	32	916
44	33	876
45	34	1132
46	35	764

(2) 상관분석을 하기 전 X(기온)와 Y(처방약 A 판매량)가 어떤 분포를 보이고 있는지 그래프로 확인하기 위해 '그래프 > 산점도'를 클릭한다.

(3) 산점도의 유형 중 '단순'을 클릭한다. X 변수에 기온(℃)을 입력하고 Y 변수에 처방약 A 판매량을 입력하고 최종적으로 확인을 클릭한다.

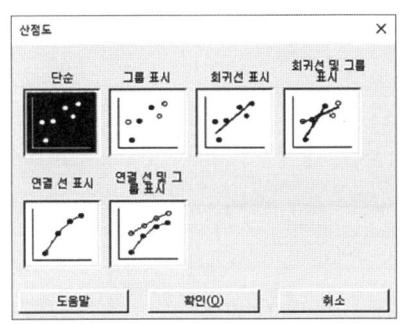 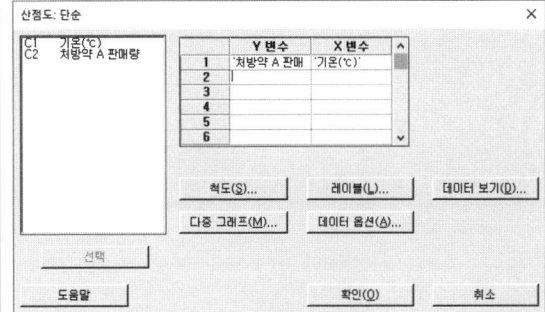

(4) 산점도를 확인해본 결과, 기온이 증가함에 따라 약 A 판매량이 감소하는 경향을 보이고 있음을 확인할 수 있다.

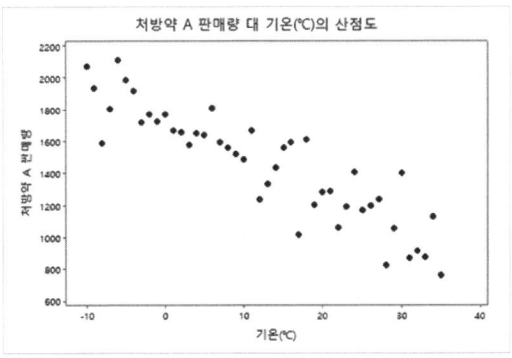

(5) 상관계수를 확인하기 위해 '통계분석 > 기초통계 > 상관분석'을 클릭한다.

(6) 변수 입력창에 '기온'과 '처방약 A 판매량'을 추가하고 방법은 'Pearson 상관 계수'를 선택한 뒤 확인을 클릭한다.

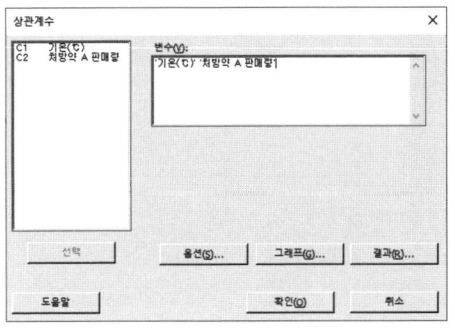 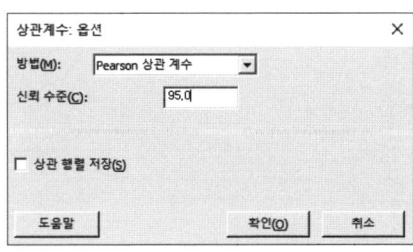

(7) Pearson 상관계수는 −0.896로 강한 음의 상관관계를 보이고 있으며 P−값은 0.000으로 0.05보다 작으므로 기온과 처방약 A 판매량은 선형관계가 있다고 볼 수 있다.

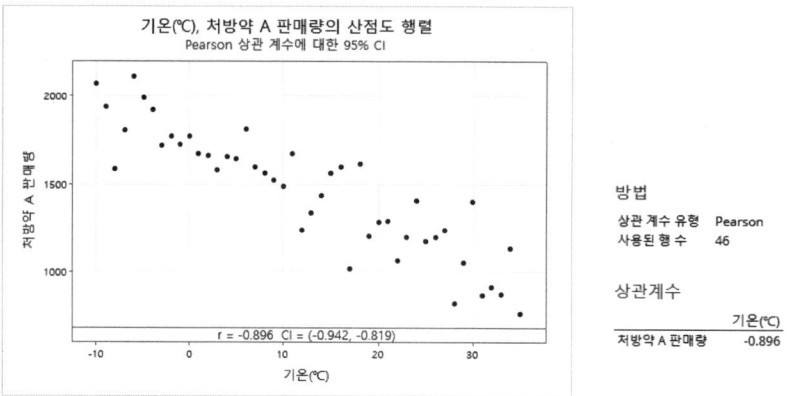

6) 회귀분석

국내 S 제약회사는 기관지 질병 관련 비처방 약인 B 의약품을 생산 및 판매하고 있다. 기온의 변화에 따른 B 의약품의 관계를 회귀분석을 통하여 함수관계를 도출하고자 한다.

(1) 기온에 따른 약 B의 판매량을 워크시트 창에 입력한다.

	기온(℃)	의약품 B 판매량
1	-10	605
2	-9	140
3	-8	785
4	-7	794
5	-6	769
6	-5	1340
7	-4	1028
8	-3	732
9	-2	1186
10	-1	1178
11	0	1130
12	1	1389
13	2	1164
14	3	1064
15	4	1291
16	5	1283
17	6	1205
18	7	1615
19	8	1019
20	9	1595
21	10	1563
22	11	1434
23	12	1336
24	13	1238
25	14	1669
26	15	1486
27	16	1522
28	17	1561
29	18	1595
30	19	1809
31	20	1605
32	21	1663
33	22	1620
34	23	1694
35	24	1692
36	25	1799
37	26	1802
38	27	1867
39	28	1793
40	29	2050
41	30	2099
42	31	2284
43	32	1943
44	33	1776
45	34	2115
46	35	2323

(2) '통계분석 〉 회귀분석 〉 적합선 그림'을 클릭한다.

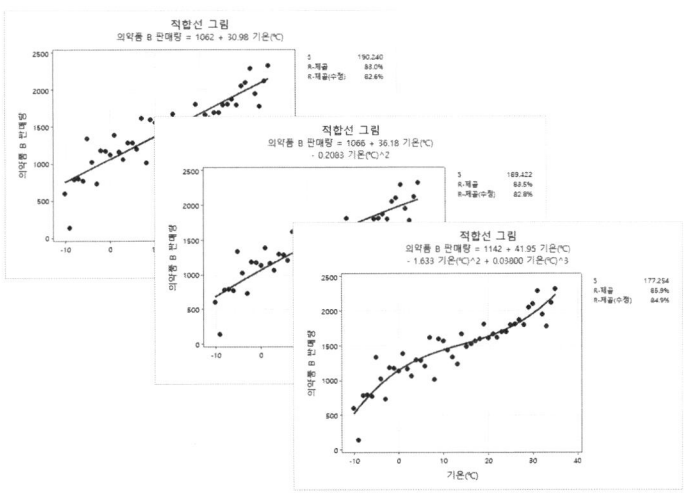

(3) 예측변수(X)에 기온(℃), 반응(Y)에 의약품 B 판매량을 입력하고 가장 적합한 회귀모형을 찾기 위하여 선형, 2차, 3차를 모두 그려본다.

(4) 세 가지 회귀식을 모두 확인한 결과 '3차'의 R-제곱이 가장 좋았으며, 회귀식의 P-값이 0.000으로 유의하였다. 추정된 회귀 방정식은 아래와 같다.

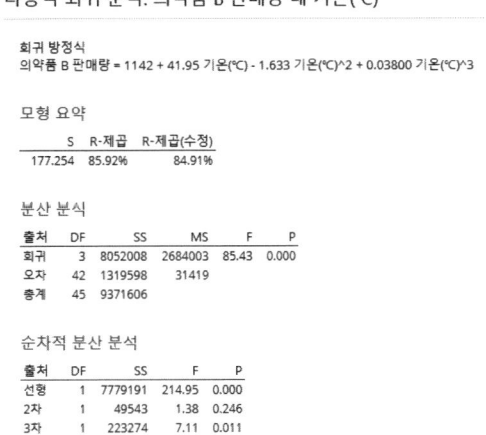

4

실험계획법
(Design of Experiment, DoE)

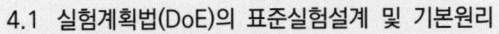

4.1 실험계획법(DoE)의 표준실험설계 및 기본원리
4.2 단계적 실험계획법 적용 방법
4.3 스크리닝 단계 실험(Screening Design)
4.4 특성화 단계 실험
4.5 최적화 단계 실험설계
4.6 혼합물 실험설계(Mixture Design)

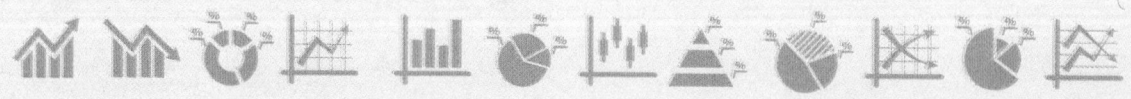

실험계획법(Design of Experiments, DoE)이란 정해진 예산과 시간 하에서 실험을 통해 최대한의 정보를 얻기 위해 실험방법과 분석방법을 계획하는 것으로 최소 횟수의 실험으로 가능한 최대한의 정보를 얻어내기 위한 방법이다. 실험계획법(DoE)에는 스크리닝 단계에서 주로 사용되는 부분 요인 설계(Fractional Factorial Design, FFD), 플라켓 버만(Plackett-Burman Design, PBD), Fold over 실험설계 등이 있고, 특성화 단계에서 사용되는 완전 요인 설계(Full Factorial Design, FD) 등이 있다. 그리고 최적화 단계에서 주로 사용되는 중심합성법(Central composite Design, CCD), Box-Behnken(BB)등이 있으며, 혼합물 설계에는 심플렉스 격자 설계(Simplex Lattice Design), 심플렉스 중심 설계(Simplex Centroid Design), 꼭짓점 실험설계 등 많은 실험설계들이 존재한다. 실험계획법(DoE)은 제품의 주요 품질 특성(CQA), 품질 목표 사항(QTPP), 위해 평가(RA)를 통하여 신뢰성과 재현성을 얻기 위하여 수행된다. 위에서도 언급했듯이 실험계획법(DoE)은 적은 횟수의 실험으로 최대한의 정보를 분석할 수 있는 방법으로, 실험이 가능한 횟수를 미리 고려해서 주어진 조건(시간, 비용 등)에 적합한 실험을 설계해야하며, 의약품의 제형설계와 생산 공정의 설정을 통합적으로 고려하여 적용되어야 한다.

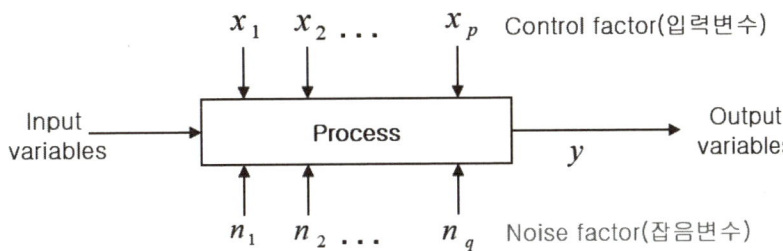

그림 4-1 시스템의 일반적 모형

4.1 실험계획법(DoE)의 표준실험설계 및 기본원리

실험계획법(DoE)의 기본 원리인 최소의 실험으로 최대의 정보를 얻기 위해서는 체계적인 실험계획법(DoE)의 적용이 필요하다. 예를 들어, 초기 단계의 연구에서는 많은 인자를 고려하여야 하고 함수 관계의 도출을 위해서는 사전 정보를 기반으로 한 분석을 통해 정밀한 결과값이 도출되어야하기 때문에 상황에 맞는 실험계획법(DoE)의 적절한 적용이 중요하다고 할 수 있다. 이를 위해서 실험계획법(DoE)에는 통계적인 유의성을 바탕으로 과학적인 실험 및 분석을 위한 방법들이 개발되어 있다. 올바른 실험계획법(DoE)의 적용을 위하여 골프공에 관한 예제를 통해 설명하려고 한다. 예를 들어 어느 골프공 회사에서 기존 골프공을 개선시켜 현재의 공보다 더 큰 비거리가 나오는 공을 만들고자 한다. 이때 비거리에 영향을 미치는 인자로는 딤플의 수, 딤플의 지름, 딤플의 깊이가 선정되었고 각각의 인자의 수준(level)은 〈표 4-1〉과 같이 도출하였다. 수준(level)은 2 수준 실험을 예로 들었는데, 그 이유는 인자의 수가 많아질수록 실험 횟수가 매우 많아지기 때문에 2 수준 실험을 주로 사용하기 때문이다.

표 4-1 골프공 비거리 개선 실험의 인자와 수준

인자	낮은 수준	높은 수준
딤플의 깊이	0.15mm	0.18mm
딤플의 수	350개	450개
딤플의 지름	2.5mm	5mm

이러한 정보를 바탕으로 〈표 4-2〉와 같이 실험을 설계하였다.

표 4-2 골프공 비거리 개선 실험설계 1(잘못된 실험)

인자	수준 (날아간 거리)	
딤플의 수	350(190)	400*(210)
딤플의 지름	2.5*(226)	5(211)
딤플의 깊이	0.15*(236)	0.18(194)

위의 실험 결과를 통해서 딤플의 수가 450개일 때, 딤플의 깊이는 0.15mm이며 딤플의 지름은 2.5mm일 때 가장 멀리 날아갔으므로 새로운 공의 설계를 딤플의 수를 450개 깊이를 0.15mm, 지름은 2.5mm로 하여 설계하기로 결정하였다. 이 실험은 적절하게 계획되고

수행된 실험인가? 결론은 아니다. 왜냐하면 이와 같은 실험설계는 OFAT(One Factor At a Time)로 각 인자의 수준을 하나씩 독립적으로 변화하며 본 것이기 때문이다. 제대로 된 실험을 설계하기 위해서는 독립적인 인자의 변화가 아닌 인자들의 상호작용(교호작용)을 토대로 실험을 수행하고 분석해야 한다. 따라서 〈표 4-3〉과 같이 실험을 수정하여 다시 실시하였다.

표 4-3 골프공 비거리 개선 실험설계 2(잘못된 실험)

표준순서	인자			거리
	딤플의 수	딤플의 지름	딤플의 깊이	
1	350	2.5	0.15	190
2	450	2.5	0.15	210*
3	350	5	0.18	196
4	350	5	0.15	209

〈표 4-3〉의 실험 결과 가장 비거리가 크게 나온 2번 조합으로 개선하기로 결정되었다. 이 실험 또한 적절하게 계획된 실험인가? 결론은 아니다. 그 이유는 인자들의 조합을 이용하여 일부 상호작용(교호작용)을 포함한 실험을 수행하였지만 모든 조합에 대한 실험을 수행하지 않고 일부 조합만을 실험했기 때문이다. 따라서 모든 조합에 대하여 〈표 4-4〉와 같이 다시 실험을 수행하였다.

표 4-4 골프공 비거리 개선 실험설계 3(잘못된 실험)

표준순서	인자			거리
	딤플의 수	딤플의 지름	딤플의 깊이	
1	350	2.5	0.15	190
2	450	2.5	0.15	210
3	350	2.5	0.18	216*
4	450	2.5	0.18	178
5	350	5	0.15	209
6	450	5	0.15	192
7	350	5	0.18	198
8	450	5	0.18	212

실험 결과 모든 조합에 대하여 실험을 수행하였으며, 그 결과 3번의 실험을 통해 만든 공이 가장 멀리 날아갔으므로 3번의 조합으로 공을 개선하기로 결정하였다. 과연 이 실험에서도 문제점이 있는가? 결론부터 말하자면 문제점이 있다. 이 실험은 모든 조합을 수행하

였지만, 각 실험에 대하여 한 번씩만 수행했기 때문에 3번 조합이 8번 조합보다 우연히 더 멀리 날아갔는지, 혹은 바람 등의 노이즈에 의해서 더 멀리 날아갔을 수 있는 가능성을 고려하지 못하고 있다. 이러한 오류를 줄이고 신뢰성을 높이기 위해 각 실험에 대하여 반복을 수행해야 하며, 〈표 4-5〉와 같이 반복을 포함하여 실험을 다시 실시하였다.

표 4-5 골프공 비거리 개선 실험설계 4(잘못된 실험)

표준순서	인자			거리(평균)
	딤플의 수	딤플의 깊이	딤플의 지름	
1	350	0.15	2.5	190, 172, 182 (181.3)
2	450	0.15	2.5	210, 198, 211 (206.3)
3	350	0.18	2.5	216, 222, 226 (221.3*)
4	450	0.18	2.5	178, 163, 175 (172)
5	350	0.15	5	209, 210, 198 (205.7)
6	450	0.15	5	192, 188, 191 (190.3)
7	350	0.18	5	198, 201, 194 (197.7)
8	450	0.18	5	212, 208, 211 (210.3)

개선하여 반복 실험을 한 결과, 3번째 실험의 평균값이 가장 높게 나와 3번 실험의 조합으로 개선하기로 결정하였다. 그러면 이 실험에는 문제점이 없는가? 아쉽게도 이 실험 또한 문제점을 가지고 있다. 그 이유는 처리 조합들을 순서에 맞게 반복을 하고 나서 다음 조합의 실험을 수행하였기 때문에 시간 변화에 따른 바람의 변화 등 잡음 인자(Noise)를 고려하지 않은 것이다. 그러므로 실험을 설계할 시 〈표 4-6〉과 같이 랜덤하게 실험을 설계하여야 된다.

표 4-6 골프공 비거리 개선을 위한 올바른 표준 실험설계

표준 순서	랜덤 실험 순서	인자			거리
		딤플의 수	딤플의 깊이	딤플의 지름	
1	3	350	0.15	2.5	반복 측정값
2	7	450	0.15	2.5	
3	1	350	0.18	2.5	
4	8	450	0.18	2.5	
5	5	350	0.15	5	
6	2	450	0.15	5	
7	6	350	0.18	5	
8	4	450	0.18	5	

〈표 4-6〉과 같이 실험을 설계한다면 제대로 된 실험을 수행하였다고 할 수 있다. 정리를 하자면 바람직한 실험을 설계하기 위해서는 인자들의 모든 수준 조합을 고려해야 하고, 반복 실험을 통하여 실험결과의 신뢰도를 높이고, 실험 순서를 랜덤하게 설정하여 잡음인자들이 실험에 영향을 미치지 못하도록 설계해야 된다.

4.2 단계적 실험계획법 적용 방법

실험계획법(DoE)에는 플라켓 버만 설계(PBD), 부분 요인 설계(FFD), 완전 요인 설계(FD), 중심합성법(CCD), 박스 벤킨법(BB), 혼합물 실험설계(Mixture Design) 등 많은 실험설계들이 존재한다. 〈표 4-7〉과 같이 설계할 실험 방법의 가능한 실험 횟수를 고려하여 상황에 알맞은 실험의 설계를 위해 [그림 4-2]에 제시한 바와 같이 실험계획법(DoE)의 단계적인 실험 방법(스크리닝, 특성화, 최적화)을 활용하여 실험 횟수를 최소화할 수 있다. 하지만 반드시 모든 단계를 순서대로 수행할 필요는 없으며, 단계를 주어진 상황에 따라 선택적으로 수행할 수 있다. 예를 들어 스크리닝 실험을 수행한 후 특성화 단계를 수행하지 않고 곧바로 최적화 단계가 수행 가능하며, 인자 선별을 수행할 필요가 없는 상황이라면 특성화 단계를 수행한 후 최적화 단계로 넘어갈 수 있다. 또한 각 단계별로 실험을 수행하면서 얻어낼 수 있는 실험에 관한 정보의 양, 분석의 정밀도 및 신뢰성, 인자의 수가 다르다.

표 4-7 단계별 실험계획법의 실험횟수

Number of Factors	Box-Behnken Design (BB)	Central Composite Design (CCD)	Factorial Design (FD)		Fractional Factorial Design (FFD)			
			2수준	3수준	$\frac{1}{2}$	$\frac{1}{4}$	$\frac{1}{8}$	$\frac{1}{16}$
1	–	13(5 center point)	–	9	–	–	–	–
2	15	20(6 center point)	4	27	4	–	–	–
3	27	31(6 center point)	8	81	8	4	–	–
4	46	52(FD) / 32(1/2 FFD)	16	243	16	8	4	–
5	54	90(FD) / 53(1/2 FFD)	32	729	32	16	8	4
6	62	152(FD) / 88(1/2 FFD)	64	2187	64	32	16	8
7	–	160(1/2 FFD) / 90(1/4 FFD)	128	6561	128	64	32	16
8	130	156(1/3 FFD)	256	16983	256	128	64	32
9	170	158(1/8FFD)	512	50949	512	256	128	64

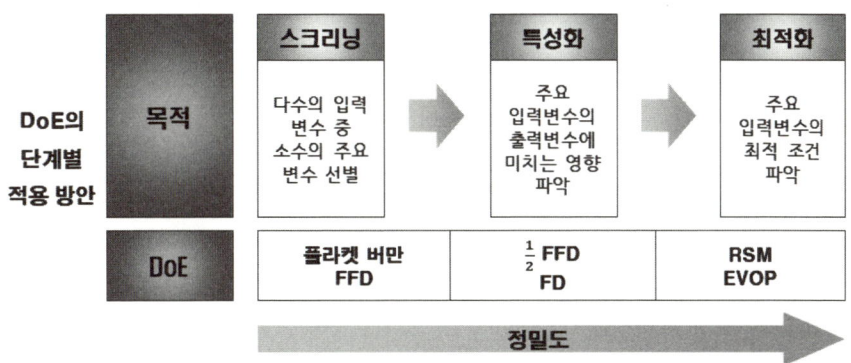

그림 4-2 실험계획법의 단계별 실험계획

4.3 스크리닝 단계 실험(Screening Design)

스크리닝 단계는 도출한 잠재 인자로부터 주요 공정 변수(CPP)를 선별해내는 단계로, 정성적인 방법으로 인자를 선별하는 정성적 스크리닝이 있고, CQA와 RA를 통해 통계적으로 주요 공정 변수(CPP)를 선별하는 정량적 스크리닝이 있다. 정량적 스크리닝에서는 다수의 잠재 인자에 대하여 적은 실험 횟수로 수행 가능하다는 것이 장점이며, 적은 실험 횟수로 인해 실험을 통해 얻는 정보의 양이 적어 분석의 정밀도 및 신뢰성이 낮다는 것이 단점이다. 정량적 스크리닝에서 사용되는 방법으로는 부분 요인 설계(FFD), 플라켓 버만 설계(PBD)와 Fold over 실험설계가 대표적으로 활용되고 있다.

4.3.1 부분 요인 설계(Fractional Factorial Design, FFD)

주요 공정 변수(CPP)를 선별하는 단계에서 부분 요인 설계(FFD)는 실험 횟수가 최소가 되도록 설계된다. 또한 스크리닝 단계에서 사용되는 플라켓 버만 설계(PBD)는 교호작용을 파악하지 못하지만, 부분 요인 실험은 주효과 및 소수의 교호작용에 대한 정보를 파악할 수 있다. 따라서 고차의 교호작용을 교락시켜 보다 적은 실험 횟수로 결과에 영향을 미치는 주요 공정 변수(CPP)를 선별하는데 필요한 통계적 정보들을 얻을 수 있는 실험 방법이다(황성주 외 4명, 2014).

표 4-8 부분 요인 설계

	2^7	2^{7-1}	2^{7-2}	2^{7-3}	2^{7-4}
인자 수	7	7	7	7	7
수준	2	2	2	2	2
실험횟수	128	64	32	16	8
Fraction	full	1/2	1/4	1/8	1/16

예제 4.3-1: 부분 요인 설계(FFD)

국내 S 제약회사는 A 제네릭 의약품의 QbD를 진행하는 과정에서 QTPP와 위해평가(RA)를 수행하였다. 그 결과를 바탕으로 주요품질특성(CQA)에 높은 RPN값이 나온 2개의 CQA(함량, 함량균일성)와 7개의 주요 공정 변수(CPP)(A: 혼합속도(60~90rpm), B: 정제수의 양(30~35mg), C: 본압(9~12kp), D: 활택시간(1~5min), E: 분쇄시간(1~5min), F: Agitator 속도(1500~2000rpm), G: 혼합시간(3~7분))를 도출하였다. 여기서 모든 주요공정변수(CPP)는 연속형 변수이다. 이러한 CPP를 가지고 실험을 수행하려면 많은 실험뿐만 아니라 비용 및 시간이 필요하기 때문에 7개의 CPP 중 CQA(함량, 함량균일성)에 가장 큰 영향을 주는 주요 인자를 선별하는 실험이 필요하다. 주효과와 소수의 교호작용에 대한 정보를 파악할 수 있는 부분 요인 실험(FFD)을 설계하고자 한다.

(1) Minitab을 이용하여 주어진 상황을 바탕으로 워크시트에 부분 요인 설계(FFD)를 생성하기 위해 통계분석 →실험계획법→요인 → 요인 설계 생성을 클릭한다.

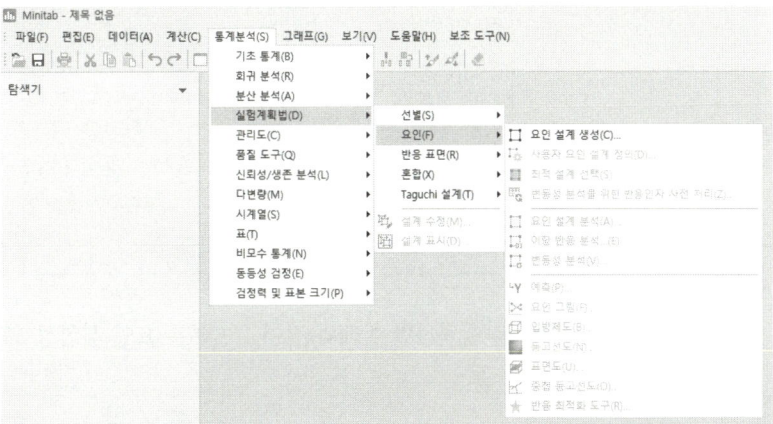

(2) 아래의 창에서 2-수준 요인(기본 생성자)과 요인의 수를 7로 선택한 뒤 [설계]를 클릭한다. [설계]에서는 상황에 적절한 실험 수와 해상도, 중심점, 반복을 선택할 수 있으며, 본 실험에서는 1/8 부분 요인 실험을 선택하고, 중심점은 오차의 자유도를 좀 더 확보하여 정밀한 분석을 수행하기 위해 2로 설정하고, 반복은 1로 설정하고 [확인]을 클릭한다.

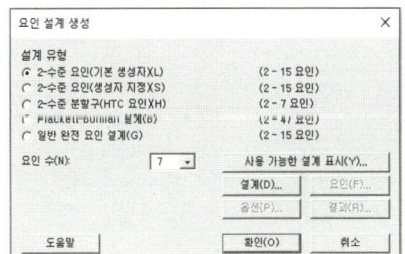 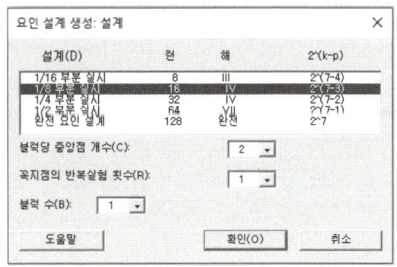

(3) 요인 설계 생성에서 활성화된 [요인], [옵션], [결과]를 확인할 수 있으며, 먼저 각 인자의 이름, 수준, 유형을 설정하기 위해 [요인]을 클릭한다. 각 인자를 혼합속도(A),

정제수의 양(B), 본압(C), 활택시간(D), 분쇄시간(E), Agitator 속도(F), 혼합시간(G)으로 설정하고 수준은 코드화된 단위(높은 수준 : +1, 낮은 수준 : −1)를 사용하여 아래와 같이 설정한다.

(4) 실험 설계에 랜덤화(Randomization)를 적용시키기 위해 [옵션]을 클릭하고, 런 랜덤화를 아래와 같이 설정한다.

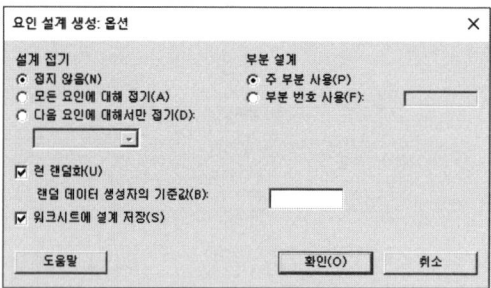

(5) 최종적으로 [확인]을 클릭하면 아래와 같이 1/8 부분 요인 실험설계표가 워크시트 창에 나타난다.

+	C1 표준 순서	C2 런 순서	C3 중앙점	C4 블럭	C5 혼합속도(A)	C6 정제수의 양(B)	C7 본압(C)	C8 활택시간(D)	C9 분쇄시간(E)	C10 Agitator 속도(F)	C11 혼합시간(G)
1	1	6	1	1	-1	-1	-1	-1	-1	-1	-1
2	2	18	1	1	1	-1	-1	-1	1	-1	1
3	3	4	1	1	-1	1	-1	-1	1	1	-1
4	4	5	1	1	1	1	-1	-1	-1	1	1
5	5	10	1	1	-1	-1	1	-1	1	1	1
6	6	16	1	1	1	-1	1	-1	-1	1	-1
7	7	8	1	1	-1	1	1	-1	-1	-1	1
8	8	1	1	1	1	1	1	-1	1	-1	-1
9	9	17	1	1	-1	-1	-1	1	-1	1	1
10	10	9	1	1	1	-1	-1	1	1	1	-1
11	11	11	1	1	-1	1	-1	1	1	-1	1
12	12	15	1	1	1	1	-1	1	-1	-1	-1
13	13	14	1	1	-1	-1	1	1	1	-1	-1
14	14	12	1	1	1	-1	1	1	-1	-1	1
15	15	2	1	1	-1	1	1	1	-1	1	-1
16	16	7	1	1	1	1	1	1	1	1	1
17	17	3	0	1	0	0	0	0	0	0	0
18	18	13	0	1	0	0	0	0	0	0	0

(6) 설계된 실험표를 바탕으로 실험을 한 후, 함량(Y_1), 함량균일성(Y_2)에 대한 실험 결과를 아래와 같이 입력한다.

	C1 표준 순서	C2 런 순서	C3 중앙점	C4 블럭	C5 혼합속도(A)	C6 정제수의 양(B)	C7 본압(C)	C8 활택시간(D)	C9 분쇄시간(E)	C10 Agitator 속도(F)	C11 혼합시간(G)	C12 함량(Y1)	C13 함량균일성(Y2)
1	1	6	1	1	-1	-1	-1	1	-1	1	-1	78.83	54.30
2	2	18	1	1	1	-1	-1	-1	1	1	1	84.79	62.71
3	3	4	1	1	-1	1	-1	-1	1	1	-1	87.48	69.57
4	4	5	1	1	1	1	-1	1	-1	1	1	85.84	58.99
5	5	10	1	1	-1	-1	1	-1	1	1	1	82.84	58.73
6	6	16	1	1	1	-1	1	1	-1	1	-1	81.37	63.30
7	7	8	1	1	-1	1	1	1	-1	1	1	78.74	53.85
8	8	1	1	1	1	1	1	-1	1	1	-1	74.57	57.15
9	9	17	1	1	-1	-1	-1	1	1	-1	1	78.89	56.85
10	10	9	1	1	1	-1	-1	-1	-1	-1	-1	83.30	60.19
11	11	11	1	1	-1	1	-1	-1	-1	-1	1	83.02	61.30
12	12	15	1	1	1	1	-1	1	1	-1	-1	82.41	60.03
13	13	14	1	1	-1	-1	1	-1	-1	-1	-1	84.48	61.01
14	14	12	1	1	1	-1	1	1	1	-1	1	84.06	65.36
15	15	2	1	1	-1	1	1	1	1	-1	-1	80.52	55.10
16	16	7	1	1	1	1	1	-1	-1	-1	1	81.31	56.41
17	17	3	0	1	0	0	0	0	0	0	0	82.33	63.14
18	18	13	0	1	0	0	0	0	0	0	0	85.18	60.60

(7) 실험 결과를 분석하기 위해 상단의 통계분석→실험계획법→요인→ 요인 설계 분석을 클릭한다.

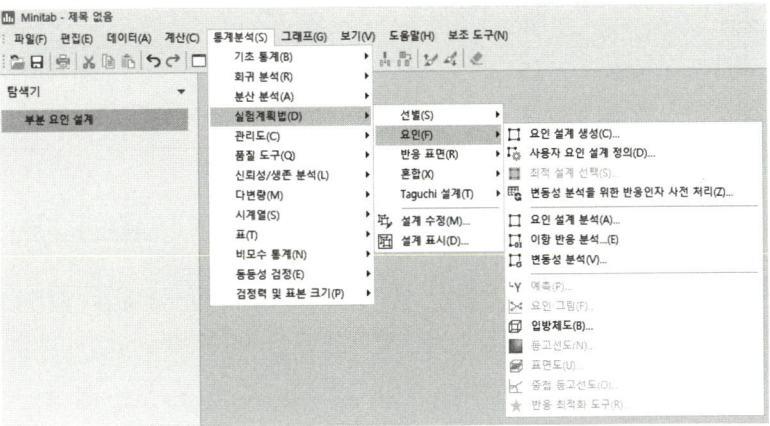

(8) 요인 설계 분석 창에서 반응에 함량(Y_1), 함량균일성(Y_2)를 선택한다.

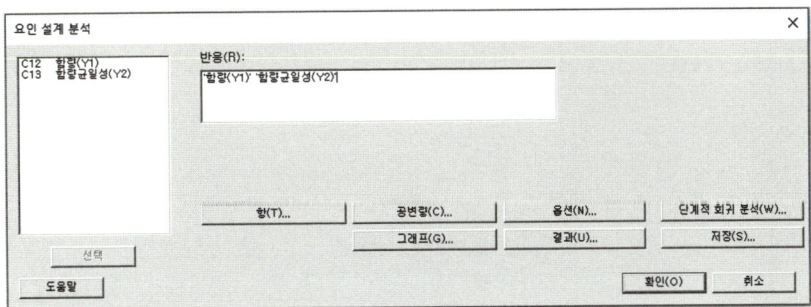

(9) 분석할 항의 차수를 설정하기 위해 [항]을 클릭하고, 교호작용을 포함하여 분석하기 위해 2차수로 설정한다. 항의 최대 차수를 2 차수로 하는 이유는 항을 볼 수 있는 자유도가 16이므로 교락된 인자 중 최대 2차항까지 볼 수 있기 때문이다. 모형에 중심점을

포함하였기 때문에 모형에 중심점 포함 이라는 항에 대하여 선택한다.

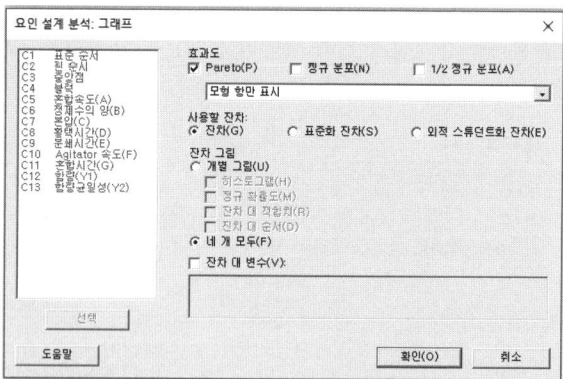

(10) [그래프]에서는 함수를 추정하기 위한 가정을 확인하기 위한 잔차도와 각 항의 효과를 간단하게 파악할 수 있는 Pareto를 아래와 같이 설정하고 최종 [확인]을 클릭한다.

(11) [단계적 회귀 분석]에서는 입력할 변수에 대한 알파의 값과 제거할 변수에 대한 알파의 값을 0.15로 설정을 하여 알파 값에 근거하여 Minitab에서 가장 좋은 값으로 풀링(Pooling)을 실시한다.

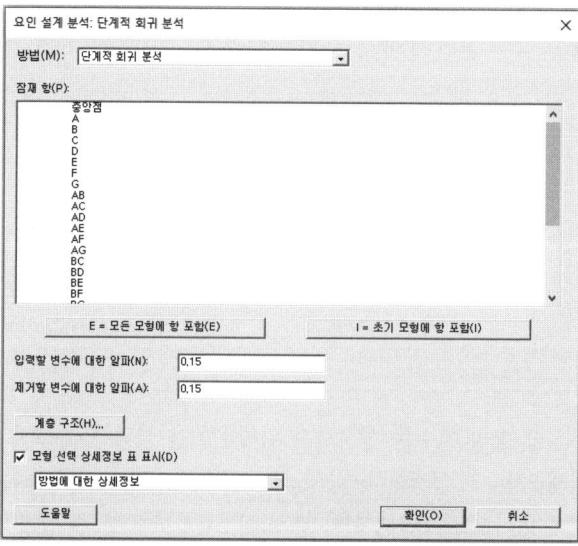

(12) 다음과 같이 도출된 분산분석(ANOVA) 결과 함량(Y_1)과 함량균일성(Y_2)에 대한 모형의 P-값이 전부 α(유의수준, α=0.05)보다 작아 범위가 적절하게 설정된 것을 파악할 수 있고, 오차의 자유도가 4 이상으로 충분히 확보되었다고 판단할 수 있으며, 결정계수(R^2)가 75% 이상으로 실험 data로부터 도출된 회귀함수가 각각의 개별 데이터를 잘 표현한다 할 수 있다. 그리고 잔차도를 보면 오차의 정규분포 가정을 만족하는 것으로 판단된다. 각각의 주요품질특성(CQA)분석을 보면 함량(Y_1)에서는 주효과 C와 2차 교호작용 AB, AE, AG가 유의수준 0.05보다 작으므로 영향을 준다고 판단되며, 함량균일성(Y_2)의 경우, 2차 교호작용 AB, AE가 유의하다고 판단할 수 있는데 이를 Pareto 차트에서 좀 더 쉽게 파악 가능하다. 유전효과를 고려하여 2차 교호작용 AB보다 CE가 더 많은 영향을 준다고 판단하여 함량(Y_1)과 함량균일성(Y_2)에 영향을 주는 주요공정변수(CPP)로 A, C, E, G가 선정 되었다.

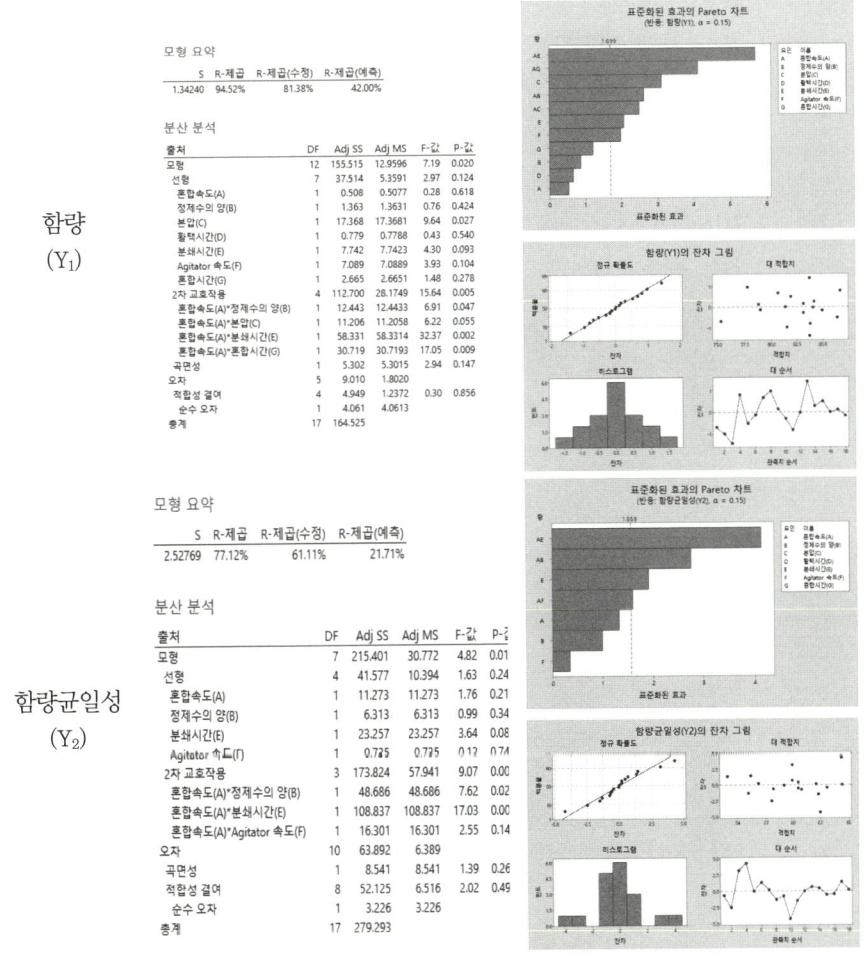

(13) 요인 그림을 확인하기 위해 상단의 「통계분석 〉 실험계획법 〉 요인 〉 요인 그림」을 클릭한다.

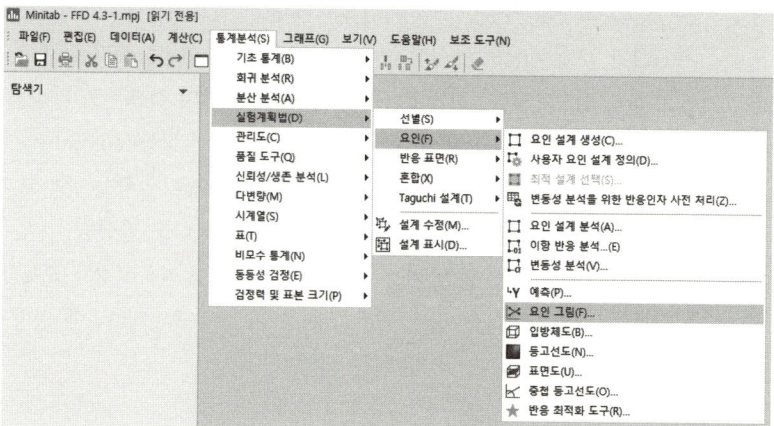

(14) 함량(Y_1)에 대한 주효과도를 확인한 결과, A, B, D는 효과가 크지 않고 E, F, G는 양의 효과를 띠며 C는 강한 음의 효과를 보이고 있다. 함량(Y_1)에 대한 교호작용도 확인 결과, AB, AC, AE, AG는 대체적으로 교호작용을 가지고 있는 것으로 판단된다. 함량균일성(Y_2)에 대한 주효과도에서는 A는 양(+)의 효과, B는 음(−)의 효과, E는 강한 양(+)의 효과, F는 약한 양(+)의 효과를 보이고 있다. 함량균일성(Y_2)에 대한 교호작용도는 AB, AE, AF가 교호작용을 보이고 있으며, 특히 AE가 강한 교호작용을 보이고 있다.

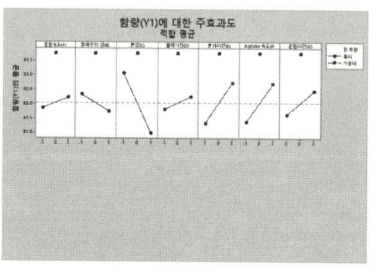

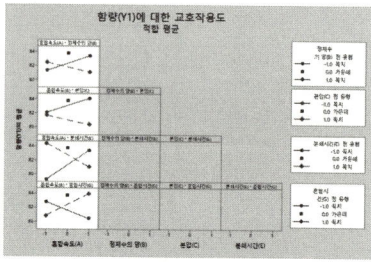

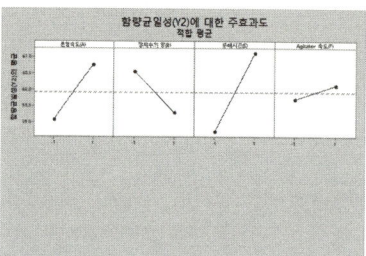

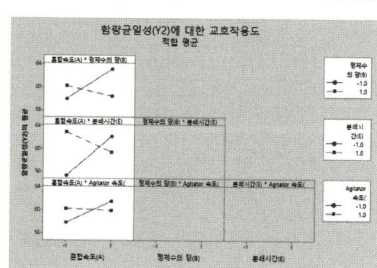

1) 교락(Confounding)과 블록화(Blocking)

교락(confounding)이란 두 개 이상의 인자들에 대한 효과들이 섞여(Mixed) 있어서 이런 인자들의 효과를 각각 분리할 수 없는 상태이다. 예를 들면, 다음의 〈표 4-9〉와 같이 2^3요인 실험을 실시하고자 할 때 1번 타정기에서는 실험 번호가 1~4번에 해당하는 조합을 실험하고, 2번 타정기에서는 실험 번호 5~8번에 해당하는 조합을 실험한다. 이때 1번 타정기에서 수행한 실험은 X_3인자의 수준이 -1이고, 2번 타정기에서 수행한 실험은 X_3인자의 수준이 +1이기 때문에 실험 결과의 출력 변수 수치가 X_3인자의 영향으로 인해 변했는지를 분석할 수 없다. 즉, X_3인자의 효과와 각각의 타정기의 효과가 구별될 수 없게 서로 혼재되어 있는 상황으로 이를 교락(Confounding)되어 있다고 표현한다.

표 4-9 3인자 요인설계에서의 X_3인자와 타정기 사이의 교락(Confounding)

실험	X_1	X_2	X_3	
1	-1	-1	-1	타정기 i
2	1	-1	-1	
3	-1	1	-1	
4	1	1	-1	
5	-1	-1	1	타정기 ii
6	1	-1	1	
7	-1	1	1	
8	1	1	1	

이처럼 주요 인자와 잡음 인자가 교락(Confounding)되어 있어서 잡음 인자의 효과가 실험에 영향을 주는 경우, 다음의 〈표 4-10〉과 같이 실험을 랜덤하게 수행함으로써 잡음 인자의 효과가 실험에 주는 영향을 줄여줄 수 있다.

표 4-10 요인설계에 대한 랜덤화(Randomization)

실험	X_1	X_2	X_3	
1	-1	-1	-1	타정기 i
2	-1	-1	1	
3	1	1	-1	
4	1	-1	1	
5	1	1	1	타정기 ii
6	-1	1	1	
7	1	-1	-1	
8	-1	1	-1	

또한 랜덤화(Randomization) 실험을 실시하는 방법보다 블록화(Blocking)를 통하여 잡음 인자의 영향을 차단하면 잡음 인자가 실험에 미치는 영향을 더 확실하게 줄일 수 있다. 블록화(Blocking) 방법은 가장 현실적으로 효과가 적을 것으로 추측되는 최고차항의 수준을 이용하여 블록을 나누고 블록의 영향을 잡음 인자인 타정기의 효과와 교락(Confounding)시켜주는 방법이다. 예를 들면, 다음의 [그림 4-3]과 같이 X_1, X_2, X_3의 세 개 인자로 완전 요인 실험(FD)을 설계하였으며 타정기라는 잡음 인자가 있는 경우에 최고차항 교호작용인 $X_1X_2X_3$ 효과와 타정기의 영향을 교락시켜 블록 1, 2로 나누어서 실험을 실시함으로써 교락(Confounding)된 최고차항 효과(ABC) 외의 주효과(X_1, X_2, X_3)와 교호작용 효과(X_1X_2, X_1X_3, X_2X_3)를 분석할 수 있다.

실험	처리조합	X_1	X_2	X_3	$X_1X_2X_3$	타정기
1	(1)	-1	-1	-1	-1	2
2	a	1	-1	-1	1	1
3	b	-1	1	-1	1	1
4	ab	1	1	-1	-1	2
5	c	-1	-1	1	1	1
6	ac	1	-1	1	-1	2
7	bc	-1	1	1	-1	2
8	abc	1	1	1	1	1

블록 1
$X_1X_2X_3(+1)$과 타정기 1
(a)
(b)
(c)
(abc)

블록 2
$X_1X_2X_3(-1)$과 타정기 2
(1)
(ab)
(ac)
(bc)

그림 4-3 최고차항 ABC를 이용한 블록화(Blocking)

2) 부분 요인 설계(FFD) 종류와 교락 인자

부분 요인 실험(FFD)은 보통 $\frac{1}{2}$, $\frac{1}{4}$, $\frac{1}{8}$, $\frac{1}{16}$, $\frac{1}{32}$ 부분 요인 실험(FFD)이 있다. 하지만 1/16 이상인 부분 요인 실험은 얻을 수 있는 정보의 양이 많이 부족하고, 이로 인해 분석의 신뢰성 및 정밀도가 안 좋은 이유로 사용하지 않는 것이 좋다. 예를 들어, $\frac{1}{64}$ 부분 요인 설계에서는 64개 블록 중 하나의 블록에 대해서만 실험을 수행하여 얻어낸 실험 결과를 기반으로 분석하기 때문에 분석 가능한 정보의 양이 그만큼 매우 적고, 이런 결과만으로 인자들의 효과 및 영향을 분석하기에는 한계가 있다. 따라서 인자의 수가 많아 $\frac{1}{16}$ 이상 부분 요인 설계 실험을 해야 한다면 부분 요인 설계(FFD)보다 플라켓 버만 설계(PBD) 등의 실험 설계방법을 이용해서 주효과만을 분석하여 인자를 선별하고 다음 단계인 특성화 단계의 완전 요인 설계(FD) 방법 등을 이용하여 주효과 및 교호작용을 분석하는 것이 바람직한 설계 방법이다. 또한 부분 요인 설계(FFD)에서는 인자의 개수에 따라서 부분 요인 설계 방법의 종류와 교락 인자를 통해 실험이 구체적으로 설계되며, 다음의 〈표 4-11〉에 이를 나타내었다.

표 4-11 인자 수와 부분 요인 설계(FFD) 종류에 따라 교락되는 인자

인자 수	부분요인(Fraction)	실험점 수(처리 수)	교락처리조합 (Confounding Treatment Combination)
3	2_{III}^{3-1}	4	ABC
4	2_{IV}^{4-1}	8	ABCD
5	2_{V}^{5-1}	16	ABCDE
5	2_{III}^{5-2}	8	ABD
			ACE
6	2_{VI}^{6-1}	32	ABCDEF
6	2_{VI}^{6-2}	16	ABCE
			BCDF
6	2_{III}^{6-3}	8	ABD
			ACE
			BCF
7	2_{VII}^{7-1}	64	ABCDEFG
7	2_{IV}^{7-2}	32	ABCDF
			ABDEG
7	2_{IV}^{7-3}	16	ABCE
			BCDF
			ACDG
7	2_{III}^{7-4}	8	ABD
			ACE
			BCF
			ABCG
8	2_{V}^{8-2}	64	ABCDG
			ABEFH
8	2_{IV}^{8-3}	32	ABCF
			ABDG
			BCDEH
8	2_{IV}^{8-4}	16	BCDE
			ACDF
			ABCG
			ABDH

인자 수	부분요인(Fraction)	실험점 수(처리 수)	교락처리조합 (Confounding Treatment Combination)
9	2_{IV}^{9-2}	128	ACDFGH
			BCEFGJ
	2_{IV}^{9-3}	64	ABCDG
			ACEFH
			CDEFJ
	2_{IV}^{9-4}	32	BCDEF
			ACDEG
			ABDEH
			ABCEJ
	2_{III}^{9-5}	16	ABCE
			BCDF
			ACDG
			ABDH
			ABCDJ

3) 부분 요인 설계(FFD)의 정의 대비(Defining contrast)와 별칭(Alias)

부분 요인 설계(FFD)에서 블록과 교락이 되는 요인은 정의 대비로 표현되고, 이는 어떤 요인이 블록과 교락되고 있는지를 나타내주는 선형식이다. 예를 들면 2^4요인 실험에서 블록을 두 개로 나누고 여기서 최고차항인 ABCD항이 블록과 교락되어 있다면 I=ABCD로 선형식이 나타나는데 이 식을 정의 대비(Defining contrast)라고 칭하며, 이를 통해 어떠한 효과들이 교락되어 있는가를 알 수 있는 별칭 관계(Alias)를 확인할 수 있다. 다음의 〈표 4-12〉에서는 정의 대비 I=ABC를 이용하여 2^3요인 실험에서 한번 블록화(Blocking)한 것을 나타내었다.

표 4-12 2^3요인 실험에서 한번 블록화(Blocking)

Block	Treatment Combination
Block 1	a, b, c, abc
Block 2	(1), ab, ac, bc

이 실험의 블록 1에서의 인자별 효과를 아래 식과 같이 계산하며, 각각의 요인들의 효과는 A=BC, B=AC, C=AB로 나타낼 수 있다. 이를 통해서 각 요인들의 주효과와 2차 교호작용들이 서로 교락(Confounding)되고 있다고 볼 수 있으며 이를 별칭 관계(Alias)라고 칭한다.

$$A = \frac{1}{2}(a+abc-b-c) = BC$$
$$B = \frac{1}{2}(b+abc-a-c) = AC \quad (4.1)$$
$$C = \frac{1}{2}(b+abc-a-b) = AB$$

또한 정의 대비(Defining contrast)를 이용해서 별칭 관계(Alias)를 아래와 같이 계산할 수 있다. $A^2=B^2=C^2=1$이고 각 인자들의 수준에 따라 다르다. 만일 각 인자가 3수준이라면 $A^3=B^3=C^3=1$로 계산한다.

$$A(ABC) = A^2BC = BC$$
$$B(ABC) = AB^2C = AC \quad (4.2)$$
$$C(ABC) = ABC^2 = AB$$

추가로 만약 블록 1 대신 블록 2를 선택해 실험할 경우 각 인자들의 별칭 관계는 다음과 같다. A=-BC, B=-AC, C=-AB으로 블록 1을 실험했을 때와는 다르게 2차 교호작용에 음의 부호(-)가 붙는다. 만약 교호작용 효과를 무시해도 될 상황이라면 두 블록 중 어떤 블록을 선택해 실험을 진행해도 상관없다. 하지만, 교호작용 효과가 무시할 수 없는 수준이라면 각 인자들의 주효과가 과대평가 혹은 과소평가될 수도 있다. 예를 들어, 블록 1을 선택해 실험을 진행해서 BC의 부호가 양(+)이므로 A의 주효과가 과소평가될 수 있으며, 반대로 블록 2를 선택해 실험하면 BC의 부호가 음(-)으로 A의 주효과가 과대평가될 것이다.

4) 해상도(Resolution)

해상도(Resolution)란 교락(Confounding)이 어느 정도 되어있는가를 수치로 나타낸 것이다. 해상도를 설계하려는 실험의 상황에 적절히 조절해 준다면 부분 요인 설계(FFD)를 더욱 효율적으로 진행할 수 있다. 대개 해상도는 주로 해상도 III(3), 해상도 IV(4), 해상도 V(5)가 있으며, 각각의 해상도 별로 주효과 및 교호작용이 교락되어 분석 가능한 차수가 다르다. 각각의 해상도의 예시와 특징을 다음의 〈표 4-13〉에 정리하여 나타내었다.

표 4-13 각 해상도(Resolution)에 따른 특징

해상도	특징	별칭구조
해상도 III (I+ABC)	주효과 및 2차 교호작용이 교락된 상태로 2차 교호작용의 효과를 파악하기 어려움(3=1+2)	A+BC B+AC C+AB
해상도 IV (I+ABCD)	주효과 및 3차 교호작용이 교락된 상태(4=1+3)와 2차 교호작용들 간의 교락된 상태(4=2+2)로 3차 교호작용을 포기하고 주효과를 파악할 수 있으며 2차 일부 2차 교호작용의 효과도 유전효과를 통해 파악 가능	A+BCD B+ACD C+ABD D+ABC AB+CD AC+BD AD+BC
해상도 V (I+ABCDE)	주효과 및 4차 교호작용이 교락된 상태(5=1+4)와 2차 교호작용 및 3차 교호작용이 교락된 상태(5=2+3)로 3차 교호작용 및 4차 교호작용을 포기하면 2차 교호작용까진 모두 파악할 수 있음	A+BCDE B+ACDE C+ABDE D+ABCE E+ABCD AB+CDE AC+BDE AD+BCE AE+BCD BC+ADE ⋮

해상도 III의 경우 실험 분석 단계에서 가장 중요시되는 주효과와 2차 교호작용들이 교락되기 때문에 웬만하면 실시하지 않는 것이 좋으며 만일 교호작용이 거의 없다고 확신할 수 있는 경우 실시해도 좋다. 해상도 IV의 경우 주효과와 효과가 없다고 추측되는 교호작용인 3차 교호작용이 교락되기 때문에 주효과들을 분석하는데 효율적으로 활용된다. 그러나 그 이외에도 2차 교호작용들이 서로 교락되므로 어떤 교호작용이 유의한지 선택할 때 다른 지표들을 고려하며 분석을 해야 한다. 해상도 V의 경우 주효과들과 고차인 4차 교호작용들이 교락되기 때문에 해상도IV와 마찬가지로 주효과를 파악하는데 효과적이고, 추가로 2차 교호작용과 고차인 3차 교호작용이 교락되기 때문에 2차 교호작용 역시 분석할 수 있다. 해상도 VI 이상인 경우는 주효과들과 2차 교호작용들이 전부 3차 이상인 고차 교호작용들과 교락되거나 혹은 아예 교락되지 않는다. 다음의 〈표 4-14〉에는 인자가 5개일 때와 6개일 때의 해상도를 나타내었다.

표 4-14 인자 5개, 인자 6개의 실험에 따른 해상도(Resolution)와 별칭 구조(Alias)

		1/2 FFD(해상도Ⅴ)		1/4 FFD(해상도Ⅲ)	
	구분	별칭구조		구분	별칭구조
인자 5개	주효과+4차 교호작용이 교락된 형태	A+BCDE B+ACDE C+ABDE D+ABCE E+ABCD		주효과+2차 교호작용이 교락된 형태	A+BD+CE+ABCDE B+AD+CDE+ABCE C+AE+BDE+ABCD D+AB+BCE+ACDE E+AC+BCD+ABDE
	2차 + 3차 교호작용이 교락된 형태	AB+CDE BD+ACE AC+BDE BE+ACD AD+BCE CD+ABE AE+BCD CE+ABD BC+ADE DE+ABC		2차 + 3차 교호작용이 교락된 형태	BC+DE+ABE+ACD BE+CD+ABC+ADE

		1/2 FFD(해상도Ⅵ)		1/4 FFD(해상도Ⅳ)		1/8 FFD(해상도Ⅲ)	
	구분	별칭구조		구조	별칭구조	구조	별칭구조
인자 6개	주효과+ 5차 교호작용이 교락된 형태	A+BCDEF B+ACDEF C+ABDEF D+ABCEF E+ABCDF F+ABCDE		주효과+ 3차 교호작용이 교락된 형태	A+BCE+DEF+ABCDF B+ACE+CDF+ABDEF C+ABE+BDF+ACDEF D+AEF+BCF+ABCDE E+ABC+ADF+BCDEF F+ADE+BCD+ABCEF	주효과+ 2차 교호작용이 교락된 형태	A+BD+CE+BEF+CDF +ABCF +ADEF+ABCDE B+AD+CF+AEF+CDE +ABCE +BDEF+ABCDF C+AE+BF+ADF+BDE +ABCD +CDEF+ABCEF D+AB+EF+ACF+BCE +ACDE +BCDF+ABDEF E+AC+DF+ABF+BCD +ABDE +BCEF+ACDEF F+BC+DE+ABE+ACD +ABDF +ACEF+BCDEF
	2차 + 4차 교호작용이 교락된 형태	AB+CDEF BD+ACEF AC+BDEF DE+ACDF AD+BCEF BF+ACDE AE+BCDF CD+ABEF AF+BCDE CE+ABDF BC+ADEF CF+ABDE DE+ABCF	2차 + 2차 교호작용이 교락된 형태	AB+CE+ACDF+BDEF AC+BE+ABDF+CDEF AD+EF+ABCF+BCDE AE+BC+DF+ABCDEF AF+DE+ABCD+BCEF BD+CF+ABEF+ACDE BF+CD+ABDE+ACEF	2차 + 고차 교호작용이 교락된 형태	AF+BE+CD+ABC+AD E+BDF +CEF+ABCDEF
	3차 + 3차	ABC+DEF ACE+BDF	3차 +	ABD+ACF+BEF+CDE		

구분	1/2 FFD(해상도 VI)		1/4 FFD(해상도 IV)		1/8 FFD(해상도 III)	
	별칭구조		구조	별칭구조	구조	별칭구조
교호작용이 교락된 형태	ABD+CEF ABE+CDF ABF+CDE ACD+BEF	ACF+BDE ADE+BCF ADF+BCE AEF+BCD	3차교호작용이 교락된 형태	ABF+ACD+BDE+CEF		

5) 유전효과를 통한 별칭구조(Alias) 해석

부분 요인 실험(FFD)을 통해서 선정된 유의한 주요 인자들이 2차 교호작용과 교락(Confounding)되고 있는 상태라면 유의한 주요 인자들의 별칭 관계에 대한 분석이 어려워진다. 다시 말해서, 유의하게 파악된 인자들이 실제로는 어느 인자에 의한 영향으로 유의하게 나타나고 있는가를 파악하기가 난해하다. 이런 경우에 Montgomery(2005)는 유전효과의 활용을 제안하였으며, 대략적으로 별칭 구조에서 영향을 많이 미치는 인자를 중심으로 교호작용을 파악하는 것이 가능하다고 제시되어 있다. 유전효과에는 강한 유전과 약한 유전이 있다. 먼저 강한 유전이란 어떠한 하나의 교호작용 효과가 유의할 경우 그 교호작용의 별칭 관계에 있는 교호작용들 중 유의하게 파악된 주효과들로부터 형성된 교호작용이 대표적인 영향력 있는 교호작용일 것이라고 판단한다. 예를 들어, 부분 요인 실험(FFD)에서 AB 교호작용이 분석 결과 유의한 교호작용으로 파악되었을 때 별칭 구조에는 교락된 2차 교호작용이 존재한다. 만일 주효과 중 A와 B가 유의하게 나타났다면 별칭구조에서는 A와 B로 구성된 AB 교호작용이 유의할 가능성이 높다고 판단한다. 반면에 약한 유전이란 어떠한 교호작용 항이 유의하다고 나타났지만 강한 유전 효과가 존재하지 않을 경우에 사용하며, 어떠한 하나의 교호작용 항이 유의할 경우 별칭 구조에 유의한 주효과 1개가 포함된 교호작용 항이 영향력이 있다고 판단하게 되는 것이다. 단, 유의한 주효과가 유의한 교호작용보다 높아야 한다. 예를 들어, 부분 요인 실험(FFD)에서 AB 교호작용이 유의하다고 파악되었을 때 별칭구조에는 AB 이외에 2차 교호작용이 존재하게 된다. 만일 유의하게 파악된 주효과가 A뿐이라면 별칭 구조에서 A를 포함하여 구성된 교호작용이 대표로 영향력있을 확률이 높다. 유전효과를 이용한 별칭 구조의 해석에 관한 내용을 [그림 4-4]에 요약하여 나타내었다. [그림 4-4]에서 2차 교호작용 AD의 P-값이 0.010으로 유의하다. AD의 별칭 구조로는 AD, CF, BH, EG가 있다. 여기서 주효과 B의 P-값이 0.151이고 주효과 D의 P-값이 0.331로 유의하지 않다. 그래서 AD와 BH는 약한 유전이며, CF, EG의 경우 강한 유전이다. 이 뜻은 AD의 P-값이 유의하다고 나왔지만, 실제로는 CF, EG가 영향력 있는 교호작용일 확률이 높다고 분석할 수 있는 것이다. 그리고 약한 유전의 경우 주효과 A는 2차 교호작용 AD보다 P-값이 낮으므로 D로 인한 교호작용이 있을 확률이 적다고 분석할 수 있다.

분산 분석					
출처	DF	Adj SS	Adj MS	F-값	P-값
모형	5	33.8125	6.7625	6.66	0.003
선형	4	26.2500	6.5625	6.46	0.005
A	1	10.5625	10.5625	10.40	0.007
E	1	5.0625	5.0625	4.98	0.045
F	1	3.0625	3.0625	3.02	0.108
G	1	7.5625	7.5625	7.45	0.018
2차 교호작용	1	7.5625	7.5625	7.45	0.018
A*E	1	7.5625	7.5625	7.45	0.018
오차	12	12.1875	1.0156		
곡면성	1	1.5625	1.5625	1.62	0.230
적합성 결여	10	10.1250	1.0125	2.02	0.502
순수 오차	1	0.5000	0.5000		
총계	17	46.0000			

별칭 구조(3차까지)

요인 이름
A   A
B   B
C   C
D   D
E   E
F   F
G   G

별칭
I
A + BCE + BFG + CDG + DEF
E + ABC + ADF + BDG + CFG
F + ABG + ADE + BCD + CEG
G + ABF + ACD + BDE + CEF
AE + BC + DF

- A, E, G의 주효과가 유의함
- 2차 교호작용 AE가 유의하며, 별칭구조는 AE, BC, DF임
- AE는 강한 유전에 속하며, BC와 DF는 약한 유전에 속함
- 따라서 AE가 대표적으로 영향을 줄 가능성이 높음

그림 4-4 유전효과를 통한 별칭 구조 해석

4.3.2 플라켓 버만 설계(Plackett-Burman Design, PBD)

플라켓 버만 설계(PBD)란 k=(N-1)개 인자를 N번만의 실험으로 주효과를 분석하기 위한 방법으로 4의 배수인 실험 횟수를 가지며, 실험 횟수 N = 12, 20, 24, 28, 36회로 설계된다. 그리고 입방체로는 이런 설계를 표현해 줄 수 없어 비기하학적 설계라고도 불리어 진다. 플라켓 버만 설계(PBD)는 N=28인 경우에 〈표 4-15〉의 아래 부분의 블록을 이용하여 설계를 하며, N= 12, 20, 24, 36인 경우에 〈표 4-15〉의 위의 절반과 같이 +/- 부호를 행으로 나타낸 것을 사용하여 설계를 한다.

표 4-15 플라켓 버만 실험(PBD) 설계 표

k=11, N=12	+1 +1 −1 +1 +1 +1 −1 −1 −1 +1 −1
k=19, N=20	+1 +1 −1 −1 +1 +1 +1 +1 −1 +1 −1 +1 −1 −1 −1 −1 +1 +1 −1
k=23, N=24	+1 +1 +1 +1 +1 −1 +1 −1 +1 +1 −1 −1 +1 +1 −1 −1 +1 −1 +1 −1 −1 −1 −1
k=35, N=36	−1 +1 −1 +1 +1 +1 −1 −1 −1 +1 +1 +1 +1 −1 +1 +1 +1 −1 −1 +1 −1 −1 −1 −1 +1 −1 +1 −1 +1 +1 −1 −1 +1 −1

N=12, 20, 24, 36인 경우에 〈표 4-15〉의 위쪽 행들 중 적절한 행을 선택하여 첫 열 혹은 행으로 기입하며 설계를 하게 된다. 먼저 열로 설계할 시 마지막에 있는 행을 비운 상태로 설계표 상의 제시되어 있는 설계를 첫 번째 열로 기입하면서 생성한다. 예를 들면 N=12회 인 실험을 열로 설계하고자 한다면 첫 열을 기입하면서 마지막 12행은 비워두고 11행까지 기입을 한다. 두 번째 열의 경우 첫 열의 마지막 행을 빼고 아래로 하나씩 차례로 이동한 다. 이런 방법대로 마지막까지 열을 생성한 후 아직 기입이 되지 않은 마지막 행을 전부 (−)로 기입하게 되면 실험 설계가 완료된다.

다음으로 행으로 실험을 설계할 시 첫 행은 비운 상태로 두 번째 행을 시작으로 설계표 상의 제시되어 있는 설계를 기입하면서 생성한다. 예를 들어 N=12회인 실험을 행으로 설 계하고자 한다면 첫 행은 비운 상태로 두 번째 행 먼저 기입하되, 인자 수에 맞게 순서대로 기입한다. 셋째 행은 두 번째 행을 하나씩 오른쪽으로 이동한다. 이런 방법대로 마지막까 지 생성한 후 첫 행을 전부 (+)로 기입하게 되면 실험이 설계가 완료된다. 이와 같이 플라 켓 버만 실험(PBD)을 설계한 뒤 분석을 하면 주효과만 얻을 수 있으며 교호작용의 효과에 대하여 분석이 어렵다. 그 이유는 고차 교호작용이 주효과와 부분적으로 교락되어 주효과 를 추정하기 때문이다. 일반적으로 플라켓 버만 실험(PBD)은 교호작용의 영향이 크게 중 요하지 않을 때나, 인자의 수는 많은데 시간과 비용 문제로 인해 적은 횟수의 실험을 수행 해야할 경우에 사용되어진다.

예제 4.3-2: 플라켓 버만 설계

의약품 A의 QbD 수행과정 중 위해 평가(RA)단계를 수행하였고, 그 결과를 바탕으로 주요 품질 특성(CQA)에 높은 RPN값이 나온 2개의 CQA(함량, 질량편차)와 8개의 주요 공정 변수(CPP)(A: 정제수의 양(30~40mg), B: Agitator 속도(1500~2000rpm), C: 연합시간(7~9min), D: 제립기의 mesh(16~12mesh), E: 정립기의 mesh(16~12mesh), F: 혼합물의 양(100~130mg), G: 혼합기의 속도(70~100rpm), H: 혼합기의 시간(3~7min))을 도출하였다. 이러한 주요 공정 변수(CPP)를 가지고 실험을 수행하려면 많은 실험뿐만 아니라 비용 및 시간이 필요하기 때문에 8개의 CPP 중 CQA(함량, 질량편차)에 가장 큰 영향을 주는 주요 인자를 선별하는 실험이 필요하다. 플라켓 버만 설계(PBD)를 하여 주효과에 대한 영향을 먼저 파악하고, 최소한의 실험 수로 인자를 도출하고자 한다.

(1) Minitab을 이용하여 주어진 상황을 바탕으로 워크시트에 플라켓 버만 설계(PBD)를 생성하기 위해 통계분석 → 실험계획법 → 선별 → 선별 설계 생성을 클릭한다.

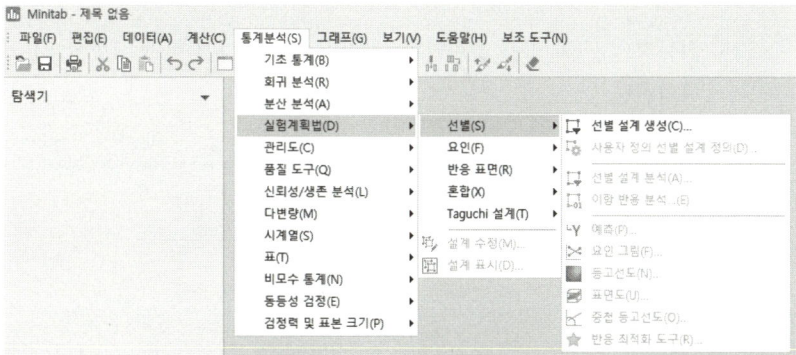

(2) 아래의 창에서 플라켓 버만 설계(PBD)와 요인의 수를 8로 선택한 뒤, 실험 수와 중심점, 반복 수를 설정하기 위해 [설계]를 클릭한다. 런 수는 12, 중심점 개수는 0, 반복 실험 횟수는 1로 설정하고 [확인]을 클릭한다.

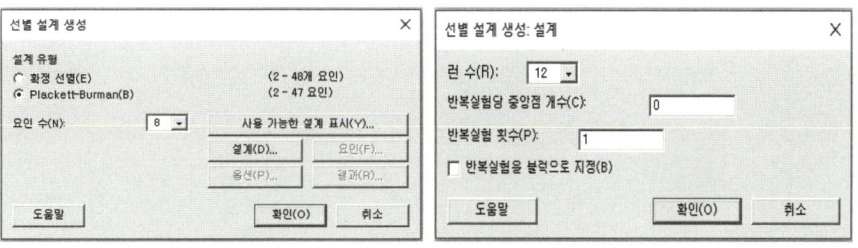

(3) 요인 설계 생성에서 활성화된 [요인], [옵션], [결과]를 확인할 수 있으며, 먼저 각 인자의 이름, 수준, 유형을 설정하기 위해 [요인]을 클릭한다. 각 인자를 정제수의 양(A), Agitator 속도(B), 연합시간(C), 제립기의 mesh(D), 정립기의 mesh(E), 혼합물의 양(F), 혼합기의 속도(G), 혼합기의 시간(H)으로 설정하고 수준은 코드화된 단위(높은 수준 : +1, 낮은 수준 : -1)를 사용하여 아래와 같이 설정한다.

(4) 실험 설계에 랜덤화(Randomization)를 적용시키기 위해 [옵션]을 클릭하고, 런 랜덤 화를 아래와 같이 설정한다.

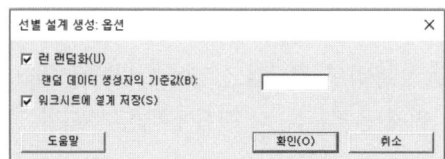

(5) 최종적으로 [확인]을 클릭하면 아래와 같이 플라켓 버만 실험설계표가 워크시트 창에 나타난다.

(6) 설계된 실험표를 바탕으로 실험을 한 후 함량(Y_1), 질량편차(Y_2)에 대한 실험 결과를 아래와 같이 기입한다.

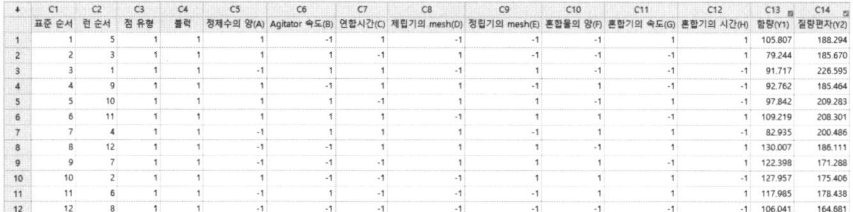

(7) 실험 설계를 분석하기 위해 상단의 통계분석 → 실험계획법 → 선별 → 선별 설계 분석을 클릭한다.

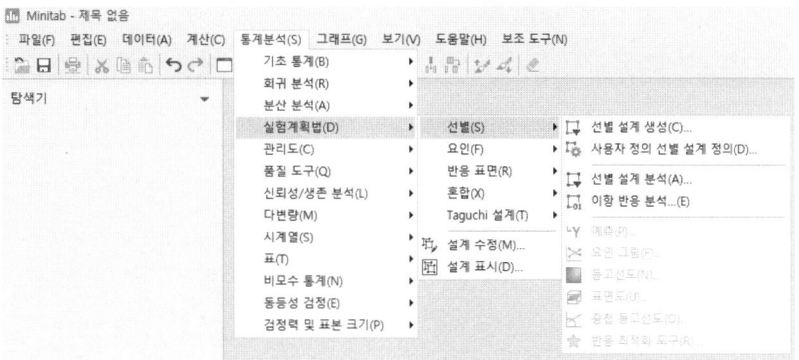

(8) 요인 설계 분석 창에서 반응에 함량(Y_1), 질량편차(Y_2)를 선택한다.

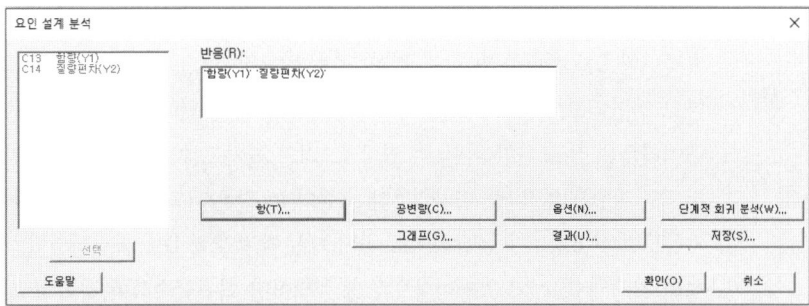

(9) 분석할 항의 차수를 설정하기 위해 [항]을 클릭하고 1차수로 설정한다.

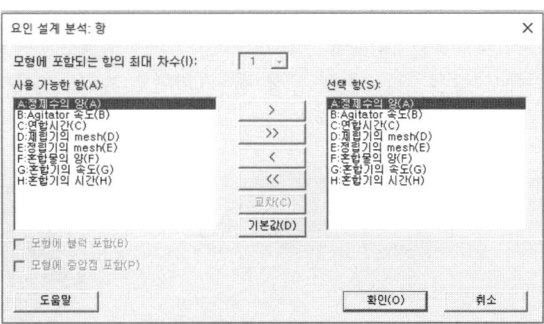

(10) [그래프]에서는 함수를 추정하기 위한 가정을 확인하기 위한 잔차도와 각 항의 효과를 간단하게 파악할 수 있는 Pareto를 아래와 같이 설정하고 최종 [확인]을 클릭한다.

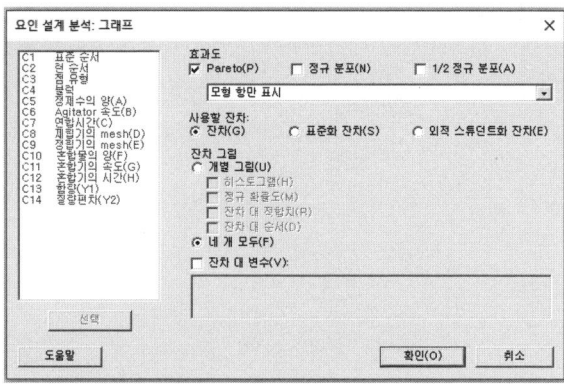

(11) 다음과 같이 도출된 분산분석(ANOVA) 결과 함량(Y_1)의 모형의 P-값이 0.05보다 크므로 유의하지 않다. 그래서 P-값이 가장 큰 항을 오차항으로 풀링을 한다. 그리하여 주효과 A와 C를 풀링하였다. 그 결과 모형의 P-값이 0.044로 0.05보다 작으므로 유의하다고 판단되고, 결정계수(R^2)가 75%이상으로 도출되어진 회귀함수식이 각각의 개별 데이터들을 잘 표현한다 할 수 있다. 그리고 잔차도를 보면 정규분포 가정을 만족하는 것으로 판단된다. 질량 편차(Y_2)의 모형의 P-값은 유의수준(0.05)보다 작지만 오차의 자유도가 4~6정도가 통상적으로 좋기 때문에 주효과 D를 풀링하였다. 풀링 후 회귀모형의 결정계수(R^2)가 75%이상으로 도출되어진 회귀함수식이 각각의 개별 데이터들을 잘 표현한다 할 수 있다. 각각의 CQA분석을 보면 함량에서는, 주효과 B, E가 유의수준 0.05보다 작으므로 영향을 준다고 판단되며, 질량 편차의 경우, 주효과 B, C, E가 유의하다고 판단할 수 있는데 이를 Pareto 차트에서 좀 더 쉽게 파악가능하다. 함량과 질량 편차에 영향을 주는 주요 공정 변수(CPP)로 B, C, E가 선정 되었다.

함량 (Y_1)

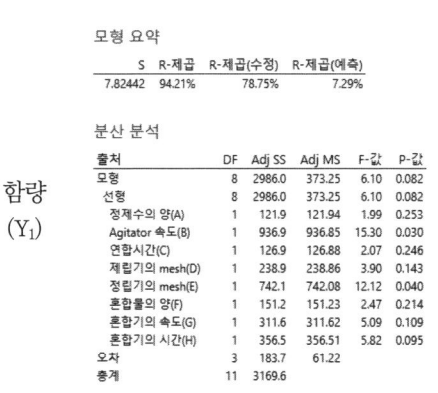

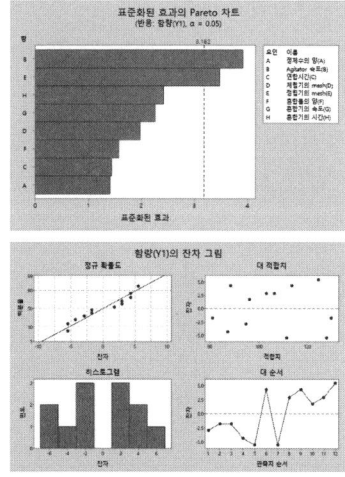

A, C
풀링 후
함량
(Y_1)

모형 요약

S	R-제곱	R-제곱(수정)	R-제곱(예측)
9.30020	86.36%	69.98%	21.41%

분산 분석

출처	DF	Adj SS	Adj MS	F-값	P-값
모형	6	2737.1	456.19	5.27	0.044
선형	6	2737.1	456.19	5.27	0.044
B	1	936.9	936.86	10.83	0.022
D	1	238.9	238.86	2.76	0.157
E	1	742.1	742.08	8.58	0.033
F	1	151.2	151.22	1.75	0.243
G	1	311.6	311.63	3.60	0.116
H	1	356.5	356.50	4.12	0.098
오차	5	432.5	86.49		
총계	11	3169.6			

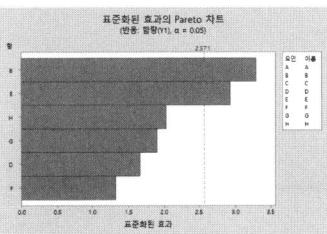
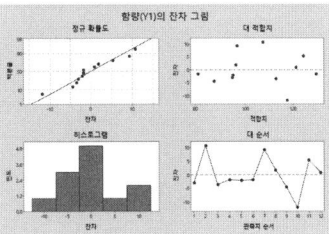

질량
편차
(Y_2)

모형 요약

S	R-제곱	R-제곱(수정)	R-제곱(예측)
17.0514	96.17%	85.96%	38.74%

분산 분석

출처	DF	Adj SS	Adj MS	F-값	P-값
모형	8	21909.5	2738.68	9.42	0.046
선형	8	21909.5	2738.68	9.42	0.046
A	1	374.6	374.64	1.29	0.339
B	1	9793.2	9793.22	33.68	0.010
C	1	6220.3	6220.31	21.39	0.019
D	1	4.8	4.75	0.02	0.906
E	1	3601.5	3601.52	12.39	0.039
F	1	903.6	903.59	3.11	0.176
G	1	29.9	29.86	0.10	0.770
H	1	981.6	981.56	3.38	0.163
오차	3	872.3	290.75		
총계	11	22781.7			

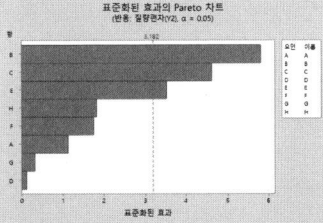
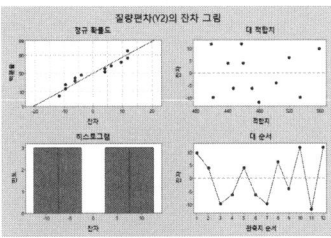

D
풀링
후
질량
편차
(Y_2)

모형 요약

S	R-제곱	R-제곱(수정)	R-제곱(예측)
14.8071	96.15%	89.41%	65.35%

분산 분석

출처	DF	Adj SS	Adj MS	F-값	P-값
모형	7	21904.7	3129.24	14.27	0.011
선형	7	21904.7	3129.24	14.27	0.011
A	1	374.6	374.64	1.71	0.261
B	1	9793.2	9793.22	44.67	0.003
C	1	6220.3	6220.31	28.37	0.006
E	1	3601.5	3601.52	16.42	0.016
F	1	903.6	903.59	4.12	0.112
G	1	29.9	29.86	0.14	0.731
H	1	981.6	981.56	4.48	0.102
오차	4	877.0	219.25		
총계	11	22781.7			

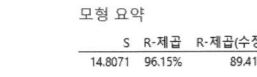

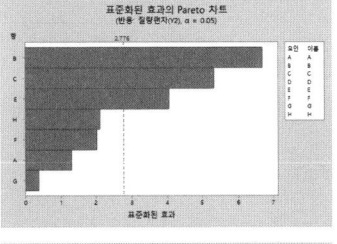
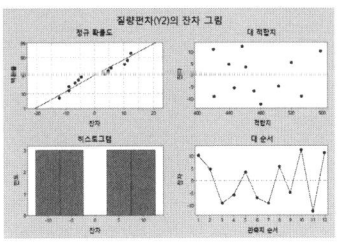

(12) 요인 그림을 확인하기 위해 상단의 통계분석 → 실험계획법 → 선별 → 요인 그림을 클릭한다.

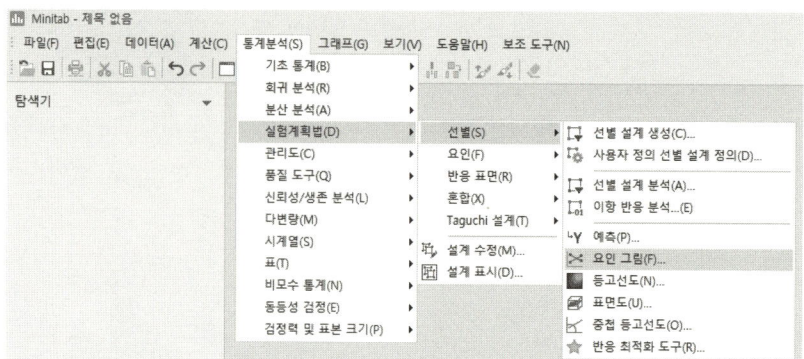

(13) 플라켓 버만 실험(PBD)에서는 주효과밖에 확인할 수 없다. 함량(Y_1)에 대한 주효과도를 확인한 결과, B, D는 음의 효과를 보이고 있으며 특히 B는 강한 음의 효과를 띤다. E, F, G, H는 양의 효과를 보이고 있으며 특히 E는 강한 양의 효과가 있는 것으로 확인된다. 질량편차(Y_2)에 대한 주효과도를 확인한 결과, B, C, E 모두 강한 양의 효과를 보이고 있으며 특히 B가 가장 강한 양의 효과를 띄고 있다. 나머지 A, F, G, H의 경우 별로 큰 영향을 보이지 않고 있다.

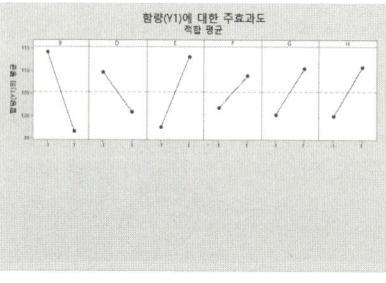
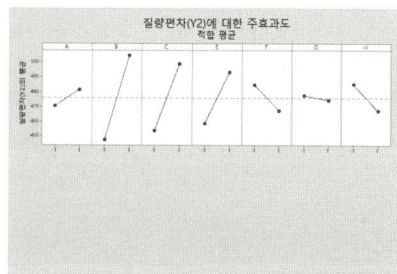

4.4 특성화 단계 실험

특성화 단계는 스크리닝 단계에서 도출된 주요 공정 변수(CPP)가 반응에 어떠한 영향을 미치고, 주요 품질 특성(CQA)들의 적절한 범위와 최적화 단계 전 최적화하고자 하는 영역을 먼저 파악해보는 단계이다. 특성화 단계에서 사용되는 실험설계는 완전 요인 실험(FD)이 있으며, 이러한 완전 요인 실험에 반응변수에 대한 인자들의 영향, 최적화 실험을 위한 인자 범위 적절성 파악 등을 대략적으로 하기 위해 중심점을 추가하여 수행한다.

4.4.1 완전 요인 설계(Full Factorial Design, FD)

완전 요인 설계(FD)는 입력 변수의 모든 인자의 수준 조합을 실험하는 방법으로 주효과와 모든 교호작용들을 고려함으로써 보다 많은 정보를 분석할 수 있다. 하지만 실험 횟수가 입력변수의 수에 따라 기하급수적으로 증가한다는 단점이 있다. 완전 요인 설계(FD)의 장단점에 의해 일반적으로 스크리닝 단계보다는 인자의 특성을 파악하는 특성화단계에서 사용되어진다. 그리고 중심점을 1~3회 정도 추가하게 되면, 인자 범위의 타당성뿐만 아니라 곡률효과를 통한 최적 영역에 대한 탐색도 가능하다.

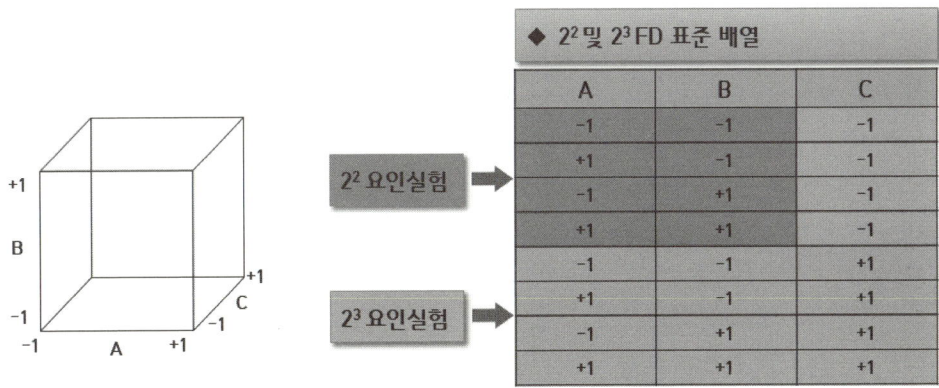

그림 4-5 2^3 완전 요인 설계(FD)의 표준 배열

1) 완전 요인 실험(FD)을 통한 인자 범위 및 최적 영역 탐색

완전 요인 실험(FD)은 보통 실험 횟수가 부분 요인 실험(FFD)보다 많은 이유로 스크리닝보다 특성화 단계에서 사용되어 진다. 하지만 선별 단계에서도 비용과 시간의 제약이 크지 않은 경우에는 사용될 수 있다. 그렇지 않은 경우, 특성화에서는 완전 요인 실험점에 중심점을 추가하여 실험 범위가 최적 영역에 위치하는지에 대한 여부와 인자의 범위 설정에 대한 타당성을 파악할 수 있다. 먼저 특성화 단계에서 사용되는 완전 요인 실험(FD)은 보통 2~5개로 선별된 인자들을 바탕으로 수행하게 되며, 중심점을 추가하여 분석을 하게 된다. 중심점을 추가하여 분석한 실험 결과에서 모형의 P-값을 통해 인자의 범위가 적절하게 설정되었는지를 판단할 수 있다. 모형의 P-값이 유의수준 α(보통 $\alpha=0.05$로 설정)보다 큰 경우 범위가 좁게 설정되었을 가능성이 크다. 이러한 경우 풀링으로써 모형의 P-값을 적합시킬 수 있으나, 풀링을 통해 적합이 되지 않는 경우에는 인자의 범위를 넓혀서 재실험을 수행해야 한다. 반대로 모형의 P-값이 유의수준 α(보통 $\alpha=0.05$로 설정)보다 작은 경우에는 인자의 범위가 적절하게 도출되었다고 판단가능하다. 이와 같이 인자의 범위에 대한 적절성을 판단한 뒤 인자 범위가 최적 영역에 위치하는지에 대한 여부를 판단해야한다. 그 이유는 최적화 단계에서 사용되는 실험설계는 일반적으로 중심점에 가장 좋은 값이 존재한다는 가정 하에 설계되었으며 곡률성을 가지고 매우 정밀한 값을 도출해주기 때문이다. 특성화 단계에서는 완전 요인 실험점에 중심점을 추가하여 도출되는 곡률효과를 이용하여 최적 영역에 위치하는지에 대한 여부를 판단하여 최적화 단계로의 진행 여부를 판단할 수 있다. 먼저 곡률효과란 아래와 같이 인자의 상하한의 수준 값보다 가운데 수준, 즉 중심점이나 중심점 주위에서 더 좋은 값이 위치하고 있는 상태를 의미한다.

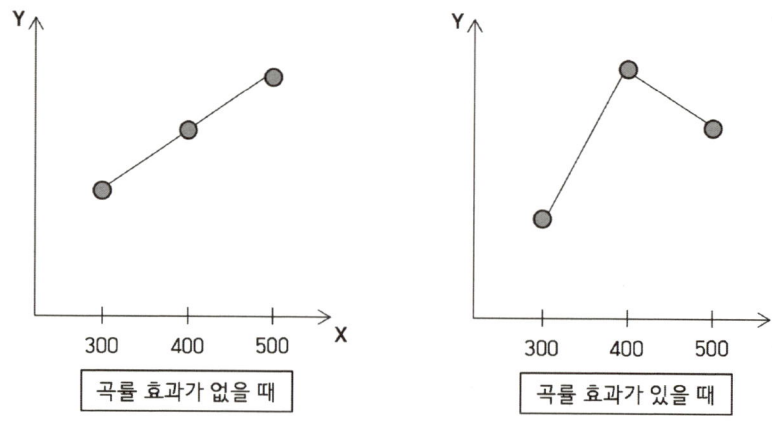

그림 4-6 곡률 효과 예시

이를 통해 완전 요인 실험(FD)에 중심점을 추가하여 분석을 실시하였을 때, 곡률효과가 α(유의수준, 보통 α=0.05)보다 작아서 유의한 경우 현재의 실험에서 축점을 추가하여 중심합성법(Central Composite Design, CCD)으로 확장하여 바로 최적화 단계로 수행 가능하다. 하지만 유의수준(α, 일반적으로 α=0.05)보다 큰 경우 최적 영역을 찾아 가야하는데 이때 두가지 방법이 존재한다. 먼저 아래와 같은 입방체도를 도출하여 이동 방향을 설정한다. 이동 방향은 중심점과 비교하여 좋은 값이 있는 곳으로 이동하며 실험 범위를 이동할 시 제일 좋은 값이 존재하는 점은 다음 실험 범위에서 중심점 위치가 되며 원래의 중심점 위치는 다음 실험에서 하나의 점이 된다. 이러한 방법을 중심점에 가장 좋은 값이 나타날 때 까지 반복한다.

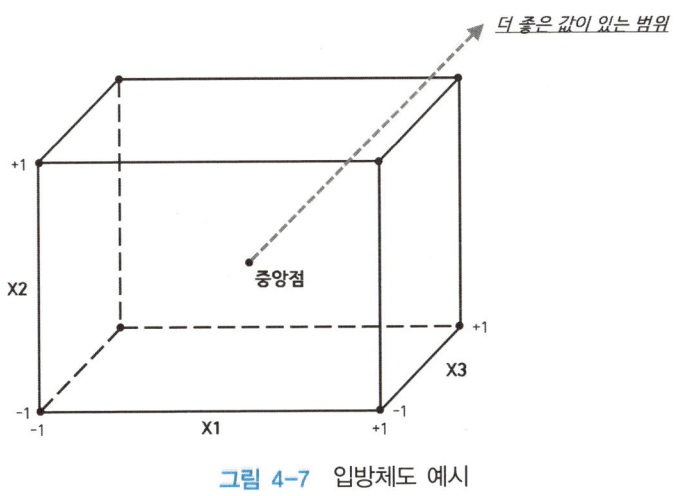

그림 4-7 입방체도 예시

2) 주효과와 교호작용 계산

주효과란 한 인자의 효과를 뜻하고, 인자 수준의 변화에 따라서 반응값에 영향을 얼마나 주는지 정량적으로 나타나는 것이다. 주효과를 완전 요인 설계(FD)에서 계산하기 위해 설계되어 있는 실험의 처리 조합과 대비(Contrast)를 파악해야 한다. 예를 들어, 2요인 완전 요인 실험(FD)의 조합은 아래 [그림 4-8]과 같다. 아래 [그림 4-8]을 보면 각각의 수준이 같은 수준일 경우에는 교호작용 수준이 높은 수준이고 각각의 수준이 다른 수준이면 교호작용 수준이 낮은 수준이 된다는 것을 알 수 있다. 즉 두 수준의 곱으로 교호작용 수준을 구할 수 있다는 것을 의미한다.

표준순서	TC	x_1	x_2	Y
1	(1)	−	−	62
2	a	+	−	72
3	b	−	+	52
4	ab	+	+	80

표준순서	TC	x_1	x_2	$x_1 * x_2$	Y
1	(1)	−	−	+	62
2	a	+	−	−	72
3	b	−	+	−	52
4	ab	+	+	+	80

그림 4-8 2^2 FD에서 교호작용의 인자수준도출 예시

교호작용이란 특정 인자의 수준이 변할 때 다른 인자가 함께 영향을 끼치며 반응값에도 영향을 주는 것이며, 교호작용은 각 인자들의 수준을 곱하여 계산한다. 인자 x_1, x_2, x_3가 있을 때 x_2x_3의 수준은 x_2와 x_3에 대한 수준을 곱해 도출이 가능하다. (1)은 처리조합에서 62을 의미하고, a, b, ab는 72, 52, 80을 의미한다. 또한, 인자의 주효과 파악을 위해서는 처리조합 값으로 대비(Contrast)를 노출하여야 한다. 대비(Contrast)란 도출하고자 하는 주효과의 인자 중 높은 수준인 처리조합에 대한 합과 낮은 수준인 처리조합에 대한 합의 차를 의미하고, x_1의 높은 수준, 낮은 수준을 다음의 [그림 4-9]와 같이 파악할 수 있다.

표준순서	TC	x_1	x_2	$x_1 * x_2$	Y
1	(1)	−	−	+	62
2	a	+	−	−	72
3	b	−	+	−	52
4	ab	+	+	+	80

− 낮은 수준
+ 높은 수준

그림 4-9 x_1의 높은 수준과 낮은 수준

도출된 처리 조합에서 x_1의 대비(Contrast)는 아래와 같이 계산할 수 있다.

$$대비값(Contrast x_1) = -(1)+a-b+ab = -62+72-52+80 = 38 \tag{4.3}$$

이후 계산된 값을 $n \cdot 2^{k-1}$로 나누게 되면 주효과 도출이 가능하다. n은 실험 반복 횟수, 여기서 k는 요인의 수를 뜻한다. 이를 토대로 x_1의 주효과를 계산하면 아래와 같이 도출된다.

$$x_1의\ 주효과 = \frac{Contrast}{n \cdot 2^{k-1}} = \frac{38}{1 \cdot 2^{2-1}} = 19 \tag{4.4}$$

마찬가지로 x_2에 대한 대비 도출 후 아래와 같이 주효과 계산이 가능하다.

대비값(Contrastx_2) = −(1)−a+b+ab = −62−72+52+80 = −2

$$x_2 의\ 주효과 = \frac{Contrast}{n \cdot 2^{k-1}} = \frac{-2}{1 \cdot 2^{2-1}} = -1 \qquad (4.5)$$

주효과를 구하는 것과 같은 방법으로 교호작용을 계산할 수 있다. x_1과 x_2의 교호작용인 x_1x_2의 높은 수준, 낮은 수준을 다음의 [그림 4−10]과 같이 파악할 수 있다.

표준순서	TC	x_1	x_2	$x_1 * x_2$	Y
1	(1)	−	−	+	62
2	a	+	−	−	72
3	b	−	+	−	52
4	ab	+	+	+	80

− 낮은 수준
+ 높은 수준

그림 4−10 x_1x_2의 높은 수준과 낮은 수준

x_1x_2에 관한 대비 도출 후 다음과 같이 교호작용의 계산이 가능하다.

대비값(Contrastx_1x_2) = (1) − a − b + ab = 62 − 72 − 52 + 80 = 18 \qquad (4.6)

$$x_1, x_2 의\ 교호작용 = \frac{Contrast}{n \cdot 2^{k-1}} = \frac{18}{1 \cdot 2^{2-1}} = 9 \qquad (4.7)$$

3) 주효과도와 교호작용도

주효과도란 주효과 크기를 그래프로 나타낸 것이다. 주효과도를 완전 요인 설계(FD)에서 도출하려면 한 인자의 높은 수준에 대한 평균값과 낮은 수준에 대한 평균값을 계산해야 한다. 평균값은 [그림 4−9]으로 확인된 높은 수준과 낮은 수준에 해당되는 값으로 아래와 같이 계산이 가능하다.

$$높은\ 수준(x_1) = \frac{80+72}{2} = 76, \quad 낮은\ 수준(x_1) = \frac{52+62}{2} = 57 \qquad (4.8)$$

높은 수준과 낮은 수준에 대해 평균값을 타점하고 두 점 사이를 연결해 다음 [그림 4-11]와 같이 그래프로 표현이 가능하다.

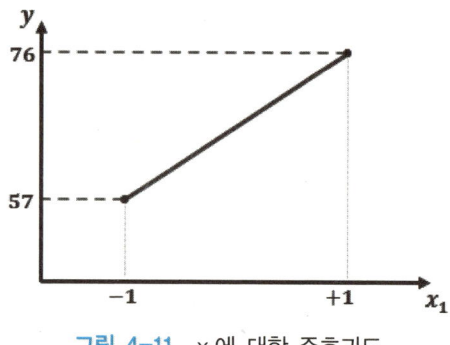

그림 4-11 x_1에 대한 주효과도

x_1에 대한 주효과도에서 기울기는 x_1의 주효과를 의미하고 기울기의 경사가 크면 반응에도 큰 영향이 미치는 것으로 판단이 가능하다. 또한 우측 상단으로 증가하는지, 또는 하단으로 감소하는지에 따라 주효과가 반응을 증가 혹은 감소시키는지 판단이 가능하다. 이를 통해서 x_1은 반응 증가에 큰 영향을 미친다고 할 수 있다. x_2의 주효과도는 [그림 4-10]으로 확인된 높은 수준과 낮은 수준에 해당되는 값으로 아래와 같이 계산이 가능하며, 이를 타점하고 난 후 두 점 사이를 연결해 다음의 [그림 4-12]과 같은 그래프로 표현 가능하다.

$$높은 수준(x_2) = \frac{52+80}{2} = 66, \quad 낮은 수준(x_2) = \frac{62+72}{2} = 67 \qquad (4.9)$$

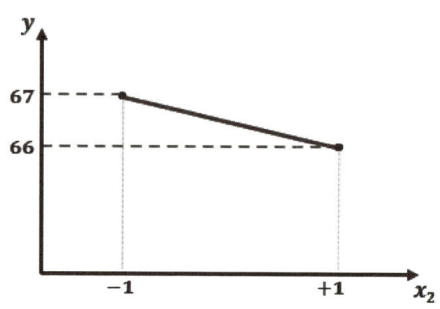

그림 4-12 x_2에 대한 주효과도

x_2에 대한 주효과도에서 감소하는 형태의 직선이지만 낮은 기울기로 인해 평형에 가깝다. 때문에 반응을 감소시키는 x_2의 주효과지만 그 효과가 매우 작다고 판단이 된다. 그리고 교호작용도의 경우 특정 인자가 각 수준일 때의 다른 인자의 수준에 따라 반응값이 어떻게

변하는지를 보는 그래프다. 교호작용도를 그리려면 특정 인자 각 수준에 따라 다른 인자 수준의 변화를 다음의 [그림 4-13]과 같이 파악해야 한다.

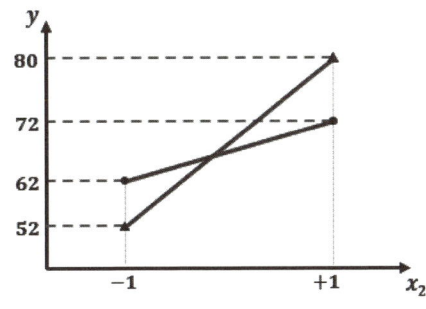

표준순서	TC	x_1	x_2	$x_1 * x_2$	Y
1	(1)	−	−	+	62
2	a	+	−	−	72
3	b	−	+	−	52
4	ab	+	+	+	80

─── 낮은 수준에 따른 인자 수준의 변화
···· 높은 수준에 따른 인자 수준의 변화

그림 4-13 x_2의 각 수준에 따른 x_1의 변화

이를 토대로 x_1을 x축으로, 그리고 반응을 y축으로 하는 교호작용도를 다음 [그림 4-14]와 같이 도출이 가능하다. 교호작용도에서 직선들이 수직으로 교차될수록 교호작용이 크다고 판단할 수 있다. 그러므로 도출된 교호작용도로 어느 정도 교호작용이 존재한다고 판단할 수 있다.

그림 4-14 x_1, x_2에 대한 교호작용도

예제 4.4-1: 완전 요인 설계(FD)

주요 공정 변수(CPP)를 다음과 같이 설정하였다. [A: 혼합기 회전속도(40~80rpm), B: 약물 Loading 량(100~200mg), C: 혼합시간(3~5min)] 함량(Y_1)에 대하여 주요 공정 변수(CPP)의 영향을 분석하여 설정된 CPP의 범위가 타당한지, 현재 실험영역이 최적영역인지 파악하고자 한다. 먼저 간단한 완전 요인 실험(FD)을 통하여 특성화 단계를 수행한다.

(1) Minitab을 이용하여 주어진 상황을 바탕으로 워크시트에 완전 요인 설계(FD)를 생성하기 위해 통계분석 → 실험계획법 → 요인 → 요인 설계 생성을 클릭한다.

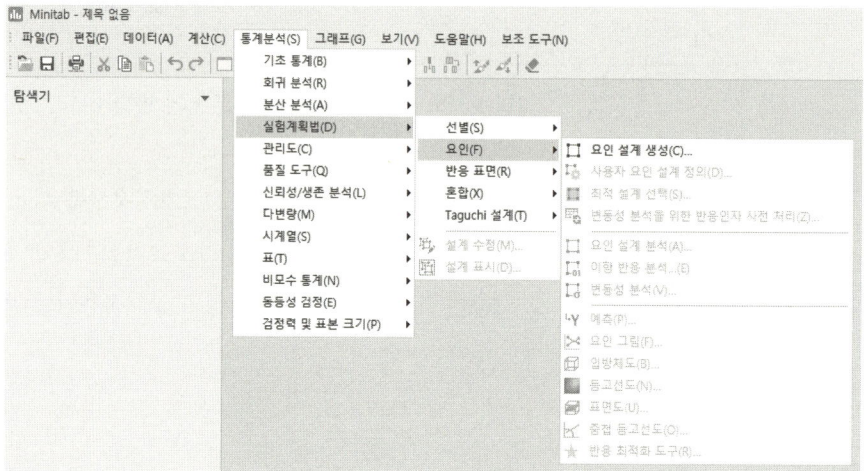

(2) 아래의 창에서 2-수준 요인(기본 생성자)과 요인의 수를 3으로 선택한 뒤 [설계]를 클릭한다. [설계]에서는 상황에 적절한 실험 수와 해상도, 중심점, 반복을 선택할 수 있으며, 본 실험에서는 완전 요인 설계를 선택하고, 중심점은 자유도 확보와 곡률효과를 보기 위해 4로 설정하였다. 그리고 반복은 1로 설정하고 [확인]을 클릭한다.

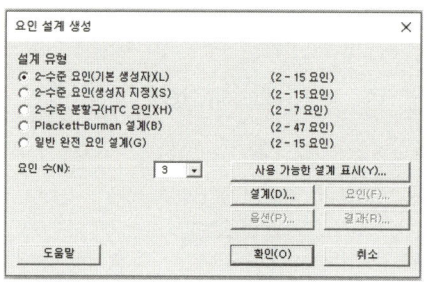 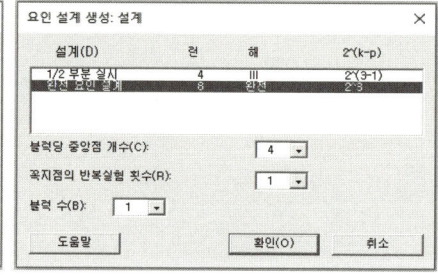

(3) 요인 설계 생성에서 활성화된 [요인], [옵션], [결과]를 확인할 수 있으며, 먼저 각 인자의 이름, 수준, 유형을 설정하기 위해 [요인]을 클릭한다. 각 인자를 혼합기 회전속도(A), 약물 Loading량(B), 혼합시간(C)으로 설정하고 수준은 제시된 범위(A : 40~80, B : 100~200, C : 3~5)를 사용하여 아래와 같이 설정한다.

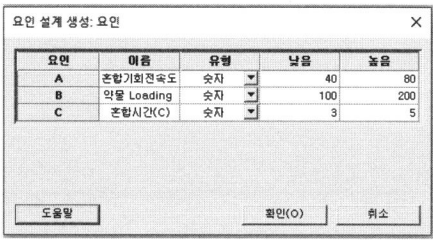

(4) 실험설계에 랜덤화(Randomization)를 적용시키기 위해 [옵션]을 클릭하고, 런 랜덤화를 아래와 같이 설정한다.

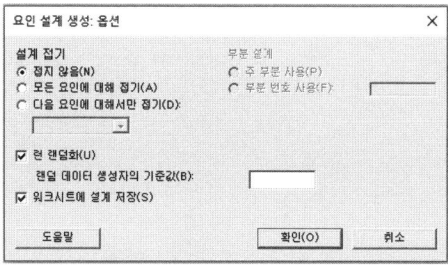

(5) 최종적으로 [확인]을 클릭하면 아래와 같이 완전 요인 실험설계표가 워크시트 창에 나타난다.

	C1	C2	C3	C4	C5	C6	C7
	표준 순서	런 순서	중앙점	블럭	혼합기회전속도(A)	약물 Loading 량(B)	혼합시간(C)
1	1	2	1	1	40	100	3
2	2	7	1	1	80	100	3
3	3	11	1	1	40	200	3
4	4	10	1	1	80	200	3
5	5	8	1	1	40	100	5
6	6	12	1	1	80	100	5
7	7	6	1	1	40	200	5
8	8	5	1	1	80	200	5
9	9	9	0	1	60	150	4
10	10	1	0	1	60	150	4
11	11	4	0	1	60	150	4
12	12	3	0	1	60	150	4

(6) 설계된 실험표를 바탕으로 실험을 한 후, 함량(Y_1)에 대한 실험 결과를 아래와 같이 기입한다.

	C1	C2	C3	C4	C5	C6	C7	C8
	표준 순서	런 순서	중앙점	블럭	혼합기회전속도(A)	약물 Loading량(B)	혼합시간(C)	함량(Y1)
1	1	2	1	1	40	100	3	97.621
2	2	7	1	1	80	100	3	99.996
3	3	11	1	1	40	200	3	93.766
4	4	10	1	1	80	200	3	108.398
5	5	8	1	1	40	100	5	101.960
6	6	12	1	1	80	100	5	95.547
7	7	6	1	1	40	200	5	104.078
8	8	5	1	1	80	200	5	103.903
9	9	9	0	1	60	150	4	98.900
10	10	1	0	1	60	150	4	100.662
11	11	4	0	1	60	150	4	100.529
12	12	3	0	1	60	150	4	99.147

(7) 실험설계를 분석하기 위해 상단의 통계분석 → 실험계획법 → 요인 → 요인 설계 분석을 클릭한다.

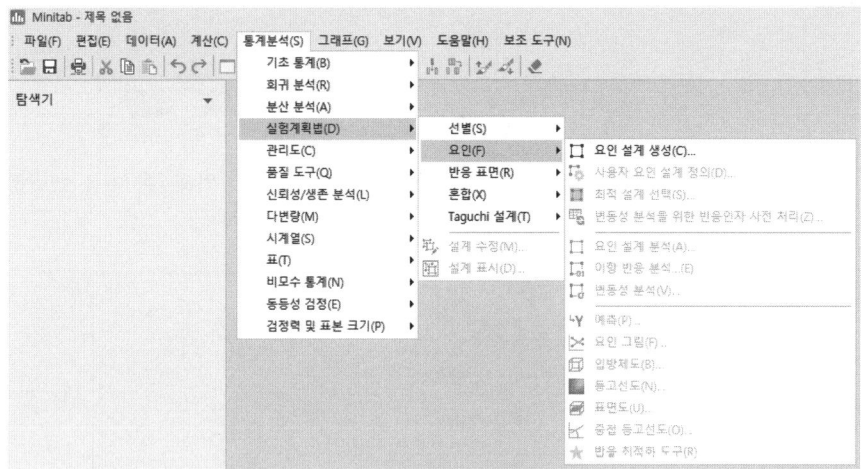

(8) 요인 설계 분석 창에서 반응에 함량(Y_1)을 선택한다.

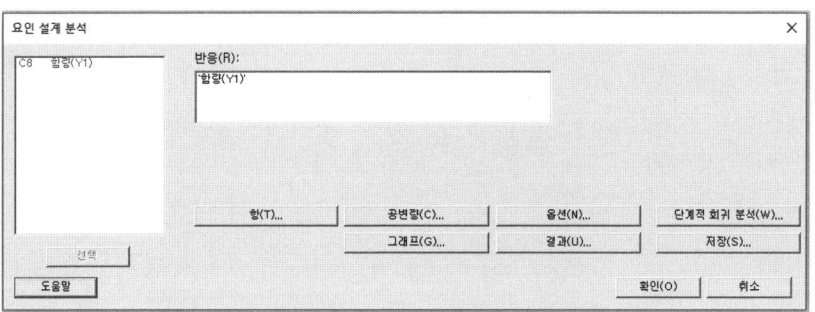

(9) 분석할 항의 차수를 설정하기 위해 [항]을 클릭하고, 정밀한 분석을 위해 3 차수로 설정한다. 이 때 중심점을 포함하여 분석을 수행했으며, 만약 실험 분석 결과에 곡면성이 유의하지 않다면 모형에 중심점 항을 제거하고 분석할 수 있다. 또한 완전 요인에서 중첩등고선도를 도출하기 위해서는 중심점 항을 제거해야 분석이 가능하다.

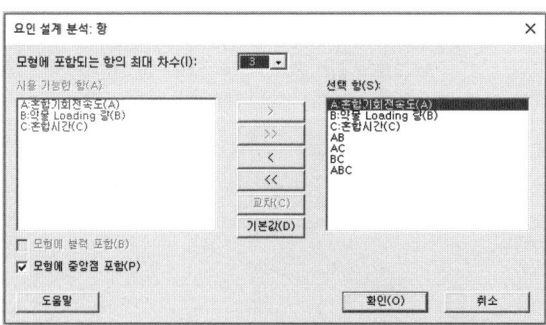

(10) [그래프]에서는 함수를 추정하기 위한 가정을 확인하기 위한 잔차도와 각 항의 효과를 간단하게 파악할 수 있는 Pareto 차트를 아래와 같이 설정하고 최종 [확인]을 클릭한다.

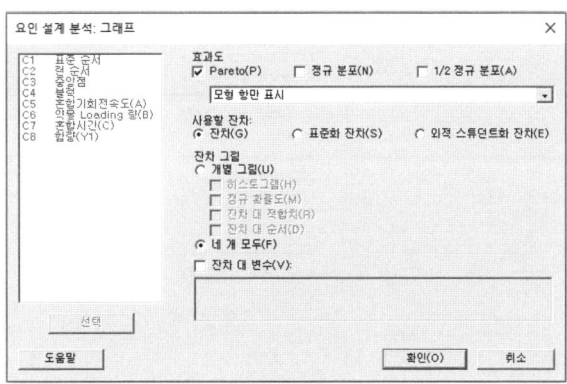

(11) 잔차도 확인 결과 잔차(관측데이터의 정규성이 아닌 관측데이터와 추정한 회귀식과의 거리)가 정규성을 따르지 않는 것으로 판단되어 요인 설계 분석 창에서 옵션(N)에 들어가 Box-Cox 변환 (최적 λ)을 선택한 후 분석을 실행하였다. 다음과 같이 도출된 분산분석(ANOVA) 결과 함량(Y_1)의 모형의 P-값이 유의수준(0.05)보다 작으므로 적절한 범위라는 것을 파악할 수 있고 오차의 자유도가 4 이상으로 충분히 확보되었다고 판단할 수 있었으며, 결정계수(R^2)가 75% 이상으로 도출된 회귀함수가 각 데이터를 잘 표현한다 할 수 있다. 그리고 잔차도를 보면 정규분포 가정을 대체적으로 만족하는 것으로 판단된다. 또한 표준 오차가 1 정도로 실험 결과 값에 비해 분산이 작은 실험이라고 판단된다. 함량(Y_1)을 보면 주효과 A와 B와 교호작용 AB, AC가 유의한 것을 확인할 수 있다. 그리고 함량(Y_1)의 실험 결과에서 모형의 P-값이 0.05보다 0에 가깝기 때문에 인자의 실험 범위가 넓은 것으로 판단되므로 추후 최적화 실험에서는 면 중심 합성법(CCF)를 사용하는 것이 적합하다고 판단된다.

함량 (Y_1)

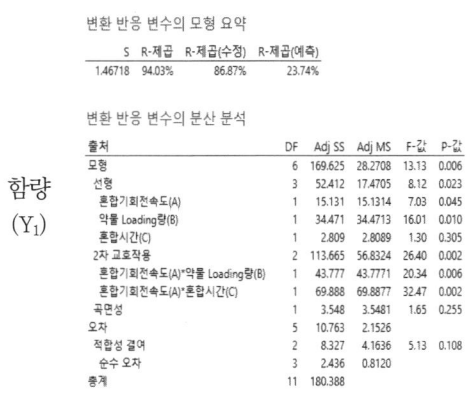
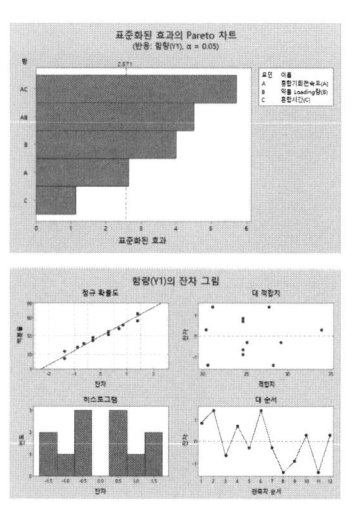

(12) 요인 그림을 확인하기 위해 상단의 통계분석 → 실험계획법 → 요인 → 요인 그림을 클릭한다.

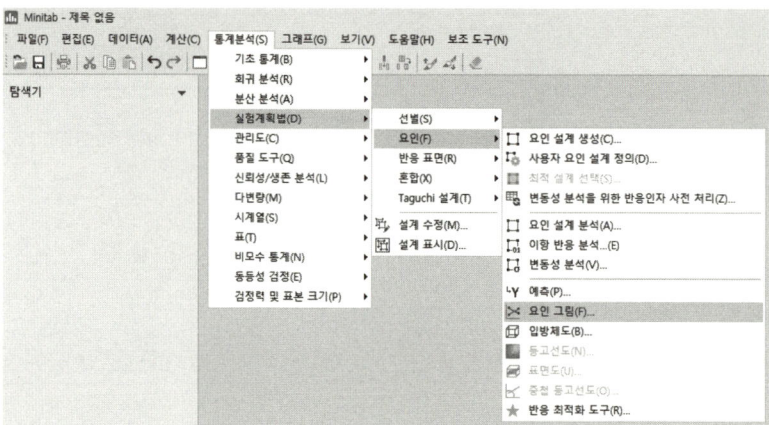

(13) 함량(Y_1)에 대한 주효과도를 확인한 결과 A, B, C가 모두 양의 효과를 보이는 것으로 판단된다. 함량(Y_1)에 대한 교호작용도 분석에서 AB와 AC는 교호작용을 가지고 있으며 BC는 교호작용이 없는 것으로 확인되었다.

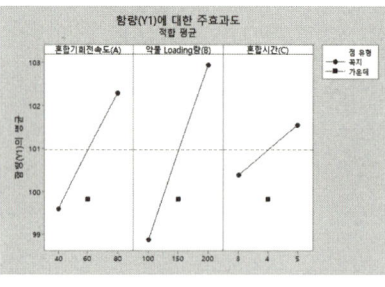 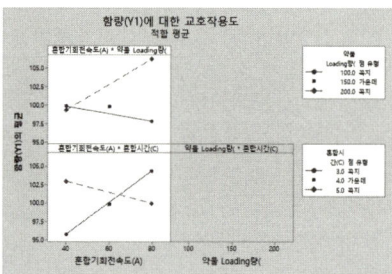

4.5 최적화 단계 실험설계

최적화 단계 실험설계는 주요 인자의 최적 조건을 파악하고 디자인스페이스(DS)를 도출할 수 있는 단계이고, 인자 수가 적고 프로세스 정보량이 많아 정밀도가 높다는 특징이 있다. 최적화 단계에서 사용되는 실험설계는 3 수준 완전 요인 실험(FD)과 반응표면법(RSM)등이 있다. 일반적으로 최적화 단계는 반응표면법(RSM)을 기반으로 개발되었기 때문에 반응표면법에 대한 기본지식이 필요하며, 대표적인 실험설계로 중심합성법(CCD)과 Box-Behnken(BB)가 있다.

4.5.1 디자인스페이스(DS)

디자인스페이스(DS)란 최적화를 통해 도출된 회귀식을 기반으로 2개의 입력 변수를 x축, y축에 설정하고 반응값을 2차원으로 나타낸 중첩등고선도 상의 목표 품질을 만족시키는 설계 가능 영역을 의미한다. 디자인스페이스(DS) 내에서의 변동은 목표품질에 영향을 주지 않지만, 디자인스페이스(DS)를 벗어나는 변동의 경우 품질특성을 저하시키는 결과를 초래할 수 있다. 중첩등고선도는 2차원의 형태로 표현되므로 입력 변수가 3개 이상인 경우, 두개를 제외한 나머지 변수를 고정하여야한다. 그러나 고정된 입력변수의 변화에 따른 영향은 고려가 안된다는 단점이 있다. 이러한 2차원 디자인스페이스(DS)의 한계를 해결하기 위해서 고정되는 입력 변수의 값을 낮은 수준과 높은 수준에서 고정시켜서 각 수준별 설계 공간을 도출하여 모든 설계 공간을 중첩함으로써 모든 인자를 고려하면서 목표 품질을 만족시키는 다차원의 설계 공간(Multi-dimensional design space)을 도출한다. 또한 디자인스페이스는 오차의 분산이 클 경우, 설계 가용 영역 내에 존재하더라도 규격의 상하 한선에 가깝게 위치하면, 실제로는 반응 변수 규격을 만족 못 시킬 확률이 높다. 이런 문제를 해결을 위해 디자인스페이스(DS)에 신뢰구간(CI)을 적용하여 신뢰도높은 안전한 설계 가능 영역을 도출한다. 신뢰구간(CI) 적용 대신 몬테카를로 시뮬레이션을 통하여 그 결과를 제시하는 소프트웨어도 존재하지만 신뢰구간(CI)의 적용과 큰 차이가 없다고 할 수 있다. 아래의 [그림 4-16]을 보면 실험을 설계한 영역을 Knowledge Space라고 하고, 목표 품질을 만족시키는 입력 변수의 설계 가능 영역을 Design Space라고 하며, 디자인스페이스(DS)내에서 보다 안전한 설계 영역을 Operating Space라고 정의할 수 있다(이현정, 2019).

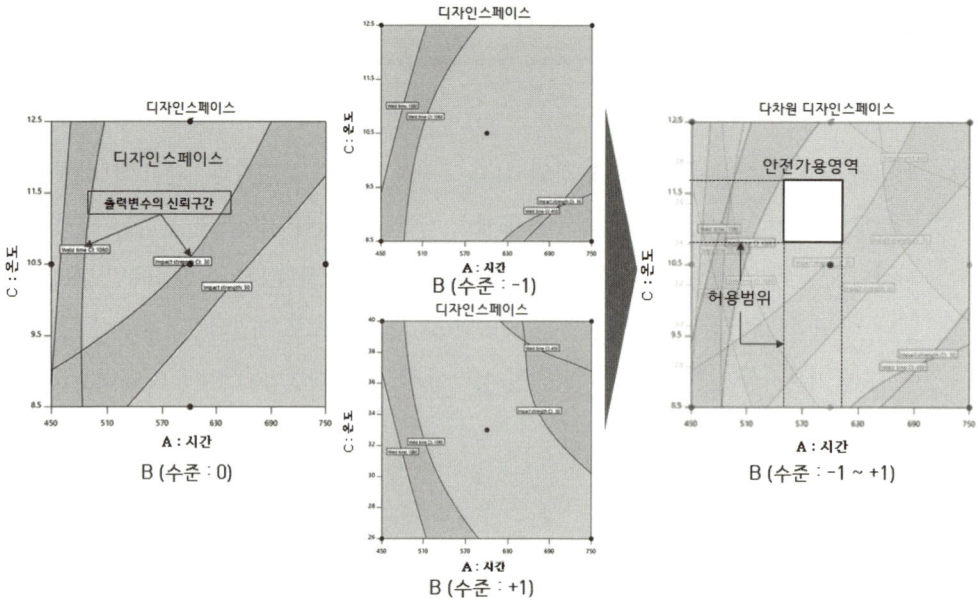

그림 4-15 신뢰구간이 포함된 다차원 디자인스페이스(DS) 예시(이현정, 2019)

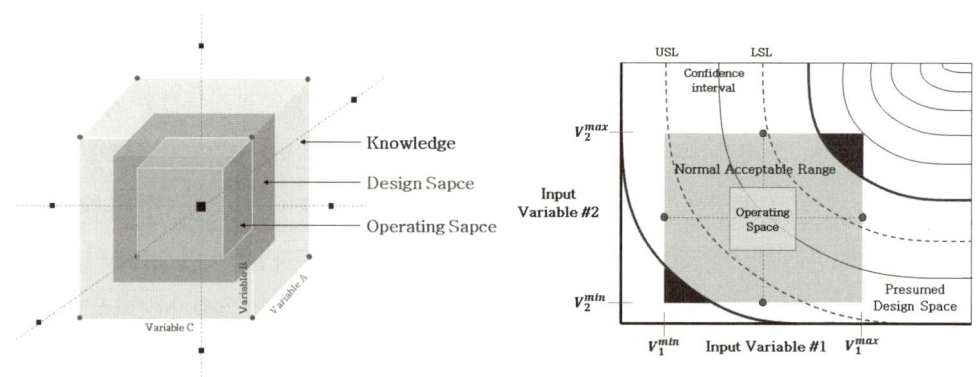

그림 4-16 Definition of Design Space(이현정, 2019)

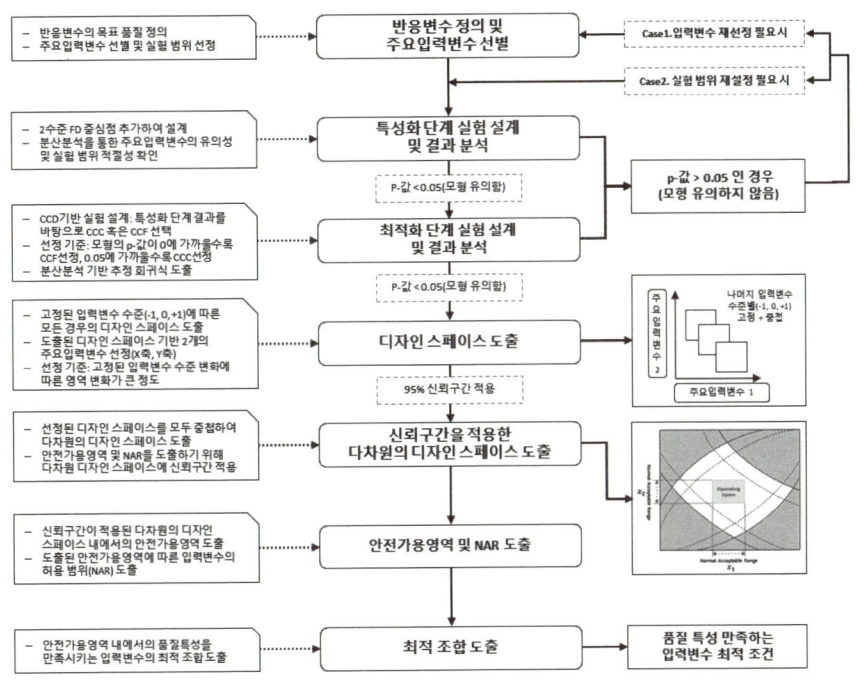

그림 4-17 실험계획법(DoE) 단계별 상황 판단 및 진행 절차

4.5.2 반응표면 실험계획법(Response surface methodology, RSM)

반응표면 실험계획법(RSM)의 경우 중심점을 여러 번 반복해서 실험을 수행하여 다른 요인 설계와는 달리 곡률효과를 정밀하게 고려할 수 있다. 또한 기존 요인 설계 방법들의 경우 각 꼭짓점들을 실험하여 분석하지만 반응표면법(RSM)의 경우 중심점, 축점 등의 구성을 통해서 입력 변수와 출력 변수의 다차원적인 표면으로 분석할 수 있다. 따라서 더욱 정밀한 통계적 분석을 가능하게 하며, 특성치 최적화 조합도 도출할 수 있으므로 제품 개발 및 개선 뿐만아니라 최적화 과정에서도에서 활용이 가능하다. 대표적인 반응표면법(RSM)으로는 중심합성법(CCD)과 Box-Behnken(BB)이 주로 활용된다. 반응표면 실험계획법(RSM)은 2차 다항 회귀를 사용하며, RSM의 회귀식은 아래 식(4.10)과 같다.

$$\hat{y}(x) = \hat{\beta}_0 + x^T \hat{b} + x^T \hat{B} x \quad \text{where,}$$

$$x = \begin{bmatrix} x_1 \\ x_2 \\ \vdots \\ x_p \end{bmatrix}, \hat{b} = \begin{bmatrix} \hat{\beta}_1 \\ \hat{\beta}_2 \\ \vdots \\ \hat{\beta}_p \end{bmatrix}, \text{and } \hat{B} = \begin{bmatrix} \hat{\beta}_{11} & \hat{\beta}_{12}/2 & \cdots & \hat{\beta}_{1p}/2 \\ & \hat{\beta}_{22} & & \vdots \\ & & \ddots & \\ sym & & & \hat{\beta}_{pp} \end{bmatrix} \quad (4.10)$$

1) 중심합성법(Central composite design, CCD)의 개요

중심합성법(CCD)은 실험 횟수를 적게 하여 2차 다항 모형 회귀계수 추정이 가능한 효율적 실험계획법(DoE)으로 〈표 4-16〉, [그림 4-18]과 같이 2^k요인점(2^kFactoral Points), 축점(Axial Point), 중심점(Center Points)으로 구성되어 있으며 실험점들은 관심 영역에 위치한다. 또한 2^k요인점, 중심점은 사전 실험 단계(부분 요인 설계, 완전 요인 설계)에서 사용 가능하며 1차(선형) 모형을 적합하게 만들 뿐만 아니라 2차 혹은 곡면성 중요도와 관련있는 정보를 제공할 수 있다. 축점의 α값은 요인의 갯수(k)에 따라서 달라지며 보통 인자가 2개인 경우에는 $\alpha=\sqrt{2}$, 인자가 3개인 경우 $\alpha=1.682$를 사용한다. 이러한 중심합성법(CCD)은 현재까지 가장 많이 사용되고 있지만 축점의 특성으로 인해 연속형 인자(x) 수준에 한해서 설계 가능하고 2수준 요인 실험에 실험점이 추가되어 총 실험 횟수가 2^k+2k+n_c(k:인자 수, n_c:중심점 반복 횟수)회로 증가해서 보통은 스크리닝 및 특성화 단계에서 선별한 2~3개의 인자로 정밀하게 통계적 분석과 최적화 단계에 적용한다(황성주 외 4명, 2014). 중심합성법(CCD)는 실험점의 구성이 꼭짓점, 중심점, 축점으로 이루어져 있는데, 실험을 수행하기 전에 완전 요인 실험(FD)을 수행한 상태에서 인자들의 유의성과 수준이 적절한지 파악하고 실험 범위가 적절하다고 판단되면 중심점 및 축점을 추가하여 실험을 진행한다. 이로써 중심합성법(CCD)은 단계적인 실험이 가능하여 중간에 실험이 제대로 진행되고 있는지 확인할 수 있다는 장점이 있다. 중심합성법(CCD)의 실험점 구성은 아래 [그림 4-18]에서 확인할 수 있다.

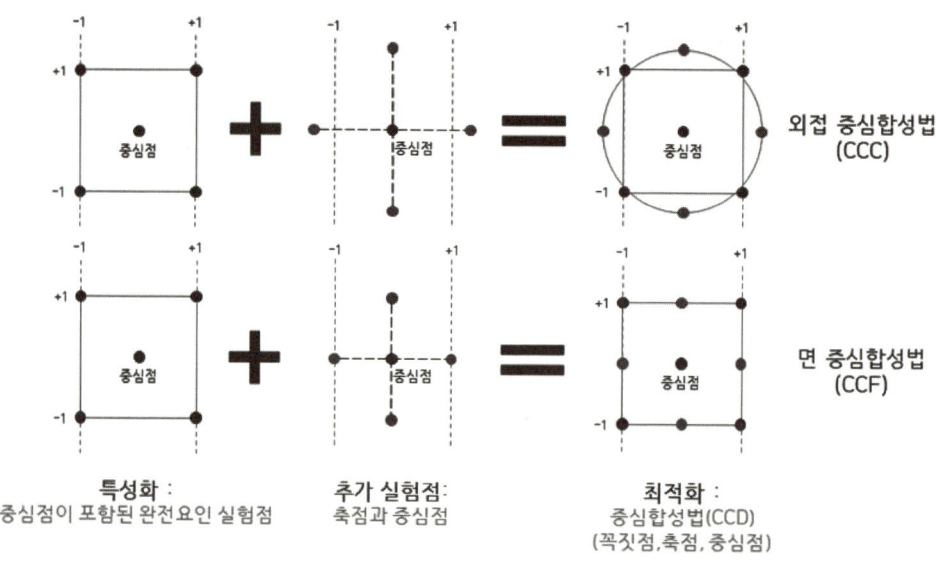

그림 4-18 중심합성법(CCD)의 실험점 구성 및 단계적 실험계획법(DoE)

표 4-16 중심합성법 실험 설계표(예시)

표준순서 (Standard order)	x_1	x_1	x_1	y	실험점 (Design point)
1	-1	-1	-1	16.6	
2	1	-1	-1	16.9	
3	-1	1	-1	17.9	
4	1	1	-1	16.1	Factorial Point
5	-1	-1	1	19.2	
6	1	-1	1	16.8	
7	-1	1	1	20.4	
8	1	1	1	17.3	
9	-1.682	0	0	19.8	
10	1.682	0	0	15	
11	0	-1.682	0	16.9	Axial Point
12	0	1.682	0	16.3	
13	0	0	-1.682	14	
14	0	0	1.682	18.6	
15	0	0	0	20.1	
16	0	0	0	19.9	
17	0	0	0	22.2	Center Point
18	0	0	0	19.7	
19	0	0	0	19.7	
20	0	0	0	19.6	

2) 중심합성법(Central composite design; CCD)의 종류

(1) 외접 중심합성계획법(Central Composite Circumscribed; CCC)

외접 중심합성계획법(CCC)은 가장 기본적인 중심합성법(CCD)을 의미하며, 중심에서 축점까지 거리는 인자들의 수에 의존한다. 이러한 축점은 낮은 수준과 높은 수준의 값을 가지고 있으므로 모든 요인은 합하여 총 5개 수준의 실험점을 가진다.

예제 4.5-1: 외접 중심합성법

스크리닝 단계를 통해 3개의 주요 공정 변수(CPP)[A: 정제수의 양(30~35mg), B: 제립기의 mesh(18~14mesh), C: 정립기의 mesh(18~14mesh)]를 도출하였고, 용출 10분(Y_1)과 용출 30분(Y_2)에 대하여 주요공정변수(CPP)의 영향을 분석하여 설정된 CPP의 범위가 타당한지에 대한 특성화 단계를 실행한 결과 범위 또한 타당하다고 판단되었다. 또한 시간과 비용에 제한이 있어 실험은 반복 없이 진행하여야 한다. 이러한 정보를 바탕으로 외접 중심합성법(CCC)를 통한 최적화 단계를 수행하고자 한다.

(1) Minitab을 이용하여 주어진 상황을 바탕으로 워크시트에 반응 표면 설계(RSM)를 생성하기 위해 통계분석 → 실험계획법 → 반응 표면 → 반응 표면 설계 생성을 클릭한다.

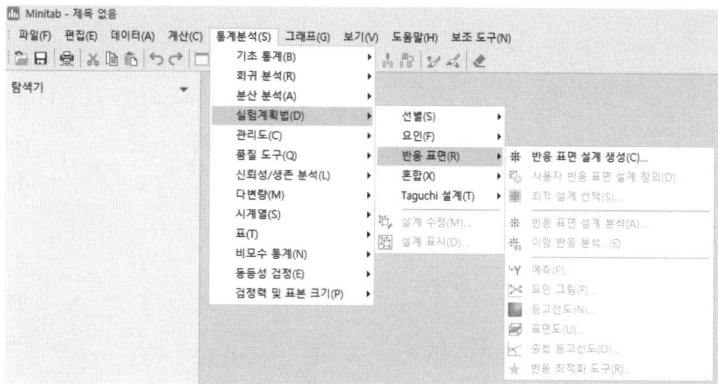

(2) 아래의 창에서 중심 합성 계획법(CCD)과 요인의 수를 3으로 선택한 뒤 [설계]를 클릭한다. [설계]에서는 상황에 적절한 실험 수와 중심점, 반복, 축점의 알파값을 설정할 수 있으며, 본 실험에서는 블록을 1, 알파값을 기본값, 반복은 1로 설정하고 [확인]을 클릭한다.

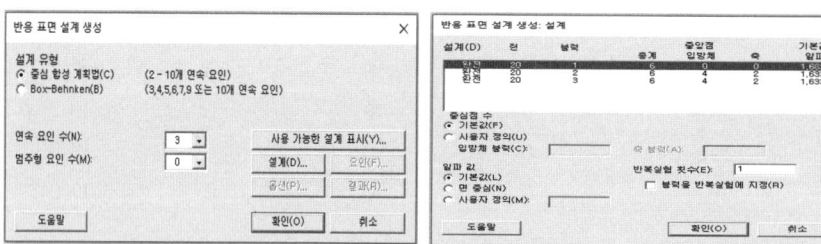

(3) 요인 설계 생성에서 활성화된 [요인], [옵션], [결과]를 확인할 수 있으며, 먼저 각 인자의 이름, 수준, 유형을 설정하기 위해 [요인]을 클릭한다. 각 인자를 정제수의 양(A), 제립기의 mesh(B), 정립기의 mesh(C)로 설정하고 수준은 코드화된 범위(높은 수준 : +1, 낮은 수준 : −1)를 사용하여 아래와 같이 설정한다.

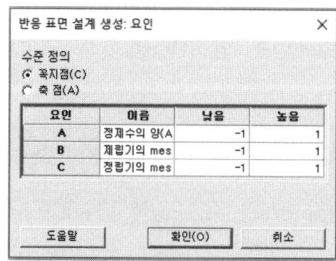

(4) 실험설계에 랜덤화(Randomization)를 적용시키기 위해 [옵션]을 클릭하고, 런 랜덤화를 아래와 같이 설정한다.

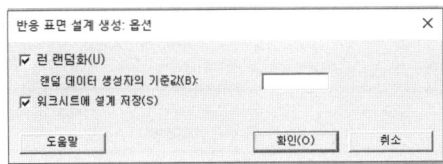

(5) 최종적으로 [확인]을 클릭하면 아래와 같이 외접 중심합성 실험설계표가 워크시트 창에 나타난다.

	C1 표준 순서	C2 런 순서	C3 점 유형	C4 블럭	C5 정제수의 양(A)	C6 제립기의 mesh(B)	C7 정립기의 mesh(C)
1	1	4	1	1	-1.00000	-1.00000	-1.00000
2	2	5	1	1	-1.00000	-1.00000	-1.00000
3	3	20	1	1	-1.00000	1.00000	-1.00000
4	4	2	1	1	1.00000	1.00000	-1.00000
5	5	8	1	1	-1.00000	-1.00000	1.00000
6	6	6	1	1	1.00000	-1.00000	1.00000
7	7	12	1	1	-1.00000	1.00000	1.00000
8	8	7	1	1	1.00000	1.00000	1.00000
9	9	11	-1	1	-1.68179	0.00000	0.00000
10	10	3	-1	1	1.68179	0.00000	0.00000
11	11	1	-1	1	0.00000	-1.68179	0.00000
12	12	15	-1	1	0.00000	1.68179	0.00000
13	13	16	-1	1	0.00000	0.00000	-1.68179
14	14	9	-1	1	0.00000	0.00000	1.68179
15	15	10	0	1	0.00000	0.00000	0.00000
16	16	17	0	1	0.00000	0.00000	0.00000
17	17	18	0	1	0.00000	0.00000	0.00000
18	18	13	0	1	0.00000	0.00000	0.00000
19	19	14	0	1	0.00000	0.00000	0.00000
20	20	19	0	1	0.00000	0.00000	0.00000

(6) 설계된 실험표를 바탕으로 실험을 한 후, 용출 10분(Y_1)과 용출30분(Y_2)에 대한 실험결과를 아래와 같이 기입한다.

	C1 표준 순서	C2 런 순서	C3 점 유형	C4 블럭	C5 정제수의 양(A)	C6 제립기의 mesh(B)	C7 정립기의 mesh(C)	C8 용출10분(Y1)	C9 용출30분(Y2)
1	1	4	1	1	-1.00000	-1.00000	-1.00000	42.1820	100.091
2	2	5	1	1	1.00000	-1.00000	-1.00000	35.0601	97.108
3	3	20	1	1	-1.00000	1.00000	-1.00000	36.4130	87.735
4	4	2	1	1	1.00000	1.00000	-1.00000	38.9317	104.440
5	5	8	1	1	-1.00000	-1.00000	1.00000	41.2760	107.574
6	6	6	1	1	1.00000	-1.00000	1.00000	31.5701	98.686
7	7	12	1	1	-1.00000	1.00000	1.00000	40.9751	98.638
8	8	7	1	1	1.00000	1.00000	1.00000	36.9957	97.410
9	9	11	-1	1	-1.68179	0.00000	0.00000	38.3435	95.926
10	10	3	-1	1	1.68179	0.00000	0.00000	33.1171	100.561
11	11	1	-1	1	0.00000	-1.68179	0.00000	46.3759	99.087
12	12	15	-1	1	0.00000	1.68179	0.00000	41.2184	92.893
13	13	16	-1	1	0.00000	0.00000	-1.68179	41.8840	96.981
14	14	9	-1	1	0.00000	0.00000	1.68179	40.1303	94.369
15	15	10	0	1	0.00000	0.00000	0.00000	39.2272	98.351
16	16	17	0	1	0.00000	0.00000	0.00000	41.0842	99.650
17	17	18	0	1	0.00000	0.00000	0.00000	38.3548	96.717
18	18	13	0	1	0.00000	0.00000	0.00000	39.2407	97.033
19	19	14	0	1	0.00000	0.00000	0.00000	35.2090	101.289
20	20	19	0	1	0.00000	0.00000	0.00000	37.3482	98.873

(7) 실험설계를 분석하기 위해 상단의 통계분석 → 실험계획법 → 반응 표면 → 반응 표면 설계 분석을 클릭한다.

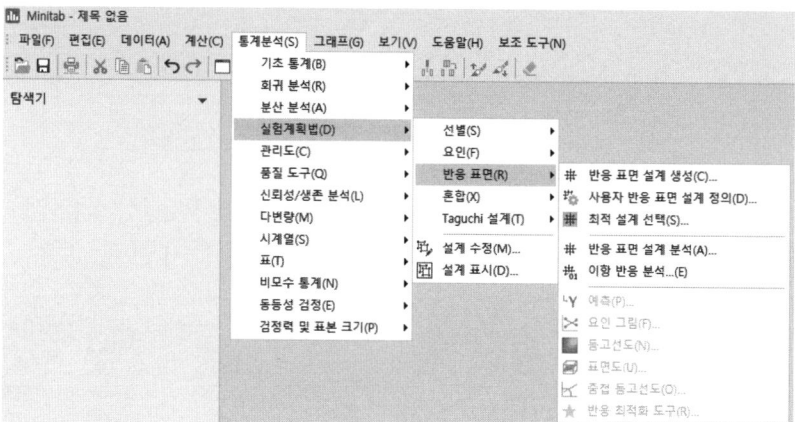

(8) 반응 표면 설계 분석 창의 반응에 용출 10분(Y_1), 용출 30분(Y_2)을 선택한다.

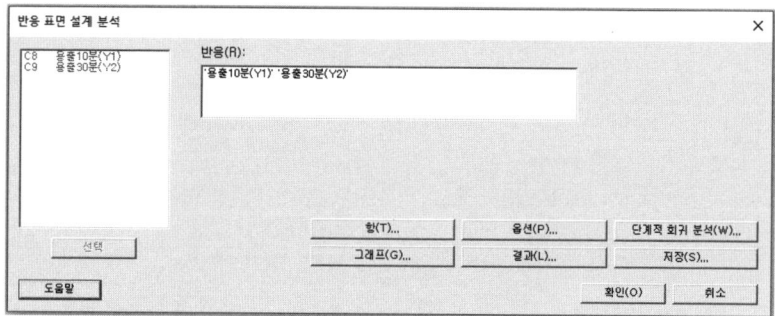

(9) 분석할 항의 차수를 설정하기 위해 [항]을 클릭하고, 정밀한 분석을 위해 2 차수로 설정한다.

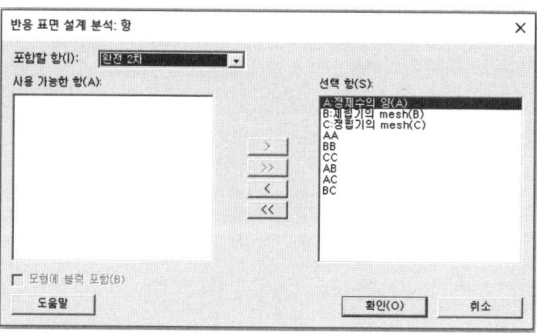

(10) [그래프]에서는 함수를 추정하기 위한 가정을 확인하기 위한 잔차도를 아래와 같이 설정하고 최종 [확인]을 클릭한다.

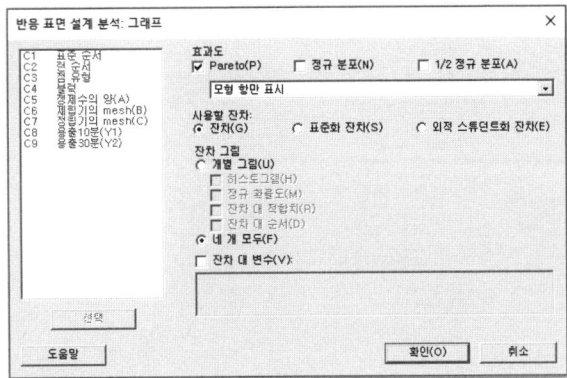

(11) 다음과 같이 도출된 분산분석(ANOVA) 결과 용출 10분(Y_1)과 용출 30분(Y_2)의 모형의 P-값이 전부 유의수준 α(0.05)에 비해 작아 범위가 적합한 것을 파악할 수 있고 오차의 자유도가 4 이상으로 충분히 확보되었다고 판단할 수 있고, 결정계수(R^2)가 75% 이상으로 도출되어진 회귀함수식이 각각의 개별 데이터들을 잘 표현한다 할 수 있다. 그리고 잔차도를 보면 정규분포 가정을 만족하는 것으로 판단되며, 중심점 반복에 의한 적합성 결여도(LOF) 0.05 이상으로 반복의 분산에 대해 문제가 없는 것으로 판단된다. 용출 10분(Y_1)을 보면 주효과 A, 제곱항 AA, BB 그리고 2차 교호작용 BC가 유의하다는 것을 알 수 있으며, 용출 30분(Y_2)의 경우, 주효과 B와 2차 교호작용 AB, AC가 유의하다고 판단할 수 있다. 따라서 본 모형을 이용하여 디자인스페이스(DS) 및 안전가용 영역(OS), 인자의 최적 수준과 반응의 최적값을 도출해 볼 것이다.

용출 10분 (Y_1)

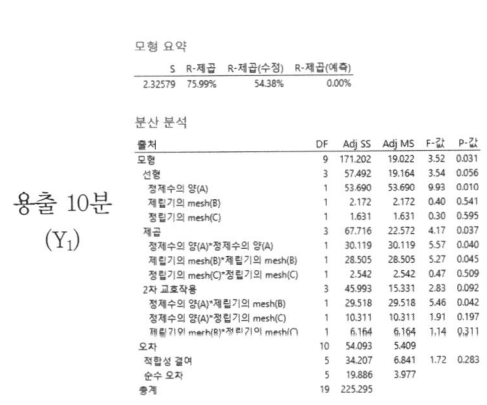
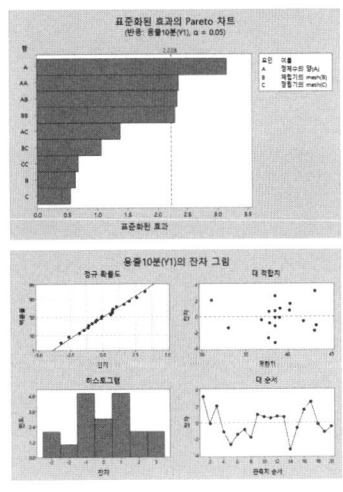

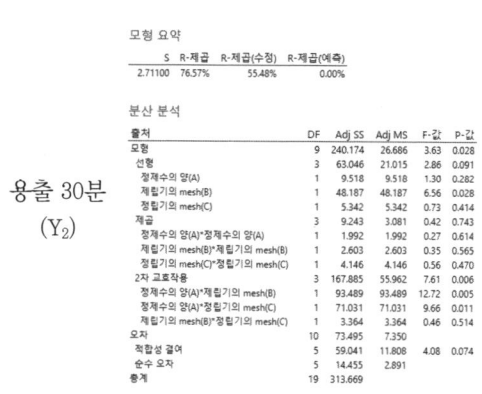
용출 30분
(Y_2)
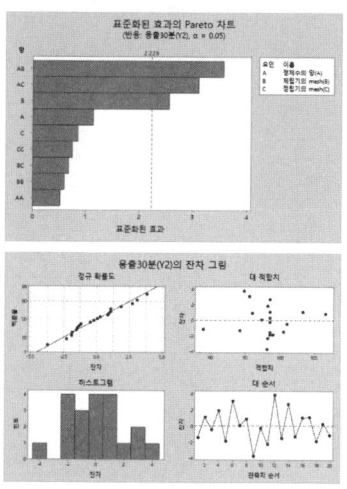

(12) 제시된 각 반응의 제한 범위[용출 10분(Y_1): 31~51, 용출 30분(Y_2): 90~100]에 따른 실험 인자의 디자인스페이스(DS)를 판단하기 위해 중첩등고선도를 도출해야 하며, 중첩등고선도를 도출하기 위해 통계분석 → 실험계획법 → 반응 표면 → 중첩 등고선도를 클릭한다.

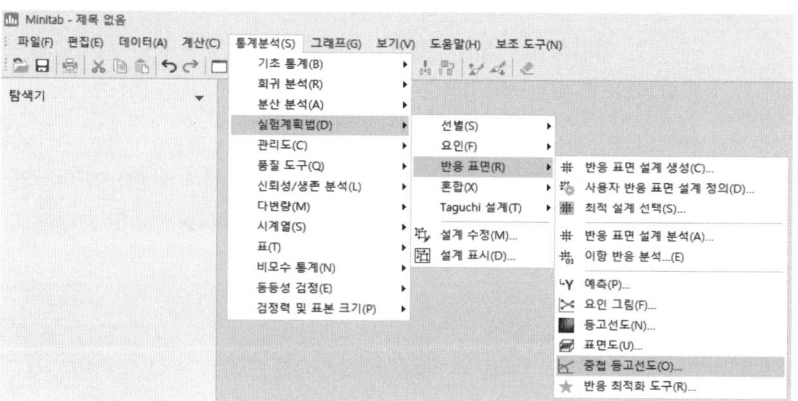

(13) 우선 각 반응의 제한 범위를 적용하기 위해 모든 반응(용출 10분(Y_1), 용출 30분(Y_2))을 오른쪽으로 옮기고, 범위를 관찰할 인자 2개를 선택한다. [등고선도]에서 각 반응(Y)의 상한과 하한을 기입하며, [설정]을 클릭하여 고정 요인의 수준을 결정한다. 일반적인 중첩등고선도의 경우, 한 번에 인자 2개 이하의 변화만 관찰할 수 있으므로 설정된 2개의 인자(B, C) 외에 나머지 인자(A)는 고정 인자로 설정된다. Minitab V19에는 고정 인자의 기본값을 실험 범위의 중심점으로 설정하고 있으며, 이는 상황에 맞게 변화시킬 수 있다. 모든 입력이 완료되었다면 [확인]을 클릭한다.

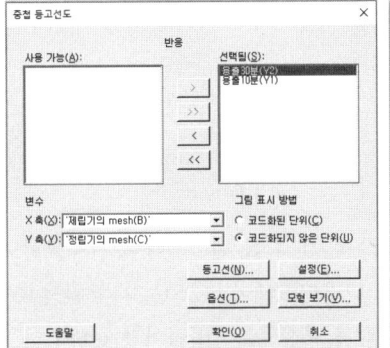
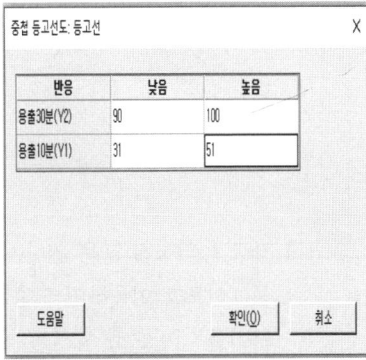

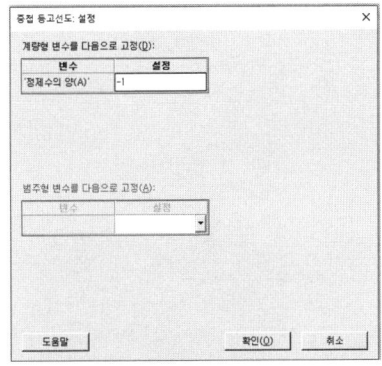

(14) 인자 3개의 고정 수준을 바탕으로 3가지의 등고선도를 도출할 수 있으며, 고정 인자의 수준에 따라 수많은 등고선도를 도출할 수 있다. 최적화 단계에서는 고정 인자의 대표적인 수준(-1, 0, 1)을 고려하기 위해 총 9가지의 등고선도를 아래와 같이 도출하였으며, 이를 통해 가장 유의하지 않은 인자를 선별하여 중첩등고선도를 도출해야 한다.

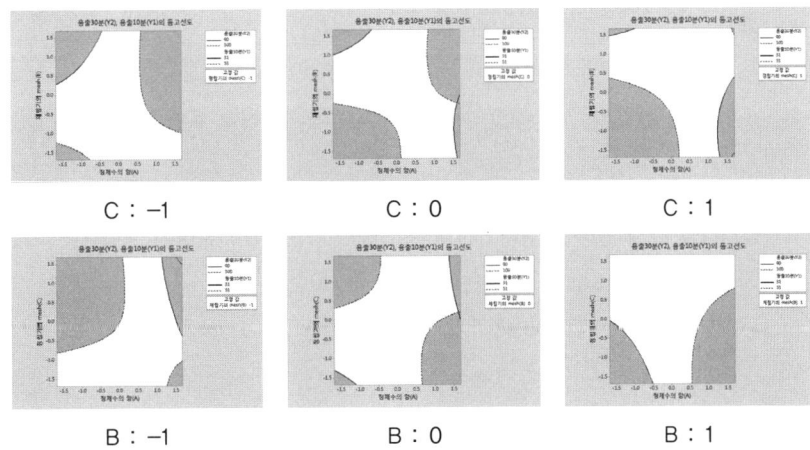

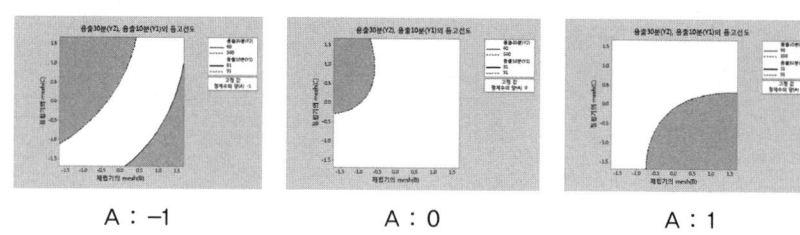

| A : -1 | A : 0 | A : 1 |

(15) 가장 유의하지 않은 인자(C : -1, 0, 1)를 선별하여 중첩등고선도를 도출했다. 중첩등고선도를 이용하여 도출된 디자인스페이스(DS)는 다차원적 조합에 대해 과학적인 근거를 기반으로 도출된 매우 신뢰성 있는 영역이라 판단된다.

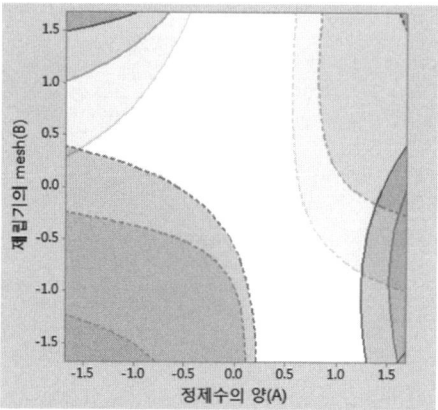

(16) 일반적으로 중첩등고선도를 이용해 도출한 디자인스페이스(DS)는 분산성을 고려하지 않는다. 하지만 실제로 이러한 분산을 고려하여 제시하는 것이 좋음으로 신뢰구간(CI)을 적용한 안전 가용 영역(OS)을 도출하고자 한다. 지금 현재 Minitab V19에서 개발된 도구를 사용하여 신뢰구간(CI)을 적용한 중첩등고선도를 도출한다. 우선 중첩등고선도 〉 반응 설정을 클릭한다.

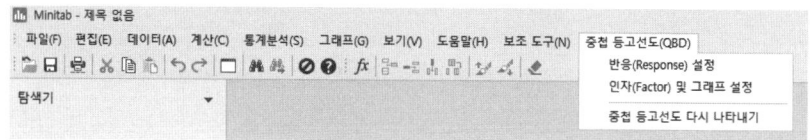

(17) 지금 현재 반응은 최대 6개 까지 선택이 가능하며 유형에는 망대, 망소, 망목 특성이 있다. 용출 10분(Y_1 : 31~51)과 용출 30분(Y_2 : 90~100)의 범위를 입력하고 해당 특성을 각각 설정한 후 [확인]을 클릭한다.

(18) 고정 인자를 설정하기 위해 중첩등고선도 → 인자 및 그래프 설정을 클릭한다.

(19) 각 반응의 회귀식에 사용된 인자는 용출 10분(Y_1)과 용출 30분(Y2) 모두 인자 A, B, C를 사용하기에 클릭을 한다. 그 후 고정할 인자(C)를 선택하고 그 인자(C)의 수준을 입력한다. X축(A)과 Y축(B)을 입력하고 신뢰구간(CI)을 고려하여 가용 영역을 구하고자 하기에 [신뢰구간]을 선택 후 [확인]을 클릭한다.

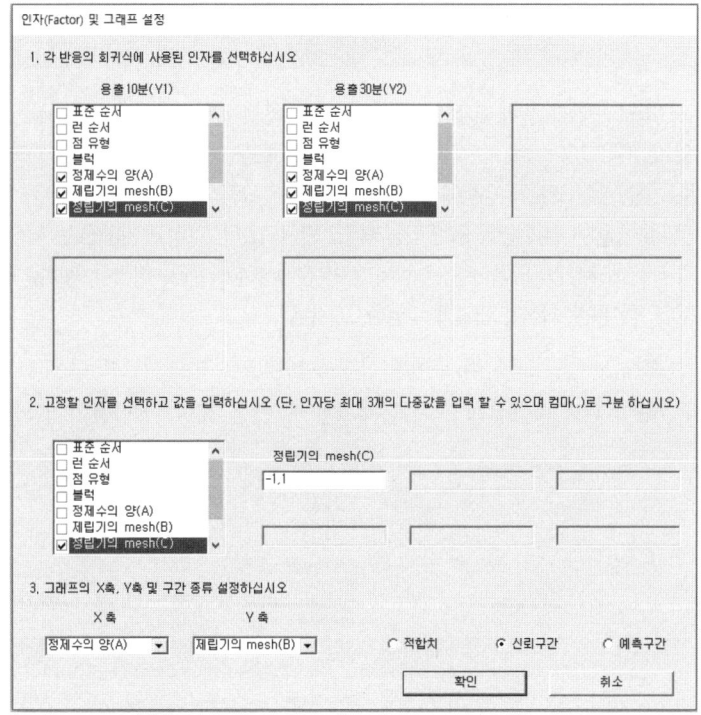

(20) 신뢰구간(CI)을 적용한 구간과 적용하지 않은 구간이 다소 차이가 있다. 신뢰구간을 적용하지 않은 디자인스페이스(DS)보다 신뢰구간을 적용한 안전 가용 영역(OS)이 더 안전한 영역임을 판단할 수 있다.

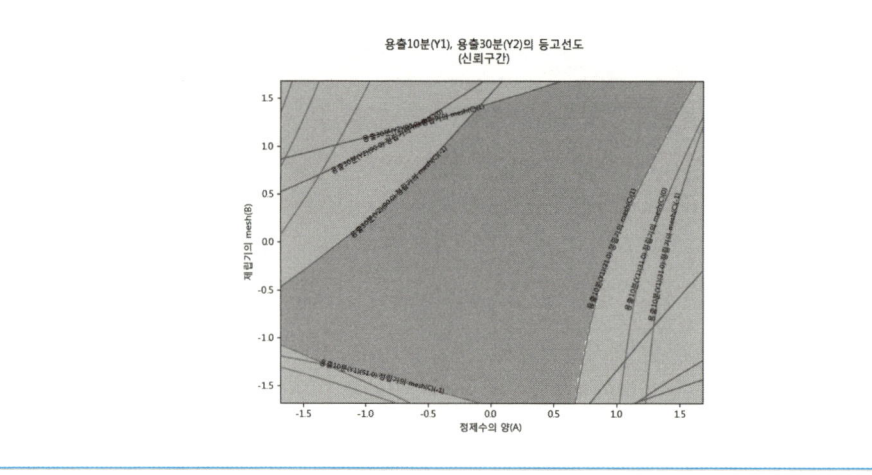

(2) 면 중심합성계획법(Central Composite Face centered, CCF)

면 중심합성계획법(CCF)은 중심합성법(CCD)의 한 종류이며, 요인 설계 면의 중심에 축점이 존재하는 실험설계 방법이고, 요인별 3개 수준의 실험점을 가지며 큰 장점은 이산형 인자에 대한 분석이 가능하다는 것이다.

예제 4.5-2: 면 중심합성법

스크리닝 단계를 통해 3개의 주요 공정 변수(CPP)[A: Turrent speed(20~40rpm), B: Feeder Speed(70~100rpm), C: 타정 횟수(1~3회)]를 도출 하였고, 용출 30분(Y_1)과 질량편차(Y_2)에 대하여 주요공정변수(CPP)의 영향을 분석하여 설정된 주요공정변수(CPP)의 범위가 타당한지에 대한 특성화 단계를 실행한 결과 범위 또한 타당하다고 판단되었다. 그리고 인자(C)는 이산형 인자이다. 또한 시간과 비용에 제한이 있어 실험은 반복 없이 진행하여야 한다. 이러한 정보를 바탕으로 면 중심합성법(CCF)를 통한 최적화 단계를 수행하고자 한다.

(1) Minitab을 이용하여 주어진 상황을 바탕으로 워크시트에 반응 표면 설계(RSM)를 생성하기 위해 통계분석 → 실험계획법 → 반응 표면 → 반응 표면 설계 생성을 클릭한다.

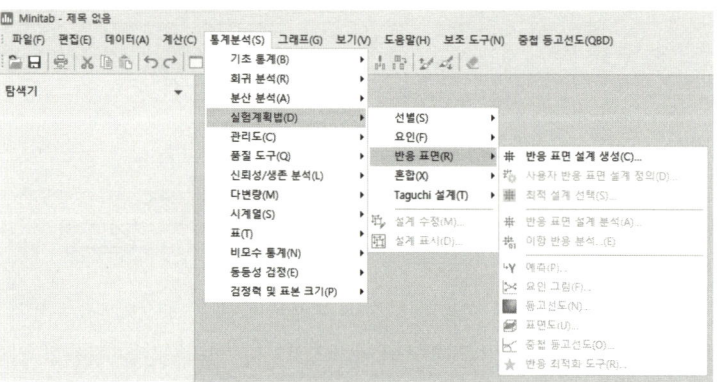

(2) 아래의 창에서 중심합성계획법과 요인의 수를 3으로 선택한 뒤 [설계]를 클릭한다. [설계]에서는 상황에 적절한 실험 수와 중심점, 반복, 축점의 알파값을 설정할 수 있으며, 본 실험에서는 알파값을 면 중심, 반복은 1로 설정하고 [확인]을 클릭한다.

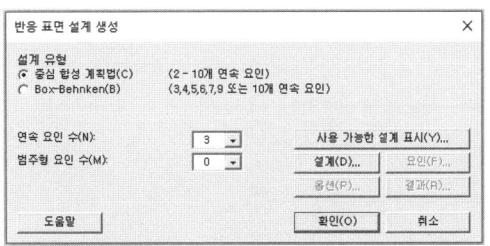

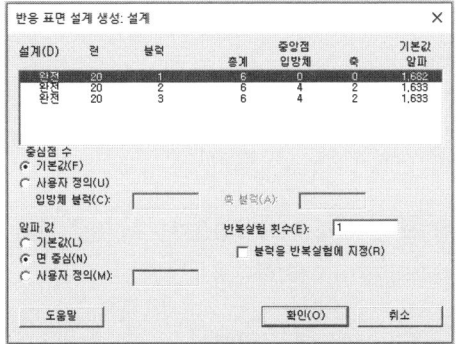

(3) 요인 설계 생성에서 활성화된 [요인], [옵션], [결과]를 확인할 수 있으며, 먼저 각 인자의 이름, 수준, 유형을 설정하기 위해 [요인]을 클릭한다. 각 인자를 Turrent Speed(A), Feeder Speed(B), 타정 횟수(C)로 설정하고 수준은 코드화 된 범위(높은 수준 : +1, 낮은 수준 : -1)를 사용하여 아래와 같이 설정한다.

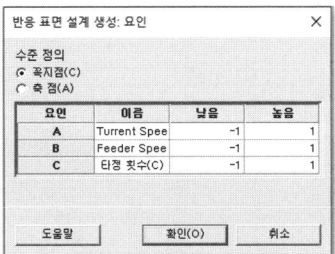

(4) 실험설계에 랜덤화(Randomization)를 적용시키기 위해 [옵션]을 클릭하고, 런 랜덤화를 아래와 같이 설정한다.

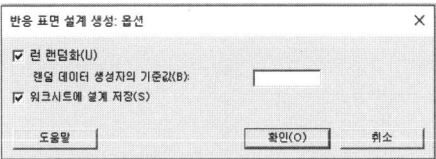

(5) 최종적으로 [확인]을 클릭하면 아래와 같이 외접 중심합성 실험설계표가 워크시트 창에 나타난다.

	C1 표준 순서	C2 런 순서	C3 점 유형	C4 블럭	C5 Turrent Speed(A)	C6 Feeder Speed(B)	C7 타정 횟수(C)
1	1	17	1	1	-1	-1	-1
2	2	6	1	1	1	-1	-1
3	3	20	1	1	-1	1	-1
4	4	15	1	1	1	1	-1
5	5	7	1	1	-1	-1	1
6	6	2	1	1	1	-1	1
7	7	3	1	1	-1	1	1
8	8	16	1	1	1	1	1
9	9	19	-1	1	-1	0	0
10	10	18	-1	1	1	0	0
11	11	8	-1	1	0	-1	0
12	12	13	-1	1	0	1	0
13	13	5	-1	1	0	0	-1
14	14	11	-1	1	0	0	1
15	15	9	0	1	0	0	0
16	16	1	0	1	0	0	0
17	17	12	0	1	0	0	0
18	18	4	0	1	0	0	0
19	19	10	0	1	0	0	0
20	20	14	0	1	0	0	0

(6) 설계된 실험표를 바탕으로 실험을 한 후, 용출 30분(Y_1)과 질량편차(Y_2)에 대한 실험결과를 아래와 같이 기입한다.

	C1 표준 순서	C2 런 순서	C3 점 유형	C4 블럭	C5 Turrent Speed(A)	C6 Feeder Speed(B)	C7 타정 횟수(C)	C8 용출30분(Y1)	C9 질량편차(Y2)
1	1	17	1	1	-1	-1	-1	89.97	208.56
2	2	6	1	1	1	-1	-1	93.71	169.80
3	3	20	1	1	-1	1	-1	77.88	180.56
4	4	15	1	1	1	1	-1	80.52	173.68
5	5	7	1	1	-1	-1	1	84.31	208.12
6	6	2	1	1	1	-1	1	80.71	177.72
7	7	3	1	1	-1	1	1	83.95	175.60
8	8	16	1	1	1	1	1	77.96	175.12
9	9	19	-1	1	-1	0	0	83.83	174.68
10	10	18	-1	1	1	0	0	83.29	168.28
11	11	8	-1	1	0	-1	0	88.37	198.08
12	12	13	-1	1	0	1	0	85.95	174.56
13	13	5	-1	1	0	0	-1	84.86	192.36
14	14	11	-1	1	0	0	1	82.43	210.56
15	15	9	0	1	0	0	0	83.74	182.76
16	16	1	0	1	0	0	0	84.79	180.88
17	17	12	0	1	0	0	0	87.38	190.68
18	18	4	0	1	0	0	0	89.70	189.44
19	19	10	0	1	0	0	0	86.32	176.92
20	20	14	0	1	0	0	0	85.31	188.40

(7) 실험설계를 분석하기 위해 상단의 통계분석 → 실험계획법 → 반응 표면 → 반응 표면 설계 분석을 클릭한다.

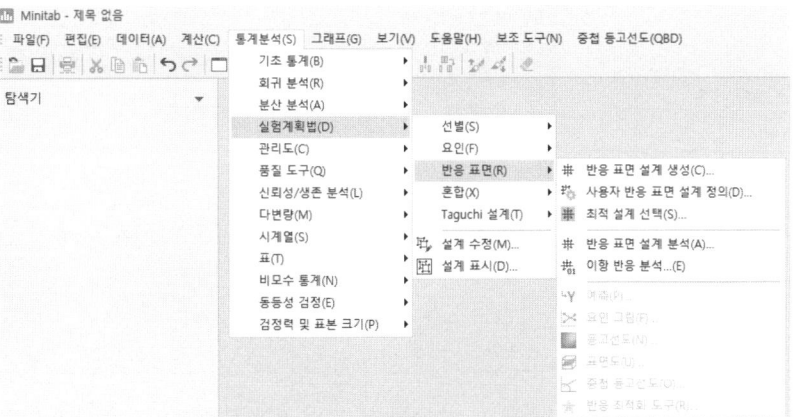

(8) 반응 표면 설계 분석 창의 반응에 용출 30분(Y_1), 질량편차(Y_2)를 선택한다.

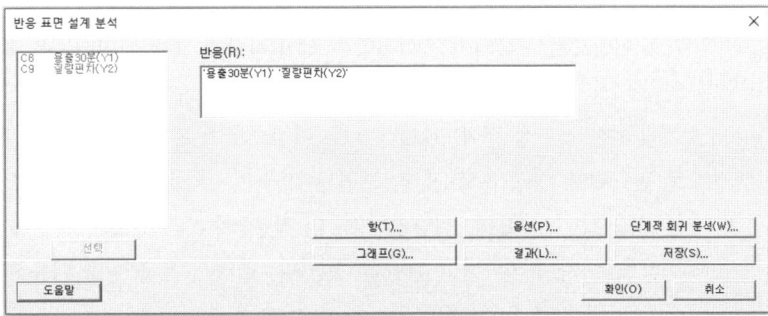

(9) 분석할 항의 차수를 설정하기 위해 [항]을 클릭하고, 정밀한 분석을 위해 2 차수로 설정한다.

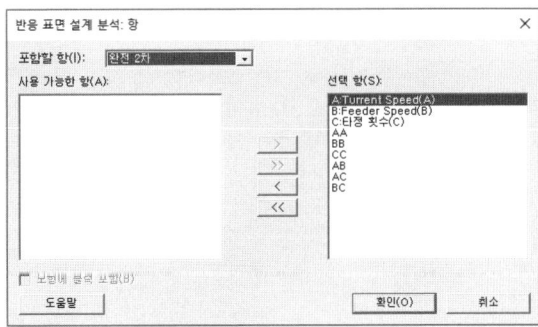

(10) [그래프]에서는 함수를 추정하기 위한 가정을 확인하기 위한 잔차도를 아래와 같이 설정하고 최종 [확인]을 클릭한다.

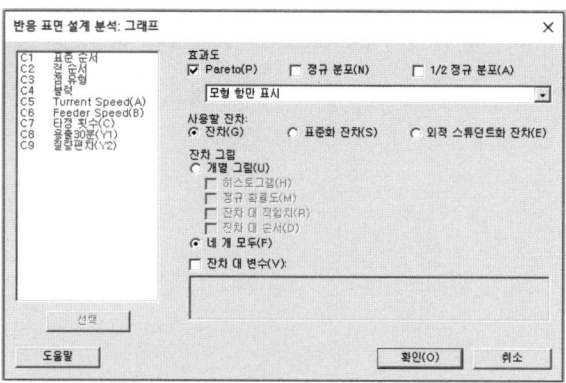

(11) 다음과 같이 도출된 분산분석(ANOVA) 결과 용출 30분(Y_1)과 질량편차(Y_2)의 모형의 P-값이 전부 유의수준 α(0.05)에 비해 작아 범위가 적합한 것을 파악할 수 있고 오차의 자유도가 4 이상으로 충분히 확보되었다고 판단할 수 있으며, 결정계수(R^2)가 75% 이상으로 도출되어진 회귀함수 식이 각각의 개별 데이터들을 잘 표현한다 할 수 있다. 그리고 잔차도를 보면 정규분포 가정을 만족하는 것으로 판단되며, 중심점 반복에 의한 적합성 결여도(LOF) 0.05 이상으로 반복의 분산에 대해 문제가 없는 것으로 판단된다. 용출 30분(Y_1)을 보면 주효과 B, C와 2차 교호작용 AC, BC가 유의하다는 것을 알 수 있으며, 질량편차(Y_2)의 경우, 주효과 A, B와 제곱항 AA, CC, 2차 교호작용 AB가 유의하다고 판단할 수 있다. 따라서 본 모형을 이용하여 디자인스페이스(DS) 및 가용 영역(OS), 인자의 최적 수준과 반응의 최적값을 도출해 볼 것이다.

용출30분(Y_1)

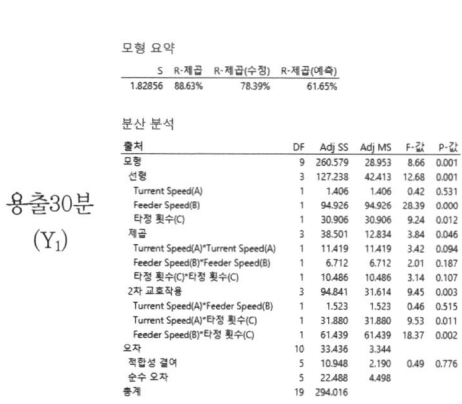
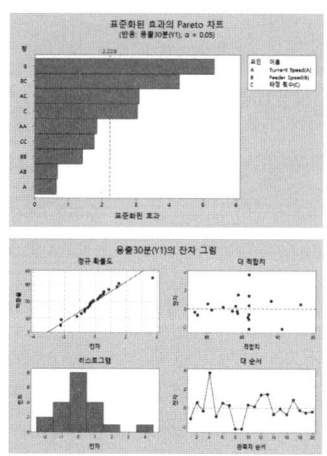

질량편차
(Y_2)

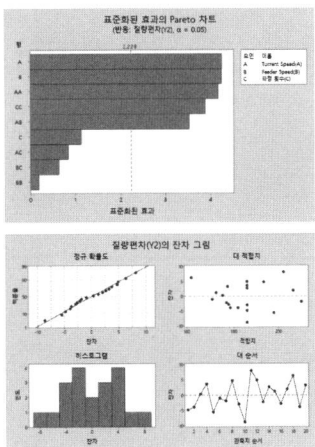

(12) 제시된 각 반응의 제한 범위(Y_1 : 80~100, Y_2 : 0~200)에 따른 실험 인자의 디자인 스페이스(DS)를 판단하기 중첩등고선도를 도출해야 하며, 중첩등고선도를 도출하기 위해 통계분석 → 실험계획법 → 반응 표면 → 중첩 등고선도를 클릭한다.

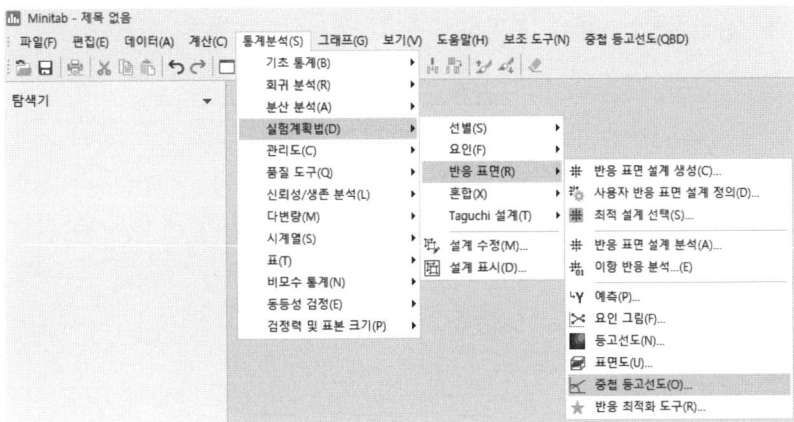

(13) 우선 각 반응의 제한 범위를 적용하기 위해 모든 반응(Y_1, Y_2)을 오른쪽으로 옮기고, 범위를 관찰할 인자 2개를 선택한다. [등고선도]에서 각 반응의 상한과 하한을 기입하며, [설정]을 클릭하여 고정 요인의 수준을 결정한다. 일반적인 중첩등고선도의 경우, 한 번에 인자 2개 이하의 변화만 관찰할 수 있으므로 설정된 2개의 인자(A, B) 외에 나머지 인자(C)는 고정 인자로 설정된다. Minitab에는 고정 인자의 기본값을 실험 범위이 중심점으로 설정하고 있으며, 이는 상황에 맞게 변화시킬 수 있다. 모두 입력이 완료되었다면 [확인]을 클릭한다.

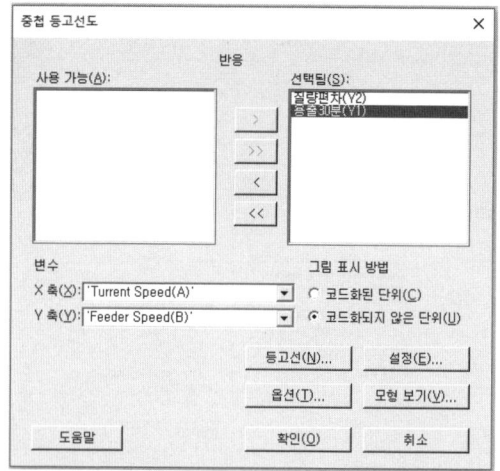

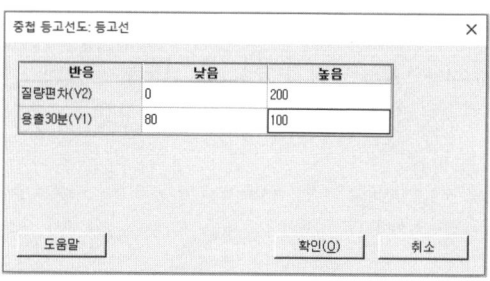

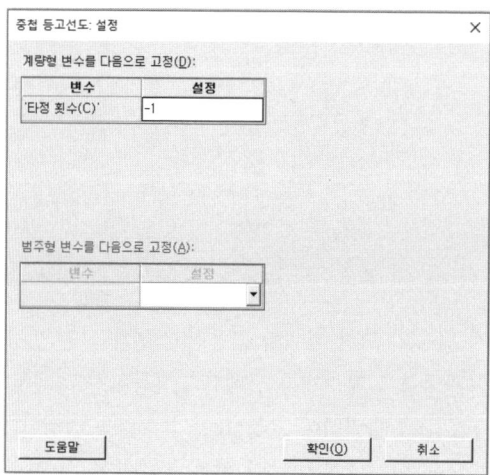

(14) 인자 3개의 고정 수준을 바탕으로 3가지의 등고선도를 도출할 수 있으며, 고정 인자의 수준에 따라 수많은 등고선도를 도출할 수 있다. 최적화 단계에서는 고정 인자의 대표적인 수준(-1, 0, 1)을 고려하기 위해 총 9가지의 등고선도를 아래와 같이 도출하였으며, 이를 통해 가장 유의하지 않은 인자를 선별하여 중첩등고선도를 도출해야 한다.

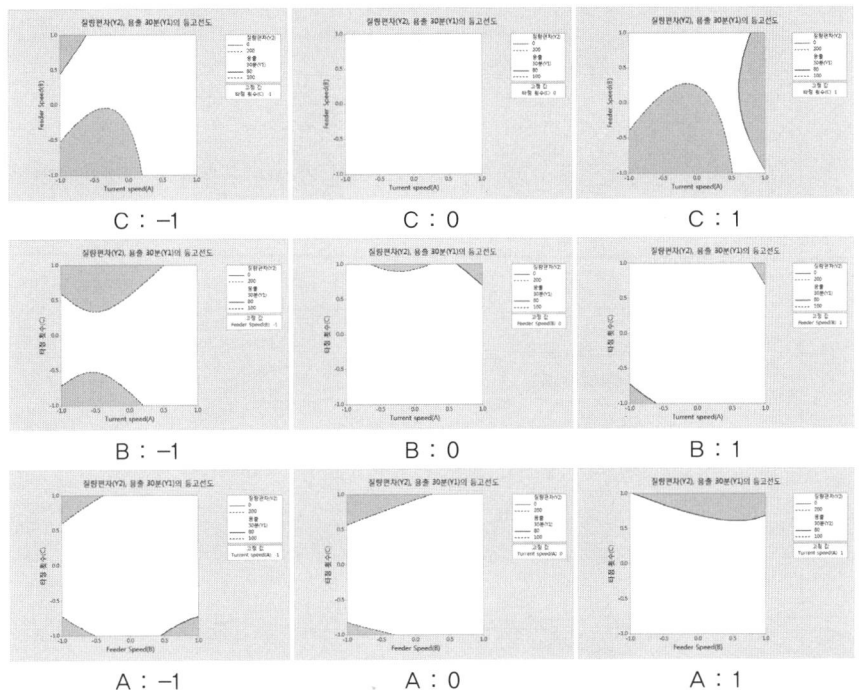

(15) 가장 유의하지 않은 인자(A : -1, 0, 1)를 선별하여 중첩등고선도를 도출했다. 중첩등고선도를 이용하여 도출된 디자인스페이스(DS)는 다차원적 조합에 대해 과학적인 근거를 기반으로 도출된 매우 신뢰성있는 영역이라 판단된다.

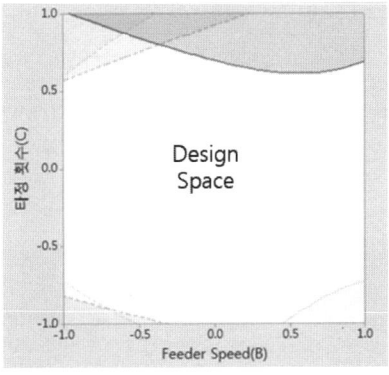

(16) 일반적으로 중첩등고선도를 이용해 도출한 디자인스페이스(DS)는 분산성을 고려하지 않는다. 하지만 실제로 이러한 분산을 고려하여 제시하는 것이 좋으므로 신뢰구간(CI)을 적용한 안전 가용 영역(OS)을 도출하고자 한다. Minitab에서 개발된 중첩등고선도 도구를 사용하여 신뢰구간(CI)을 적용한 중첩등고선도를 도출한다. 우선 중첩등고선도 〉 반응 설정을 클릭한다.

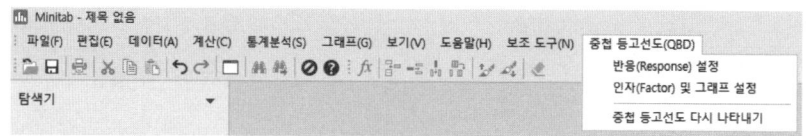

(17) 지금 현재 반응은 최대 6개 까지 선택이 가능하며 유형에는 망대, 망소, 망목 특성이 있다. 용출 30분(Y_2 : 80~100)과 질량편차(Y_2 : 0~200)의 범위를 입력하고 [확인]을 클릭한다.

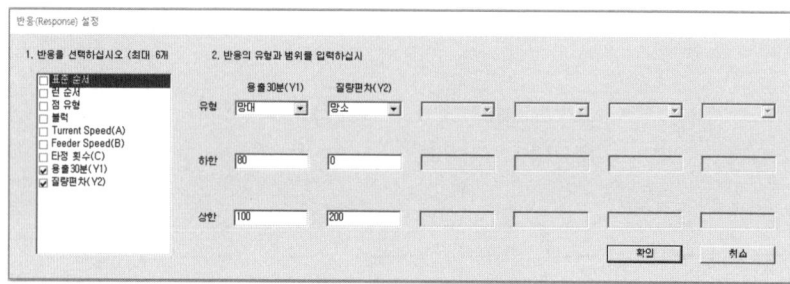

(18) 고정 인자를 설정하기 위해 중첩등고선도 → 인자 및 그래프 설정을 클릭한다.

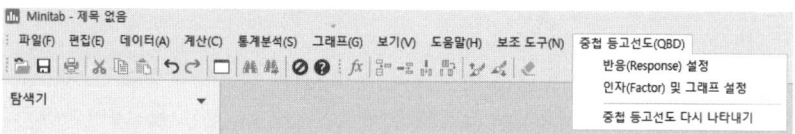

(19) 각 반응의 회귀식에 사용된 인자는 용출 30분(Y_1)과 질량편차(Y_2) 모두 인자 A, B, C를 사용하기에 클릭을 한다. 그 후 고정할 인자(A)를 선택하고 그 인자(A)의 수준을 입력한다. X축(B)과 Y축(C)을 입력하고 신뢰구간(CI)을 고려하여 가용 영역(Operating Space)을 구하고자 하기에 [신뢰구간]을 선택 후 [확인]을 클릭한다.

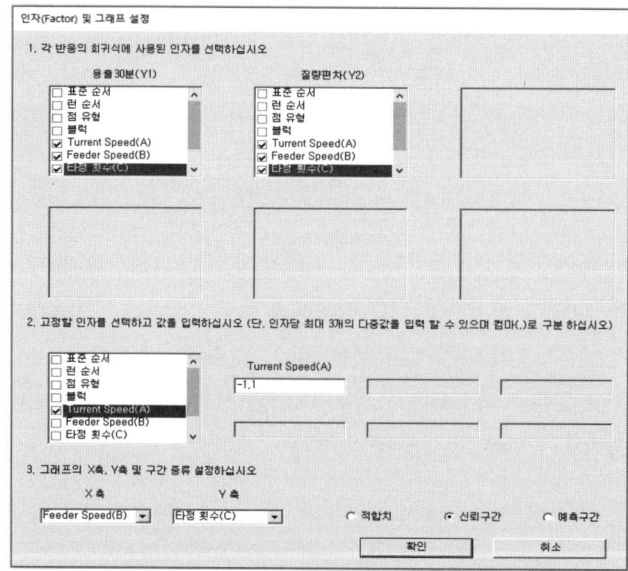

(20) 신뢰구간(CI)을 적용한 구간과 적용하지 않은 구간이 다소 차이가 있다. 신뢰구간(CI)을 적용하지 않은 디자인스페이스(DS)보다 신뢰구간(CI)을 적용한 가용 영역(OS)이 더 안전한 영역임을 판단할 수 있다.

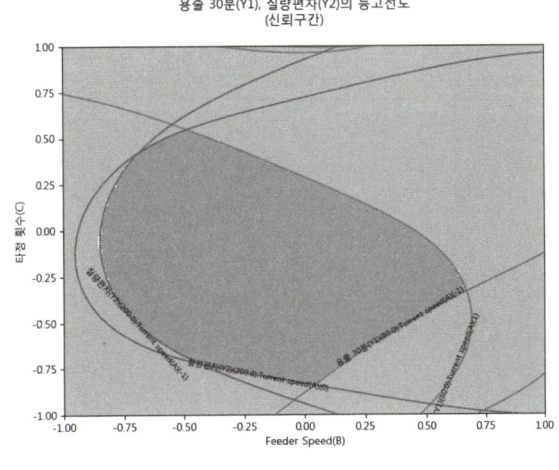

3) Box-Behnken(BB)

Box-Behnken법(BB)의 실험점은 각 모서리의 가운데와 중심에 위치하게 되며 곡률효과를 보기 위해 중심점을 반복하기 때문에 공정의 운영 조건을 알고 있을 시 조건에 맞게 유용하게 실험 가능하다는 것이 장점이다. Box-Behnken법은 축점이 생성되지 않기 때문에 이산형 인자와 연속형 인자 모두 실험설계가 가능하며, 동일한 인자 수일 때 중심합성법(CCD)보다 적은 실험 점수를 가지지만 꼭짓점에 대한 정보를 얻을 수 없으며 3 인자 이상일 때부터 설계가 가능하다.

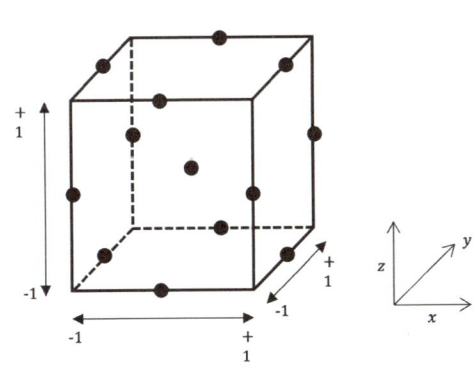

Run Order	x	y	z
1	-1	-1	0
2	-1	1	0
3	1	-1	0
4	1	1	0
5	-1	0	-1
6	-1	0	1
7	1	0	-1
8	1	0	1
9	0	-1	-1
10	0	-1	1
11	0	1	-1
12	0	1	1
13	0	0	0
14	0	0	0
15	0	0	0

그림 4-19 Box-Behnken 법의 입방체도 및 실험설계표

예제 4.5-3: Box-Behnken

스크리닝 단계를 통해 3개의 주요 공정 변수(CPP)[A: 활택공정 시간(1~10min), B: 타정압(60~110), C: 타정 횟수(1~3회)]를 도출 하였고, 함량(Y_1)과 함량 균일성(Y_2)에 대하여 주요 공정 변수(CPP)의 영향을 분석하여 설정된 CPP의 범위가 타당한지에 대한 특성화 단계를 실행한 결과 범위 또한 타당하다고 판단되었다. 그리고 인자(C)는 이산형 인자이다. 또한 시간과 비용에 제한이 있어 실험은 반복 없이 진행하여야 한다. 이러한 정보를 바탕으로 Box-Behnken(BB)을 통한 최적화 단계를 수행하고자 한다.

(1) Minitab을 이용하여 주어진 상황을 바탕으로 워크시트에 반응 표면 설계(RSM)를 생성하기 위해 통계분석 → 실험계획법 → 반응 표면 → 반응 표면 설계 생성을 클릭한다.

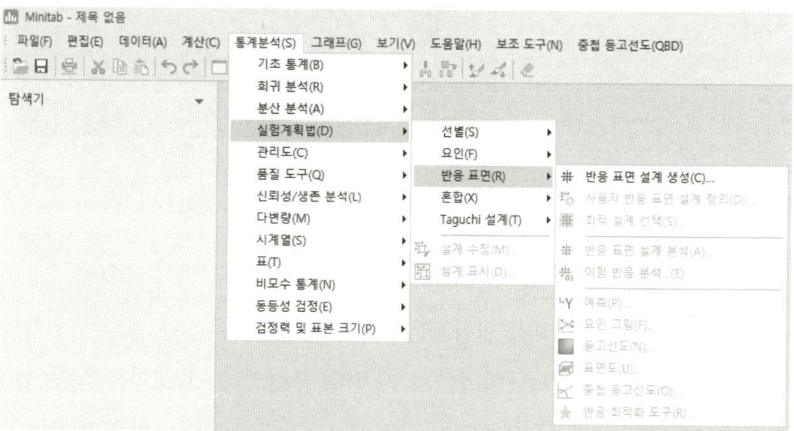

(2) 아래의 창에서 Box-Behnken(BB)과 요인의 수를 3으로 선택한 뒤 [설계]를 클릭한다. [설계]에서는 상황에 적절한 기본 값과 사용자 정의, 블록 수, 반복 실험 횟수를 선택할 수 있으며, 본 실험에서는 기본 값을 선택하고, 블록 수는 1, 반복 실험 횟수는 1로 설정한 후 [확인]을 클릭한다.

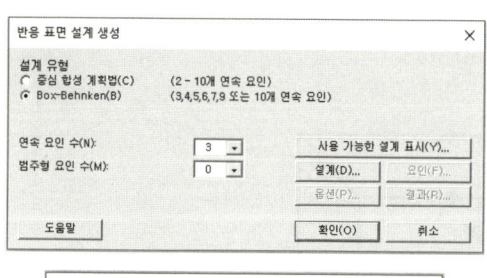

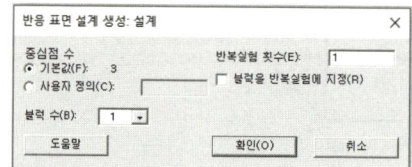

(3) 반응 표면 설계 생성에서 활성화된 [요인], [옵션], [결과]를 확인할 수 있으며, 먼저 각 인자의 이름, 수준, 유형을 설정하기 위해 [요인]을 클릭한다. 각 인자를 A, B, C로 설정하고 수준은 코드화 된 범위(높은 수준 : +1, 낮은 수준 : -1)를 사용하여 아래와 같이 설정한다.

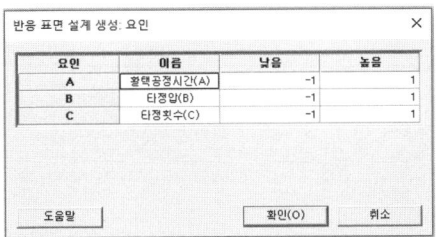

(4) 실험설계에 랜덤화(Randomization)를 적용시키기 위해 [옵션]을 클릭하고, 런 랜덤화를 아래와 같이 설정한다.

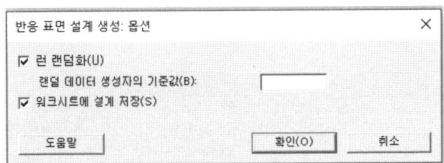

(5) 최종적으로 [확인]을 클릭하면 아래와 같이 Box-Behnken 실험설계표가 워크시트 창에 나타난다.

	C1	C2	C3	C4	C5	C6	C7
	표준 순서	런 순서	점 유형	블록	활택공정시간(A)	타정압(B)	타정횟수(C)
1	1	9	2	1	-1	-1	0
2	2	7	2	1	1	-1	0
3	3	11	2	1	-1	1	0
4	4	4	2	1	1	1	0
5	5	8	2	1	-1	0	-1
6	6	6	2	1	1	0	-1
7	7	10	2	1	-1	0	1
8	8	5	2	1	1	0	1
9	9	1	2	1	0	-1	-1
10	10	13	2	1	0	1	-1
11	11	14	2	1	0	-1	1
12	12	3	2	1	0	1	1
13	13	2	0	1	0	0	0
14	14	15	0	1	0	0	0
15	15	12	0	1	0	0	0

(6) 설계된 실험표를 바탕으로 실험을 한 후, 함량(Y_1)과 함량균일성(Y_2)에 대한 실험 결과를 아래와 같이 기입한다.

	C1 표준 순서	C2 런 순서	C3 점 유형	C4 블럭	C5 활택공정시간(A)	C6 타정압(B)	C7 타정횟수(C)	C8 함량(Y1)	C9 함량균일성(Y2)
1	1	9	2	1	-1	-1	0	98.75	14.10
2	2	7	2	1	1	-1	0	95.64	15.90
3	3	11	2	1	-1	1	0	100.51	18.41
4	4	4	2	1	1	1	0	99.58	15.97
5	5	8	2	1	-1	0	-1	94.72	14.65
6	6	6	2	1	1	0	-1	97.90	10.17
7	7	10	2	1	-1	0	1	106.32	13.31
8	8	5	2	1	1	0	1	100.02	13.32
9	9	1	2	1	0	-1	-1	97.62	9.21
10	10	13	2	1	0	1	-1	93.42	16.00
11	11	14	2	1	0	-1	1	97.18	16.03
12	12	3	2	1	0	1	1	111.85	14.51
13	13	2	0	1	0	0	0	96.19	14.56
14	14	15	0	1	0	0	0	99.53	13.62
15	15	12	0	1	0	0	0	94.20	14.62

(7) 실험설계를 분석하기 위해 상단의 통계분석 → 실험계획법 → 반응 표면 → 반응 표면 설계 분석을 클릭한다.

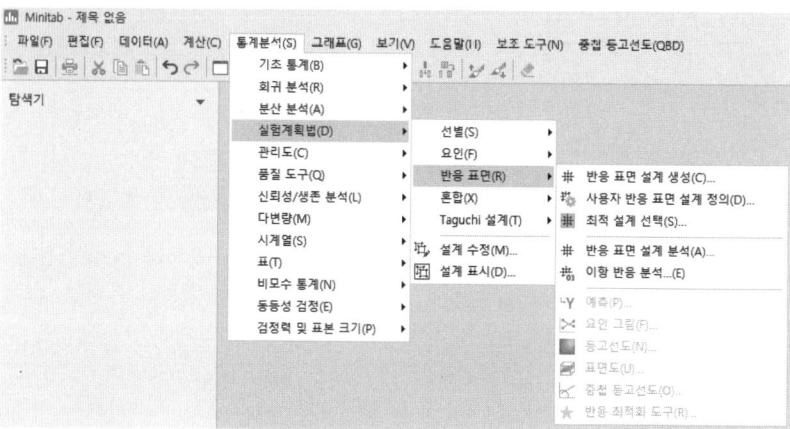

(8) 반응 표면 설계 분석 창의 반응에 함량(Y_1), 함량균일성(Y_2)을 선택한다.

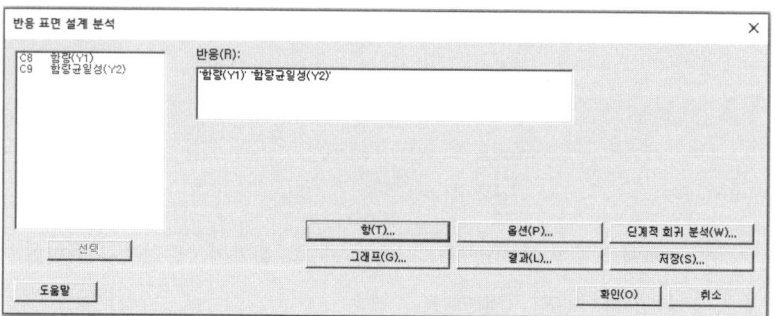

(9) 분석할 항의 차수를 설정하기 위해 [항]을 클릭하고, 정밀한 분석을 위해 2 차수로 설정한다.

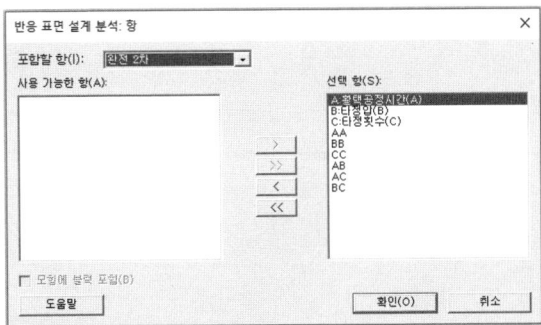

(10) [그래프]에서는 함수를 추정하기 위한 가정을 확인하기 위한 잔차도를 아래와 같이 설정하고 최종 [확인]을 클릭한다.

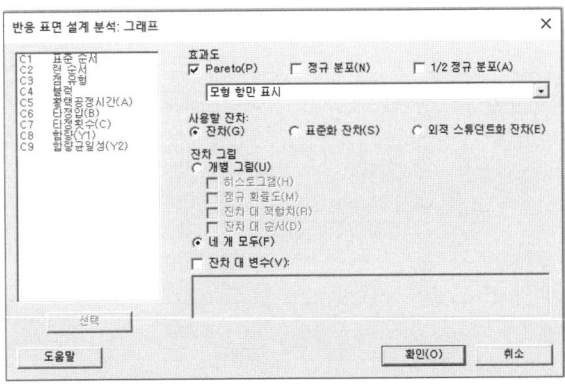

(11) 다음과 같이 도출된 분산분석(ANOVA) 결과 함량(Y_1)과 함량균일성(Y_2)의 모형의 P-값이 모두 유의수준 (0.05)에 비해 작아 범위가 적합한 것을 파악할 수 있고 오차의 자유도가 4 이상으로 충분히 확보되었다고 판단할 수 있으며, 결정계수(R^2)가 75% 이상으로 도출되어진 회귀함수 식이 각각의 개별 데이터들을 잘 표현한다 할 수 있다. 그리고 잔차도를 보면 정규분포 가정을 만족하는 것으로 판단되며, 중심점 반복에 의한 적합성 결여(LOF)도 0.05이상으로 반복의 분산에 대해 문제가 없는 것으로 판단된다. 함량(Y_1)을 보면 주효과 B, C와 2차 교호작용 BC가 유의하다는 것을 알 수 있으며, 함량 균일성(Y_2)의 경우, 주효과 B, C와 제곱항 BB, CC, 2차 교호작용 BC가 유의하다고 판단할 수 있다. 따라서 본 모형을 이용하여 디자인스페이스(DS) 및 가용 영역(OS), 인자의 최적 수준과 반응의 최적값을 도출해 볼 것이다.

함량
(Y_1)

함량균일성
(Y_2)

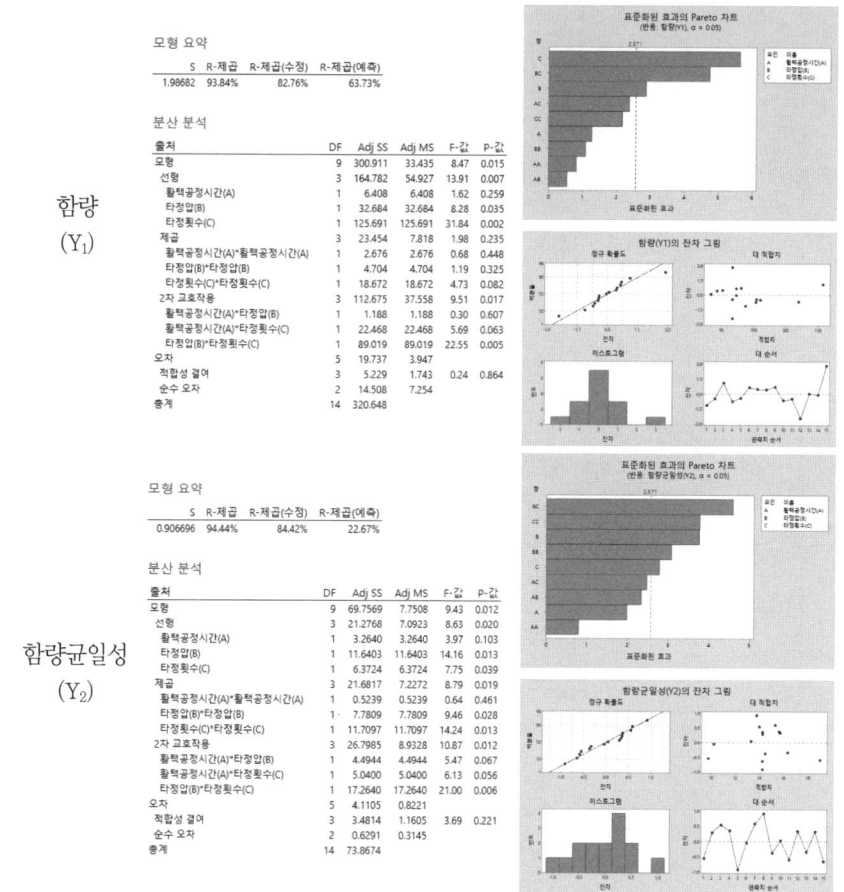

(12) 제시된 각 반응의 제한 범위(Y_1 : 90~110, Y_2 : 0~15)에 따른 실험 인자의 디자인 스페이스(DS)를 판단하기 중첩등고선도를 도출해야 하며, 중첩등고선도를 도출하기 위해 통계분석 → 실험계획법 → 반응 표면 → 중첩 등고선도를 클릭한다.

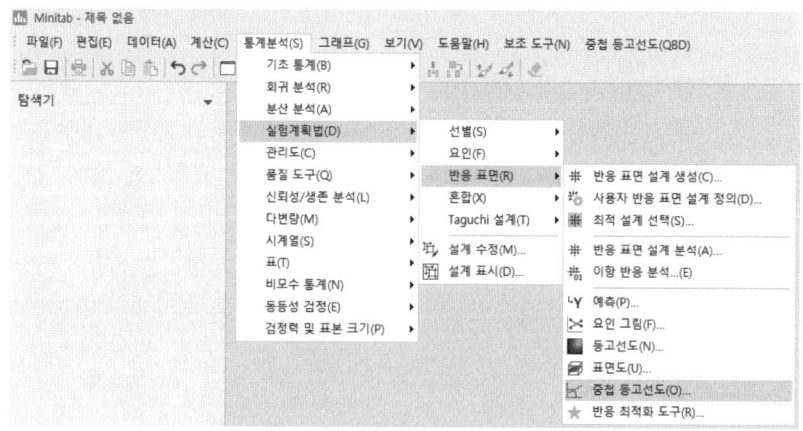

(13) 우선 각 반응의 제한 범위를 적용하기 위해 모든 반응(Y_1, Y_2)을 오른쪽으로 옮기고, 범위를 관찰할 인자 2개를 선택한다. [등고선도]에서 각 반응의 상한과 하한을 기입하며, [설정]을 클릭하여 고정 요인의 수준을 결정한다. 일반적인 중첩등고선도의 경우, 한 번에 인자 2개 이하의 변화만 관찰할 수 있음으로 설정된 2개의 인자(A, B) 외에 나머지 인자(C)는 고정 인자로 설정된다. Minitab에서는 고정 인자의 기본값을 실험 범위의 중심점으로 설정하고 있으며, 이는 상황에 맞게 변화시킬 수 있다. 모든 입력이 완료되었다면 [확인]을 클릭한다.

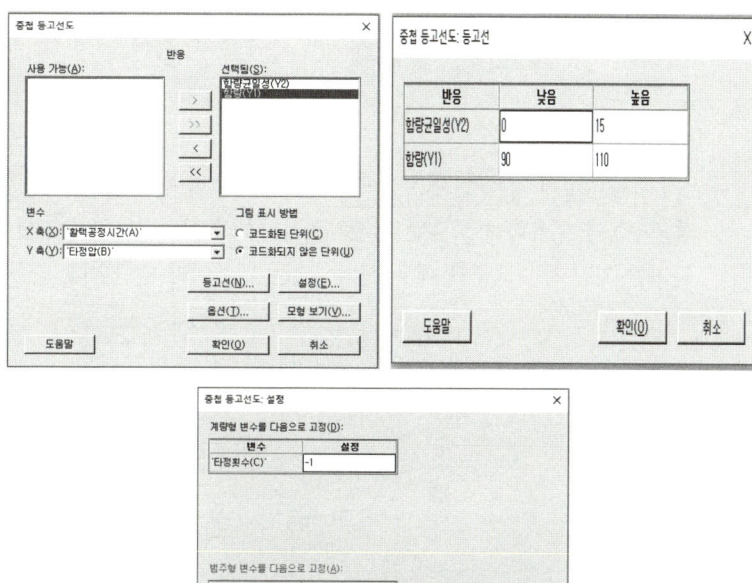

(14) 인자가 3개로 고정 인자의 수준을 중심으로 고정한 3가지의 등고선도를 도출할 수 있으며, 고정 인자의 수준에 따라 수많은 등고선도를 도출할 수 있다. 최적화 단계에서는 고정 인자의 대표적인 수준(-1, 0, 1)을 고려하기 위해 총 9가지의 등고선도를 아래와 같이 도출하였으며, 이를 통해 가장 유의하지 않은 인자를 선별하여 중첩등고선도를 도출해야 한다.

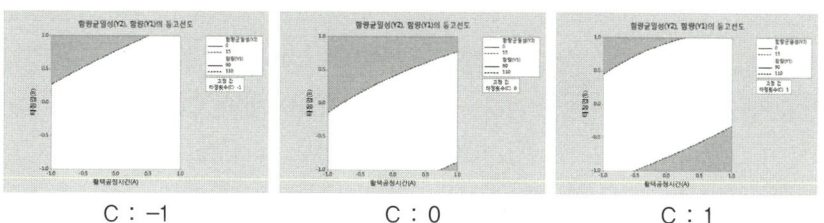

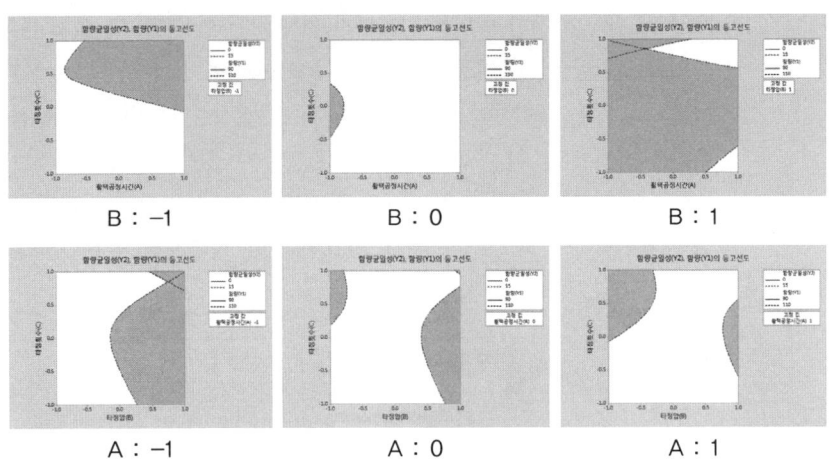

(15) 가장 유의하지 않은 인자(A : -1, 0, 1)를 선별하여 중첩등고선도를 도출했다. 중첩등고선도를 이용하여 도출된 디자인스페이스(DS)는 다차원적 조합에 대해 과학적인 근거를 기반으로 도출된 매우 신뢰성있는 영역이라 판단된다.

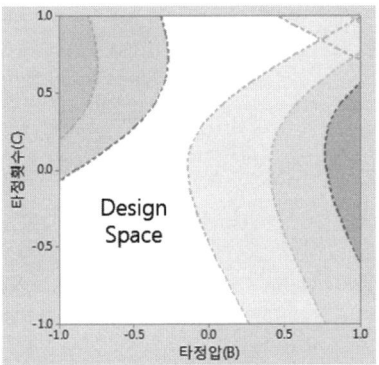

(16) 일반적으로 중첩등고선도를 이용해 도출한 디자인스페이스(DS)는 분산성을 고려하지 않는다. 하지만 실제로 이러한 분산을 고려하여 제시하는 것이 좋음으로 신뢰구간(CI)을 적용한 가용 영역(OS)을 도출하고자 한다. Minitab에서 개발된 중첩등고선도 도구를 사용하여 신뢰구간(CI)을 적용한 중첩등고선도를 도출한다. 우선 중첩등고선도 〉 반응 설정을 클릭한다.

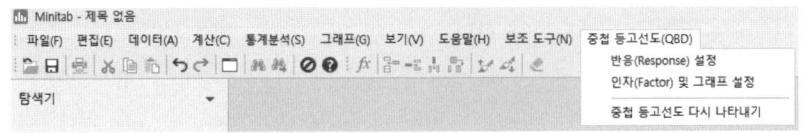

(17) 지금 현재 반응은 최대 6개까지 선택이 가능하며 유형에는 망대, 망소, 망목 특성이 있다. 함량(Y_1 : 90~110)과 함량균일성(Y_2 : 0~15)의 범위를 입력하고 [확인]을 클릭한다.

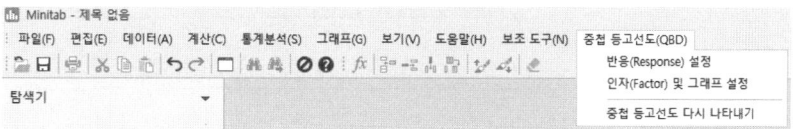

(18) 고정 인자를 설정하기 위해 중첩등고선도 〉 인자 및 그래프 설정을 클릭한다.

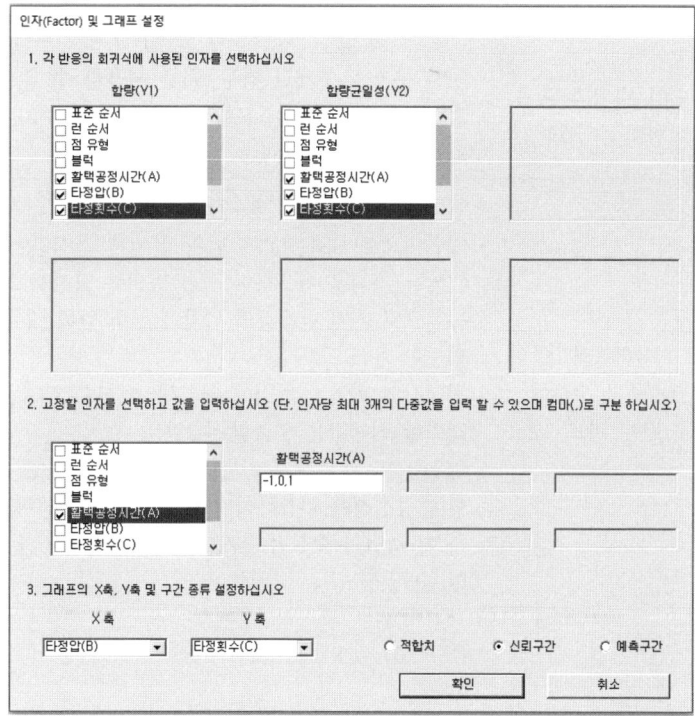

(19) 각 반응의 회귀식에 사용된 인자는 함량(Y_1)과 함량균일성(Y_2) 모두 인자 A, B, C를 사용하기에 클릭을 한다. 그 후 고정할 인자(A)를 선택하고 그 인자(A)의 수준을 입력한다. X축(B)과 Y축(C)을 입력하고 신뢰구간(CI)을 고려하여 가용 영역(OS)을 구하고자 하기에 [신뢰구간]을 선택 후 [확인]을 클릭한다.

(20) 신뢰구간(CI)을 적용한 구간과 적용하지 않은 구간이 다소 차이가 있다. 신뢰구간(CI)을 적용하지 않은 디자인스페이스(DS)보다 신뢰구간(CI)을 적용한 가용 영역(OS)이 더 안전한 영역임을 판단할 수 있다.

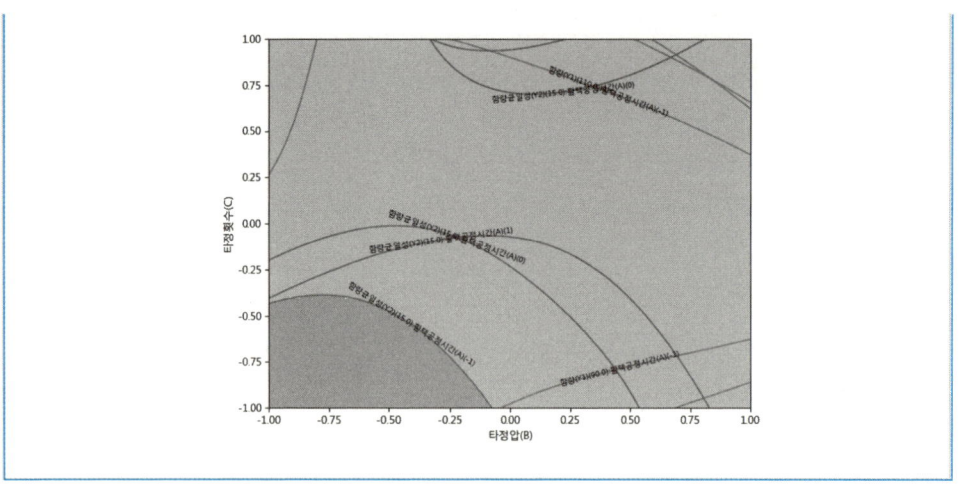

4.5.3 중심합성법(Central Composite Design, CCD)과 Box-Behnken법(BB) 비교 분석

	CCD Vs BB
인자 수에 따른 실험점 수 비교	• 인자 수가 2, 8개일 경우 BB를 사용할 수 없음 • 정상적으로 중심점이 포함된 실험에서는 BB가 CCD보다 적은 실험으로 최적화 수행이 가능함
실험점의 형태/종류/수준에 따른 비교	• CCF, BB는 이산형 변수가 존재할 경우에도 사용이 가능함 • 일반적으로 BB는 실험 범위 안에서 최적값이 존재할 시 사용하지만 CCD는 축점을 이용하여 실험 범위를 넓혀서 최적범위를 찾는 것이 가능함으로 최적 반응값의 위치가 실험 범위 내에서 찾기 힘들 때 적용이 가능함 • 최적값의 위치가 중심에 위치해 있다면 CCD는 CCF를 이용하여 좀 더 정확한 최적값을 도출할 수 있음 • CCD는 BB에 반해 요인 실험과 연계가 가능함(예를 들면, 완전 요인 실험에 중심점을 추가하여 인자 범위의 타당성 평가와 특성화단계를 수행하고, 축점과 중심점 추가를 통하여 CCD를 완성하고 CCD를 연계 분석할 수 있음

4.6 혼합물 실험설계(Mixture Design)

혼합물 실험설계(Mixture Design)는 상호간의 비율이나 총량에 대한 제한 없이 반응값에 영향을 주는 주요 인자를 선정하여 반응을 가장 좋게 만드는 최적 조합을 도출하는데 목적이 있다. 이전에 소개했던 요인 설계 방법들과는 다르게 인자들을 모두 높은 수준이나 낮은 수준으로 한 조합을 실험할 수 없으며 인자들의 수준의 합이 1 혹은 100%가 되도록 실험이 설계된다. 혼합물 실험은 대표적으로 세가지 설계(심플렉스 격자, 심플렉스 중심, 꼭짓점 설계)가 있다.

4.6.1 심플렉스 격자 설계

심플렉스 격자 설계는 주어진 실험 영역에서 격자를 이용해 실험점들을 균일하게 대칭으로 배열시키는 실험설계 방법이다. 격자 설계의 경우, 격자의 수를 증가시키거나 중심점 또는 축점을 추가하여 더 정밀한 분석이 가능하다. 그러나 실험 횟수가 많아지기 때문에 분석하려는 정보의 양을 고려해서 격자의 수와 중심점 또는 축점 추가 여부를 고려하여 실험을 설계해야 한다. 일반적으로 혼합물 실험에서는 스크리닝 단계에 주로 사용되어진다.

> **예제 4.6-1: 심플렉스 격자 설계**
>
> 7개 주요 제형 변수(CMA)를 배합하여 함량(Y_1)과 용출 30분(Y_2)을 가장 크게 해주는 주요 제형 변수의 혼합 비율을 찾으려 한다. 이 때 각 주요 제형 변수와 반응(Y_1, Y_2)에 대해 심플렉스 격자 설계로 인자를 선별하고자 한다.
>
> (1) Minitab을 이용하여 주어진 상황을 바탕으로 워크시트에 심플렉스 격자 설계를 생성하기 위해 통계분석 → 실험계획법 → 혼합 → 혼합 설계 생성을 클릭한다.

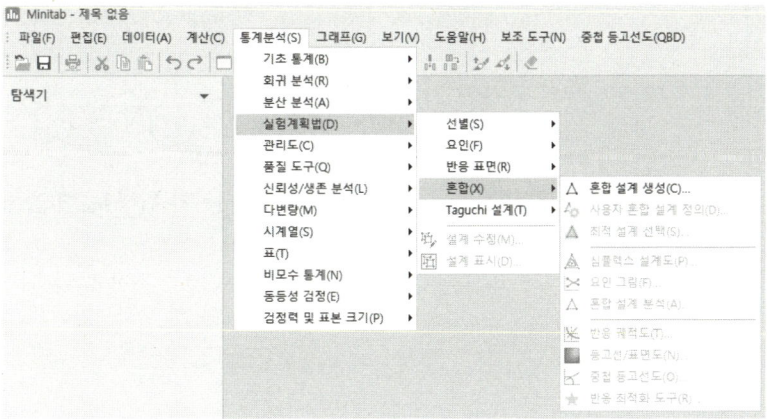

(2) 아래의 창에서 심플렉스 격자 설계와 성분의 수를 7로 선택한 뒤 [설계]를 클릭한다. [설계]에서는 상황에 적절한 격자도, 중심점, 축점, 반복을 선택할 수 있으며, 본 실험에서는 실험 수를 최소화하여 스크리닝하기 위해 1 격자도, 중심점과 축점 추가 후, 반복을 1로 설정하고 [확인]을 클릭한다.

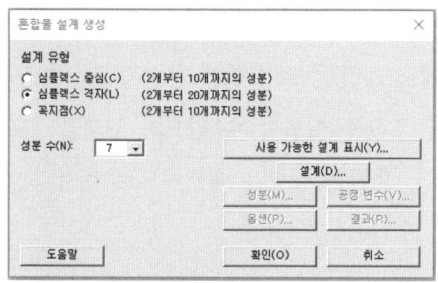

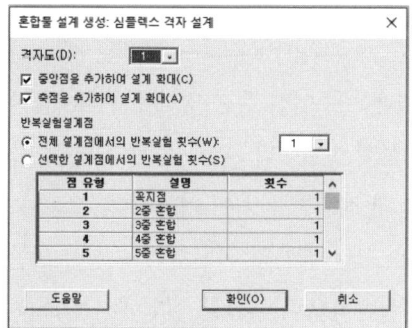

(3) 활성화된 [성분], [공정 변수], [옵션], [결과]를 확인할 수 있으며, 먼저, 각 인자의 이름, 수준, 유형을 설정하기 위해 [성분]을 클릭한다. 각 인자를 A, B, C, D, E, F, G로 설정하고, 단일 총계를 1로 설정한다. 단일 총계란 혼합물의 총량을 나타낸다.

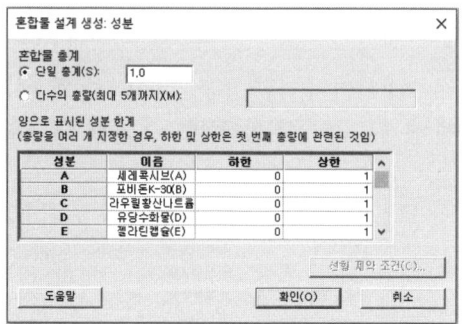

(4) 실험 설계에 랜덤화(Randomization)를 적용시키기 위해 [옵션]을 클릭하고, 런 랜덤화를 아래와 같이 설정한다.

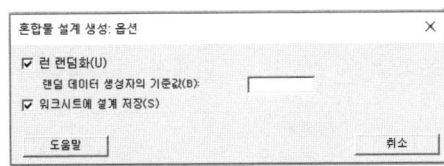

(5) [공정 변수]의 경우, 혼합 성분에 해당하진 않지만, 혼합하는 공정 사이에 발생하는 변수가 존재할 때 사용하게 된다. 본 실험에는 공정 변수가 존재하지 않음으로 [확인]을 클릭하여, 워크시트 창에 심플렉스 격자 설계를 아래와 같이 생성한다.

(6) 설계된 실험표를 바탕으로 함량(Y_1)과 용출 30분(Y_2)에 대한 실험 결과를 아래와 같이 기입한다.

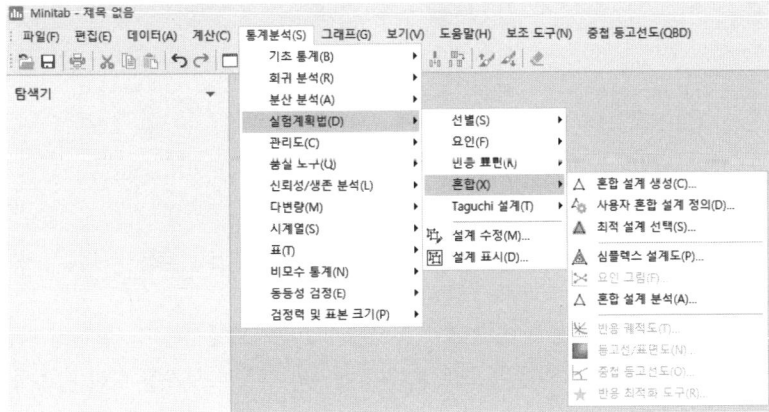

(7) 실험설계를 분석하기 위해 상단의 통계분석 → 실험계획법 → 혼합 → 혼합 설계 분석을 클릭한다.

(8) 혼합물 설계 분석 창에서 반응을 함량(Y_1), 용출 30분(Y_2)을 선택하고, 모든 항들을 한 번에 분석할 수 없으므로 단계적 회귀 분석을 이용하여 분석하도록 한다.

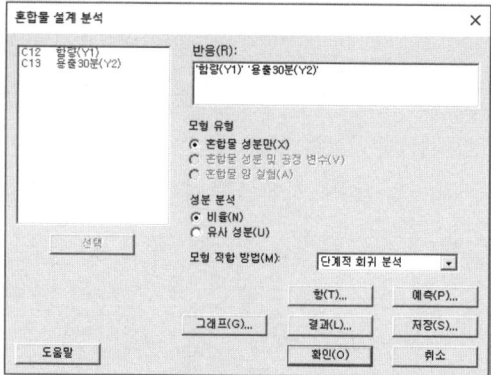

(9) 분석할 항의 차수를 설정하기 위해 [항]을 클릭하며, 스크리닝 실험에서는 에러에 충분한 자유도가 존재하지 않기 때문에 모형의 분석 항을 최대 2차로 설정한다.

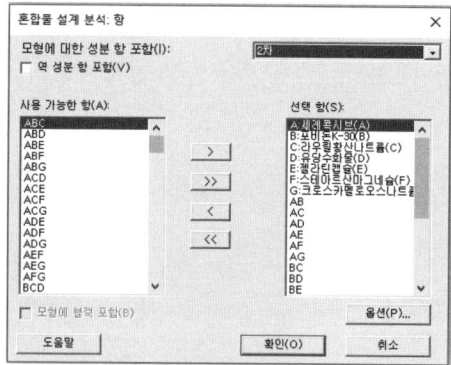

(10) [그래프]에서는 함수를 추정하기 위한 가정을 확인하기 위한 잔차도를 아래와 같이 설정하고 최종 [확인]을 클릭한다.

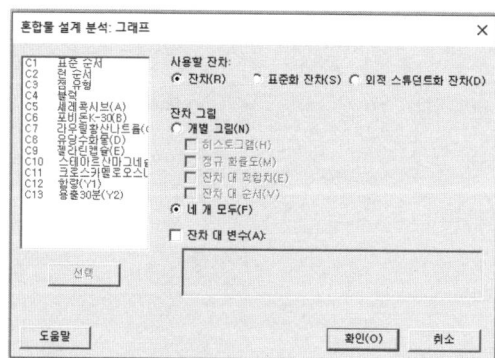

(11) 함량(Y_1)과 용출 30분(Y_2) 분석 결과, 잔차도에서는 각 실험에 따른 어떠한 패턴을 가지고 있지 않은 것으로 보이며 에러의 정규분포 가정 또한 만족하고 있다고 분석할

수 있다. 분산 분석(ANOVA) 결과의 경우, 결정계수(R^2)은 75% 이상으로 높은 수치를 보이고 모형의 P-값이 0.05이하로 모두 유의하고 오차의 자유도가 4 이상으로 충분히 확보하고 있는 것으로 보인다. 또한 표준 오차의 결과값에 비해 낮은 것으로 보아 분산이 큰 실험은 아니라고 판단된다. 그리고 함량(Y_1)에서는 AC와 CE, 용출 30분(Y_2)에서는 AD가 유의하다. 이 때, 각 주효과는 실험 설계 특성상 분석을 할 수 없으며, 주효과를 파악하기 위해서는 일반적으로 Cox 궤적도를 그려서 대략적으로 판단하는 방법이 있다.

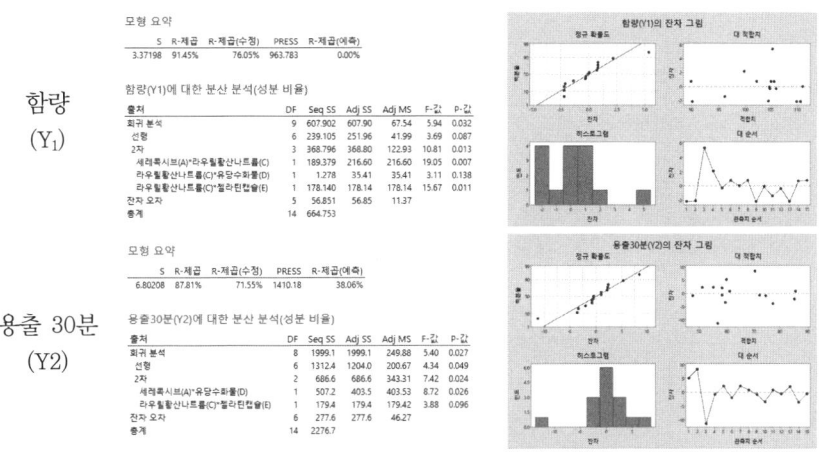

(12) Cox 궤적도를 통해 각 반응에 영향을 주는 인자를 파악할 수 있으며, 이를 수행하기 위해 통계분석 → 실험계획법 → 혼합 → 반응 궤적도를 클릭한다.

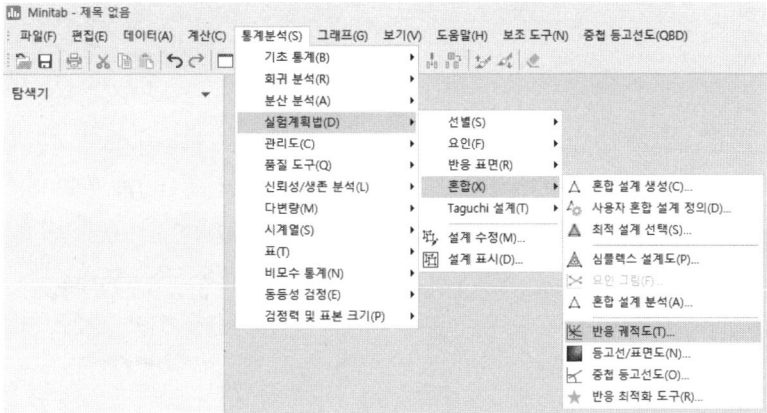

(13) 각 반응을 선택하여 각 반응에 대해 Cox 궤적도를 도출할 수 있다. 그림에서 각 주효과에 대해 선이 주어져 있으며, 선의 기울기가 급할수록 반응에 영향을 더 많이 주고 있다고 할 수 있다. 함량(Y_1)의 경우, A, C, E의 경사가 상대적으로 급하고, 용출 30분(Y_2)의 경우, A, F, G의 경사가 급하다. 따라서 A, C, E, F, G가 상대적으로 반응에 더 많이 영향을 준다고 판단할 수 있다. 그러나 이를 통해 인자의 스크리닝을 수행하기에는 정보가 부족하며, 추가적으로 최적화 분석을 진행하여 인자를 선별해야 한다.

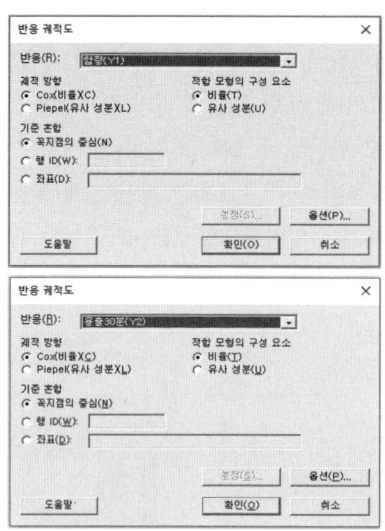 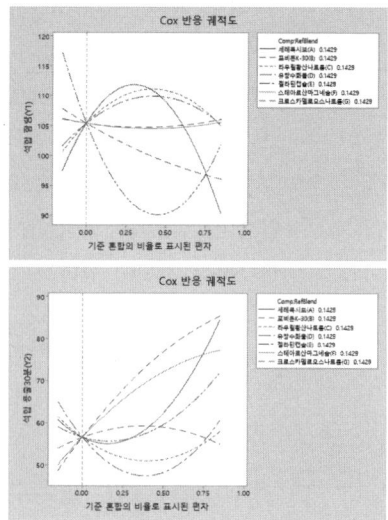

(14) 최적화 분석을 위해 통계분석 → 실험계획법 → 혼합 → 반응 최적화 도구를 클릭한다.

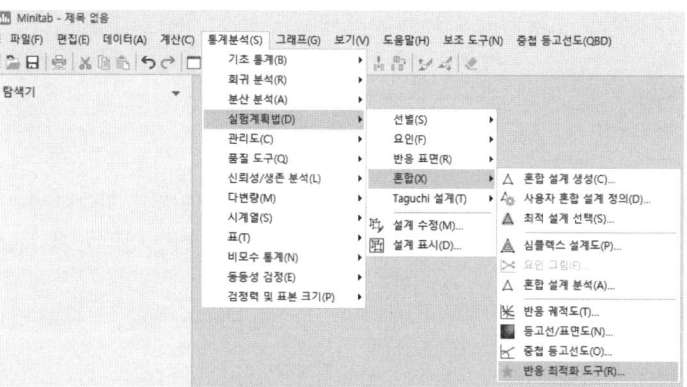

(15) 함량(Y_1)과 용출 30분(Y_2)을 모두 오른쪽으로 이동시키고 [설정]을 클릭한다. 반응 함량(Y_1)의 규격(하한 : 90, 목표값 : 100, 상한 : 110)과 용출 30분(Y2)의 규격(하한 : 80, 목표값 : 100)을 입력하고 [확인]을 클릭한다.

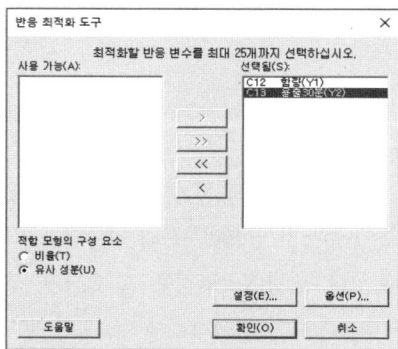

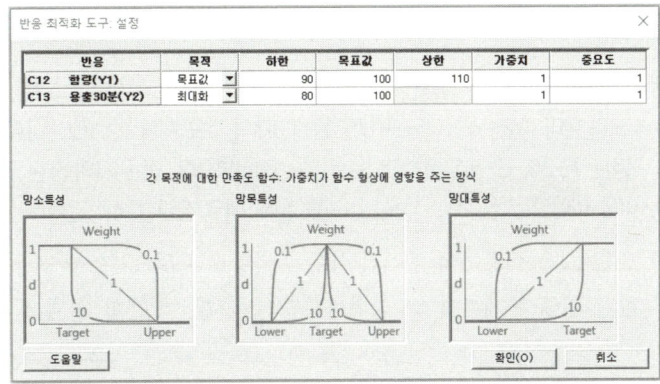

(16) 반응의 규격 내에서 영향을 주는 인자는 A(0.6363), C(0.0304), G(0.3333)로 도출되었으며, 가장 영향을 많이 주는 인자는 G인 것으로 판단된다. 따라서 최종적으로 인자 A, C, G가 선별되었으며, 추후 특성화, 최적화 실험에서는 선별된 인자를 통해 실험을 수행할 수 있다.

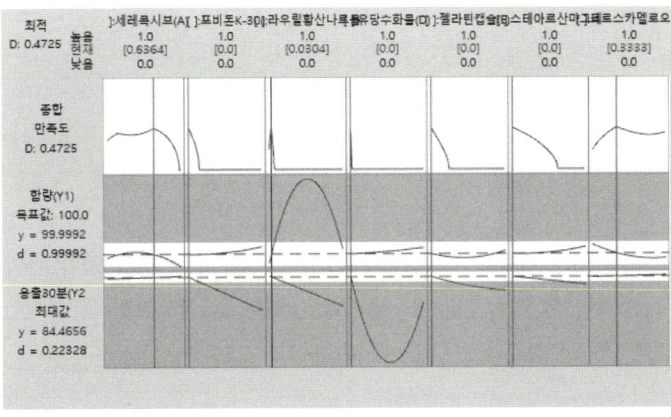

4.6.2 심플렉스 중심 설계(Simplex Centroid Design)

심플렉스 중심 설계는 격자 설계를 보완하여 개발한 것으로 꼭짓점, 모서리의 중앙점, 면의 중심점 그리고 모든 인자들의 중심점을 고려하는 혼합물 실험설계 방법이다. 격자 설계와는 다르게 차수가 없고, 축점만을 추가해서 분석 가능하다. 통계적인 분석에서 보면 격자 설계보다 더 정밀한 분석이 가능하다는 장점이 있지만, 인자의 수가 증가하면 기하급수적으로 실험 수가 증가하기 때문에 실험 수의 제약이 따른다.

예제 4.6-2: 심플렉스 중심 설계

반응 변수인 함량(Y_1)과 질량편차(Y_2)에 가장 영향을 많이 미치는 주요 제형 변수(CMA)의 혼합 비율을 찾으려 한다. 이전 스크리닝 단계를 통해 3개의 주요 제형 변수(CMA)[A: 크로스카멜로오스나트륨, B: 포비돈 K-30, C: 라우릴황산나트륨]를 선정하였으며, 이 인자의 제한 규격은 없는 것으로 나타났다. 이를 바탕으로 심플렉스 중심 설계를 통해 매우 정밀한 최적값을 도출하고자 한다.

(1) Minitab을 이용하여 주어진 상황을 바탕으로 워크시트에 심플렉스 중심 설계를 생성하기 위해 통계분석 → 실험계획법 → 혼합 → 혼합 설계 생성을 클릭한다.

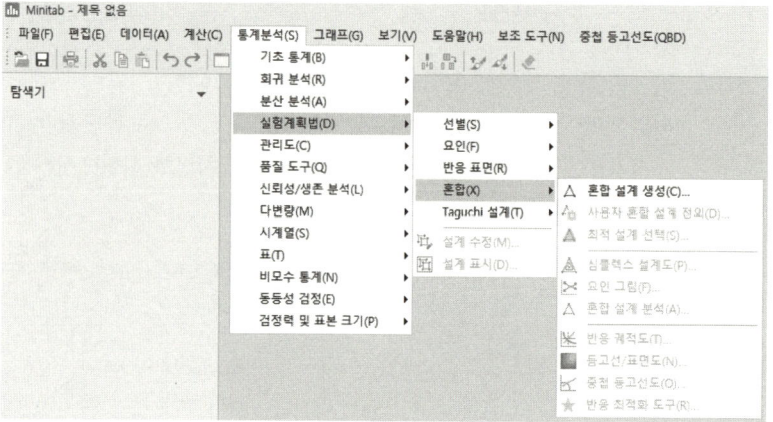

(2) 아래의 창에서 심플렉스 중심 설계와 성분의 수를 3으로 선택한 뒤, [설계]를 클릭한다. [설계]에서는 심플렉스 격자 설계와 달리 축점, 반복만 선택할 수 있으며, 본 실험에서는 축점을 추가 후, 반복을 1로 설정하고 [확인]을 클릭한다.

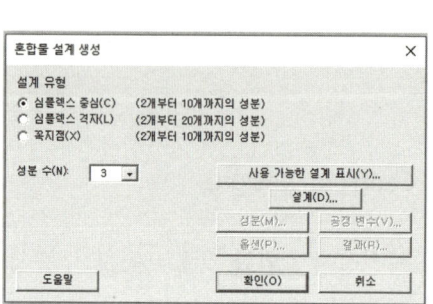 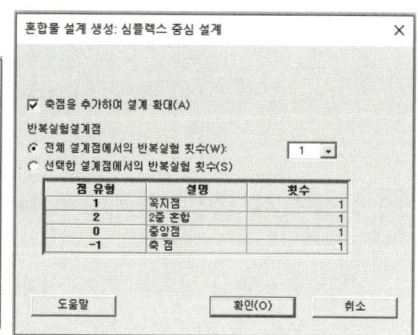

(3) 활성화된 [성분], [공정 변수], [옵션], [결과]를 확인할 수 있으며, 먼저, 각 인자의 이름, 수준, 유형을 설정하기 위해 [성분]을 클릭한다. 각 인자를 A, B, C로, 단일 총계는 1로 아래와 같이 설정한다. 단일 총계란 혼합물의 총량을 나타낸다.

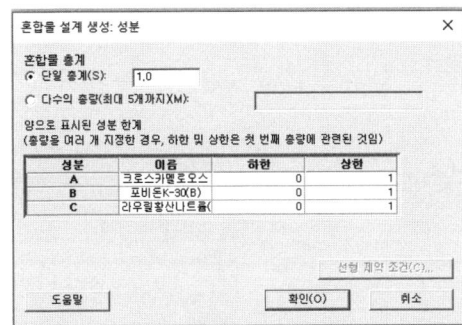

(4) 실험설계에 랜덤화(Randomization)를 적용시키기 위해 [옵션]을 클릭하고, 런 랜덤화를 아래와 같이 설정한다.

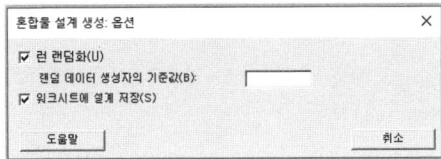

(5) 본 실험에는 공정 변수가 존재하지 않으므로 확인을 클릭하여, 워크시트 창에 심플렉스 중심 설계를 아래와 같이 생성한다.

↓	C1 표준 순서	C2 런 순서	C3 점 유형	C4 블럭	C5 크로스카멜로오스나트륨(A)	C6 포비돈K-30(B)	C7 라우릴황산나트륨(C)
1	1	2	1	1	1.00000	0.00000	0.00000
2	2	5	1	1	0.00000	1.00000	0.00000
3	3	7	1	1	0.00000	0.00000	1.00000
4	4	1	2	1	0.50000	0.50000	0.00000
5	5	10	2	1	0.50000	0.00000	0.50000
6	6	4	2	1	0.00000	0.50000	0.50000
7	7	8	0	1	0.33333	0.33333	0.33333
8	8	3	-1	1	0.66667	0.16667	0.16667
9	9	6	-1	1	0.16667	0.66667	0.16667
10	10	9	-1	1	0.16667	0.16667	0.66667

(6) 설계된 실험표를 바탕으로 함량(Y_1), 질량편차(Y_2)에 대한 실험 결과를 아래와 같이 기입한다.

↓	C1 표준 순서	C2 런 순서	C3 점 유형	C4 블럭	C5 크로스카멜로오스나트륨(A)	C6 포비돈K-30(B)	C7 라우릴황산나트륨(C)	C8 함량(Y_1)	C9 질량편차(Y_2)
1	1	2	1	1	1.00000	0.00000	0.00000	101.430	48.9072
2	2	5	1	1	0.00000	1.00000	0.00000	81.250	46.9193
3	3	7	1	1	0.00000	0.00000	1.00000	87.002	44.4762
4	4	1	2	1	0.50000	0.50000	0.00000	87.850	41.2061
5	5	10	2	1	0.50000	0.00000	0.50000	103.202	41.8678
6	6	4	2	1	0.00000	0.50000	0.50000	109.680	56.9175
7	7	8	0	1	0.33333	0.33333	0.33333	90.049	39.0734
8	8	3	-1	1	0.66667	0.16667	0.16667	101.487	41.7419
9	9	6	-1	1	0.16667	0.66667	0.16667	94.333	46.7771
10	10	9	-1	1	0.16667	0.16667	0.66667	103.228	42.6098

(7) 실험설계를 분석하기 위해 상단의 통계분석 → 실험계획법 → 혼합 → 혼합 설계 분석을 클릭한다.

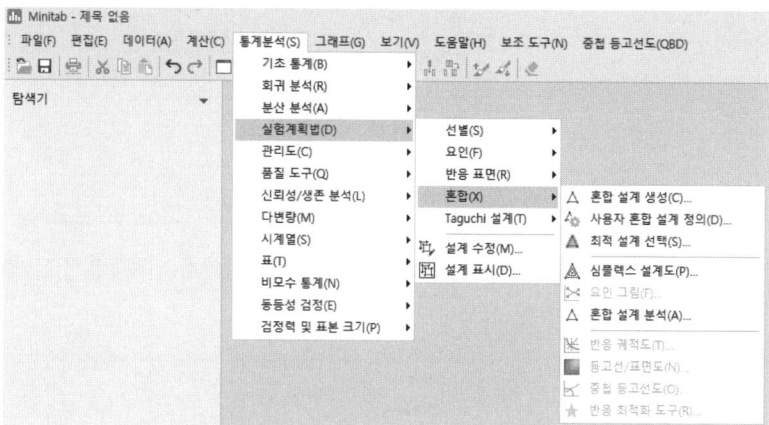

(8) 혼합물 설계 분석 창에서 반응(Y_1, Y_2)를 선택하고, 모든 항들을 한 번에 분석할 수 없으므로 단계적 회귀 분석을 이용하여 분석하도록 한다.

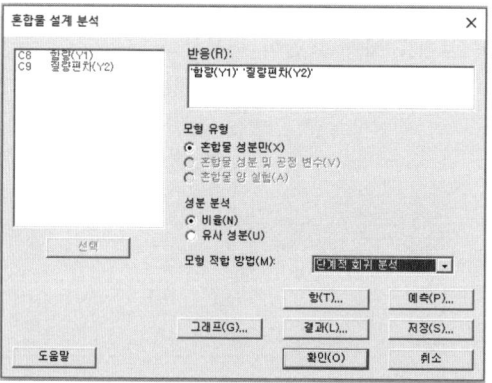

(9) 분석할 항의 차수를 설정하기 위해 [항]을 클릭하며, 최적화 실험에서는 좀 더 정밀한 분석을 위해 모형의 분석 항을 특수 3차로 설정한다.

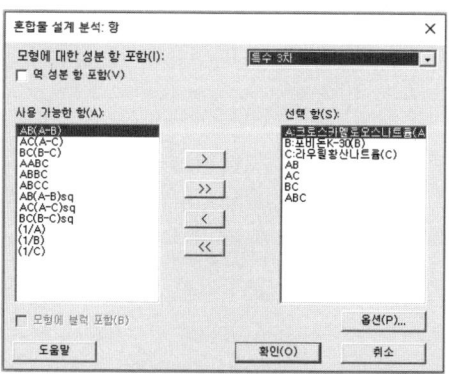

(10) [그래프]에서는 함수를 추정하기 위한 가정을 확인하기 위한 잔차도를 아래와 같이 설정하고 최종 [확인]을 클릭한다.

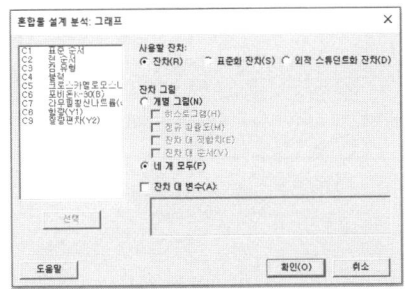

(11) 함량(Y_1)과 질량편차(Y_2) 분석 결과, 잔차도에서는 각 실험에 따른 어떠한 패턴을 가지고 있지 않은 것으로 보이며 에러의 정규분포 가정 또한 만족한다고 분석할 수 있다. 분산 분석 결과의 경우, 결정계수(R^2)는 75% 이상으로 높은 수치를 보이고 모형의 P-값이 0.05 이하로 모두 유의하며 오차의 자유도가 각각 4와 3으로 적절하게 확보되어 있는 것으로 보인다. 또한 표준 오차의 결과값에 비해 상대적으로 낮은 것으로 보아 분산이 큰 실험은 아니라고 판단된다. 그리고 함량(Y_1)에서는 AC, BC가 유의하고 질량편차(Y_2)에서는 AB, BC, ABC가 유의하다. 이를 통해 제시된 최종 모형을 이용하여 최적 조합과 중첩등고선도를 도출할 수 있다.

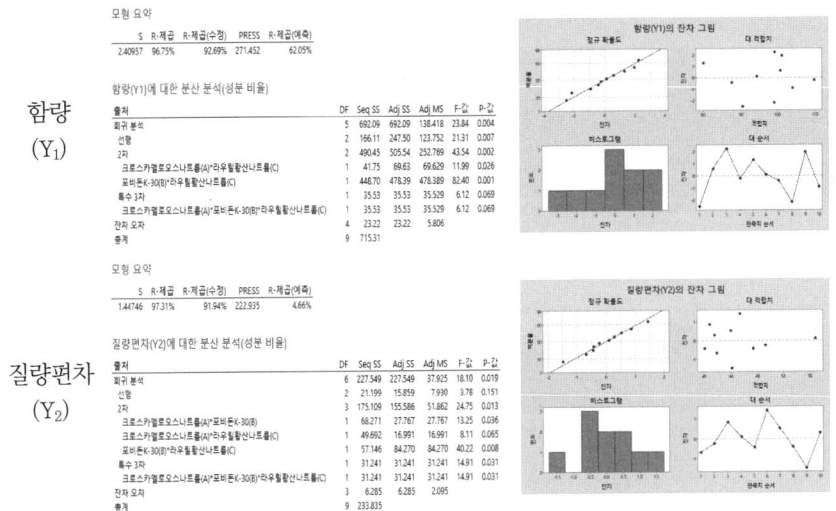

(12) 우선 최적값의 인자 수준을 파악하기 위해 만족도 함수를 사용하여 최적화를 수행하며, 통계분석 → 실험계획법 → 혼합 → 반응 최적화 도구를 클릭한다.

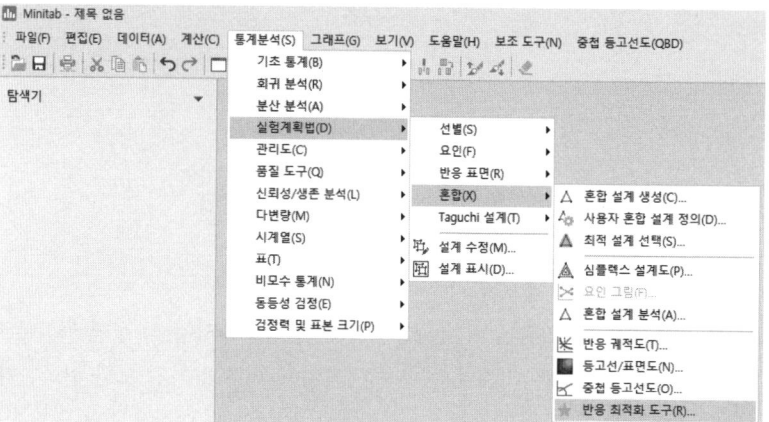

(13) 우선 Y_1, Y_2를 선택하고 [설정]을 클릭하여, 아래와 같이 각 반응의 규격(Y_1 : 90~110, Y_2 : 0~45)을 설정한다. 최종 [확인]을 클릭하면 만족도 함수(Desirability function)를 이용한 최적 조합을 도출할 수 있다.

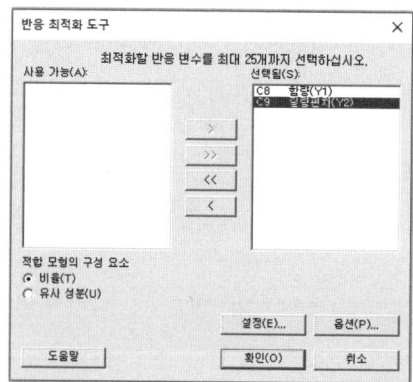

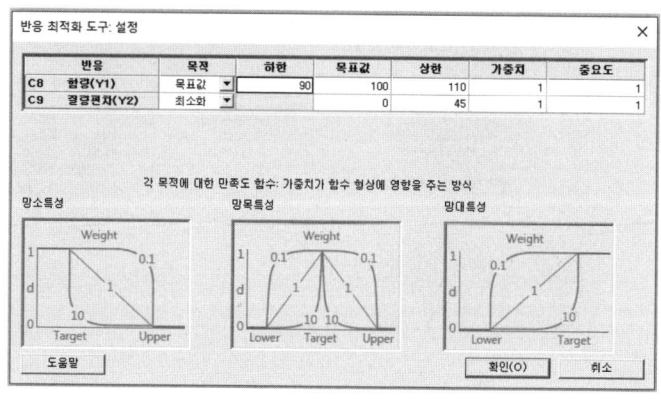

(14) 최적화 결과, 만족도 D는 0.3655로 높은 수치는 아니지만, 함량의 목표값을 거의 맞추었으며 질량편차의 상한인 45를 넘지 않는 최적 조합을 도출할 수 있었다. 반응의 규격 내에서 영향을 주는 인자는 A(0.4646), B(0.1988), C(0.3365)로 도출되었다.

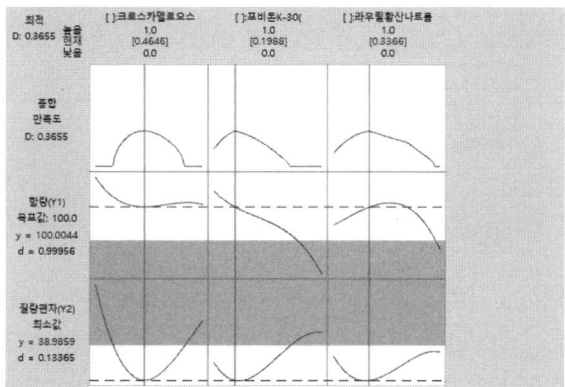

(15) 최적화 분석을 위해 통계분석 → 실험계획법 → 혼합 → 중첩 등고선도를 클릭한다.

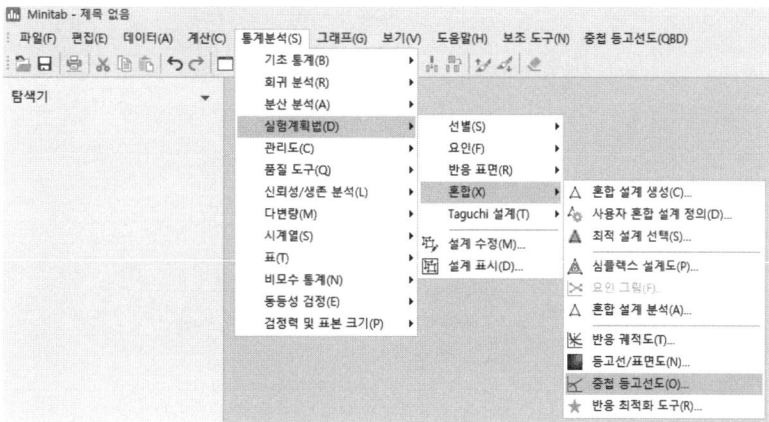

(16) 모든 반응을 선택하고 [등고선]을 클릭한다. 고정 인자의 경우, 요인 실험에서의 중첩등고선도와 다르게 삼각형 형태로 인자 3개의 중첩등고선도를 도출할 수 있기 때문에 본 실험에서는 따로 고정 인자를 설정하지 않는다. [등고선]에서 설정된 규격(Y_1 : 90~110, Y_2 : 0~45)을 입력하고 최종 [확인]을 클릭한다.

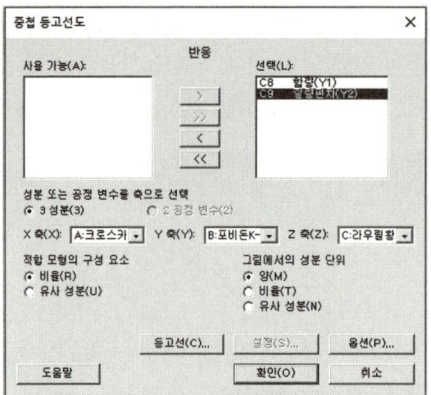
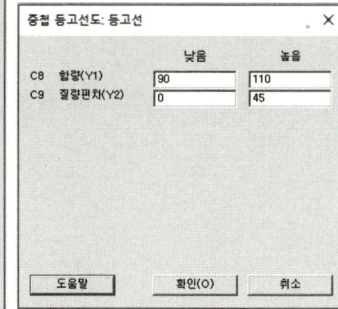

(17) 중첩등고선도 도출결과, 모든 반응을 만족하는 영역이 넓게 도출되었다. 보통 이러한 경우, 최적값이 존재하는 흰색 영역을 선택하여 디자인스페이스(DS)를 설정하는 것이 일반적이다. 따라서 최적 디자인스페이스(DS)는 아래의 그림과 같이 도출되었다.

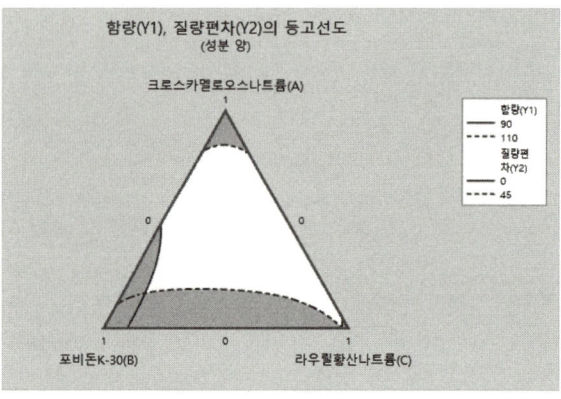

4.6.3 꼭짓점 설계(Vertices Design)

꼭짓점 설계는 실험설계 전에 주요 인자들의 정보가 충분하며, 인자의 제약 조건이 존재하여 심플렉스의 일부 영역에서 실험을 하고자 할 때 사용된다. 인자의 제약 조건이라는 것은 각 인자들마다 일정 비율 이상 반드시 포함되어야 하거나 또는 일정 비율 이상은 포함될 수 없는 것을 의미하며, 따라서 꼭짓점 설계는 각 인자들의 0~1까지의 혼합 비율 중 일부로 축소된 심플렉스 영역에서 실험이 설계된다.

예제 4.6-3: 꼭짓점 설계

주요반응변수는 용출 30분(Y_1)과 함량(Y_2)으로 선정되었고, 주요 제형 변수[A: 유당수화물, B: 크로스포비돈, C: L-HPC]를 배합하여 반응에 가장 크게 영향을 주는 주요 제형 변수의 혼합 비율을 찾으려 한다. 현재 인자 C가 총 합 기준 1에서 0.2 이상 들어가야만 생산을 할 수 있는 상황이다. 3개의 성분이 차지하는 양을 1로 설정하고 인자 C의 하한과 상한을 0.2~1로 설정한 후, 비율에 변화에 따라 조성물 간의 상호작용을 파악하고자 한다. 나머지 인자의 범위는 0.0~1.0으로 비율을 설정한다. 비율 변화와 각 인자의 제약 조건에 따라 꼭짓점 실험을 수행하고자 한다.

(1) Minitab을 이용하여 주어진 상황을 바탕으로 워크시트에 꼭짓점 설계를 생성하기 위해 통계분석 → 실험계획법 → 혼합 → 혼합 설계 생성을 클릭한다.

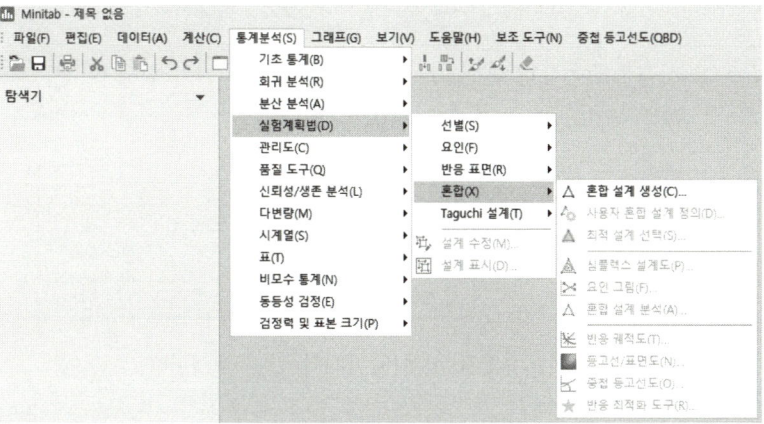

(2) 혼합 설계 생성에서 꼭짓점 설계를 선택한 다음 요인수를 3으로 하여 설계를 선택한다. 설계에서 최대 차수를 2로 맞추고 중심점과 축점을 추가하고 반복을 1회로 설정한 후 [확인]을 클릭한다.

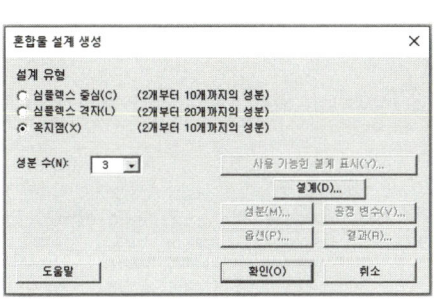
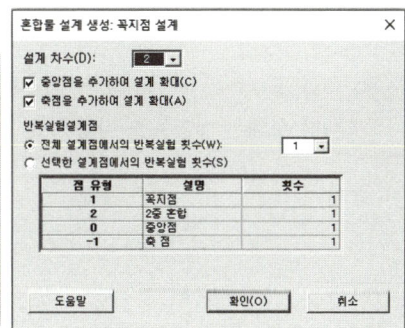

(3) 활성화된 [성분], [공정 변수], [옵션], [결과]를 확인할 수 있으며, 먼저, 각 인자의 이름, 수준, 유형을 설정하기 위해 [성분]을 클릭한다. 각 인자를 A, B, C로 설정하고, 단일 총계를 1로 설정한다. 단일 총계란 혼합물의 총량을 나타낸다.

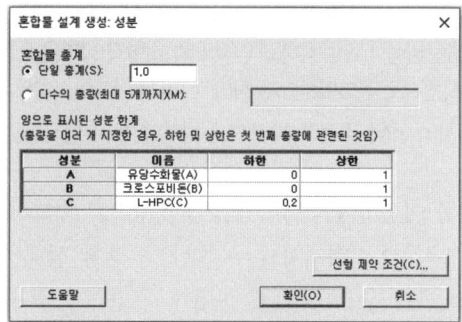

(4) 실험설계에 랜덤화(Randomization)를 적용시키기 위해 [옵션]을 클릭하고, 런 랜덤화를 아래와 같이 설정한다.

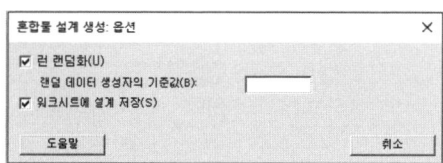

(5) 워크시트 창에 꼭짓점 설계를 아래와 같이 생성한다.

	C1 표준 순서	C2 런 순서	C3 점 유형	C4 블럭	C5 유당수화물(A)	C6 크로스포비돈(B)	C7 L-HPC(C)
1	1	7	1	1	0.000000	0.000000	1.00000
2	2	8	1	1	0.800000	0.000000	0.20000
3	3	10	1	1	0.000000	0.800000	0.20000
4	4	1	2	1	0.000000	0.400000	0.60000
5	5	3	2	1	0.400000	0.000000	0.60000
6	6	2	2	1	0.400000	0.400000	0.20000
7	7	4	0	1	0.266667	0.266667	0.46667
8	8	5	-1	1	0.133333	0.133333	0.73333
9	9	9	-1	1	0.533333	0.133333	0.33333
10	10	6	-1	1	0.133333	0.533333	0.33333

(6) 설계된 실험표를 바탕으로 용출 30분(Y_1), 함량(Y_2)에 대한 실험 결과를 아래와 같이 기입한다.

	C1 표준 순서	C2 런 순서	C3 점 유형	C4 블럭	C5 유당수화물(A)	C6 크로스포비돈(B)	C7 L-HPC(C)	C8 용출30분(Y_1)	C9 함량(Y_2)
1	1	7	1	1	0.000000	0.000000	1.00000	74.7553	88.513
2	2	8	1	1	0.800000	0.000000	0.20000	83.2967	97.489
3	3	10	1	1	0.000000	0.800000	0.20000	99.5485	94.834
4	4	1	2	1	0.000000	0.400000	0.60000	99.8346	90.052
5	5	3	2	1	0.400000	0.000000	0.60000	83.9654	111.650
6	6	2	2	1	0.400000	0.400000	0.20000	77.2675	93.913
7	7	4	0	1	0.266667	0.266667	0.46667	85.8128	107.209
8	8	5	-1	1	0.133333	0.133333	0.73333	89.9837	109.170
9	9	9	-1	1	0.533333	0.133333	0.33333	81.2327	104.367
10	10	6	-1	1	0.133333	0.533333	0.33333	84.6401	102.718

(7) 실험설계를 분석하기 위해 상단의 통계분석 → 실험계획법 → 혼합 → 혼합 설계 분석을 클릭한다.

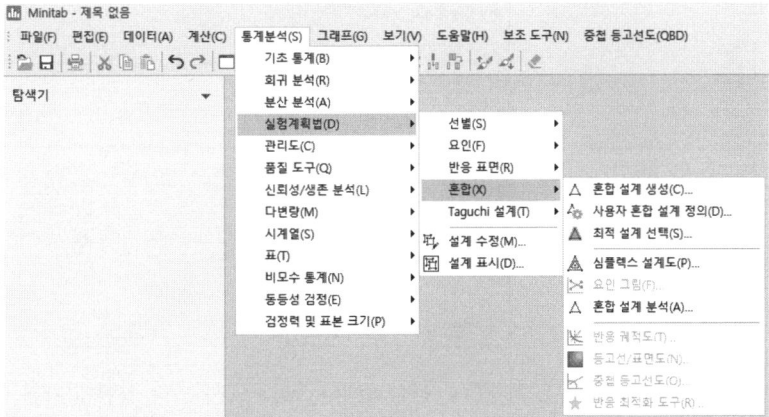

(8) 혼합물 설계 분석 창에서 반응을 용출 30분(Y_1), 함량(Y_2)을 선택하고, 모든 항들을 한 번에 분석할 수 없음으로 단계적 회귀 분석을 이용하여 분석하도록 한다.

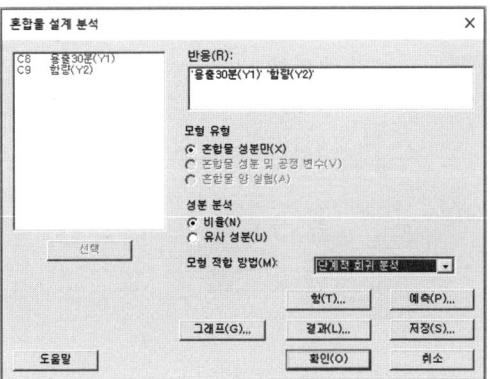

(9) 분석할 항의 차수를 설정하기 위해 [항]을 클릭하며, '특수 3차'로 차수를 설정하였을 경우 오차의 자유도가 3으로 충분하다. 모형에 대한 성분 항 포함에서 '특수 3차'를 설정한다.

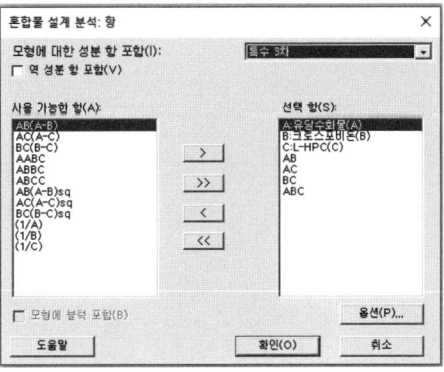

(10) [그래프]에서는 함수를 추정하기 위한 가정을 확인하기 위한 잔차도를 아래와 같이 설정하고 최종 [확인]을 클릭한다.

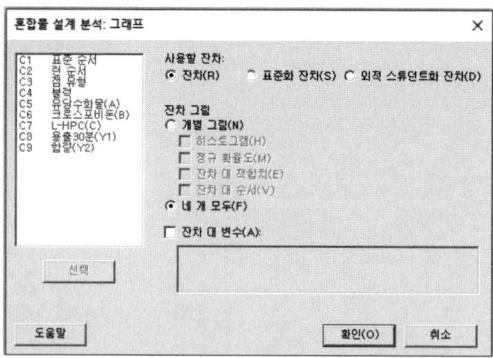

(11) 용출 30분(Y_1), 함량(Y_2) 분석 결과, 잔차도에서는 각 실험에 따른 어떠한 패턴을 가지고 있지 않는 것으로 보이며 에러의 정규분포 가정 또한 만족한다고 분석할 수 있다. 분산분석(ANOVA) 결과의 경우, 결정계수(R^2)은 75% 이상으로 높은 수치를 보이고 모형의 P-값이 0.05 이하로 모두 유의하고 오차의 자유도가 4 이상으로 충분히 확보하고 있는 것으로 보인다. 그리고 용출 30분(Y_1)에서는 AB와 BC가 유의하며 함량(Y_2)에서는 AC가 유의하다.

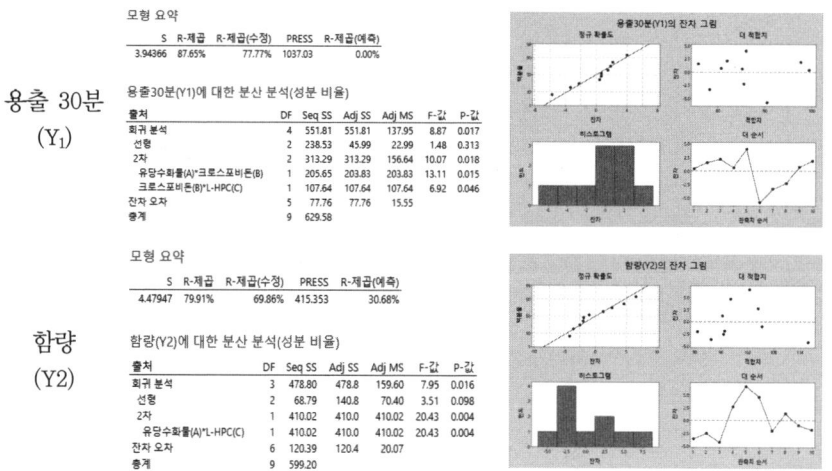

(12) 우선 최적값의 인자 수준을 파악하기 위해 만족도 함수를 사용하여 최적화를 수행하며, 통계분석 → 실험계획법 → 혼합 → 반응 최적화 도구를 클릭한다.

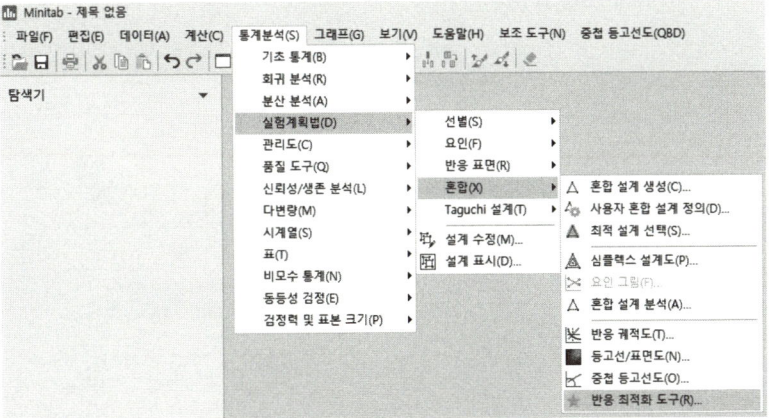

(13) 우선 Y_1, Y_2를 선택하고 [설정]을 클릭하여, 아래와 같이 각 반응의 규격(Y_1 : 85~100, Y_2 : 85~115)을 설정한다. 최종 [확인]을 클릭하면 만족도 함수(Desirability function)를 이용한 최적 조합을 도출할 수 있다.

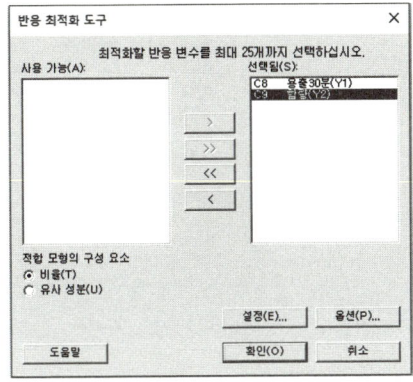

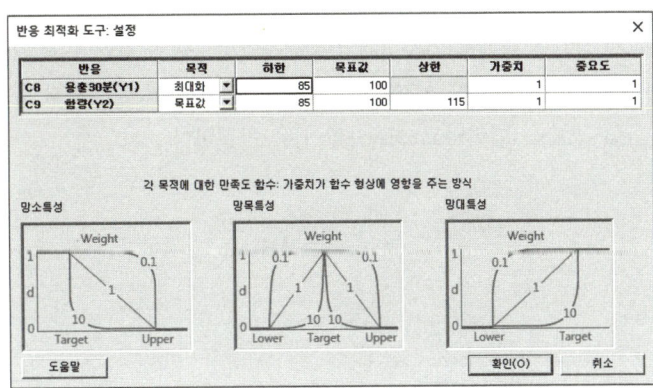

(14) 최적화 결과, 만족도 D는 0.8571로 높은 수치를 보이며, 반응의 규격 내에서 영향을 주는 인자는 A(0.0000), B(0.7111), C(0.2889)로 도출되었으며, 각 반응의 목표치에 가깝게 도출되었다.

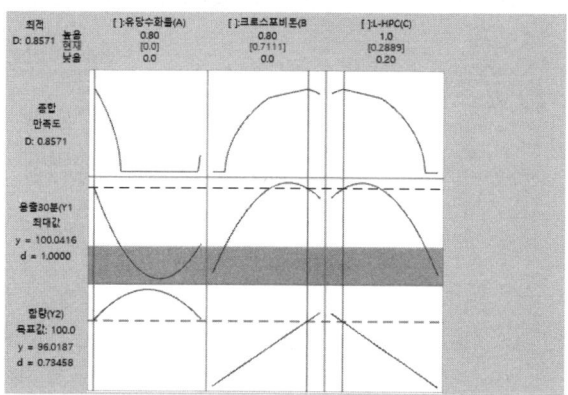

(15) 최적화 분석을 위해 통계분석 → 실험계획법 → 혼합 → 중첩 등고선도를 클릭한다.

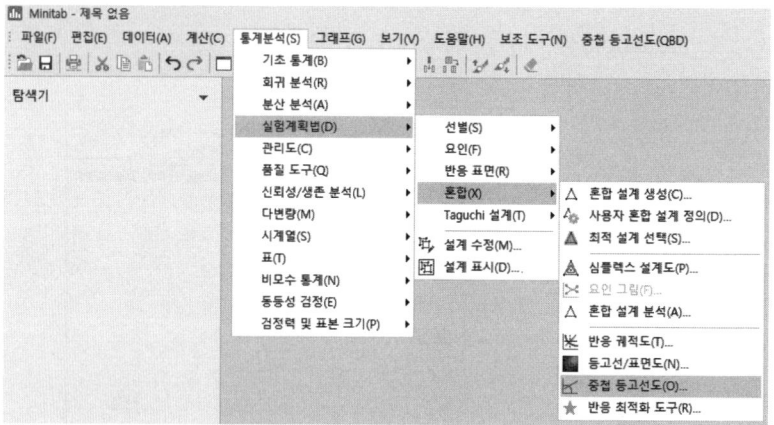

(16) 모든 반응을 선택하고 [등고선]을 클릭한다. 요인 실험에서의 중첩등고선도와 다르게 삼각형 형태로 인자 3개의 중첩등고선도를 도출할 수 있기 때문에 본 실험에서는 따로 고정 인자를 설정하지 않는다. [등고선]에서 설정된 규격(Y_1 : 85~100, Y_2 : 85~115)을 입력하고 최종 [확인]을 클릭한다.

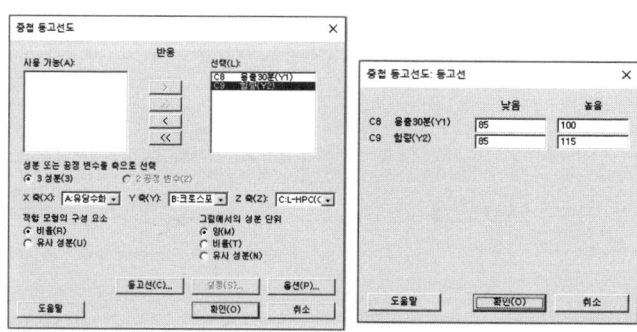

(17) 중첩등고선도 결과, 모든 반응을 만족하는 영역이 도출되었다. 보통 이러한 경우, 최적값이 존재하는 흰색 영역을 선택하여 디자인스페이스(DS)를 설정하는 것이 일반적이다. 따라서 최적 디자인스페이스(DS)은 아래의 그림과 같이 도출되었다.

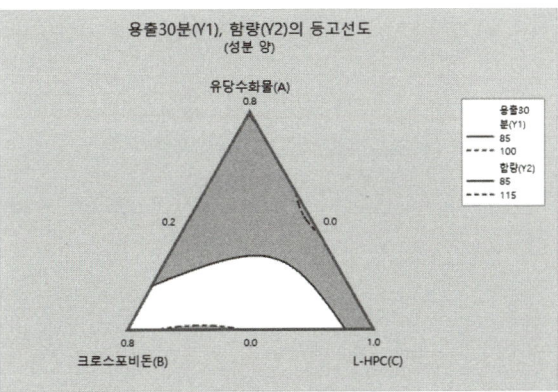

5

적용 예시

사례 5-1.1 2^{7-3} 부분 요인 실험(FFD) 디자인스페이스(DS) Case
(상용소프트웨어 Minitab 활용)
사례 5-1.2 특성화 단계 완전 요인 실험(FD) 디자인스페이스(DS) Case
(상용소프트웨어 Minitab 활용)
사례 5-1.3 최적화 단계 반응표면실험(RSM) 디자인스페이스(DS) Case
(상용소프트웨어 Minitab 활용)
사례 5-2.1 2^{7-3} 부분 요인 실험(FFD) 디자인스페이스(DS) Case
(상용소프트웨어 Minitab 활용)
사례 5-2.2 혼합물 실험 디자인스페이스(DS) Case
(상용소프트웨어 Minitab 활용)
사례 5-2.3 반응표면실험 디자인스페이스(DS) Case
(상용소프트웨어 Minitab 활용)

부록

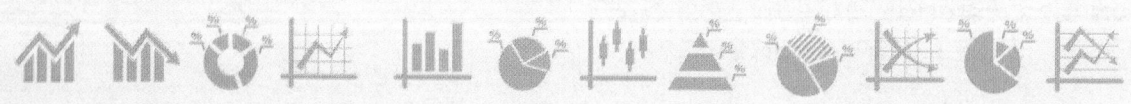

사례 5-1.1 2^{7-3} 부분 요인 실험(FFD) 디자인스페이스(DS) Case(상용소프트웨어 Minitab 활용)

위험성이 높은 변수를 바탕으로 디자인스페이스(DS)를 도출하고자 한다. 아래 〈표 5-1〉에서 공정변수 7개(혼합속도, 혼합시간, 혼합물의 양, 정립기의 mesh, 제립기의 mesh, 정제수의 양, 연합시간)가 고위험 요소로 평가되었다. 따라서 7가지 변수를 이용하여 실험계획법(DoE)을 설계하고 통계적으로 평가를 수행하였다.

표 5-1   FMEA를 통한 종합위해평가

공정설계변수	제형설계/공정변수		완제의약품의 CQAs		
			용출시험	단위전달량 당 함량균일성 시험	함량시험
	칭량	작업환경 (온도/습도)	L	L	L
	혼합	혼합속도 (10, 20, 30 rpm)	H	H	L
		혼합시간 (10, 20, 30 min)	M	H	M
		혼합물의 양	L	H	L
	충전 및 포장	충전 유속 50%(10pack/min)	L	L	L
		불리스터/포장제 간의 열접착 온도(190±10℃)	L	L	L
	과립화 공정	정립기의mesh	L	H	L
		제립기의mesh	H	M	L
		건조온도	L	L	L
		건조시간	L	L	L
		정제수의 양	L	H	L
		연합시간	L	H	L

그 결과를 바탕으로 핵심 인자를 가지고 실험을 수행하려면 많은 실험뿐만 아니라 비용 및 시간이 필요하다. 그래서 7개의 핵심 인자 중 주요품질특성(CQAs)에 가장 큰 영향을 주는 주요 인자를 선별하는 실험을 진행하고자 한다. 2^{7-3} 부분 요인 실험(FFD)을 실행하여 최소한의 실험 수로 인자를 도출해보자.

(1) Minitab을 이용하여 주어진 상황을 바탕으로 요인을 설계하려 한다. 요인의 수를 7로 설정하고, 1/8부분요인실험을 진행한다. 중심점은 오차의 자유도를 좀 더 확보하여 정

밀한 분석을 수행하기 위해 2로 설정하고, 반복은 1로 설정하였다. 각 인자를 아래 [그림 5-1]과 같이 코드화되지 않은 단위로 입력하였다. 일반적으로 코드화를 시켜 낮음/높음(-1, 1)으로 표현하는 경우가 많다. 하지만 이번 사례에서는 코드화하지 않은 수준으로 진행하고자 한다. 혼합속도(A, 70~100rpm), 혼합물의 양(B, 100~130mg), 혼합시간(C, 3~7min), 정립기의 mesh(D, 12~16mesh), 제립기의 mesh(E, 12~16mesh), 정제수의 양(F, 30~40mg), 연합시간(G, 7~9min)으로 설정하였다.

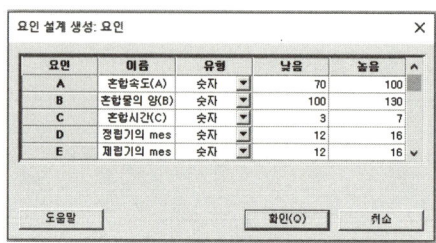

그림 5-1 코드화되지 않은 요인 수준

(2) 최종적으로 아래와 같이 1/8 부분요인 실험설계표가 워크시트 창에 나타난다. 그리고 설계된 실험표를 바탕으로 실험을 한 후, 함량(Y_1), 함량균일성(Y_2), 용출 30분(Y_3)에 대한 실험 결과를 아래 [그림 5-2]와 같이 기입하고 분석을 한다.

	C1 표준 순서	C2 런 순서	C3 중앙점	C4 블록	C5 혼합속도(A)	C6 혼합물의 양(B)	C7 혼합시간(C)	C8 정립기의 mesh(D)	C9 제립기의 mesh(E)	C10 정제수의 양(F)	C11 연합시간(G)	C12 함량(Y1)	C13 함량균일성(Y2)	C14 용출30분(Y3)
1	1	14	1	1	70	100	3	12	12	30	7	94.41	6.30	90.705
2	2	18	1	1	100	100	3	12	16	30	9	103.61	14.71	96.665
3	3	3	1	1	70	130	3	12	16	40	7	106.55	21.57	99.355
4	4	9	1	1	100	130	3	12	12	40	9	99.57	10.99	97.715
5	5	16	1	1	70	100	7	12	16	40	9	99.31	10.73	94.715
6	6	5	1	1	100	100	7	12	12	40	7	103.88	15.30	93.245
7	7	10	1	1	70	130	7	12	12	30	9	94.43	5.85	90.615
8	8	11	1	1	100	130	7	12	16	30	7	97.73	9.15	86.445
9	9	15	1	1	70	100	3	16	12	40	9	97.62	8.85	90.765
10	10	6	1	1	100	100	3	16	16	40	7	100.77	12.19	95.175
11	11	12	1	1	70	130	3	16	16	30	9	101.88	13.30	94.895
12	12	2	1	1	100	130	3	16	12	30	7	100.82	12.03	94.285
13	13	7	1	1	70	100	7	16	16	30	7	101.59	13.01	96.355
14	14	8	1	1	100	100	7	16	12	30	9	105.78	17.36	95.935
15	15	4	1	1	70	130	7	16	12	40	7	96.68	7.10	92.395
16	16	17	1	1	100	130	7	16	16	40	9	96.99	8.41	93.185
17	17	1	0	1	85	115	5	14	14	35	8	103.72	15.14	94.205
18	18	13	0	1	85	115	5	14	14	35	8	101.18	12.60	97.055

그림 5-2 2^{7-3} 부분 요인 실험(FFD) 표준실험설계표

(3) 요인 설계 분석을 진행하기 위해 차수를 설정하는데 총 실험 수와 오차를 파악하여 최대 차수를 2로 설정한다. 이와 같은 경우에는 자유도가 16이므로 교락된 인자 중에서 최대 2차 항까지 볼 수 있다. 또한 최대 차수를 2로 설정 할 경우 교호작용을 포함시켜 분석하므로 인자 간의 상호 작용을 볼 수 있다.

그 결과 아래와 같은 분산분석(ANOVA)을 도출하였다. 함량(Y_1)의 경우 모형의 P-값이 0.05보다 높은 0.263으로 유의하지 않고, 오차의 자유도가 2이므로 풀링을 진행해야 한다. 오차의 자유도는 4 이상이 되어야 신뢰성이 더 높다고 판단할 수 있다. 또한 적합성 결여(LOF)의 P-값의 경우 0.05보다 높은 값이 나와야 만족한다고 판단하는데 아래 [그림 5-3]을 보면 적합성 결여(LOF)의 P-값이 0.05보다 높은 값으로 만족한다. 결정계수(R^2)의 경우 n 수에 따라 다르지만 보통 70% 이상이 되어야 만족한다고 판단할 수 있다. 그 값보다 낮은 값을 가질 경우에는 분산이 크다는 것으로 판단해야 하다. 아래 [그림 5-3]과 같이 최대 차수인 2차 교호작용 중에서 P-값이 가장 유의하지 않은 인자(AC, AD, BD)를 선택하여 풀링을 실시한 결과, [그림 5-4]를 보면 모형의 P-값이 0.05보다 낮은 0.040이고, 오차의 자유도가 5, 그리고 적합성 결여(LOF)의 P-값 또한 0.05보다 높은 0.626이므로 유의하다고 판단할 수 있고, 결정계수(R^2) 값도 92.61%로 상당히 좋다.

또한 아래 [그림 5-5]의 Pareto 차트를 보면 좀 더 쉽게 유의한 인자를 찾아낼 수 있는데, AE와 AB가 유의하다는 것을 알 수 있다. [그림 5-6]의 잔차 그림을 보면 정규성이 만족한다고 판단된다.

모형 요약

S	R-제곱	R-제곱(수정)	R-제곱(예측)
2.08583	96.02%	66.14%	0.00%

분산 분석

출처	DF	Adj SS	Adj MS	F-값	P-값
모형	15	209.727	13.9818	3.21	0.263
선형	7	47.446	6.7779	1.56	0.445
혼합속도(A)	1	17.389	17.3889	4.00	0.184
혼합물의 양(B)	1	9.486	9.4864	2.18	0.278
혼합시간(C)	1	4.884	4.8841	1.12	0.400
정립기의 mesh(D)	1	0.436	0.4356	0.10	0.782
제립기의 mesh(E)	1	14.516	14.5161	3.34	0.209
정제수의 양(F)	1	0.078	0.0784	0.02	0.906
연합시간(G)	1	0.656	0.6561	0.15	0.735
2차 교호작용	7	152.474	21.7820	5.01	0.177
혼합속도(A)*혼합물의 양(B)	1	40.768	40.7682	9.37	0.092
혼합속도(A)*혼합시간(C)	1	4.060	4.0602	0.93	0.436
혼합속도(A)*정립기의 mesh(D)	1	0.766	0.7656	0.18	0.716
혼합속도(A)*제립기의 mesh(E)	1	86.211	86.2112	19.82	0.047
혼합속도(A)*정제수의 양(F)	1	13.286	13.2860	3.05	0.223
혼합속도(A)*연합시간(G)	1	4.774	4.7742	1.10	0.405
혼합물의 양(B)*정립기의 mesh(D)	1	2.608	2.6082	0.60	0.520
곡면성	1	9.807	9.8073	2.25	0.272
오차	2	8.701	4.3507		
적합성 결여	1	5.476	5.4756	1.70	0.417
순수 오차	1	3.226	3.2258		
총계	17	218.428			

그림 5-3 풀링 전 함량(Y_1)의 분산분석표(ANOVA Table)

모형 요약

S	R-제곱	R-제곱(수정)	R-제곱(예측)
1.79641	92.61%	74.88%	0.00%

분산 분석

출처	DF	Adj SS	Adj MS	F-값	P-값
모형	12	202.293	16.8577	5.22	0.040
선형	7	47.446	6.7779	2.10	0.216
혼합속도(A)	1	17.389	17.3889	5.39	0.068
혼합물의 양(B)	1	9.486	9.4864	2.94	0.147
혼합시간(C)	1	4.884	4.8841	1.51	0.273
정립기의 mesh(D)	1	0.436	0.4356	0.13	0.728
제립기의 mesh(E)	1	14.516	14.5161	4.50	0.087
정제수의 양(F)	1	0.078	0.0784	0.02	0.882
연합시간(G)	1	0.656	0.6561	0.20	0.671
2차 교호작용	4	145.040	36.2599	11.24	0.010
혼합속도(A)*혼합물의 양(B)	1	40.768	40.7682	12.63	0.016
혼합속도(A)*제립기의 mesh(E)	1	86.211	86.2112	26.71	0.004
혼합속도(A)*정제수의 양(F)	1	13.286	13.2860	4.12	0.098
혼합속도(A)*연합시간(G)	1	4.774	4.7742	1.48	0.278
곡면성	1	9.807	9.8073	3.04	0.142
오차	5	16.135	3.2271		
적합성 결여	4	12.910	3.2274	1.00	0.626
순수 오차	1	3.226	3.2258		
총계	17	218.428			

그림 5-4 풀링 후 함량(Y_1)의 분산분석표(ANOVA Table)

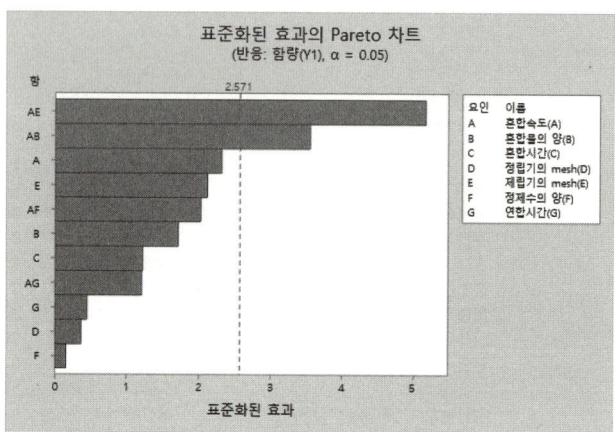

그림 5-5 함량(Y_1)의 Pareto 차트

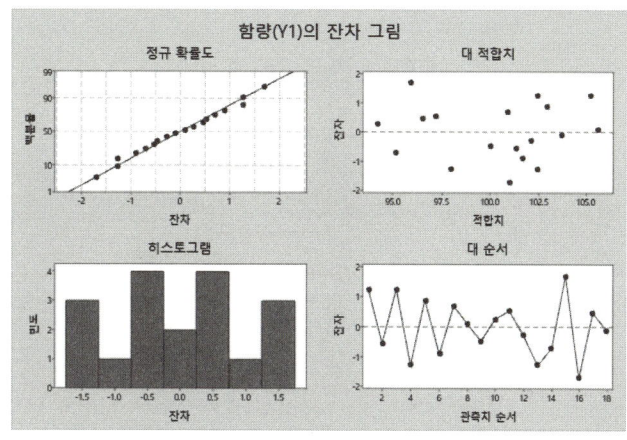

그림 5-6 함량(Y_1)의 잔차 그림

함량균일성 평균(Y_2)의 경우 모형의 P-값이 0.05보다 높은 0.304로 유의하지 않고, 오차의 자유도는 4 이상이 되어야 신뢰성이 높다고 판단할 수 있는데 풀링 전 함량균일성의 평균(Y_2)의 오차의 자유도는 2이므로 풀링을 진행해야 한다. 또한 적합성 결여(LOF)의 경우 0.05보다 높은 값이 나와야 만족한다고 판단하는데 [그림 5-7]을 보면 적합성 결여(LOF)가 0.05보다 높은 값으로 만족한다. 결정계수(R^2)의 경우 n 수에 따라 다르지만 보통 70% 이상이 되어야 만족한다고 판단할 수 있다. 그 값보다 낮은 값을 가질 경우에는 분산이 크다는 것으로 판단해야 하다. [그림 5-7]과 같이 최대 차수인 2차 교호작용 중에서 P-값이 가장 유의하지 않은 인자(AC, AD, AF, AG, BD)를 선택하여 풀링을 실시하고, 주효과 인자(D, F)를 풀링을 실시한 결과, [그림 5-8]을 보면 모형의 P-값이 0.05보다 낮은 0.024이고, 오차의 자유도가 9, 그리고 적합성 결여(LOF) 또한 0.05보다 높은 0.484이므로 유의하다고 판단할 수 있고, 결정계수(R^2) 값도 78.81%로 만족한다. 또한 [그림 5-9]의 Pareto 차트를 보면 좀 더 쉽게 유의한 인자를 찾아낼 수 있는데, AB와 AE가 유의하다는 것을 알 수 있다. [그림 5-10]의 잔차 그림을 보면 정규성이 만족한다고 판단된다. 일반적으로 주효과를 풀링하지 않지만, 아래 분산분석표(ANOVA Table)를 보면 모형의 P-값을 만족시키기 위해서 풀링을 수행하였다.

모형 요약

S	R-제곱	R-제곱(수정)	R-제곱(예측)
2.56555	95.29%	59.94%	0.00%

분산 분석

출처	DF	Adj SS	Adj MS	F-값	P-값
모형	15	266.129	17.742	2.70	0.304
선형	7	55.134	7.876	1.20	0.527
혼합속도(A)	1	11.273	11.273	1.71	0.321
혼합물의 양(B)	1	6.313	6.313	0.96	0.431
혼합시간(C)	1	10.611	10.611	1.61	0.332
정립기의 mesh(D)	1	0.345	0.345	0.05	0.840
제립기의 mesh(E)	1	23.257	23.257	3.53	0.201
정제수의 양(F)	1	0.735	0.735	0.11	0.770
연합시간(G)	1	2.600	2.600	0.40	0.594
2차 교호작용	7	202.454	28.922	4.39	0.198
혼합속도(A)*혼합물의 양(B)	1	48.686	48.686	7.40	0.113
혼합속도(A)*혼합시간(C)	1	11.611	11.611	1.76	0.315
혼합속도(A)*정립기의 mesh(D)	1	0.258	0.258	0.04	0.861
혼합속도(A)*제립기의 mesh(E)	1	108.837	108.837	16.54	0.055
혼합속도(A)*정제수의 양(F)	1	16.301	16.301	2.48	0.256
혼합속도(A)*연합시간(G)	1	9.075	9.075	1.38	0.361
혼합물의 양(B)*정립기의 mesh(D)	1	7.687	7.687	1.17	0.393
곡면성	1	8.541	8.541	1.30	0.373
오차	2	13.164	6.582		
적합성 결여	1	9.938	9.938	3.08	0.330
순수 오차	1	3.226	3.226		
총계	17	279.293			

그림 5-7 풀링 전 함량균일성(Y_2)의 분산분석표(ANOVA Table)

모형 요약

S	R-제곱	R-제곱(수정)	R-제곱(예측)
2.56421	78.81%	59.98%	15.25%

분산 분석

출처	DF	Adj SS	Adj MS	F-값	P-값
모형	8	220.117	27.515	4.18	0.024
선형	5	54.053	10.811	1.64	0.243
혼합속도(A)	1	11.273	11.273	1.71	0.223
혼합물의 양(B)	1	6.313	6.313	0.96	0.353
혼합시간(C)	1	10.611	10.611	1.61	0.236
제립기의 mesh(E)	1	23.257	23.257	3.54	0.093
연합시간(G)	1	2.600	2.600	0.40	0.545
2차 교호작용	2	157.523	78.761	11.98	0.003
혼합속도(A)*혼합물의 양(B)	1	48.686	48.686	7.40	0.024
혼합속도(A)*제립기의 mesh(E)	1	108.837	108.837	16.55	0.003
곡면성	1	8.541	8.541	1.30	0.284
오차	9	59.176	6.575		
적합성 결여	8	55.951	6.994	2.17	0.484
순수 오차	1	3.226	3.226		
총계	17	279.293			

그림 5-8 풀링 후 함량균일성(Y_2)의 분산분석표(ANOVA Table)

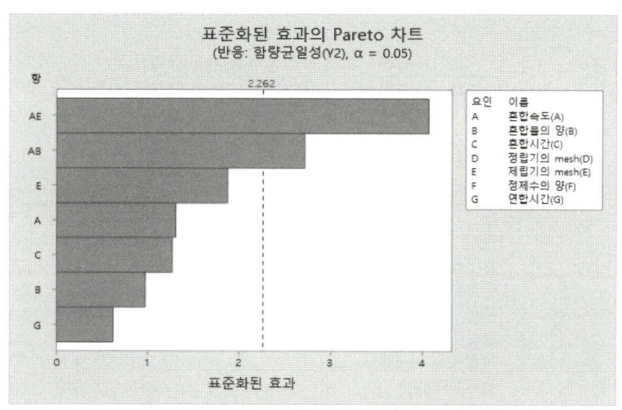

그림 5-9 함량균일성(Y_2)의 Pareto 차트

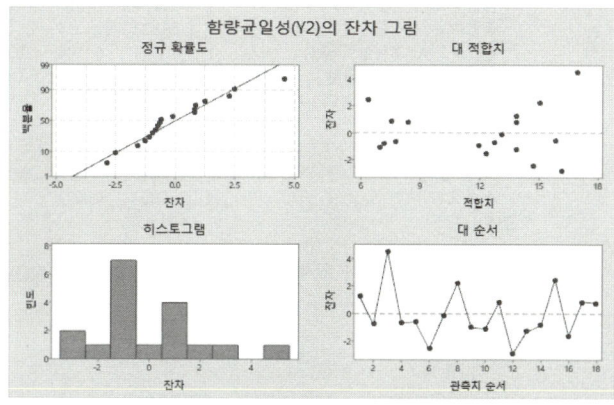

그림 5-10 함량균일성(Y_2)의 잔차 그림

용출 30분(Y_3)의 경우 모형의 P-값이 0.05보다 높은 0.268로 유의하지 않고, 오차의 자유도가 2이므로 풀링을 진행해야 한다. 오차의 자유도는 4 이상이 되어야 신뢰성이 더 높다고 판단할 수 있다. 또한 적합성 결여(LOF)의 경우 0.05보다 높은 값이 나와야 만족한다고 판단하는데 [그림 5-11]을 보면 적합성 결여(LOF)가 0.05보다 높은 값으로 만족한다. 결정계수(R^2)의 경우 n 수에 따라 다르지만 보통 70% 이상이 되어야 만족한다고 판단할 수 있다. 그 값보다 낮은 값을 가질 경우에는 분산이 크다는 것으로 판단해야 하다. [그림 5-12]와 같이 최대 차수인 2차 교호작용 중에서 P-값이 가장 유의하지 않은 인자(AF, BD)를 선택하여 풀링을 실시한 결과, 모형의 P-값이 0.05보다 낮은 0.039이고, 오차의 자유도가 4, 그리고 적합성 결여(LOF) 또한 0.05보다 높은 0.860이므로 유의하다고 판단할 수 있고, 결정계수(R^2) 값도 95.67%로 만족한다. 또한 아래 [그림 5-13]의 Pareto 차트를 보면 좀 더 쉽게 유의한 인자를 찾아낼 수 있다. 주효과 C와 2차 교호작용 AE와 AG가 유의하다는 것을 알 수 있다. [그림 5-14]의 잔차 그림을 보면 정규성이 만족한다고 판단된다.

모형 요약

S	R-제곱	R-제곱(수정)	R-제곱(예측)
1.82945	95.93%	65.42%	0.00%

분산 분석

출처	DF	Adj SS	Adj MS	F-값	P-값
모형	15	157.831	10.5221	3.14	0.268
선형	7	37.514	5.3591	1.60	0.437
혼합속도(A)	1	0.508	0.5077	0.15	0.734
혼합물의 양(B)	1	1.363	1.3631	0.41	0.589
혼합시간(C)	1	17.368	17.3681	5.19	0.150
정립기의 mesh(D)	1	0.779	0.7788	0.23	0.677
제립기의 mesh(E)	1	7.742	7.7423	2.31	0.268
정제수의 양(F)	1	7.089	7.0889	2.12	0.283
연합시간(G)	1	2.665	2.6651	0.80	0.466
2차 교호작용	7	115.016	16.4309	4.91	0.180
혼합속도(A)*혼합물의 양(B)	1	12.443	12.4433	3.72	0.194
혼합속도(A)*혼합시간(C)	1	11.206	11.2058	3.35	0.209
혼합속도(A)*정립기의 mesh(D)	1	1.884	1.8838	0.56	0.531
혼합속도(A)*제립기의 mesh(E)	1	58.331	58.3314	17.43	0.053
혼합속도(A)*정제수의 양(F)	1	0.111	0.1106	0.03	0.873
혼합속도(A)*연합시간(G)	1	30.719	30.7193	9.18	0.094
혼합물의 양(B)*정립기의 mesh(D)	1	0.322	0.3221	0.10	0.786
곡면성	1	5.302	5.3015	1.58	0.335
오차	2	6.694	3.3469		
적합성 결여	1	2.633	2.6325	0.65	0.568
순수 오차	1	4.061	4.0613		
총계	17	164.525			

그림 5-11 풀링 전 용출 30분(Y_3)의 분산분석표(ANOVA Table)

모형 요약

S	R-제곱	R-제곱(수정)	R-제곱(예측)
1.33476	95.67%	81.59%	37.13%

분산 분석

출처	DF	Adj SS	Adj MS	F-값	P-값
모형	13	157.399	12.1076	6.80	0.039
선형	7	37.514	5.3591	3.01	0.152
혼합속도(A)	1	0.508	0.5077	0.28	0.622
혼합물의 양(B)	1	1.363	1.3631	0.77	0.431
혼합시간(C)	1	17.368	17.3681	9.75	0.035
정립기의 mesh(D)	1	0.779	0.7788	0.44	0.545
제립기의 mesh(E)	1	7.742	7.7423	4.35	0.105
정제수의 양(F)	1	7.089	7.0889	3.98	0.117
연합시간(G)	1	2.665	2.6651	1.50	0.288
2차 교호작용	5	114.583	22.9167	12.86	0.014
혼합속도(A)*혼합물의 양(B)	1	12.443	12.4433	6.98	0.057
혼합속도(A)*혼합시간(C)	1	11.206	11.2058	6.29	0.066
혼합속도(A)*정립기의 mesh(D)	1	1.884	1.8838	1.06	0.362
혼합속도(A)*제립기의 mesh(E)	1	58.331	58.3314	32.74	0.005
혼합속도(A)*연합시간(G)	1	30.719	30.7193	17.24	0.014
곡면성	1	5.302	5.3015	2.98	0.160
오차	4	7.126	1.7816		
적합성 결여	3	3.065	1.0217	0.25	0.860
순수 오차	1	4.061	4.0613		
총계	17	164.525			

그림 5-12 풀링 후 용출 30분(Y_3)의 분산분석표(ANOVA Table)

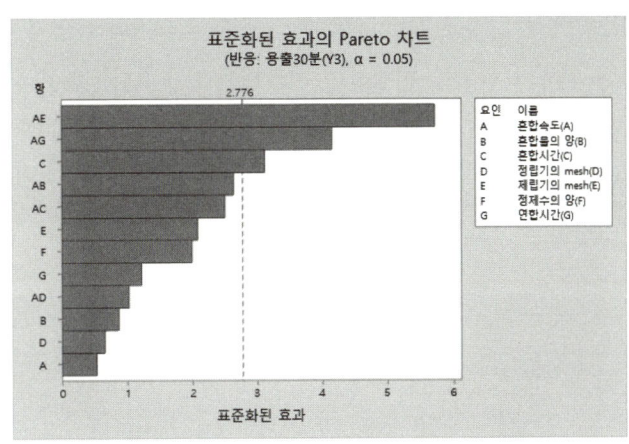

그림 5-13 용출 30분(Y_3)의 Pareto 차트

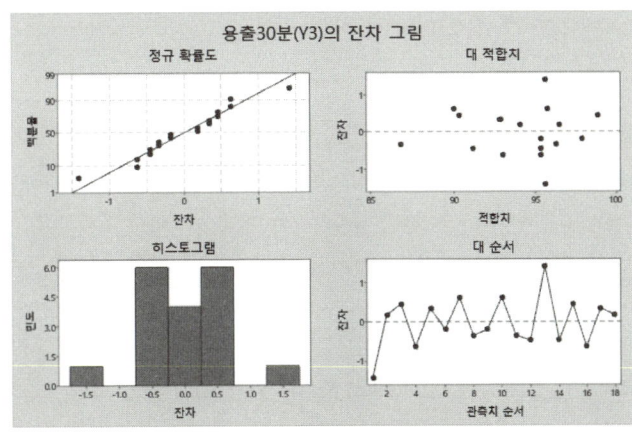

그림 5-14 용출 30분(Y_3)의 잔차 그림

우선적으로 요인을 선별하고자 할 때에는 분산분석표(ANOVA Table) P-값과 요인그림, 그리고 앞서 4장에서 설명했던 유전효과를 통해 선별할 수 있다. 함량(Y_1)의 경우 교호작용 AB와 AE가 유의하다. 그리하여 함량(Y_1)에 영향을 미치는 주요 인자는 혼합속도(A), 혼합물의 양(B), 제립기의 mesh(E)가 된다. 함량균일성(Y_2)의 경우 AB보다 CE, AE보다 BC가 강한 유전효과를 띄게 된다. 그리하여 함량균일성(Y_2)에 영향을 미치는 주요 인자는 혼합물의 양(B), 혼합시간(C), 제립기의 mesh(E)가 된다. 용출 30분(Y_3)의 경우, AE보다 BC, AG보다 CD가 강한 유전효과를 띈다고 할 수 있다. 그리하여 혼합물의 양(B), 혼합시간(C), 정립기의 mesh(D)가 용출 30분(Y_3)에 영향을 미치는 주요 인자가 된다. 위와 같은 경우에 인자들이 공통적으로 Ys 값에 포함 된다. 이 때, Ys 값에 가중치를 부여하여 최적의 해를 도출하는 방법이 있다. 함량(Y_1), 함량균일성(Y_2), 용출 30분(Y_3) 순으로 중요하다고 여겨 가중치를 10 : 5: 1로 설정하였다. 최적화를 진행할 때, 우선순위가 높은 함량(Y_1)

에 영향을 미치는 인자를 가지고 함량(Y_1)에 대한 최적화를 먼저 진행한다. 그 후 순차적으로 공통된 인자의 범위를 설정하여 최적해를 도출한다. 우선 혼합속도(A), 혼합물의 양(B), 제립기의 mesh(E)의 인자를 선별한다. 3개의 주요 인자를 가지고 특성화 단계를 진행하고 범위 설정이 잘 되었는지 여부를 파악 후 나머지 추가 실험인 중심점과 축점을 추가하여 실험을 하고자 한다.

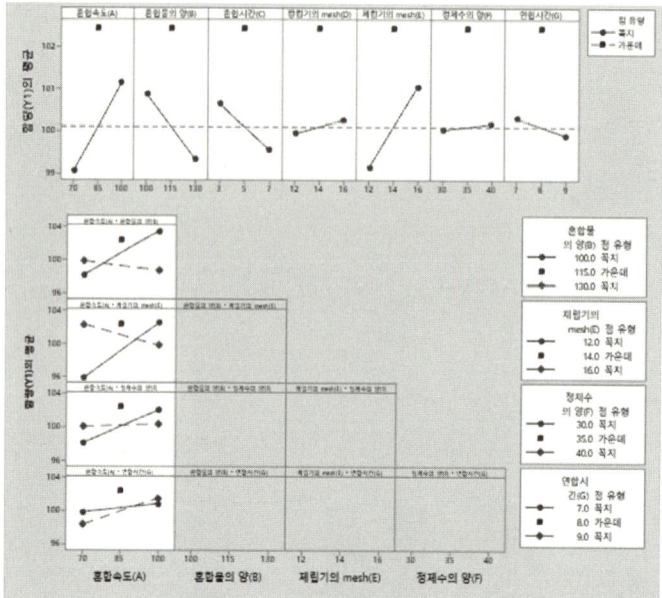

그림 5-15 함량(Y_1)의 요인 그림

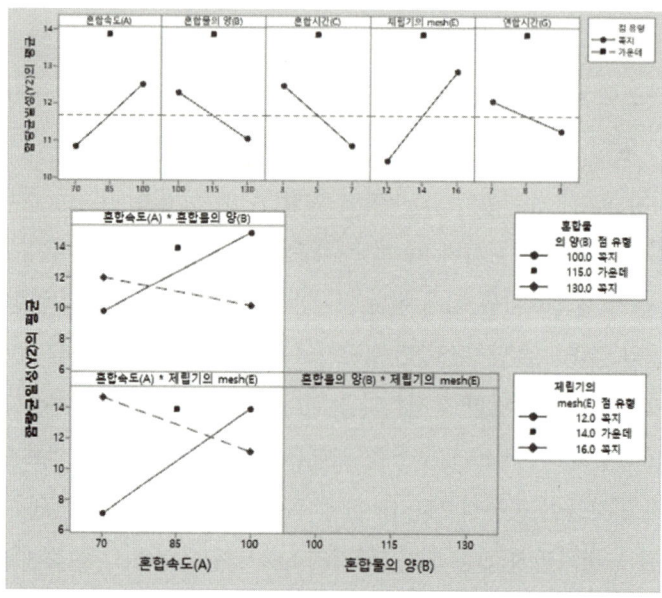

그림 5-16 함량균일성(Y_2)의 요인 그림

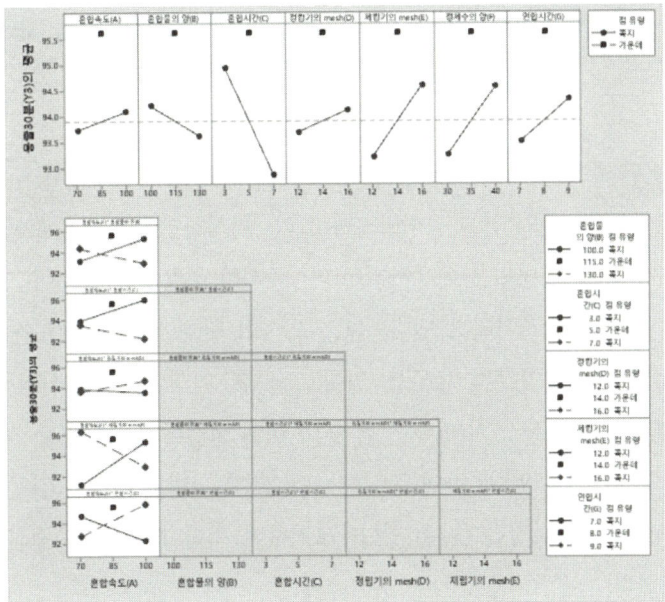

그림 5-17 용출 30분(Y_3)의 요인 그림

사례 5-1.2 특성화 단계 완전 요인 실험(FD) 디자인스페이스(DS) Case(상용소프트웨어 Minitab 활용)

선별된 주요 인자의 범위를 알아보기 위해 특성화 단계에서 주로 사용하는 분석 방법인 완전 요인 실험(FD)을 실행하고자 한다. 최적화단계를 반응표면실험(RSM)인 중심합성법 (CCD)의 분석 방법을 이용하려 한다. 중심합성법(CCD)의 경우 단계적으로 실험을 진행할 수 있는 장점을 가지고 있다. 이는 특성화 단계에서 완전 요인 실험(FD)을 통하여 범위 설정이 잘 되었는지 유무를 알아보고 그 외의 나머지 실험점으로 실험을 진행한다. BB(Box-Behnken)의 경우 실험 결과 범위 설정이 잘못되었을 경우 처음부터 다시 실험해야하는 단점이 있다. 반면 중심합성법(CCD)은 범위 설정이 잘못되었을 경우 특성화 단계에서 범위를 수정을 할 수 있다. 그리하여 최적화단계에서 중심합성법(CCD)을 진행하고자 한다.

(1) Minitab을 이용하여 주어진 상황을 바탕으로 요인을 설계하려 한다. 요인의 수를 3으로 설정하고, 완전 요인 실험(FD)을 진행한다. 중심점은 오차의 자유도를 좀 더 확보하여 정밀한 분석을 수행하기 위해 1로 설정하고, 반복은 1로 설정하였다. 각 인자를 아래 [그림 5-18]과 같이 코드화되지 않은 단위로 혼합속도(A, 70~100rpm), 혼합물의 양(B, 100~130mg), 제립기의 mesh(E, 12~16mesh)를 입력한다.

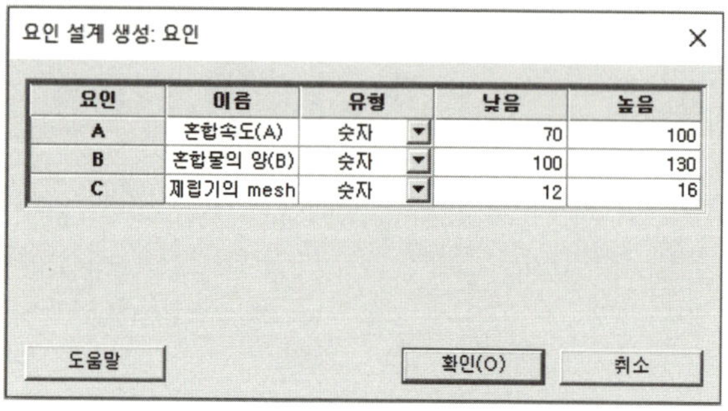

그림 5-18 코드화되지 않은 요인 수준

(2) 최종적으로 아래 [그림 5-19]와 같이 완전 요인 실험설계표가 워크시트 창에 나타난다. 그리고 설계된 실험표를 바탕으로 실험을 한 후, 함량(Y_1)에 대한 실험 결과를 아래와 같이 기입하고 분석을 한다.

↓	C1	C2	C3	C4	C5	C6	C7	C8
	표준 순서	런 순서	중앙점	블럭	혼합속도(A)	혼합물의 양(B)	제립기의 mesh(E)	함량(Y1)
1	1	5	1	1	70	100	12	103.71
2	2	4	1	1	100	100	12	94.02
3	3	9	1	1	70	130	12	96.71
4	4	3	1	1	100	130	12	94.99
5	5	8	1	1	70	100	16	101.51
6	6	6	1	1	100	100	16	96.00
7	7	2	1	1	70	130	16	95.47
8	8	1	1	1	100	130	16	95.35
9	9	7	0	1	85	115	14	105.43

그림 5-19 중심점 추가한 2수준 완전요인실험(FD) 표준실험설계표

(3) 요인 설계 분석을 진행하기 위해 차수를 설정하는데 총 실험수와 오차를 파악하여 최대 차수를 2로 설정한다. 이와 같은 경우에는 자유도가 낮으므로 교락된 인자 중 최대 2차항까지 볼 수 있다. 또한 최대 차수를 2로 설정할 경우 교호작용을 포함하여 분석하여 인자 간의 상호작용을 볼 수 있으며, 특성화단계에서 중심점을 포함한 완전 요인 실험(FD)으로 범위가 잘 설정 되었는지 여부를 파악할 수 있다.

그 결과 [그림 5-20]과 같은 분산분석(ANOVA)을 도출하였다. 분산분석표(ANOVA Table)는 우선 모형의 P-값이 0.05보다 낮아야 하며, 오차의 자유도가 4 이상이 되어야 좋다. 또한 결정계수(R^2)의 값이 n 수에 따라 다르지만 보통 70% 이상이 되어야 만족한다고 판단할 수 있다. 그 값보다 낮은 값을 가질 경우에는 분산이 크다는 것으로 판단해야 하다. 함량(Y1)의 경우 오차의 자유도가 1로 만족하지 않고, 모형의 P-값도 0.05보다 높은 0.154로 유의하지 않기 때문에 풀링을 진행해야 한다. 최대 차수인 2차 교호작용 중에서 P-값이 가장 유의하지 않은 인자(BC)를 선택하여 [그림 5-21]과 같이 풀링을 실시한 결과, 모형의 P-값이 0.018로 유의해졌다. 또한 결정계수(R^2)의 경우 70%보다 높은 수치를 가지고 있기에 만족한다. 비록 오차의 자유도가 2로 4보다 낮은 값을 가지게 되지만, 적은 실험수를 고려하면 만족하다고 판단할 수 있다. 또한 [그림 5-22]의 Pareto 차트를 보면 주효과 A, B와 교호작용 AB가 유의하다는 것을 알 수 있으며, [그림 5-23]의 잔차 그림을 통해 정규성이 만족함을 알 수 있다.

모형 요약

S	R-제곱	R-제곱(수정)	R-제곱 (예측)
0.912168	99.42%	95.38%	*

분산 분석

출처	DF	Adj SS	Adj MS	F-값	P-값
모형	7	143.128	20.4468	24.57	0.154
선형	3	56.671	18.8904	22.70	0.153
혼합속도(A)	1	36.295	36.2952	43.62	0.096
혼합물의 양(B)	1	20.225	20.2248	24.31	0.127
제립기의 mesh(E)	1	0.151	0.1512	0.18	0.743
2차 교호작용	3	26.542	8.8472	10.63	0.221
혼합속도(A)*혼합물의 양(B)	1	22.311	22.3112	26.81	0.121
혼합속도(A)*제립기의 mesh(E)	1	4.176	4.1760	5.02	0.267
혼합물의 양(B)*제립기의 mesh(E)	1	0.054	0.0545	0.07	0.841
곡면성	1	59.915	59.9148	72.01	0.075
오차	1	0.832	0.8320		
총계	8	143.960			

그림 5-20 풀링 전 함량(Y_1)의 분산분석표(ANOVA Table)

모형 요약

S	R-제곱	R-제곱(수정)	R-제곱 (예측)
0.665770	99.38%	97.54%	*

분산 분석

출처	DF	Adj SS	Adj MS	F-값	P-값
모형	6	143.073	23.8455	53.80	0.018
선형	3	56.671	18.8904	42.62	0.023
혼합속도(A)	1	36.295	36.2952	81.88	0.012
혼합물의 양(B)	1	20.225	20.2248	45.63	0.021
제립기의 mesh(E)	1	0.151	0.1512	0.34	0.618
2차 교호작용	2	26.487	13.2436	29.88	0.032
혼합속도(A)*혼합물의 양(B)	1	22.311	22.3112	50.34	0.019
혼합속도(A)*제립기의 mesh(E)	1	4.176	4.1760	9.42	0.092
곡면성	1	59.915	59.9148	135.17	0.007
오차	2	0.886	0.4432		
총계	8	143.960			

그림 5-21 풀링 후 함량(Y_1)의 분산분석표(ANOVA Table)

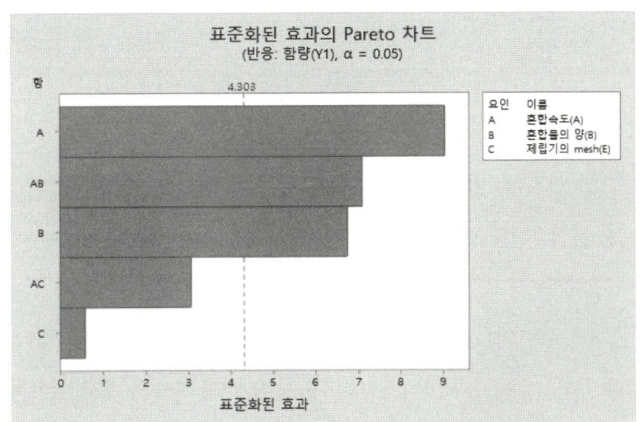

그림 5-22 함량(Y_1)의 Pareto 차트

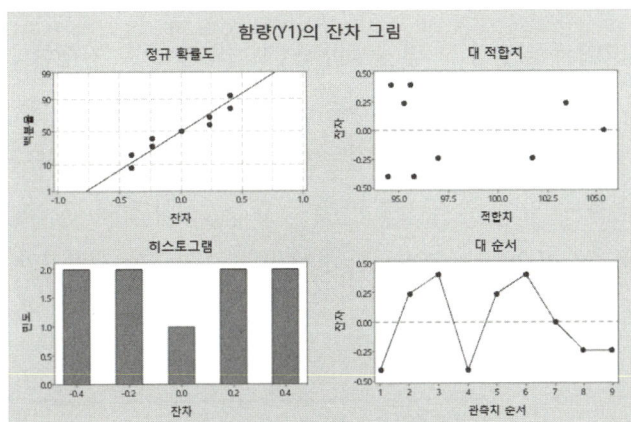

그림 5-23 함량(Y_1)의 잔차 그림

사례 5-1.3 최적화 단계 반응표면실험(RSM) 디자인스페이스(DS) Case(상용소프트웨어 Minitab 활용)

선별된 주요 인자의 범위를 특성화 단계에서 알아본 결과, 범위 설정이 잘 되었다고 판단되었다. 중심합성법(CCD)의 경우 인자가 3개일 때, 실험 횟수는 20회인데 이는 완전 요인 실험점 8개와 축점 6개와 중심점 6개로 구성되어 있다. 앞서 특성화 단계에서 완전요인 실험점 8개와 중심점 1개를 우선적으로 실험을 진행하였으므로 나머지 실험점 11번의 실험을 진행하여 디자인스페이스(DS)를 도출해야 한다. 4장 중심합성법(CCD)을 참고하여 이번 최적화 단계에서는 면중심합성계획법(CCF)를 사용하려고 한다.

(1) Minitab을 이용하여 주어진 상황을 바탕으로 반응표면실험(RSM)을 하려한다. 요인의 수를 3으로 설정하고, 면 중심합성계획법(CCF)으로 진행한다. 함량균일성(Y_2)을 제외한 나머지 반응들의 경우, 모형의 P-값이 0에 가깝기에 범위가 넓다고 판단할 수 있다. 그럴 경우 범위를 좁혀주는 면 중심합성계획법(CCF)을 실행하여 좀 더 정밀한 값을 얻을 수 있다. 각 인자를 아래 [그림 5-24]와 같이 코드화되지 않은 단위는 혼합속도(A, 70~100rpm), 혼합물의 양(B, 100~130mg), 제립기의 mesh(E, 12~16mesh)를 입력하였다.

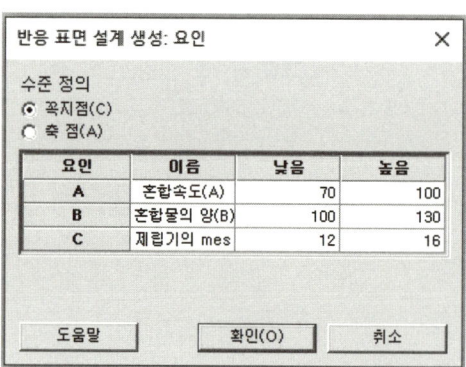

그림 5-24 코드화되지 않은 요인 수준

(2) 최종적으로 아래 [그림 5-25]와 같이 반응표면 실험설계표가 워크시트 창에 나타난다. 그리고 설계된 실험표를 바탕으로 실험을 한 후, 함량(Y_1)에 대한 실험 결과를 아래와 같이 기입하고 분석을 한다. 면 중심합성계획법(CCF)의 실험설계표를 보면 앞서 설계했던 [그림 5-19]를 참고하면 반응의 값과 실험표에 따른 인자의 처리조합이 같다는 것을 알 수 있다. 그렇게 하면 나머지 처리조합 11개만 실험을 수행하면 된다.

↓	C1 표준 순서	C2 런 순서	C3 점 유형	C4 블럭	C5 혼합속도(A)	C6 혼합물의 양(B)	C7 제립기의 mesh(E)	C8 함량(Y1)
1	1	20	1	1	70	100	12	103.71
2	2	11	1	1	100	100	12	94.02
3	3	7	1	1	70	130	12	96.71
4	4	14	1	1	100	130	12	94.99
5	5	12	1	1	70	100	16	101.51
6	6	6	1	1	100	100	16	96.00
7	7	9	1	1	70	130	16	95.47
8	8	18	1	1	100	130	16	95.35
9	9	4	-1	1	70	115	14	95.24
10	10	10	-1	1	100	115	14	93.64
11	11	8	-1	1	85	100	14	101.09
12	12	13	-1	1	85	130	14	95.21
13	13	15	-1	1	85	115	12	99.66
14	14	17	-1	1	85	115	16	104.21
15	15	5	0	1	85	115	14	97.26
16	16	1	0	1	85	115	14	96.79
17	17	3	0	1	85	115	14	99.24
18	18	16	0	1	85	115	14	98.93
19	19	2	0	1	85	115	14	95.80
20	20	19	0	1	85	115	14	105.43

그림 5-25 함량(Y_1)의 면 중심합성계획법(CCF) 표준실험설계표

(3) 반응표면실험(RSM) 분석을 진행하기 위해 차수를 설정하는데 총 실험수와 오차를 파악하여 최대 차수를 2로 설정한다. 이와 같은 경우에는 자유도가 낮으므로 교락된 인자 중 최대 2차항까지 볼 수 있다. 또한 최대 차수를 2로 설정할 경우 교호작용을 포함하여 분석하여 인자 간의 상호 작용을 볼 수 있다. 반응표면실험(RSM)의 경우 최대 차수는 완전 2차로 제곱항까지 파악 가능하다.

그 결과 [그림 5-26]과 같은 분산분석(ANOVA)을 도출하였다. 분산분석표(ANOVA Table)는 우선 모형의 P-값이 0.05보다 낮아야 하며, 오차의 자유도가 4 이상이 되어야 좋다. 또한 결정계수(R^2)의 값이 n 수에 따라 다르지만 보통 70% 이상이 되어야 만족한다고 판단할 수 있다. 그 값보다 낮은 값을 가질 경우에는 분산이 크다는 것으로 판단해야 한다. 함량(Y_1)의 경우 오차의 자유도는 10으로 만족하지만 모형의 P-값이 0.05보다 높은 0.094로 유의하지 않기에 풀링을 진행해야 한다. 최대 차수인 2차 교호작용 중에서 P-값이 가장 유의하지 않은 인자(BC)와 제곱항(BB)을 선택하여 [그림 5-27]과 같이 풀링을 실시한 결과, 모형의 P-값이 0.024로 유의해졌고, 적합성 결여(LOF)도 0.05보다 높은 0.970의 값을 도출했다. 하지만 결정계수(R^2)의 경우 70% 보다 낮은 수치를 가지고 있어 신뢰성은 조금 떨어진다고 판단된다. 또한 [그림 5-28]의 Pareto 차트를 보면 주효과 A, B와 교호작용 AB가 유의하다는 것을 알 수 있으며, [그림 5-29]의 잔차 그림을 통해 정규성이 만족함을 알 수 있다.

모형 요약

S	R-제곱	R-제곱(수정)	R-제곱(예측)
2.74797	68.36%	39.88%	10.60%

분산 분석

출처	DF	Adj SS	Adj MS	F-값	P-값
모형	9	163.134	18.1260	2.40	0.094
선형	3	70.531	23.5104	3.11	0.075
혼합속도(A)	1	34.745	34.7450	4.60	0.058
혼합물의 양(B)	1	34.596	34.5960	4.58	0.058
제립기의 mesh(E)	1	1.190	1.1903	0.16	0.700
제곱	3	66.061	22.0202	2.92	0.087
혼합속도(A)*혼합속도(A)	1	50.429	50.4291	6.68	0.027
혼합물의 양(B)*혼합물의 양(B)	1	0.901	0.9006	0.12	0.737
제립기의 mesh(E)*제립기의 mesh(E)	1	28.384	28.3844	3.76	0.081
2차 교호작용	3	26.542	8.8472	1.17	0.369
혼합속도(A)*혼합물의 양(B)	1	22.311	22.3112	2.95	0.116
혼합속도(A)*제립기의 mesh(E)	1	4.176	4.1760	0.55	0.474
혼합물의 양(B)*제립기의 mesh(E)	1	0.054	0.0545	0.01	0.934
오차	10	75.513	7.5513		
적합성 결여	5	16.005	3.2010	0.27	0.912
순수 오차	5	59.509	11.9017		
총계	19	238.647			

그림 5-26 풀링 전 함량(Y_1)의 분산분석표(ANOVA Table)

모형 요약

S	R-제곱	R-제곱(수정)	R-제곱(예측)
2.52436	67.96%	49.27%	40.35%

분산 분석

출처	DF	Adj SS	Adj MS	F-값	P-값
모형	7	162.178	23.168	3.64	0.024
선형	3	70.531	23.510	3.69	0.043
혼합속도(A)	1	34.745	34.745	5.45	0.038
혼합물의 양(B)	1	34.596	34.596	5.43	0.038
제립기의 mesh(E)	1	1.190	1.190	0.19	0.673
제곱	2	65.160	32.580	5.11	0.025
혼합속도(A)*혼합속도(A)	1	64.710	64.710	10.15	0.008
제립기의 mesh(E)*제립기의 mesh(E)	1	28.764	28.764	4.51	0.055
2차 교호작용	2	26.487	13.244	2.08	0.168
혼합속도(A)*혼합물의 양(B)	1	22.311	22.311	3.50	0.086
혼합속도(A)*제립기의 mesh(E)	1	4.176	4.176	0.66	0.434
오차	12	76.469	6.372		
적합성 결여	7	16.960	2.423	0.20	0.970
순수 오차	5	59.509	11.902		
총계	19	238.647			

그림 5-27 풀링 후 함량(Y_1)의 분산분석표(ANOVA Table)

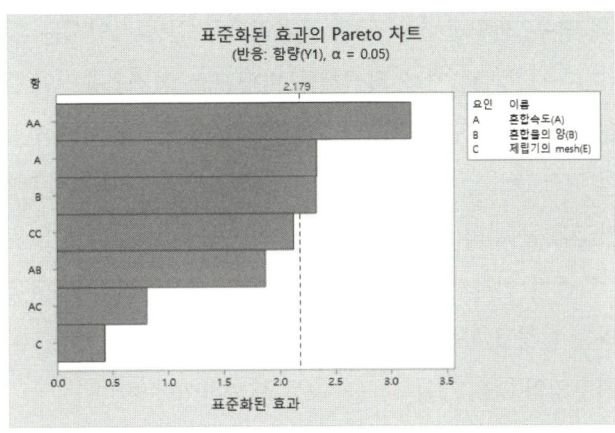

그림 5-28 함량(Y_1)의 Pareto 차트

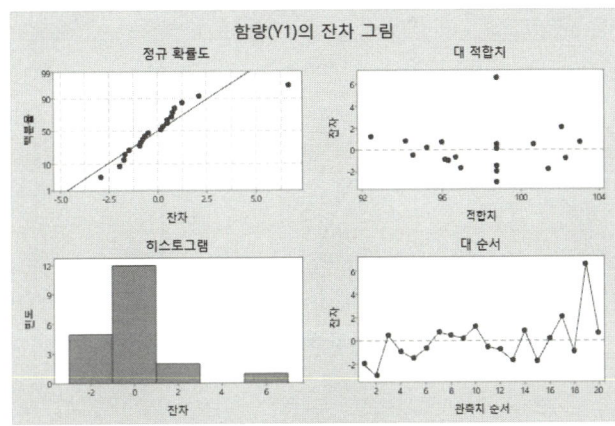

그림 5-29 함량(Y_1)의 잔차 그림

최적화 단계 분산분석표(ANOVA Table) 결과, 함량(Y_1)에 대한 모형의 P-값이 유의하였고, 그에 따른 중첩등고선도를 그리고자 한다. 함량(Y_1)의 범위는 [그림 5-30]과 같이 입력한다.

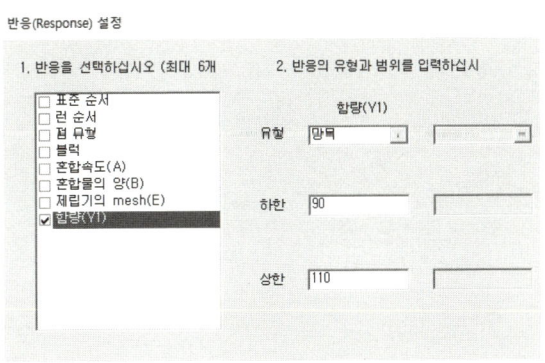

그림 5-30 함량(Y_1)의 반응의 범위

함량(Y_1)의 경우, 함량균일성(Y_2)과 공통적으로 선별된 인자는 혼합물의 양(B)과 제립기의 mesh(E)이다. 함량(Y_1)에서 최적해를 바탕으로 안전가용영역(Operating Space, OS)을 도출한 결과, 아래 [그림 5-31]과 같이 최적해와 영역을 도출하게 되었다. 그 결과 허용범위는 혼합속도(A)의 경우, 75~95로 선정되었고, 나머지 함량균일성(Y_2)과 공통적으로 선별된 인자 혼합물의 양(B)은 100~130, 제립기의 mesh(E)는 12~16으로 도출되었다. 함량(Y_1)에서 도출된 인자의 범위는 이후 진행될 함량균일성(Y_2), 용출 30분(Y_3)에서 도출된 인자에 의해 변경될 가능성이 높다. 다른 반응값에 따른 범위 수정은 재현성 실험하기 전에 안전가용영역(OS)와 최적해를 다시 도출하여야 한다.

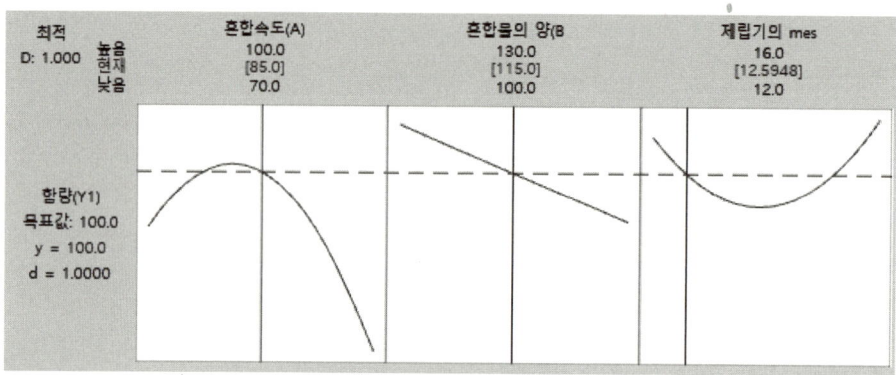

그림 5-31 함량(Y_1)의 최적해 도출

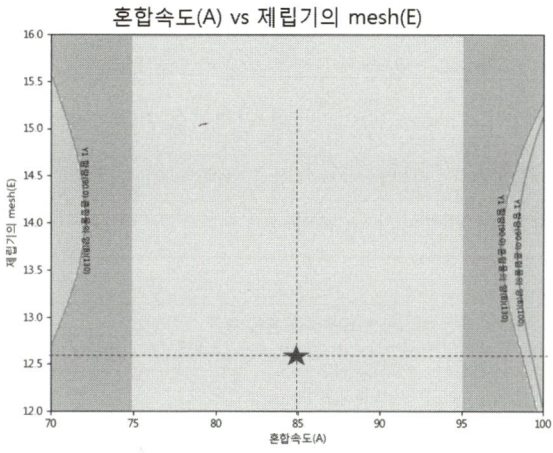

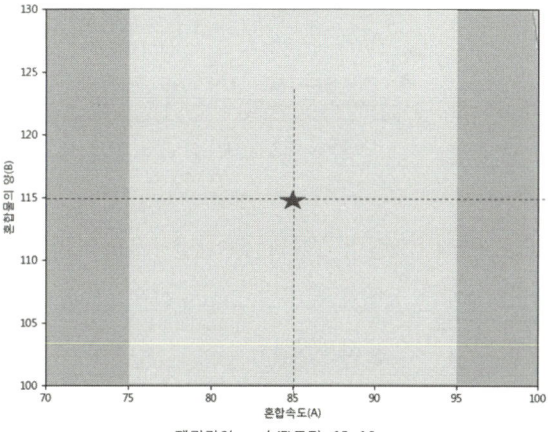

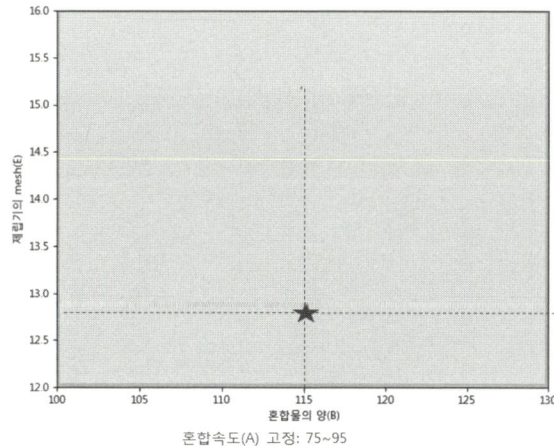

그림 5-32 함량(Y_1)의 안전가용영역(OS) 도출

함량균일성(Y_2)과 용출 30분(Y_3)의 경우는 특성화 단계를 진행하지 않고, 바로 최적화 단계를 진행하고자 한다. 함량균일성(Y_2)에 유의하다고 선정된 인자는 혼합물의 양(B), 혼합시간(C), 제립기의 mesh(E)이다. 이 인자들을 이용하여 최적화를 실행한다. 여기서 요인 생성 시 혼합물의 양(B)과 제립기의 mesh(E)의 범위는 함량(Y_1)에서 도출된 100~130과 12~16의 값으로 고정시키게 된다.

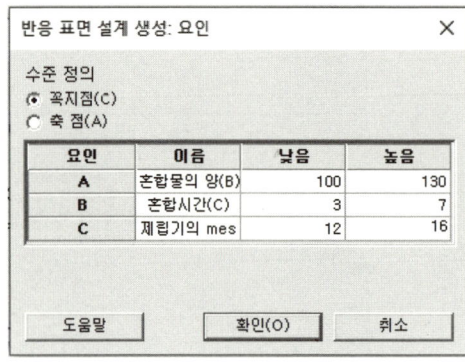

그림 5-33 코드화되지 않은 요인 수준

(2) 최종적으로 아래 [그림 5-34]와 같이 반응표면 실험설계표가 워크시트 창에 나타난다. 그리고 설계된 실험표를 바탕으로 실험을 한 후, 함량(Y_1)에 대한 실험 결과를 아래와 같이 기입하고 분석을 한다.

↓	C1 표준 순서	C2 런 순서	C3 점 유형	C4 블럭	C5 혼합물의 양(B)	C6 혼합시간(C)	C7 제립기의 mesh(E)	C8 함량균일성(Y2)
1	1	7	1	1	100	3	12	16.00
2	2	13	1	1	130	3	12	15.36
3	3	3	1	1	100	7	12	8.08
4	4	1	1	1	130	7	12	9.20
5	5	18	1	1	100	3	16	12.05
6	6	6	1	1	130	3	16	7.81
7	7	5	1	1	100	7	16	9.56
8	8	2	1	1	130	7	16	6.46
9	9	10	-1	1	100	5	14	10.36
10	10	11	-1	1	130	5	14	9.82
11	11	9	-1	1	115	3	14	14.90
12	12	19	-1	1	115	7	14	12.48
13	13	14	-1	1	115	5	12	11.39
14	14	20	-1	1	115	5	16	15.24
15	15	17	0	1	115	5	14	10.27
16	16	12	0	1	115	5	14	14.62
17	17	15	0	1	115	5	14	17.63
18	18	8	0	1	115	5	14	17.12
19	19	4	0	1	115	5	14	16.35
20	20	16	0	1	115	5	14	15.69

그림 5-34 함량(Y_1)의 면 중심합성계획법(CCF) 표준실험설계표

아래 [그림 5-35]를 보 면 함량균일성(Y_2)의 경우 오차의 자유도는 10으로 만족하지만 모형의 P-값이 0.05보다 높은 0.065로 유의하지 않기에 풀링을 진행해야 한다. 최대 차수에서 가장 유의하지 않은 제곱항 인자 BB를 선택하여 풀링을 실시한 결과, 아래 [그림 5-36]과 같이 모형의 P-값이 0.032로 유의해졌다. 그리고 결정계수(R^2)의 경우 70% 보다 높은 수치를 가지고 있기에 만족하다고 할 수 있으며, [그림 5-38]을 바탕으로 '정규성이 만족한다'라고 판단할 수 있다.

모형 요약

S	R-제곱	R-제곱(수정)	R-제곱(예측)
2.54885	71.33%	45.52%	0.00%

분산 분석

출처	DF	Adj SS	Adj MS	F-값	P-값
모형	9	161.595	17.9550	2.76	0.065
선형	3	54.786	18.2621	2.81	0.094
혼합물의 양(B)	1	5.476	5.4760	0.84	0.380
혼합시간(C)	1	41.372	41.3716	6.37	0.030
제립기의 mesh(E)	1	7.939	7.9388	1.22	0.295
제곱	3	85.007	28.3355	4.36	0.033
혼합물의 양(B)*혼합물의 양(B)	1	38.149	38.1487	5.87	0.036
혼합시간(C)*혼합시간(C)	1	0.043	0.0427	0.01	0.937
제립기의 mesh(E)*제립기의 mesh(E)	1	0.686	0.6863	0.11	0.752
2차 교호작용	3	21.803	7.2675	1.12	0.387
혼합물의 양(B)*혼합시간(C)	1	1.051	1.0512	0.16	0.696
혼합물의 양(B)*제립기의 mesh(E)	1	7.644	7.6441	1.18	0.304
혼합시간(C)*제립기의 mesh(E)	1	13.107	13.1072	2.02	0.186
오차	10	64.966	6.4966		
적합성 결여	5	29.209	5.8419	0.82	0.585
순수 오차	5	35.757	7.1514		
총계	19	226.561			

그림 5-35 풀링 전 함량균일성(Y_2)의 분산분석표(ANOVA Table)

모형 요약

S	R-제곱	R-제곱(수정)	R-제곱(예측)
2.43103	71.31%	50.44%	6.24%

분산 분석

출처	DF	Adj SS	Adj MS	F-값	P-값
모형	8	161.553	20.1941	3.42	0.031
선형	3	54.786	18.2621	3.09	0.072
혼합물의 양(B)	1	5.476	5.4760	0.93	0.356
혼합시간(C)	1	41.372	41.3716	7.00	0.023
제립기의 mesh(E)	1	7.939	7.9388	1.34	0.271
제곱	2	84.964	42.4819	7.19	0.010
혼합물의 양(B)*혼합물의 양(B)	1	45.511	45.5114	7.70	0.018
제립기의 mesh(E)*제립기의 mesh(E)	1	0.955	0.9548	0.16	0.695
2차 교호작용	3	21.803	7.2675	1.23	0.345
혼합물의 양(B)*혼합시간(C)	1	1.051	1.0512	0.18	0.681
혼합물의 양(B)*제립기의 mesh(E)	1	7.644	7.6441	1.29	0.280
혼합시간(C)*제립기의 mesh(E)	1	13.107	13.1072	2.22	0.165
오차	11	65.009	5.9099		
적합성 결여	6	29.252	4.8753	0.68	0.676
순수 오차	5	35.757	7.1514		
총계	19	226.561			

그림 5-36 풀링 후 함량균일성(Y_2)의 분산분석표(ANOVA Table)

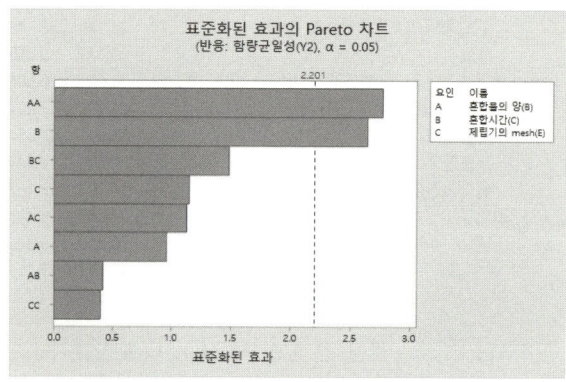

그림 5-37 함량균일성(Y_2)의 Pareto 차트

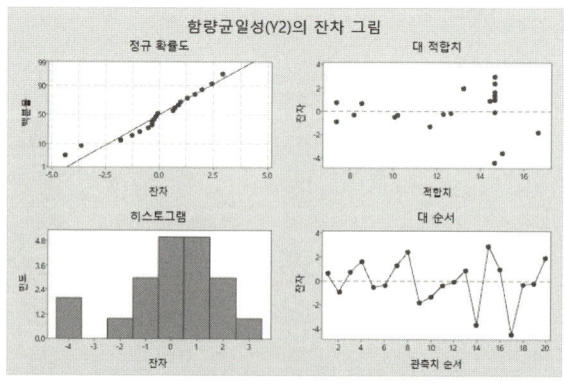

그림 5-38 함량균일성(Y_2)의 잔차 그림

최적화 단계 분산분석(ANOVA) 결과 함량균일성(Y_2)에 대한 모형의 P-값이 유의하였고, 그에 따른 중첩등고선도를 그리고자 한다. 함량균일성(Y_2)의 범위는 아래 [그림 5-39]와 같이 입력한다.

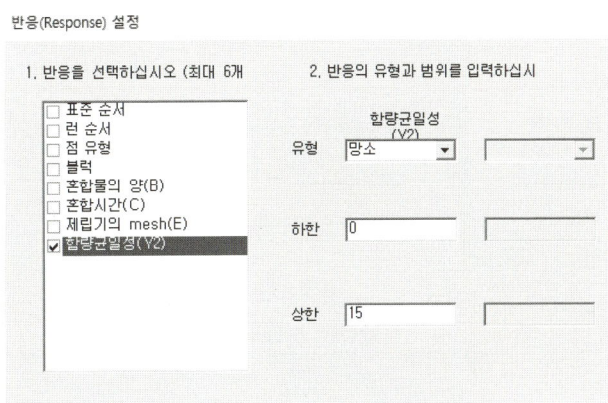

그림 5-39 함량균일성(Y_2)의 반응의 범위

함량균일성(Y_2)의 경우, 함량(Y_1)에서 안전가용영역(OS)과 최적해를 구하듯이 진행한 결과, 혼합물의 양(B)은 100~103으로, 혼합시간(C)은 5.5~7.0으로, 제립기의 mesh(E)는 12~16으로 설정되었다.

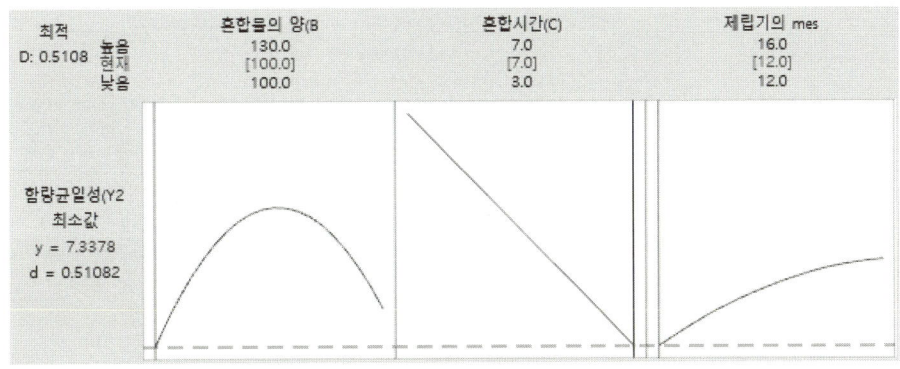

그림 5-40 함량균일성(Y_2)의 최적해 도출

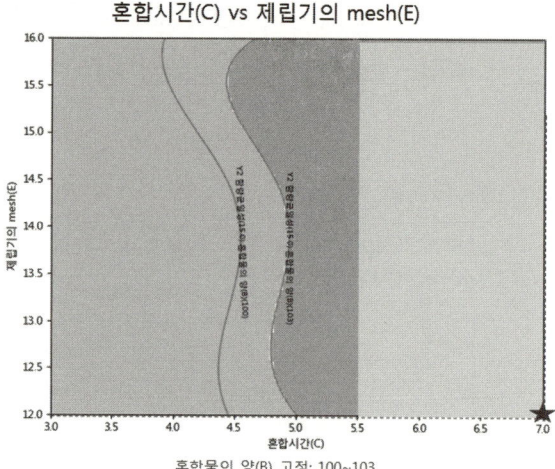

혼합물의 양(B) 고정: 100~103

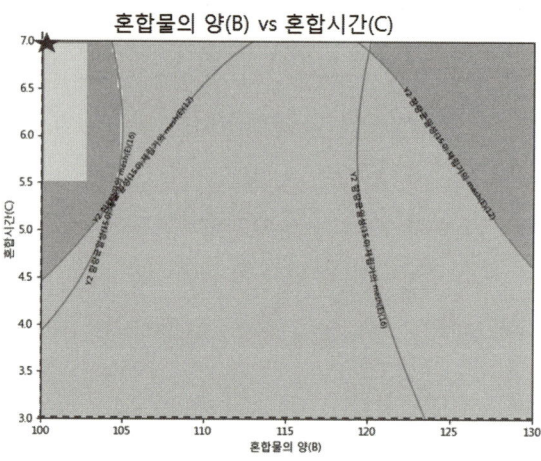

제립기의 mesh(E) 고정: 12~16

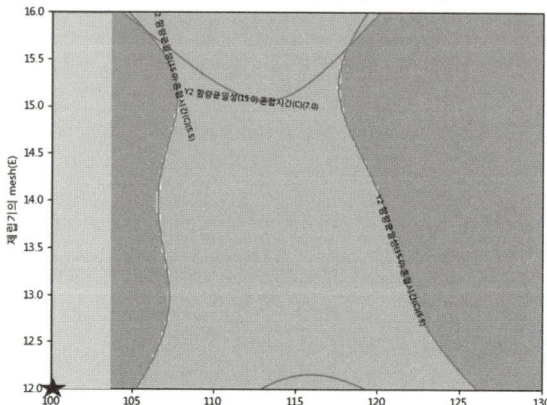

혼합시간(C) 고정: 5.5~7

그림 5-41 함량균일성(Y_2)의 안전가용영역(OS) 도출

용출 30분(Y_3)에 대해 최적화 단계를 진행하고자 한다. 용출 30분(Y_3)에 유의하다고 선정된 인자는 혼합물의 양(B), 혼합시간(C), 정립기의 mesh(D)이다. 이 인자들을 이용하여 최적화를 실행한다. 요인 생성은 기존 범위의 값으로 도출하게 된다.

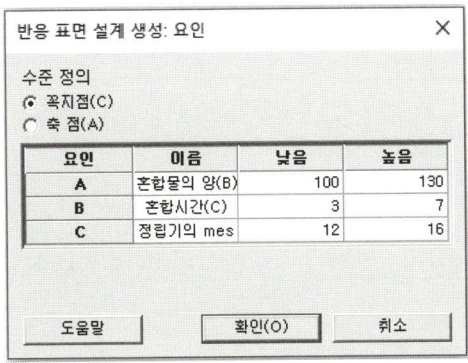

그림 5-42 코드화되지 않은 요인 수준

2) 최종적으로 아래 [그림 5-43]과 같이 반응표면 실험설계표가 워크시트 창에 나타난다. 그리고 설계된 실험표를 바탕으로 실험을 한 후, 용출 30분(Y_3)에 대한 실험 결과를 아래와 같이 기입하고 분석을 한다.

	C1 표준 순서	C2 런 순서	C3 점 유형	C4 블럭	C5 혼합물의 양(B)	C6 혼합시간(C)	C7 정립기의 mesh(D)	C8 용출30분(Y_3)
1	1	3	1	1	100	3	12	96.08
2	2	6	1	1	130	3	12	99.82
3	3	4	1	1	100	7	12	86.32
4	4	5	1	1	130	7	12	88.69
5	5	18	1	1	100	3	16	90.42
6	6	11	1	1	130	3	16	86.82
7	7	12	1	1	100	7	16	90.06
8	8	19	1	1	130	7	16	87.51
9	9	14	-1	1	100	5	14	89.94
10	10	9	-1	1	130	5	14	89.40
11	11	7	-1	1	115	3	14	94.48
12	12	13	-1	1	115	7	14	92.06
13	13	2	-1	1	115	5	12	90.97
14	14	17	-1	1	115	5	16	88.54
15	15	8	0	1	115	5	14	96.47
16	16	15	0	1	115	5	14	94.62
17	17	1	0	1	115	5	14	97.63
18	18	16	0	1	115	5	14	95.81
19	19	20	0	1	115	5	14	97.51
20	20	10	0	1	115	5	14	98.49

그림 5-43 용출 30분(Y_3)의 면 중심합성계획법(CCF) 표준실험설계표

아래 [그림 5-44]를 보면 용출 30분(Y_3)의 경우 오차의 자유도는 10으로 만족하고, 모형의 P-값도 0.05보다 낮은 0.019로 유의하다. 또한 결정계수(R^2)의 경우 70% 보다 높은 수치를 가지고 있기에 만족하다고 할 수 있으며, [그림 5-46]을 바탕으로 '정규성이 만족한다'라고 판단할 수 있다.

모형 요약

S	R-제곱	R-제곱(수정)	R-제곱(예측)
2.69648	78.82%	59.75%	11.50%

분산 분석

출처	DF	Adj SS	Adj MS	F-값	P-값
모형	9	270.514	30.0571	4.13	0.019
선형	3	87.178	29.0593	4.00	0.041
혼합물의 양(B)	1	0.034	0.0336	0.00	0.947
혼합시간(C)	1	52.808	52.8080	7.26	0.023
정립기의 mesh(D)	1	34.336	34.3361	4.72	0.055
제곱	3	108.249	36.0828	4.96	0.023
혼합물의 양(B)*혼합물의 양(B)	1	23.004	23.0044	3.16	0.106
혼합시간(C)*혼합시간(C)	1	1.377	1.3774	0.19	0.673
정립기의 mesh(D)*정립기의 mesh(D)	1	21.672	21.6721	2.98	0.115
2차 교호작용	3	75.087	25.0291	3.44	0.060
혼합물의 양(B)*혼합시간(C)	1	0.013	0.0128	0.00	0.967
혼합물의 양(B)*정립기의 mesh(D)	1	18.788	18.7885	2.58	0.139
혼합시간(C)*정립기의 mesh(D)	1	56.286	56.2861	7.74	0.019
오차	10	72.710	7.2710		
적합성 결여	5	62.832	12.5664	6.36	0.032
순수 오차	5	9.878	1.9757		
총계	19	343.224			

그림 5-44 용출 30분(Y_3)의 분산분석표(ANOVA Table)

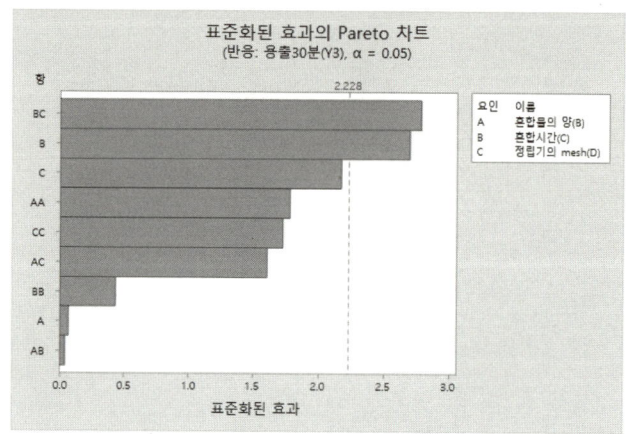

그림 5-45 용출 30분(Y_3)의 Pareto 차트

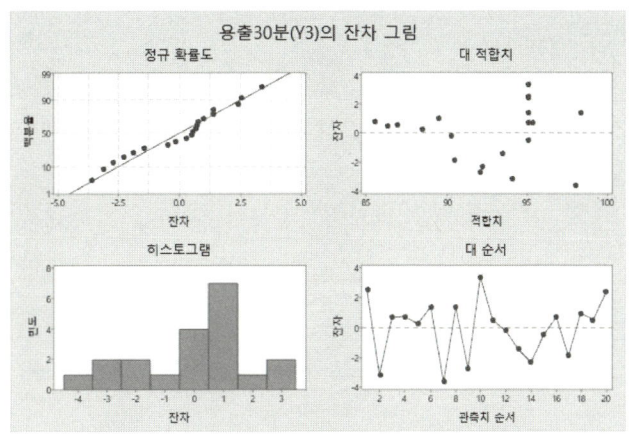

그림 5-46 용출 30분(Y_3)의 잔차 그림

최적화 단계 분산분석(ANOVA) 결과 용출 30분(Y_3)에 대한 모형의 P-값이 유의하였고, 그에 따른 중첩등고선도를 그리고자 한다. 용출 30분(Y_3)의 범위는 아래 [그림 5-47]과 같이 입력한다.

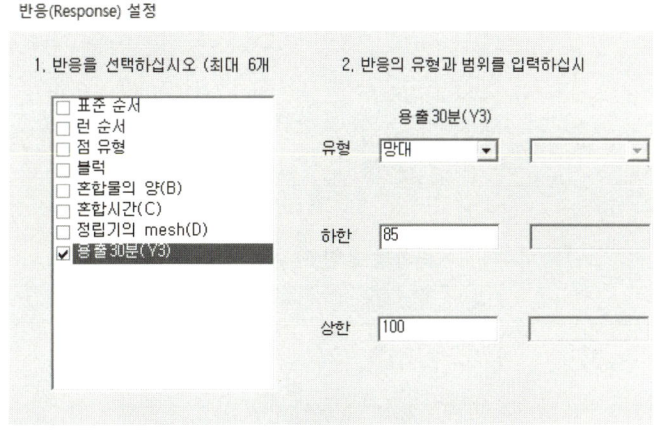

그림 5-47 용출 30분(Y_3)의 반응의 범위

용출 30분(Y_3)의 경우, 함량(Y_1)에서 안전가용영역(OS)과 최적해를 구하듯이 진행한 결과, 혼합물의 양(B)은 100~103으로, 혼합시간(C)은 5.5~7.0으로, 정립기의 mesh(D)는 13.5~16으로 설정되었다.

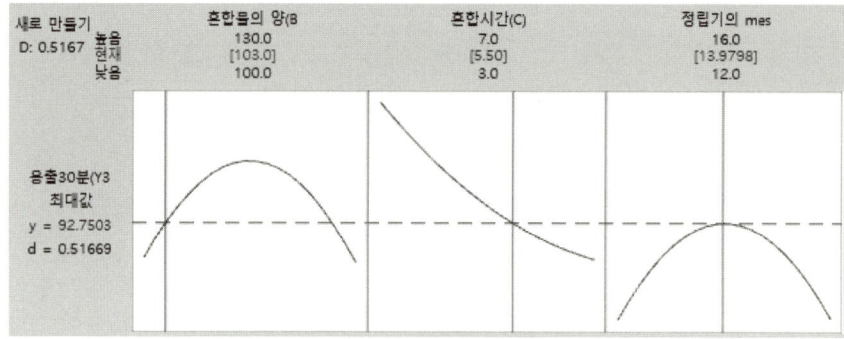

그림 5-48 용출 30분(Y_3)의 최적해 도출

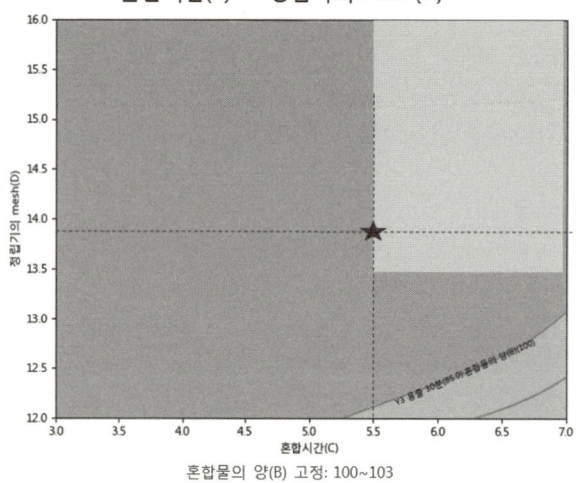

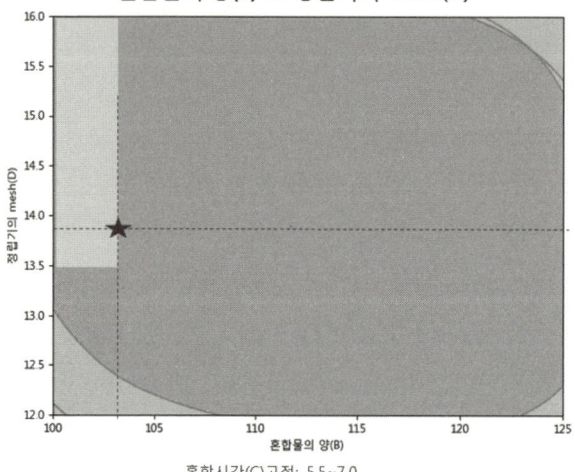

그림 5-49 용출 30분(Y_3)의 안전가용영역(OS) 도출 [계속]

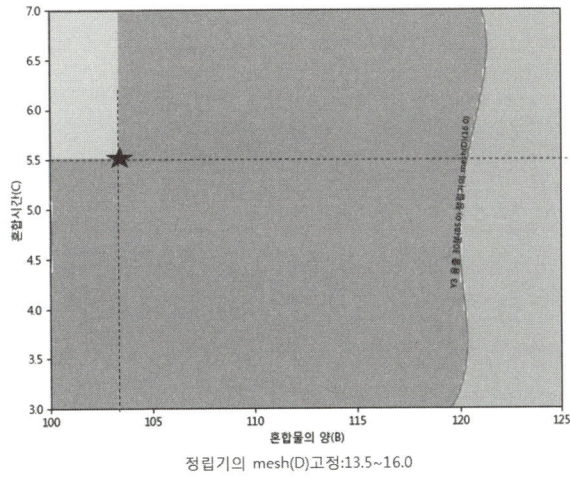

그림 5-49 용출 30분(Y_3)의 안전가용영역(OS) 도출

함량(Y_1)에서 도출된 인자의 범위는 혼합속도(A) 75~95, 혼합물의 양(B) 100~130, 제립기의 mesh(E) 12~16으로 도출되었고, 함량균일성(Y_2)에서 도출된 인자의 범위는 혼합물의 양(B) 100~103, 혼합시간(C) 5.5~7.0, 제립기의 mesh(E) 12~16으로 도출되었다. 용출 30분(Y_3)의 경우, 혼합물의 양(B) 100~103, 혼합시간(C) 5.5~7.0, 정립기의 mesh(D) 13.5~16으로 도출되었다. 여기서 함량(Y_1)의 경우 혼합속도(A)는 혼합물의 양(B)의 범위에 의해 다른 범위를 가질 수 있다. 그리하여 함량균일성(Y_2)과 용출 30분(Y_3)에서 도출된 혼합물의 양(B) 100~103으로 범위로 잡고 안전가용영역(OS)과 최적해를 도출해야한다. 도출한 결과 아래 [그림 5-50]과 같이 최적해를 도출하였다.

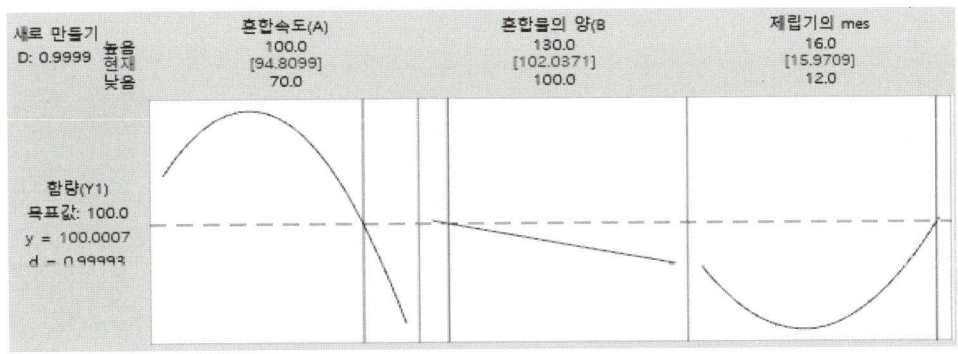

그림 5-50 함량(Y_1)의 범위 수정 후 최적해 도출

또한 아래 [그림 5-51]과 같이 안전가용영역(OS)을 도출하게 된다.

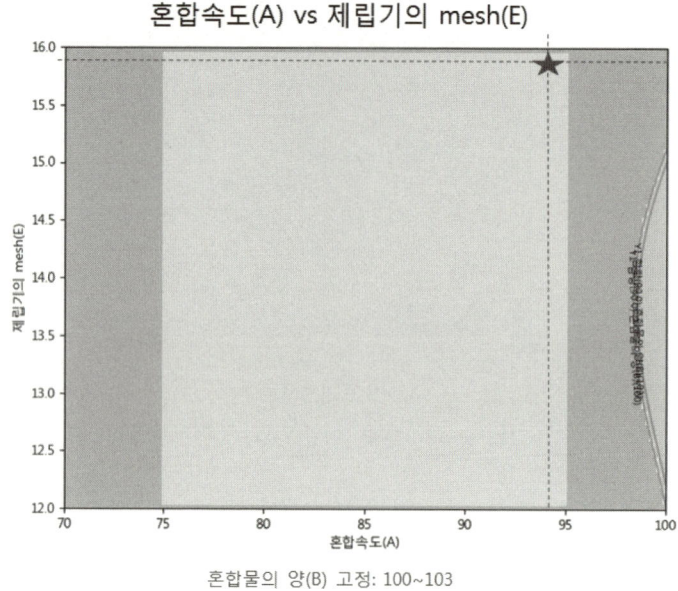

그림 5-51 함량(Y_1)의 범위 수정 후 안전가용영역(OS) 도출

그 결과 허용범위는 혼합속도(A): 75~95, 혼합물의 양(B): 100~103, 혼합시간(C): 5.5~7.0, 정립기의 mesh(D): 13.5~15.5, 제립기의 mesh(E): 12~16으로 도출되었다.

사례 5-2.1 2^{7-3} 부분 요인 실험(FFD) 디자인스페이스(DS) Case(상용소프트웨어 Minitab 활용)

위험성이 높은 변수를 바탕으로 디자인스페이스(DS)를 도출하고자 한다. 아래 〈표 5-2〉에서 제형설계변수 3개(부형제)와 공정변수 4개, 총 7개의 변수가 고위험 요소로 평가되었다. 따라서 7가지 변수를 이용하여 실험계획법(DoE)을 설계하고 통계적으로 평가를 수행하였다.

표 5-2 FMEA를 통한 종합위해평가

	제형설계/공정변수		완제의약품의 CQAs		
	변수	비고	함량 시험	함량균일성 시험	붕해 시험
제형설계변수	포비돈		L	H	H
	유당수화물		M	H	L
	L-HPC		H	L	L
공정설계변수	과립화공정	정제수의 양	H	L	L
	혼합공정	혼합시간	H	H	H
		혼합속도	H	L	L
	후혼합공정	혼합물의 양	L	L	L
		혼합기의 속도	L	L	H
	충전공정	회전속도	L	L	L

실험계획법(DoE)에서는 강건 설계(Robust Design)를 바탕으로 진행하기에 함량(Y_1), 함량균일성(Y_2), 붕해(Y_3)를 주요품질특성(CQAs)으로 선정하였고, 스크리닝 단계 이후부터는 함량(Y_1)의 경우 분산이 크기 때문에 평균과 분산을 같이 고려하였다. 이러한 핵심 인자를 가지고 실험을 수행하려면 많은 실험뿐만 아니라 비용 및 시간이 필요하다. 그래서 7개의 핵심 인자 중 주요품질특성(CQAs)에 가장 큰 영향을 주는 주요 인자를 선별하는 실험을 진행하고자 한다. 2^{7-3} 부분요인실험(FFD)을 실행하여 최소한의 실험 수로 인자를 도출해보자.

(1) Minitab을 이용하여 주어진 상황을 바탕으로 요인을 설계하려 한다. 요인의 수를 7로 설정하고, 1/8 부분 요인 실험을 진행한다. 중심점은 오차의 자유도를 좀 더 확보하여 정밀한 분석을 수행하기 위해 2로 설정하고, 반복은 1로 설정하였다. 각 인자를 포비돈(A), 유당수화물(B), L-HPC(C), 정제수의 양(D), 혼합시간(E), 혼합속도(F), 혼합기의 속도(G)로 설정하고 수준은 코드화된 단위(낮은 수준:-1, 높은 수준:1)를 사용하여 설정한다.

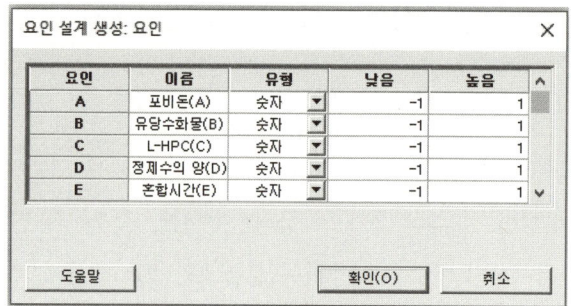

그림 5-52 코드화된 요인 수준

(2) 최종적으로 아래와 같이 1/8 부분 요인 실험설계표가 워크시트 창에 나타난다. 그리고 설계된 실험표를 바탕으로 실험을 한 후, 함량(Y_1), 함량균일성(Y_2), 붕해(Y_3)에 대한 실험 결과를 [그림 5-53]과 같이 기입하고 분석을 한다.

	C1 표준 순서	C2 런 순서	C3 중앙점	C4 블럭	C5 포비돈(A)	C6 유당수화물(B)	C7 L-HPC(C)	C8 정제수의 양(D)	C9 혼합시간(E)	C10 혼합속도(F)	C11 혼합기의 속도(G)	C12 함량(Y1)	C13 함량균일성(Y2)	C14 붕해(Y3)
1	1	11	1	1	-1	-1	-1	-1	-1	-1	-1	98.83	6.30	4.10
2	2	13	1	1	1	-1	-1	-1	-1	1	1	104.79	14.71	13.30
3	3	4	1	1	-1	1	-1	-1	1	-1	1	107.48	21.57	16.24
4	4	10	1	1	1	1	-1	-1	1	1	-1	105.84	10.99	9.26
5	5	6	1	1	-1	-1	1	-1	1	1	1	102.84	10.73	9.00
6	6	7	1	1	1	-1	1	-1	1	-1	-1	101.37	15.30	13.57
7	7	8	1	1	-1	1	1	-1	-1	1	-1	98.74	5.85	4.12
8	8	2	1	1	1	1	1	-1	-1	-1	1	94.57	9.15	7.42
9	9	16	1	1	-1	-1	-1	1	-1	1	1	98.89	8.85	7.31
10	10	17	1	1	1	-1	-1	1	1	-1	-1	103.30	12.19	10.46
11	11	12	1	1	-1	1	-1	1	1	1	-1	103.02	13.30	11.57
12	12	18	1	1	1	1	-1	1	-1	-1	-1	102.41	12.03	10.51
13	13	3	1	1	-1	-1	1	1	1	-1	-1	104.48	13.01	11.28
14	14	5	1	1	1	-1	1	1	-1	1	1	104.06	17.36	15.47
15	15	9	1	1	-1	1	1	1	-1	-1	-1	100.52	7.10	6.37
16	16	14	1	1	1	1	1	1	1	1	1	101.31	8.41	6.68
17	17	1	0	1	0	0	0	0	0	0	0	102.33	15.14	13.41
18	18	15	0	1	0	0	0	0	0	0	0	105.18	12.60	10.87

그림 5-53 2^{7-3} 부분 요인 실험(FFD) 표준실험설계표

(3) 요인 설계 분석을 진행하기 위해 차수를 설정하는데 총 실험 수와 오차를 파악하여 최대 차수를 2로 설정한다. 이와 같은 경우에는 자유도가 16이므로 교락된 인자 중 최대 2차항까지 볼 수 있다. 또한 최대 차수를 2로 설정할 경우 교호작용을 포함시켜 분석하므로 인자 간의 상호 작용을 볼 수 있다.

그 결과 아래와 같은 분산분석(ANOVA)을 도출하였다. 함량(Y_1)의 경우 모형의 P-값이 0.05보다 높은 0.268로 유의하지 않고, 오차의 자유도는 4 이상이 되어야 신뢰성이 더 높다고 판단할 수 있는데 오차의 자유도가 2이므로 풀링을 진행해야 한다. 또한 적합성 결여(LOF)의 경우 0.05보다 높은 값이 나와야 만족한다고 판단하는데 [그림 5-54]를 보면 적합성 결여LOF)가 0.05보다 높은 값으로 만족한다. 결정계수(R^2)의 경우 n 수에 따라

다르지만 보통 70% 이상이 되어야 만족한다고 판단할 수 있다. 그 값보다 낮은 값을 가질 경우에는 분산이 크다는 것으로 판단해야 하다. 아래 [그림 5-55]의 경우, 〈사례 5-1〉과 달리 개별 풀링을 진행하지 않고, 단계적 회귀 방법을 사용하여 풀링을 실시하였다. 단계적 회귀 방법은 〈3.2.4.9 단계적 회귀분석〉을 참고하면 된다. 그 결과, 모형의 P-값이 0.05보다 낮은 0.020이고, 오차의 자유도가 5, 그리고 적합성 결여(LOF) 또한 0.05보다 높은 0.856이므로 유의하다고 판단할 수 있고, 결정계수(R^2) 값도 94.52%로 상당히 좋다. 또한 아래 [그림 5-56]의 Pareto 차트를 보면 좀 더 쉽게 유의한 인자를 찾아낼 수 있으며, [그림 5-57]의 잔차 그림을 보면 정규성을 만족한다고 판단된다.

모형 요약

S	R-제곱	R-제곱(수정)	R-제곱(예측)
1.82945	95.93%	65.42%	0.00%

분산 분석

출처	DF	Adj SS	Adj MS	F-값	P-값
모형	15	157.831	10.5221	3.14	0.268
선형	7	37.514	5.3591	1.60	0.437
포비돈(A)	1	0.508	0.5077	0.15	0.734
유당수화물(B)	1	1.363	1.3631	0.41	0.589
L-HPC(C)	1	17.368	17.3681	5.19	0.150
정제수의 양(D)	1	0.779	0.7788	0.23	0.677
혼합시간(E)	1	7.742	7.7423	2.31	0.268
혼합속도(F)	1	7.089	7.0889	2.12	0.283
혼합기의 속도(G)	1	2.665	2.6651	0.80	0.466
2차 교호작용	7	115.016	16.4309	4.91	0.180
포비돈(A)*유당수화물(B)	1	12.443	12.4433	3.72	0.194
포비돈(A)*L-HPC(C)	1	11.206	11.2058	3.35	0.209
포비돈(A)*정제수의 양(D)	1	1.884	1.8838	0.56	0.531
포비돈(A)*혼합시간(E)	1	58.331	58.3314	17.43	0.053
포비돈(A)*혼합속도(F)	1	0.111	0.1106	0.03	0.873
포비돈(A)*혼합기의 속도(G)	1	30.719	30.7193	9.18	0.094
유당수화물(B)*정제수의 양(D)	1	0.322	0.3221	0.10	0.786
곡면성	1	5.302	5.3015	1.58	0.335
오차	2	6.694	3.3469		
적합성 결여	1	2.633	2.6325	0.65	0.568
순수 오차	1	4.061	4.0613		
총계	17	164.525			

그림 5-54 풀링 전 함량(Y_1)의 분산분석표(ANOVA Table)

모형 요약

S	R-제곱	R-제곱(수정)	R-제곱(예측)
1.34240	94.52%	81.38%	42.00%

분산 분석

출처	DF	Adj SS	Adj MS	F-값	P-값
모형	12	155.515	12.9596	7.19	0.020
선형	7	37.514	5.3591	2.97	0.124
포비돈(A)	1	0.508	0.5077	0.28	0.618
유당수화물(B)	1	1.363	1.3631	0.76	0.424
L-HPC(C)	1	17.368	17.3681	9.64	0.027
정제수의 양(D)	1	0.779	0.7788	0.43	0.540
혼합시간(E)	1	7.742	7.7423	4.30	0.093
혼합속도(F)	1	7.089	7.0889	3.93	0.104
혼합기의 속도(G)	1	2.665	2.6651	1.48	0.278
2차 교호작용	4	112.700	28.1749	15.64	0.005
포비돈(A)*유당수화물(B)	1	12.443	12.4433	6.91	0.047
포비돈(A)*L-HPC(C)	1	11.206	11.2058	6.22	0.055
포비돈(A)*혼합시간(E)	1	58.331	58.3314	32.37	0.002
포비돈(A)*혼합기의 속도(G)	1	30.719	30.7193	17.05	0.009
곡면성	1	5.302	5.3015	2.94	0.147
오차	5	9.010	1.8020		
적합성 결여	4	4.949	1.2372	0.30	0.856
순수 오차	1	4.061	4.0613		
총계	17	164.525			

그림 5-55 풀링 후 함량(Y_1)의 분산분석표(ANOVA Table)

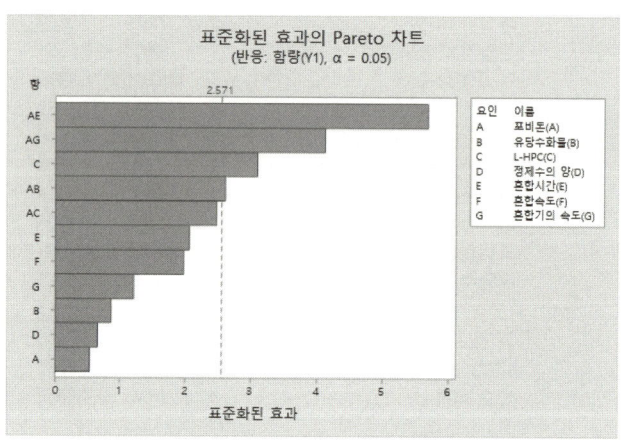

그림 5-56 함량(Y_1)의 Pareto 차트

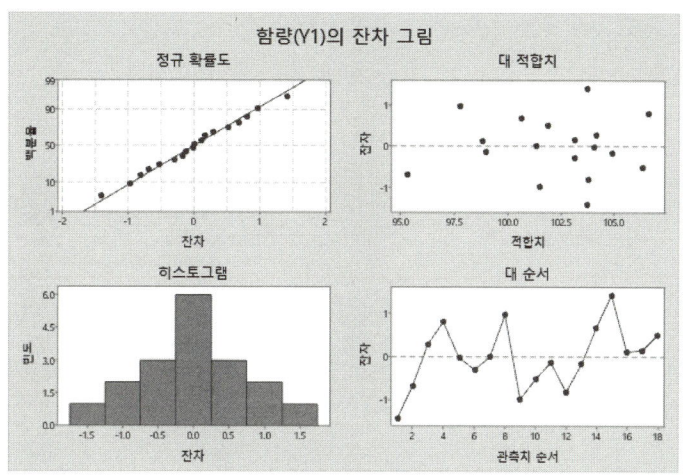

그림 5-57   함량(Y_1)의 잔차 그림

함량균일성(Y_2)의 경우 모형의 P-값이 0.05보다 높은 0.304로 유의하지 않고, 오차의 자유도는 4 이상이 되어야 신뢰성이 더 높다고 판단 할 수 있는데 오차의 자유도가 2이므로 풀링을 진행해야 한다. 또한 적합성 결여(LOF)의 경우 0.05보다 높은 값이 나와야 만족한다고 판단하는데 아래 [그림 5-58]을 보면 적합성 결여(LOF)가 0.05보다 높은 값으로 만족한다. 결정계수(R^2)의 경우 n 수에 따라 다르지만 보통 70% 이상이 되어야 만족한다고 판단할 수 있다. 그 값보다 낮은 값을 가질 경우에는 분산이 크다는 것으로 판단해야 하다. 아래 [그림 5-59]의 경우, 단계적 회귀 방법을 사용하여 풀링을 실시하였다. 그 결과, 모형의 P-값이 0.05보다 낮은 0.018이고, 오차의 자유도가 9, 그리고 적합성 결여((LOF)) 또한 0.05보다 높은 0.498이므로 유의하다고 판단할 수 있고, 결정계수(R^2)값도 80.18%로 상당히 좋다. 또한 아래 [그림 5-60]의 Pareto 차트를 보면 좀 더 쉽게 유의한 인자를 찾아낼 수 있으며, [그림 5-61]의 잔차 그림을 보면 정규성을 만족한다고 판단된다.

모형 요약

S	R-제곱	R-제곱(수정)	R-제곱(예측)
2.56555	95.29%	59.94%	0.00%

분산 분석

출처	DF	Adj SS	Adj MS	F-값	P-값
모형	15	266.129	17.742	2.70	0.304
선형	7	55.134	7.876	1.20	0.527
포비돈(A)	1	11.273	11.273	1.71	0.321
유당수화물(B)	1	6.313	6.313	0.96	0.431
L-HPC(C)	1	10.611	10.611	1.61	0.332
정제수의 양(D)	1	0.345	0.345	0.05	0.840
혼합시간(E)	1	23.257	23.257	3.53	0.201
혼합속도(F)	1	0.735	0.735	0.11	0.770
혼합기의 속도(G)	1	2.600	2.600	0.40	0.594
2차 교호작용	7	202.454	28.922	4.39	0.198
포비돈(A)*유당수화물(B)	1	48.686	48.686	7.40	0.113
포비돈(A)*L-HPC(C)	1	11.611	11.611	1.76	0.315
포비돈(A)*정제수의 양(D)	1	0.258	0.258	0.04	0.861
포비돈(A)*혼합시간(E)	1	108.837	108.837	16.54	0.055
포비돈(A)*혼합속도(F)	1	16.301	16.301	2.48	0.256
포비돈(A)*혼합기의 속도(G)	1	9.075	9.075	1.38	0.361
유당수화물(B)*정제수의 양(D)	1	7.687	7.687	1.17	0.393
곡면성	1	8.541	8.541	1.30	0.373
오차	2	13.164	6.582		
적합성 결여	1	9.938	9.938	3.08	0.330
순수 오차	1	3.226	3.226		
총계	17	279.293			

그림 5-58　풀링 전 함량균일성(Y_2)의 분산분석표(ANOVA Table)

모형 요약

S	R-제곱	R-제곱(수정)	R-제곱(예측)
2.47995	80.18%	62.57%	20.73%

분산 분석

출처	DF	Adj SS	Adj MS	F-값	P-값
모형	8	223.942	27.993	4.55	0.018
선형	4	41.577	10.394	1.69	0.235
포비돈(A)	1	11.273	11.273	1.83	0.209
유당수화물(B)	1	6.313	6.313	1.03	0.337
혼합시간(E)	1	23.257	23.257	3.78	0.084
혼합속도(F)	1	0.735	0.735	0.12	0.737
2차 교호작용	3	173.824	57.941	9.42	0.004
포비돈(A)*유당수화물(B)	1	48.686	48.686	7.92	0.020
포비돈(A)*혼합시간(E)	1	108.837	108.837	17.70	0.002
포비돈(A)*혼합속도(F)	1	16.301	16.301	2.65	0.138
곡면성	1	8.541	8.541	1.39	0.269
오차	9	55.351	6.150		
적합성 결여	8	52.125	6.516	2.02	0.498
순수 오차	1	3.226	3.226		
총계	17	279.293			

그림 5-59　풀링 후 함량균일성(Y_2)의 분산분석표(ANOVA Table)

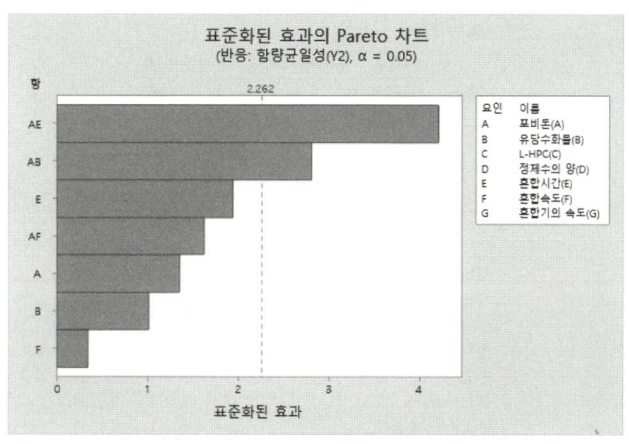

그림 5-60　함량균일성(Y_2)의 Pareto 차트

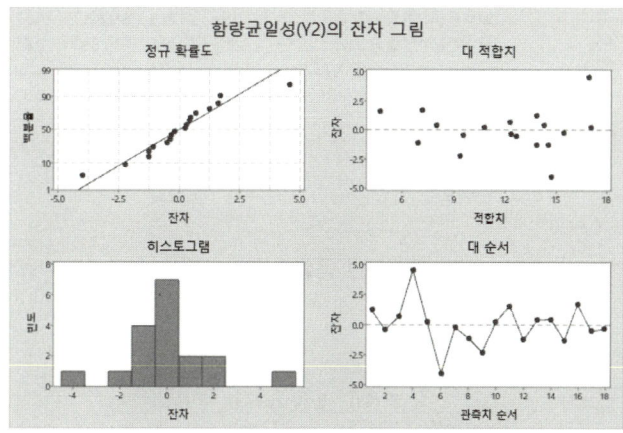

그림 5-61　함량균일성(Y_2)의 잔차 그림

붕해(Y_3)의 경우 모형의 P-값이 0.05보다 높은 0.263으로 유의하지 않고, 오차의 자유도는 4 이상이 되어야 신뢰성이 더 높다고 판단할 수 있는데 오차의 자유도가 2이므로 풀링을 진행해야 한다. 또한 적합성 결여(LOF)의 경우 0.05보다 높은 값이 나와야 만족한다고 판단하는데 아래 [그림 5-62]를 보면 적합성 결여(LOF)가 0.05보다 높은 값으로 만족한다. 결정계수(R^2)의 경우 n 수에 따라 다르지만 보통 70% 이상이 되어야 만족한다고 판단할 수 있다. 그 값보다 낮은 값을 가진 경우에는 분산이 크다는 것으로 판단해야 하다. 아래 [그림 5-63]의 경우, 단계적 회귀 방법을 사용하여 풀링을 실시하였다. 그 결과, 모형의 P-값이 0.05보다 낮은 0.028이고, 오차의 자유도가 6, 그리고 적합성 결여(LOF) 또한 0.05보다 높은 0.617이므로 유의하다고 판단할 수 있고, 결정계수()R^2) 값도 90.43%로 상당히 좋다. 또한 아래 [그림 5-64]의 Pareto 차트를 보면 좀 더 쉽게 유의한 인자를 찾아낼 수 있으며, [그림 5-65]의 잔차 그림을 보면 정규성을 만족한다고 판단된다.

모형 요약

S	R-제곱	R-제곱(수정)	R-제곱(예측)
2.08583	96.02%	66.14%	0.00%

분산 분석

출처	DF	Adj SS	Adj MS	F-값	P-값
모형	15	209.727	13.9818	3.21	0.263
선형	7	47.446	6.7779	1.56	0.445
포비돈(A)	1	17.389	17.3889	4.00	0.184
유당수화물(B)	1	9.486	9.4864	2.18	0.278
L-HPC(C)	1	4.884	4.8841	1.12	0.400
정제수의 양(D)	1	0.436	0.4356	0.10	0.782
혼합시간(E)	1	14.516	14.5161	3.34	0.209
혼합속도(F)	1	0.078	0.0784	0.02	0.906
혼합기의 속도(G)	1	0.656	0.6561	0.15	0.735
2차 교호작용	7	152.474	21.7820	5.01	0.177
포비돈(A)*유당수화물(B)	1	40.768	40.7682	9.37	0.092
포비돈(A)*L-HPC(C)	1	4.060	4.0602	0.93	0.436
포비돈(A)*정제수의 양(D)	1	0.766	0.7656	0.18	0.716
포비돈(A)*혼합시간(E)	1	86.211	86.2112	19.82	0.047
포비돈(A)*혼합속도(F)	1	13.286	13.2860	3.05	0.223
포비돈(A)*혼합기의 속도(G)	1	4.774	4.7742	1.10	0.405
유당수화물(B)*정제수의 양(D)	1	2.608	2.6082	0.60	0.520
곡면성	1	9.807	9.8073	2.25	0.272
오차	2	8.701	4.3507		
적합성 결여	1	5.476	5.4756	1.70	0.417
순수 오차	1	3.226	3.2258		
총계	17	218.428			

그림 5-62 풀링 전 용출 30분(Y_3)의 분산분석표(ANOVA Table)

모형 요약

S	R-제곱	R-제곱(수정)	R-제곱(예측)
1.86680	90.43%	72.88%	11.19%

분산 분석

출처	DF	Adj SS	Adj MS	F-값	P-값
모형	11	197.518	17.9562	5.15	0.028
선형	7	47.446	6.7779	1.94	0.218
포비돈(A)	1	17.389	17.3889	4.99	0.067
유당수화물(B)	1	9.486	9.4864	2.72	0.150
L-HPC(C)	1	4.884	4.8841	1.40	0.281
정제수의 양(D)	1	0.436	0.4356	0.12	0.736
혼합시간(E)	1	14.516	14.5161	4.17	0.087
혼합속도(F)	1	0.078	0.0784	0.02	0.886
혼합기의 속도(G)	1	0.656	0.6561	0.19	0.680
2차 교호작용	3	140.265	46.7552	13.42	0.005
포비돈(A)*유당수화물(B)	1	40.768	40.7682	11.70	0.014
포비돈(A)*혼합시간(E)	1	86.211	86.2112	24.74	0.003
포비돈(A)*혼합속도(F)	1	13.286	13.2860	3.81	0.099
곡면성	1	9.807	9.8073	2.81	0.144
오차	6	20.910	3.4849		
적합성 결여	5	17.684	3.5368	1.10	0.617
순수 오차	1	3.226	3.2258		
총계	17	218.428			

그림 5-63 풀링 후 용출 30분(Y_3)의 분산분석표(ANOVA Table)

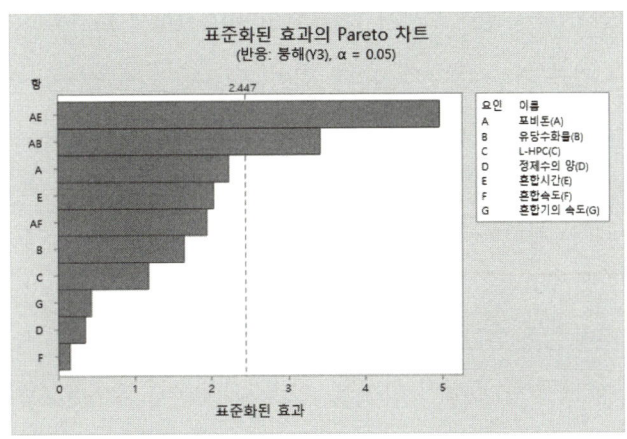

그림 5-64 용출 30분(Y_3)의 Pareto 차트

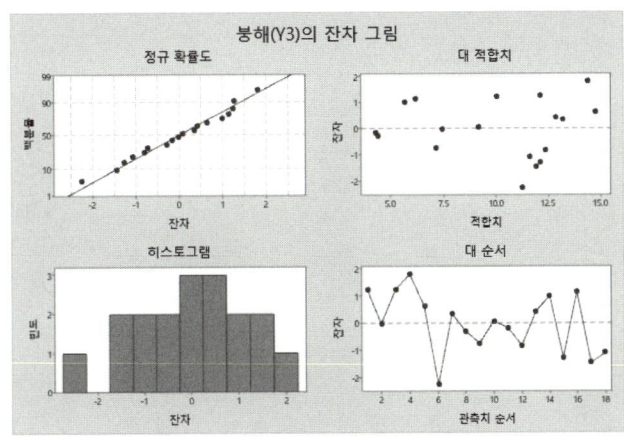

그림 5-65 용출 30분(Y_3)의 잔차 그림

스크리닝 단계이기 때문에 제형설계변수와 공정설계변수를 같이 분석을 하여 인자를 선별하였다.

[그림 5-66]을 보면 주효과는 C가 가장 큰 영향을 주고 AB, AE, AG의 교호작용이 크게 영향을 준다고 볼 수 있다. 유전효과를 확인해보면 AB보다 CE의 영향이 크다는 것을 확인할 수 있고 AE보다 BC, AG보다 CD의 영향이 크다고 판단한다. 그 결과 함량(Y_1)의 경우 유당수화물(B), L-HPC(C), 정제수의 양(D), 혼합시간(E)이 영향이 크다고 판단한다.

[그림 5-67]의 경우 AB, AE의 교호작용이 영향을 준다고 할 수 있다. 위와 같이 유전효과를 고려하였더니 AB, AE의 영향이 크다는 것을 확인할 수 있다. 그 결과 포비돈(A), 유당수화물(B), 혼합시간(E)이 영향이 크다고 판단한다.

[그림 5-68]의 경우 교호작용 AB, AE가 크게 영향을 준다. 유전효과를 고려한 결과 포비

돈(A), 유당수화물(B), 혼합시간(E)이 영향이 크다고 판단한다.

스크리닝 결과 제형설계변수에서는 함량(Y_1), 함량균일성(Y_2), 붕해(Y_3)에 대해 공통적으로 영향을 끼치는 인자 포비돈(A), 유당수화물(B), L-HPC(C)를 선별하였고, 공정설계변수는 정제수의 양(D)과 혼합시간(E)이 선별되었다. 인자들이 공통적으로 Ys값에 포함 될 경우, Ys값에 가중치를 부여하여 인자를 선별해야 한다. 공정설계변수에서는 함량(Y_1)이 가장 중요한 주요품질특성(CQA)이기에 가중치를 높게 부여하여 함량균일성(Y_2), 붕해(Y_3)에 선별되지 않은 인자 정제수의 양(D)이 선별되었다. 최적화 단계를 진행하기 전에 제형설계변수는 혼합물 중심점 설계로, 공정설계변수는 중심합성법(CCD)으로 진행한다.

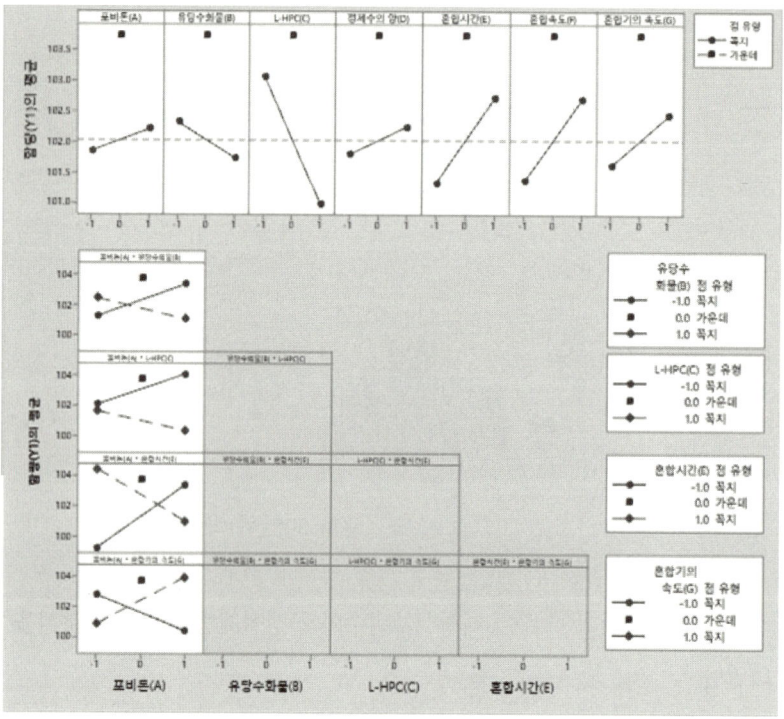

그림 5-66 함량(Y_1)의 요인그림

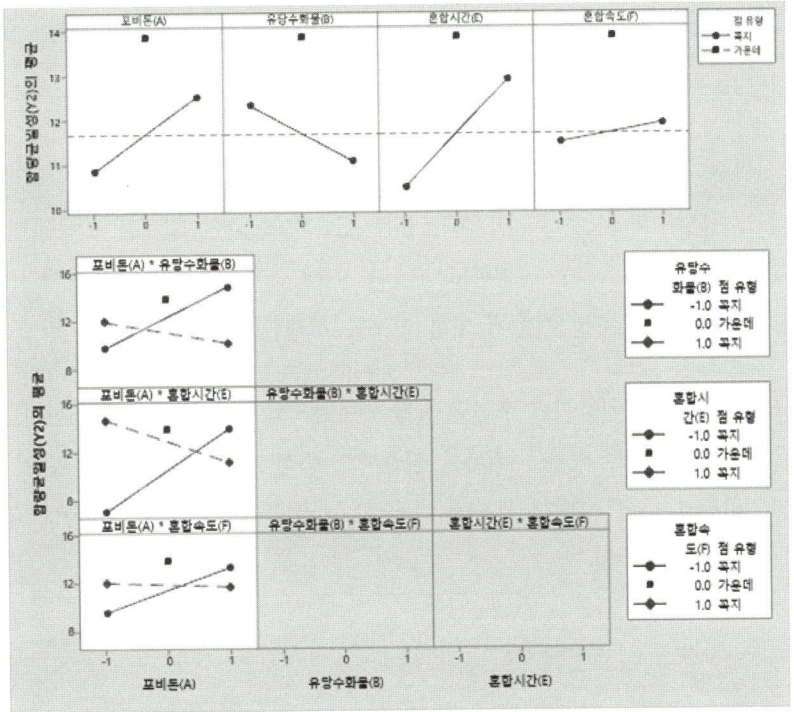

그림 5-67 함량균일성(Y_2)의 요인그림

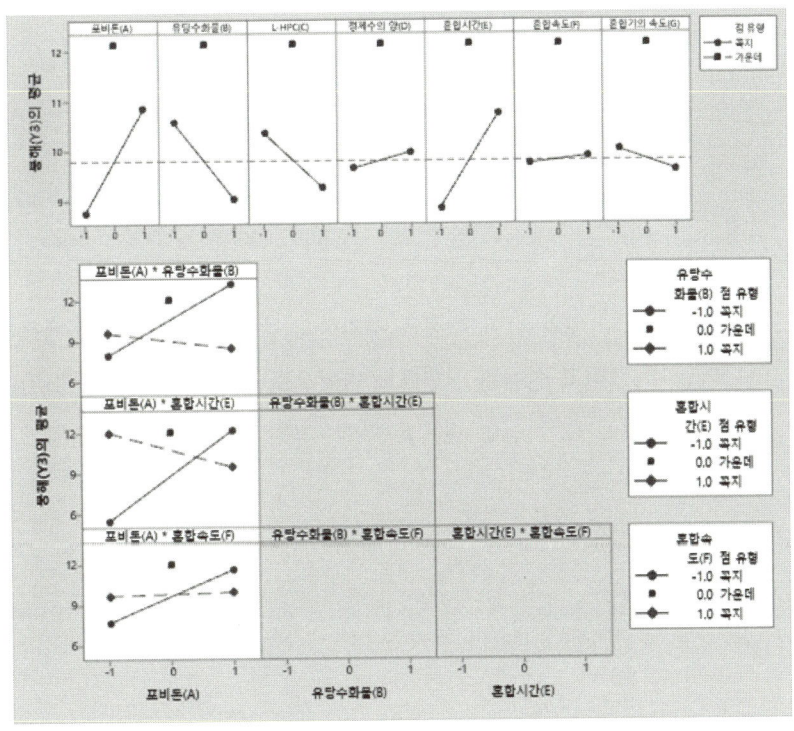

그림 5-68 붕해(Y_3)의 요인그림

사례 5-2.2 혼합물 실험 디자인스페이스(DS) Case(상용소프트웨어 Minitab 활용)

선별된 주요 인자는 완제의약품의 주요품질특성에 영향을 주는 주요제형변수로 포비돈(A), 유당수화물(B), L-HPC(C)이다. 심플렉스 중심 설계를 이용하여 디자인스페이스(DS) 도출과 최적화를 진행하고자 한다. 이때 정제수의 양(D), 혼합시간(E)은 고정을 시킨다. 최적 제제 조성 개발에 대한 연구를 진행한다.

(1) Minitab을 이용하여 주어진 상황을 바탕으로 혼합 설계를 진행한다. 성분의 수를 3으로 설정하고, 축점을 추가한 심플렉스 중심 설계를 사용한다. 단일 총계는 1로 잡아 비율로 나타내고 각 성분에 대해 상, 하한을 아래 [그림 5-69]와 같이 설정한다.

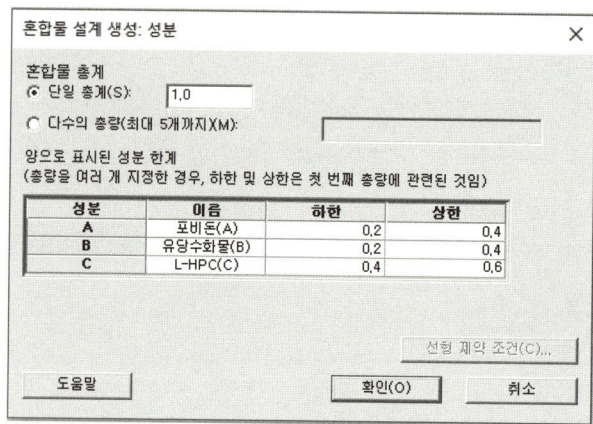

그림 5-69 각 성분의 상, 하한 설정

(2) 최종적으로 아래와 같이 축점을 추가한 심플렉스 중심 실험설계표가 워크시트 창에 나타난다. 그리고 설계된 실험표를 바탕으로 실험을 한 후, 함량(Y_1), 함량균일성(Y_2)과 붕해(Y_3)에 대한 실험 결과를 아래 [그림 5-70]과 같이 기입하고 분석을 한다.

↓	C1	C2	C3	C4	C5	C6	C7	C8	C9	C10
	표준 순서	런 순서	점 유형	블럭	포비돈(A)	유당수화물(B)	L-HPC(C)	함량(Y1)	함량균일성(Y2)	붕해(Y3)
1	1	10	1	1	0.400000	0.200000	0.400000	99.46	10.91	4.68
2	2	6	1	1	0.200000	0.400000	0.400000	83.05	8.92	7.88
3	3	4	1	1	0.200000	0.200000	0.600000	87.73	6.48	5.64
4	4	9	2	1	0.300000	0.300000	0.400000	88.41	3.21	1.32
5	5	5	2	1	0.300000	0.200000	0.500000	100.90	3.87	2.17
6	6	3	2	1	0.200000	0.300000	0.500000	111.04	18.92	11.36
7	7	1	0	1	0.266667	0.266667	0.466667	95.73	1.67	0.89
8	8	7	-1	1	0.333333	0.233333	0.433333	99.50	3.74	2.27
9	9	8	-1	1	0.233333	0.333333	0.433333	93.69	8.78	5.91
10	10	2	-1	1	0.233333	0.233333	0.533333	100.92	4.61	3.22

그림 5-70 심플렉스 중심 설계 표준실험설계표

(3) 혼합물 중심 설계 분석을 진행하기 위해 차수를 설정하는데 총 실험 수와 오차를 파악하여 특수 3차로 설정한다. 이와 같은 경우에는 2차 교호작용과 3차 교호작용을 볼 수 있다. 그 결과 아래와 같은 분산분석(ANOVA)을 도출하였다. 분산분석표(ANOVA Table)는 우선 모형의 P-값이 0.05보다 낮아야 하며, 오차의 자유도가 4 이상이 되어야 좋다. 또한 결정계수(R^2)의 값이 n 수에 따라 다르지만 보통 70% 이상이 되어야 만족한다고 판단할 수 있다. 그 값보다 낮은 값을 가질 경우에는 분산이 크다는 것으로 판단해야 하다. 또한 혼합물 실험에서는 계수값과 Cox-궤적도로 주효과의 영향을 파악한다. 계수값은 양과 음(+/-)에 관한 효과를 파악할 수 있으며, 계수값이 클수록 그만큼 효과가 크다고 판단할 수 있다. 그 결과 아래 [그림 5-71]과 같이 함량(Y_1)의 경우 모형의 P-값이 0.05보다 낮은 0.010으로 유의하며, 오차의 자유도가 3이다. 오차의 자유도가 4보다 작지만 총 실험 수가 적다는 것을 고려하면 3으로도 충분히 만족한다고 할 수 있으며, 오차를 4로 맞추기 위해 P-값이 높은 인자를 풀링시키면 모형의 P-값이 더 좋지 않게 된다. 또한 계수값을 참고로 하면 주효과 A, B, C, ABC의 계수는 음(-)이기에 음의 영향을 준다고 할 수 있으며 교호작용들은 모두 양(+)으로 영향을 준다고 할 수 있다.

함량(Y1)(성분 비율)에 대한 추정된 회귀 계수

항	계수	SE 계수	T-값	P-값	VIF
포비돈(A)	-1301	531	*	*	58800.78
유당수화물(B)	-2101	531	*	*	58800.78
L-HPC(C)	-870	205	*	*	26004.41
포비돈(A)*유당수화물(B)	8755	3144	2.78	0.069	136833.15
포비돈(A)*L-HPC(C)	5280	1629	3.24	0.048	114570.06
유당수화물(B)*L-HPC(C)	7064	1629	4.34	0.023	114570.06
포비돈(A)*유당수화물(B)*L-HPC(C)	-22550	7607	-2.96	0.059	159784.24

모형 요약

S	R-제곱	R-제곱(수정)	PRESS	R-제곱(예측)
1.89702	98.19%	94.58%	292.906	51.00%

함량(Y1)에 대한 분산 분석(성분 비율)

출처	DF	Seq SS	Adj SS	Adj MS	F-값	P-값
회귀 분석	6	586.94	586.94	97.823	27.18	0.010
선형	2	92.09	168.67	84.335	23.44	0.015
2차	3	463.22	459.27	153.090	42.54	0.006
포비돈(A)*유당수화물(B)	1	25.47	27.90	27.905	7.75	0.069
포비돈(A)*L-HPC(C)	1	18.48	37.81	37.805	10.51	0.048
유당수화물(B)*L-HPC(C)	1	419.27	67.66	67.663	18.80	0.023
특수 3차	1	31.62	31.62	31.622	8.79	0.059
포비돈(A)*유당수화물(B)*L-HPC(C)	1	31.62	31.62	31.622	8.79	0.059
잔차 오차	3	10.80	10.80	3.599		
총계	9	597.73				

그림 5-71 함량(Y_1)의 분산분석표(ANOVA Table)

또한 아래 [그림 5-72]의 Cox-궤적도를 보면 B의 경우 비율이 커질수록 적합 함량 평균 값이 낮아지고, C의 경우 어느 정도 적합 함량 분산값이 올라가다가 다시 내려가는 영향을 준다고 판단할 수 있다.

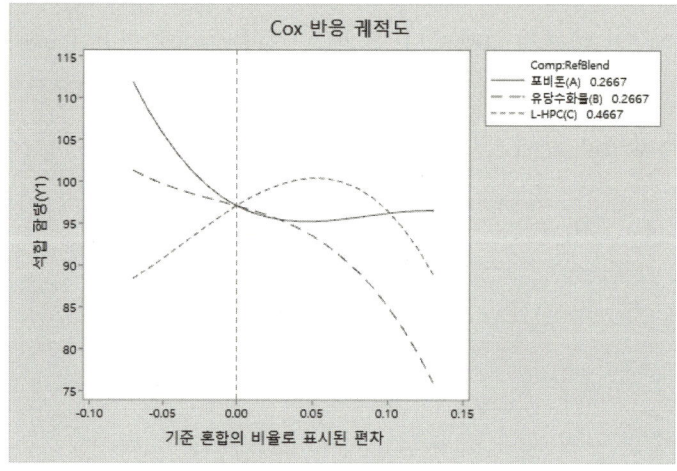

그림 5-72 함량(Y_1)의 Cox 반응 궤적도

아래 [그림 5-73]과 같이 함량균일성(Y_2)의 경우 모형의 P-값이 0.05보다 낮은 0.019로 유의하며, 오차의 자유도가 3이다. 오차의 자유도가 4보다 작지만 총 실험 수가 적다는 것을 생각하면 3으로도 충분히 만족한다고 할 수 있다. 오차를 4로 맞추기 위해 P-값이 높은 인자를 풀링시키면 모형의 P-값이 더 좋지 않게 된다. 또한 계수값을 참고로 하면 주효과 A, B, C, ABC의 계수는 음(-)이기에 음의 영향을 준다고 할 수 있으며 교호작용들은 모두 양(+)으로 영향을 준다고 할 수 있다.

함량균일성(Y_2)(성분 비율)에 대한 추정된 회귀 계수

항	계수	SE 계수	T-값	P-값	VIF
포비돈(A)	-1064	406	*	*	58800.78
유당수화물(B)	-1718	406	*	*	58800.78
L-HPC(C)	-641	157	*	*	26004.41
포비돈(A)*유당수화물(B)	8346	2408	3.47	0.040	136833.15
포비돈(A)*L-HPC(C)	3994	1248	3.20	0.049	114570.06
유당수화물(B)*L-HPC(C)	5608	1248	4.49	0.021	114570.06
포비돈(A)*유당수화물(B)*L-HPC(C)	-22456	5826	-3.85	0.031	159784.24

모형 요약

S	R-제곱	R-제곱(수정)	PRESS	R-제곱(예측)
1.45283	97.29%	91.86%	224.473	3.78%

함량균일성(Y_2)에 대한 분산 분석(성분 비율)

출처	DF	Seq SS	Adj SS	Adj MS	F-값	P-값
회귀 분석	6	226.954	226.954	37.826	17.92	0.019
선형	2	21.640	116.119	58.060	27.51	0.012
2차	3	173.954	160.486	53.495	25.34	0.012
포비돈(A)*유당수화물(B)	1	67.673	25.361	25.361	12.02	0.040
포비돈(A)*L-HPC(C)	1	49.226	21.632	21.632	10.25	0.049
유당수화물(B)*L-HPC(C)	1	57.055	42.645	42.645	20.20	0.021
특수 3차	1	31.359	31.359	31.359	14.86	0.031
포비돈(A)*유당수화물(B)*L-HPC(C)	1	31.359	31.359	31.359	14.86	0.031
잔차 오차	3	6.332	6.332	2.111		
총계	9	233.286				

그림 5-73 함량균일성(Y_2)의 분산분석표(ANOVA Table)

또한 아래 [그림 5-74]의 Cox-궤적도를 보면 A의 경우 비율이 어느 정도 커질 때는 적합 함량균일성 평균값이 급격히 낮아지고, 그 이상으로 커지면 적합 함량균일성 평균값이 높아진다고 판단할 수 있다.

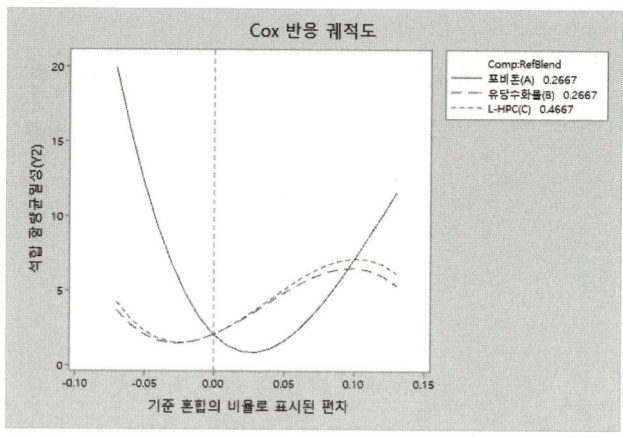

그림 5-74 함량균일성(Y_2)의 Cox 반응 궤적도

아래 [그림 5-75]와 같이 붕해(Y_3)의 경우 모형의 P-값이 0.05보다 낮은 0.037로 유의하며, 오차의 자유도가 3이다. 오차의 자유도가 4보다 작지만 총 실험 수가 적다는 것을 생각하면 충분히 만족한다고 할 수 있다. 또한 계수값을 참고로 하면 주효과 A, B, C, ABC의 계수는 음(-)이기에 음의 영향을 준다고 할 수 있으며 교호작용들은 모두 양(+)으로 영향을 준다고 할 수 있다.

붕해(Y3)(성분 비율)에 대한 추정된 회귀 계수

항	계수	SE 계수	T-값	P-값	VIF
포비돈(A)	-500	331	*	*	58800.78
유당수화물(B)	-785	331	*	*	58800.78
L-HPC(C)	-300	128	*	*	26004.41
포비돈(A)*유당수화물(B)	3960	1960	2.02	0.137	136833.15
포비돈(A)*L-HPC(C)	1913	1016	1.88	0.156	114570.06
유당수화물(B)*L-HPC(C)	2665	1016	2.62	0.079	114570.06
포비돈(A)*유당수화물(B)*L-HPC(C)	-11069	4742	-2.33	0.102	159784.24

모형 요약

S	R-제곱	R-제곱(수정)	PRESS	R-제곱(예측)
1.18254	95.67%	87.02%	138.842	0.00%

붕해(Y3)에 대한 분산 분석(성분 비율)

출처	DF	Seq SS	Adj SS	Adj MS	F-값	P-값
회귀 분석	6	92.782	92.782	15.464	11.06	0.037
선형	2	32.022	22.461	11.231	8.03	0.062
2차	3	53.141	35.902	11.967	8.56	0.056
포비돈(A)*유당수화물(B)	1	29.478	5.710	5.710	4.08	0.137
포비돈(A)*L-HPC(C)	1	15.633	4.962	4.962	3.55	0.156
유당수화물(B)*L-HPC(C)	1	8.030	9.633	9.633	6.89	0.079
특수 3차	1	7.619	7.619	7.619	5.45	0.102
포비돈(A)*유당수화물(B)*L-HPC(C)	1	7.619	7.619	7.619	5.45	0.102
잔차 오차	3	4.195	4.195	1.398		
총계	9	96.977				

그림 5-75 붕해(Y_3)의 분산분석표(ANOVA Table)

또한 아래 [그림 5-76]의 Cox-궤적도를 보면 A의 경우 비율이 어느 정도 커질 때는 적합 붕해 평균값이 급격히 낮아지고, 그 이상으로 커지면 적합 붕해 평균값이 높아진다고 판단할 수 있다.

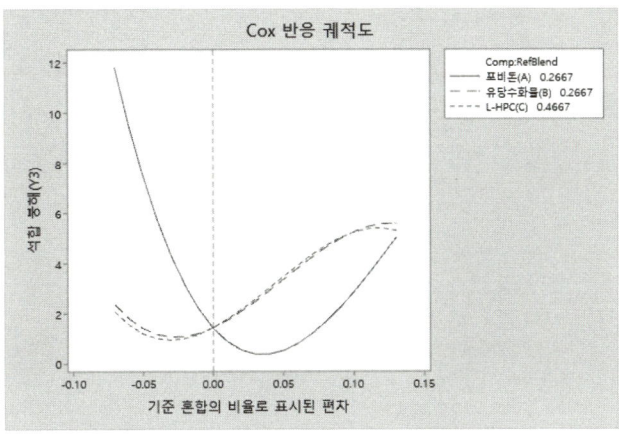

그림 5-76 붕해(Y_3)의 Cox 반응 궤적도

분산분석표(ANOVA Table) 결과를 보면 모든 반응에 대한 모형의 P-값이 만족하게 디자인스페이스(DS)를 도출할 수 있다. 함량의 범위는 90~110%, 함량균일성의 범위는 0~10%이며, 붕해의 범위는 0~10%로 설정한다. 아래 [그림 5-77]을 보면 흰색으로 보이는 영역이 디자인스페이스(DS)이다.

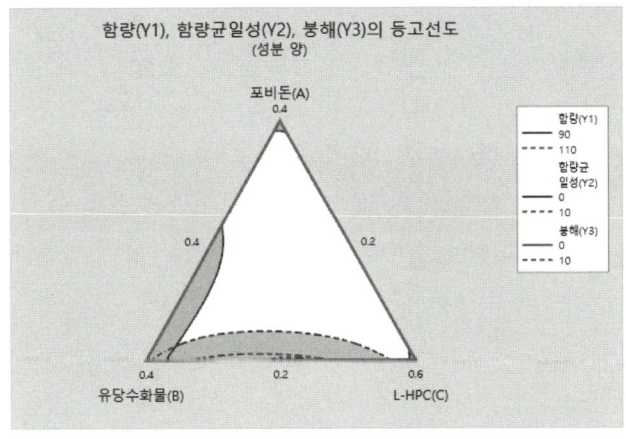

그림 5-77 중첩등고선도를 통한 디자인스페이스(DS) 도출

아래 [그림 5-78]과 같이 최적화 도구를 사용하여 최적화를 진행한다. 그 결과 포비돈(A): 0.2983, 유당수화물(B): 0.2222, L-HPC(C): 0.4795의 비율이 도출되었다. 도출된 값을

디자인스페이스(DS)에 최적해를 아래 [그림 5-79]와 같이 나타내었다. 이 결과 값으로 재현성 실험을 추가적으로 진행하여야 한다.

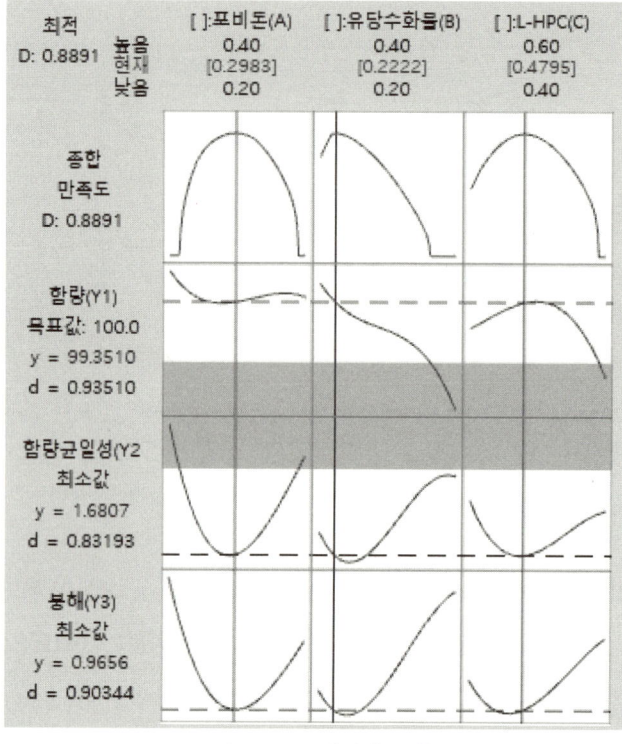

그림 5-78 최적해 도출

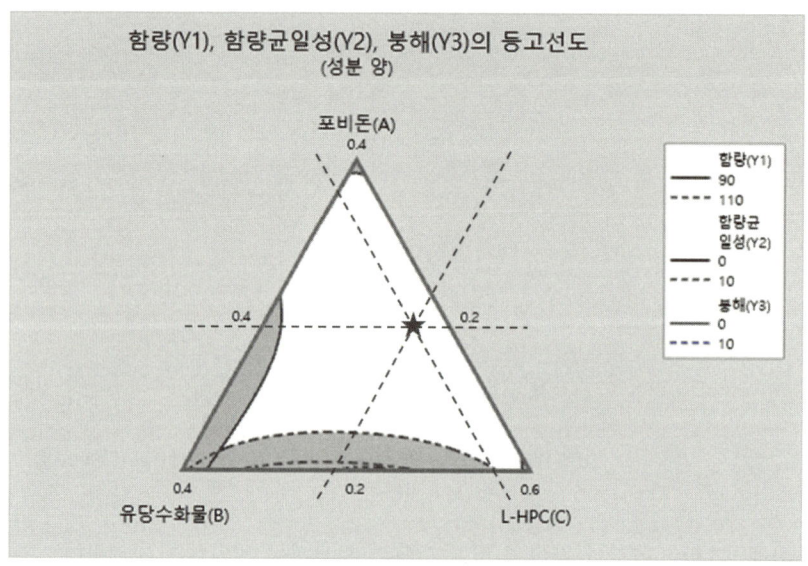

그림 5-79 최적해 도출

사례 5-2.3 반응표면실험 디자인스페이스(DS) Case(상용소프트웨어 Minitab 활용)

제형설계변수의 포비돈(A), 유당수화물(B), L-HPC(C)의 경우 디자인스페이스(DS)를 통해 고위험 요소를 제어할 수 있게 되었고, 나머지 선별된 주요 인자인 정제수의 양(D)과 혼합시간(E)을 중심 합성법(CCD)을 이용하여 디자인스페이스(DS) 도출과 최적화를 진행하고자 한다.

(1) Minitab을 이용하여 주어진 상황을 바탕으로 반응표면실험(RSM)을 하려한다. 요인의 수를 2로 설정하고, 중심합성법(CCD)으로 진행한다. 각 인자를 정제수의 양(D), 혼합시간(E)으로 설정하고 수준은 코드화된 단위(낮은 수준 : -1, 높은 수준 : 1)를 사용하여 아래 [그림 5-80]과 같이 설정한다. 코드화 되지 않은 단위는 정제수의 양(D)은 30~35mg, 혼합시간(E)은 3~7rpm이다.

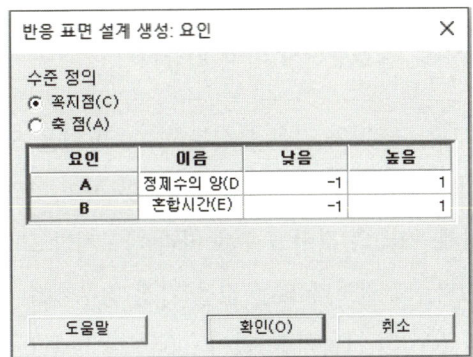

그림 5-80 코드화된 요인수준

(2) 최종적으로 아래 [그림 5-81]과 같이 반응표면 실험설계표가 워크시트 창에 나타난다. 그리고 설계된 실험표를 바탕으로 실험을 한 후, 함량의 평균(Y_1)과 분산(y_1), 함량균일성(Y_2), 붕해(Y_3)에 대한 실험 결과를 아래와 같이 기입하고 분석을 한다.

↓	C1 표준 순서	C2 런 순서	C3 점 유형	C4 블럭	C5 정제수의 양(D)	C6 혼합시간(E)	C7 함량 평균(Y1)	C8 함량 분산(y1)	C9 함량균일성(Y2)	C10 붕해(Y3)
1	1	8	1	1	-1	-1	101.663	31.94	33.3173	6.25
2	2	11	1	1	1	-1	97.288	26.47	11.4419	1.61
3	3	1	1	1	-1	1	101.566	31.81	32.8280	6.96
4	4	4	1	1	1	1	100.290	27.56	31.4275	6.61
5	5	3	-1	1	-1	0	100.662	30.68	28.3109	5.83
6	6	9	-1	1	1	0	95.549	24.29	2.7463	2.68
7	7	7	-1	1	0	-1	99.507	29.24	22.5327	4.38
8	8	2	-1	1	0	1	105.551	36.79	52.7532	8.51
9	9	10	0	1	0	0	99.595	29.34	22.9750	4.49
10	10	12	0	1	0	0	101.800	33.36	39.0060	8.50
11	11	6	0	1	0	0	101.918	32.25	34.5912	7.40
12	12	13	0	1	0	0	98.487	27.96	17.4340	3.11
13	13	5	0	1	0	0	99.200	32.87	25.9838	5.25

그림 5-81 반응표면법(RSM)의 면 중심합성계획법(CCF) 표준실험설계표

(3) 반응표면실험(RSM) 분석을 진행하기 위해 차수를 설정하는데 총 실험 수와 오차를 파악하여 최대 차수를 2로 설정한다. 이와 같은 경우에는 자유도가 낮으므로 교락된 인자 중 최대 2차항까지 볼 수 있다. 또한 최대 차수를 2로 설정할 경우 교호작용을 포함하여 분석하여 인자간의 상호 작용을 볼 수 있다. 반응표면실험(RSM)의 경우 최대 차수는 완전 2차로 제곱항까지 파악 가능하다.

그 결과 아래 [그림 5-82]와 같은 분산분석(ANOVA)을 도출하였다. 분산분석표(ANOVA Table)는 우선 모형의 P-값이 0.05보다 낮아야 하며, 오차의 자유도가 4 이상이 되어야 좋다. 또한 결정계수(R^2)의 값이 n 수에 따라 다르지만 보통 70% 이상이 되어야 만족한다고 판단할 수 있다. 그 값보다 낮은 값을 가질 경우에는 분산이 크다는 것으로 판단해야 한다. 함량의 평균(Y_1)의 모형의 P-값이 0.05보다 낮은 0.046의 값을 가지며 오차의 자유도도 7로 충분하다. 하지만 2차 교호작용의 P-값이 0.374로 많이 좋지 않으며, 모형의 P-값이 0.05와 많이 유사하기에 풀링을 실시하였다. 최대 차수인 2차 교호작용 중에서 P-값이 가장 유의하지 않은 인자 DE를 선택하여 아래 [그림 5-83]과 같이 풀링을 실시한 결과, 모형의 P-값이 0.026이며, 적합성 결여(LOF)도 0.05보다 높은 0.450의 값을 도출했다. 결정계수(R^2)의 경우 70%와 유사한 수치를 가지고 있어 '평균에 따른 분산의 값이 크다.'라고 판단할 수 있다. 함량의 경우, 주요품질특성(CQAs) 중에 가장 중요하다고 판단되어 분산까지 고려하고자 한다. 함량의 분산(y_1)의 모형의 P-값이 0.05보다 낮으므로 유의하다고 할 수 있다. 최적의 해를 도출할 때, 함량의 경우 분산까지 고려하여 도출할 수 있다. 또한 [그림 5-84]를 바탕으로 '함량 평균(Y_1)의 정규성이 만족한다.'라고 판단한다.

모형 요약

S	R-제곱	R-제곱(수정)	R-제곱(예측)
1.63099	74.58%	56.42%	0.00%

분산 분석

출처	DF	Adj SS	Adj MS	F-값	P-값
모형	5	54.627	10.925	4.11	0.046
선형	2	32.658	16.329	6.14	0.029
정제수의 양(D)	1	19.311	19.311	7.26	0.031
혼합시간(E)	1	13.347	13.347	5.02	0.060
제곱	2	19.568	9.784	3.68	0.081
정제수의 양(D)*정제수의 양(D)	1	13.451	13.451	5.06	0.059
혼합시간(E)*혼합시간(E)	1	13.571	13.571	5.10	0.058
2차 교호작용	1	2.401	2.401	0.90	0.374
정제수의 양(D)*혼합시간(E)	1	2.401	2.401	0.90	0.374
오차	7	18.621	2.660		
적합성 결여	3	8.809	2.936	1.20	0.417
순수 오차	4	9.812	2.453		
총계	12	73.247			

그림 5-82 풀링 전 함량 평균(Y_1)의 분산분석표(ANOVA Table)

모형 요약

S	R-제곱	R-제곱(수정)	R-제곱(예측)
1.62102	71.30%	56.95%	14.65%

분산 분석

출처	DF	Adj SS	Adj MS	F-값	P-값
모형	4	52.226	13.056	4.97	0.026
선형	2	32.658	16.329	6.21	0.024
정제수의 양(D)	1	19.311	19.311	7.35	0.027
혼합시간(E)	1	13.347	13.347	5.08	0.054
제곱	2	19.568	9.784	3.72	0.072
정제수의 양(D)*정제수의 양(D)	1	13.451	13.451	5.12	0.054
혼합시간(E)*혼합시간(E)	1	13.571	13.571	5.16	0.053
오차	8	21.022	2.628		
적합성 결여	4	11.210	2.802	1.14	0.450
순수 오차	4	9.812	2.453		
총계	12	73.247			

그림 5-83 풀링 후 함량 평균(Y_1)의 분산분석표(ANOVA Table)

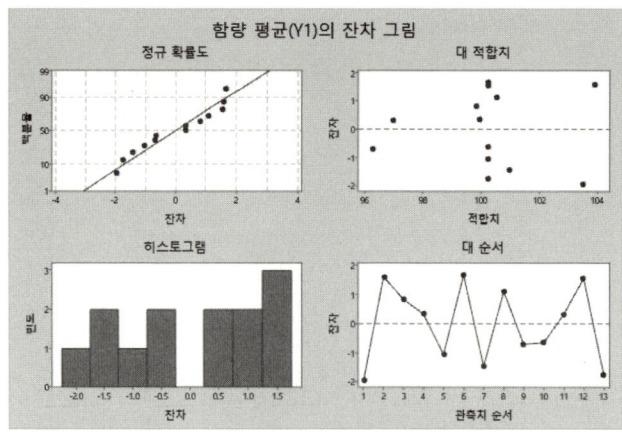

그림 5-84 풀링 후 함량 평균(Y_1)의 잔차 그림

모형 요약

S	R-제곱	R-제곱(수정)	R-제곱(예측)
2.36591	62.06%	49.42%	21.93%

분산 분석

출처	DF	Adj SS	Adj MS	F-값	P-값
모형	3	82.41	27.470	4.91	0.027
선형	2	55.33	27.663	4.94	0.036
정제수의 양(D)	1	43.26	43.255	7.73	0.021
혼합시간(E)	1	12.07	12.070	2.16	0.176
제곱	1	27.09	27.086	4.84	0.055
정제수의 양(D)*정제수의 양(D)	1	27.09	27.086	4.84	0.055
오차	9	50.38	5.598		
적합성 결여	5	27.87	5.575	0.99	0.518
순수 오차	4	22.50	5.626		
총계	12	132.79			

그림 5-85 함량 분산(y_1)의 분산분석표(ANOVA Table)

아래 [그림 5-86]을 보면 함량균일성(Y_2)은 오차의 자유도가 7로 충분하나, 모형의 P-값이 0.05보다 높은 0.054로 유의하지 않다. 적합성 결여(LOF)도 0.05보다 높은 0.513으로 만족한다. 모형의 P-값이 만족하지 않기 때문에 풀링을 실시한다. P-값이 좋지 않은 2차 교호작용을 풀링한 결과 모형의 P-값이 0.040으로 유의하지만 결정계수(R^2)는 67.79%로 낮다.

모형 요약

S	R-제곱	R-제곱(수정)	R-제곱(예측)
8.55964	73.26%	54.15%	0.00%

분산 분석

출처	DF	Adj SS	Adj MS	F-값	P-값
모형	5	1404.9	280.97	3.83	0.054
선형	2	809.5	404.76	5.52	0.036
정제수의 양(D)	1	397.6	397.57	5.43	0.053
혼합시간(E)	1	412.0	411.96	5.62	0.050
제곱	2	490.5	245.27	3.35	0.095
정제수의 양(D)*정제수의 양(D)	1	363.1	363.05	4.96	0.061
혼합시간(E)*혼합시간(E)	1	313.2	313.21	4.27	0.077
2차 교호작용	1	104.8	104.81	1.43	0.271
정제수의 양(D)*혼합시간(E)	1	104.8	104.81	1.43	0.271
오차	7	512.9	73.27		
적합성 결여	3	207.3	69.11	0.90	0.513
순수 오차	4	305.5	76.38		
총계	12	1917.7			

그림 5-86 풀링 전 함량균일성(Y_2)의 분산분석표(ANOVA Table)

모형 요약

S	R-제곱	R-제곱(수정)	R-제곱(예측)
8.78691	67.79%	51.69%	5.73%

분산 분석

출처	DF	Adj SS	Adj MS	F-값	P-값
모형	4	1300.1	325.01	4.21	0.040
선형	2	809.5	404.76	5.24	0.035
정제수의 양(D)	1	397.6	397.57	5.15	0.053
혼합시간(E)	1	412.0	411.96	5.34	0.050
제곱	2	490.5	245.27	3.18	0.097
정제수의 양(D)*정제수의 양(D)	1	363.1	363.05	4.70	0.062
혼합시간(E)*혼합시간(E)	1	313.2	313.21	4.06	0.079
오차	8	617.7	77.21		
적합성 결여	4	312.1	78.04	1.02	0.492
순수 오차	4	305.5	76.38		
총계	12	1917.7			

그림 5-87 풀링 후 함량균일성(Y_2)의 분산분석표(ANOVA Table)

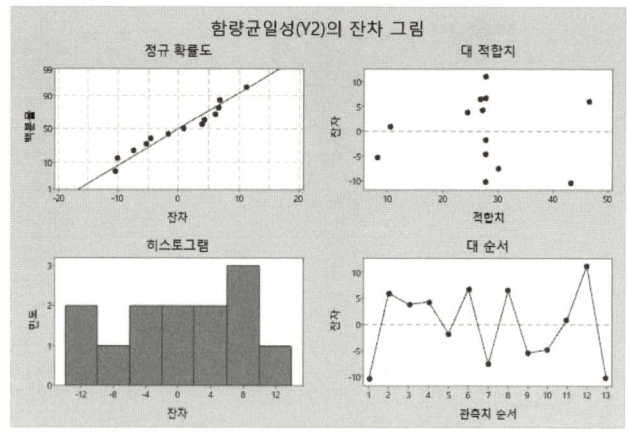

그림 5-88 풀링 후 함량균일성(Y_2)의 잔차그림

아래 [그림 5-89]에서 붕해(Y_3)의 경우 오차의 자유도는 7로 만족하지만 모형의 P-값이 0.05보다 높은 0.123으로 유의하지 않기에 풀링을 진행해야 한다. 최대 차수인 2차 교호작용 중에서 P-값이 가장 유의하지 않은 인자 순으로 풀링을 실시한다. 모형의 P-값이 0.039로 유의해졌고, 적합성 결여(LOF)도 0.05보다 높은 0.867의 값을 도출했다. 하지만 결정계수(R^2)의 경우 47.82%로 낮은 수치를 가지고 있다. 또한 [그림 5-91]을 바탕으로 '정규성이 만족한다.'라고 판단할 수 있다.

모형 요약

S	R-제곱	R-제곱(수정)	R-제곱(예측)
1.68572	65.00%	40.01%	37.31%

분산 분석

출처	DF	Adj SS	Adj MS	F-값	P-값
모형	5	36.9467	7.3893	2.60	0.123
선형	2	27.1809	13.5904	4.78	0.049
정제수의 양(D)	1	11.0433	11.0433	3.89	0.089
혼합시간(E)	1	16.1376	16.1376	5.68	0.049
제곱	2	5.1648	2.5824	0.91	0.446
정제수의 양(D)*정제수의 양(D)	1	4.6552	4.6552	1.64	0.241
혼합시간(E)*혼합시간(E)	1	2.1962	2.1962	0.77	0.408
2차 교호작용	1	4.6010	4.6010	1.62	0.244
정제수의 양(D)*혼합시간(E)	1	4.6010	4.6010	1.62	0.244
오차	7	19.8916	2.8417		
적합성 결여	3	0.7994	0.2665	0.06	0.980
순수 오차	4	19.0922	4.7730		
총계	12	56.8383			

그림 5-89 풀링 전 붕해(Y_3)의 분산분석표(ANOVA Table)

모형 요약

S	R-제곱	R-제곱(수정)	R-제곱(예측)
1.72213	47.82%	37.39%	18.64%

분산 분석

출처	DF	Adj SS	Adj MS	F-값	P-값
모형	2	27.18	13.590	4.58	0.039
선형	2	27.18	13.590	4.58	0.039
정제수의 양(D)	1	11.04	11.043	3.72	0.082
혼합시간(E)	1	16.14	16.138	5.44	0.042
오차	10	29.66	2.966		
적합성 결여	6	10.57	1.761	0.37	0.867
순수 오차	4	19.09	4.773		
총계	12	56.84			

그림 5-90 풀링 후 붕해(Y_3)의 분산분석표(ANOVA Table)

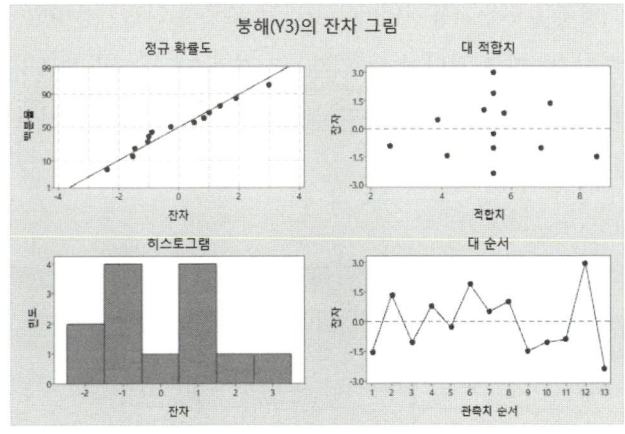

그림 5-91 붕해(Y_3) 잔차 그림

최적화 단계 분산분석(ANOVA) 결과 모든 반응에 대해 모형의 P-값이 유의하였다. 그 결과 아래 [그림 5-92]와 같은 중첩등고선도를 그리고자 한다. 함량 평균(Y_1)의 경우 범위를 90~110%, 함량 분산(y_1)은 0~30, 함량균일성(Y_2)의 범위는 0~30%, 붕해(Y_3)의 범위는 0~10으로 설정하였다.

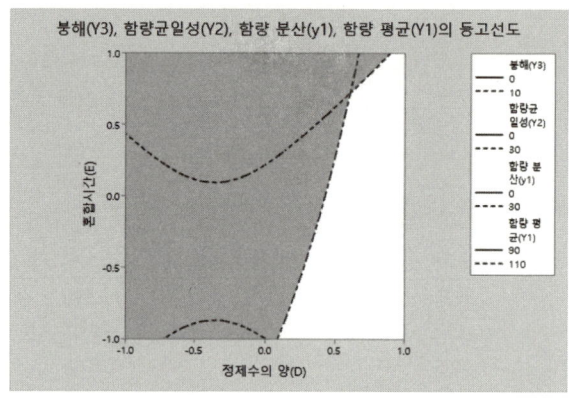

그림 5-92 중첩등고선도를 통한 디자인스페이스(DS) 도출

중첩등고선도를 이용하여 디자인스페이스(DS)를 나타내었다. 그러나 통계적으로 신뢰구간(CI)을 적용한 구간과 적용하지 않은 구간이 다소 차이가 있다. 신뢰구간(CI)을 적용하지 않은 설계 영역보다 신뢰구간을 적용한 가용영역이 더 안전한 영역임을 판단할 수 있다. 그 영역을 안전가용영역(OS)이라고 부르며 안전가용영역(OS) 안에 존재할 경우 통계적으로 안전하다고 판단할 수 있다. 그 결과 아래 [그림 5-93]과 같이 허용범위는 과립화공정의 정제수의 양은 코드화된 수준 0.85~1.00, 혼합공정의 혼합시간은 코드화된 수준 -1.00~0.40으로 도출되었다.

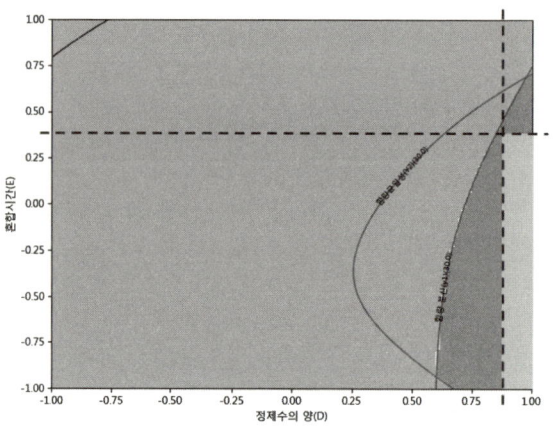

그림 5-93 안전가용영역(OS) 도출

도출된 값을 활용하여 최적값을 도출하였다. 최적값을 도출하기위해 가중치를 달리 주어 도출하였다. 함량의 평균(Y_1)이 가장 높은 가중치로 10을 주었고, 함량의 분산(y_1)은 0.1을 주었다. 또한 함량균일성(Y_2)과 붕해(Y_3)의 경우 가중치 0.5를 주어 도출하였더니 아래

[그림 5-94]와 같이 코드화된 수준으로 정제수의 양(D)은 0.3737, 혼합시간(E)은 -1.0인 수준에 최적해가 도출되었고, 최적해를 아래 [그림 5-95]와 같이 신뢰구간이 적용된 중첩 등고선도에 나타내었다.

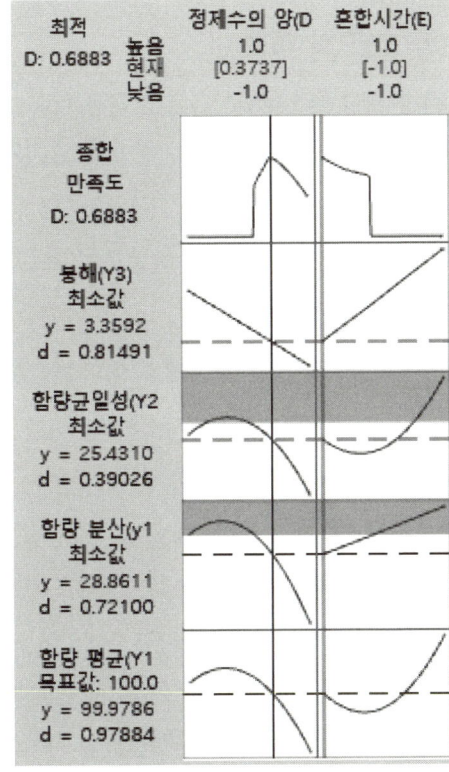

그림 5-94 최적해 도출

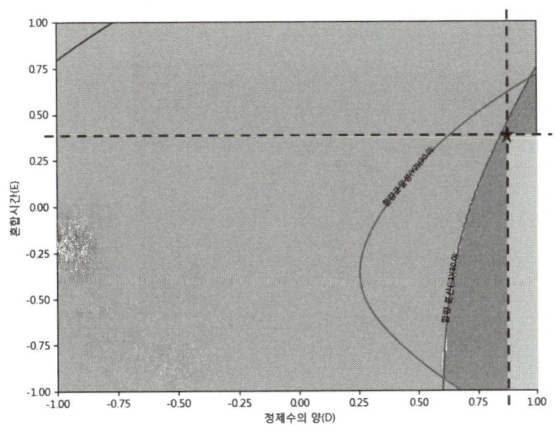

그림 5-95 안전가용영역(OS) 도출

부록

1 중첩등고선도 작성 개요

1.1 중첩등고선도 개념 및 특성

중첩등고선도는 여러 개의 반응변수(Ys)가 존재할 경우 각 반응변수(Y_i)의 등고선도를 겹쳐서 나타내는 그래프를 말한다. 특히 각 반응변수(Y_i)의 규격 상한(USL)과 규격 하한(LSL)을 바탕으로 여러 개의 반응변수(Ys)들을 중첩시켜 동시에 만족하는 디사인스페이스(DS) 도출에 활용되는 도구이다. 중첩등고선도의 특징을 정리하여 제시하면 다음과 같다.

- 두 개 이상의 반응변수(Ys)들을 동시에 고려할 수 있음
- 각 반응변수(Y)들의 상한 및 하한을 지정하고, 이를 만족시키는 영역을 시각화함
- 입력변수(X)가 3개 이상일 경우, X축과 Y축에 각각 1개씩 입력변수(X)를 나타내고 다른 입력변수(X)는 사용자가 지정한 설정으로 고정함
- 예를 들어, 강도(Y_1)과 유연성(Y_2)의 두 가지 반응이 특정 수준에 도달해야 하는 플라스틱 부품이 있다. 이러한 특정 수준을 달성할 수 있는 밀폐제(X_1) 및 압력(X_2) 범위를 찾고자 한다. 다른 입력변수인 기계(X_3)의 경우 목표 품질을 만족시키는 값으로 고정하고, X축과 Y축에 각각 밀폐제(X_1)와 압력(X_2)을 설정해 강도(Y_1)와 유연성(Y_2)의 상한 및 하한을 만족시키는 영역을 나타내는 중첩등고선도를 그린다.

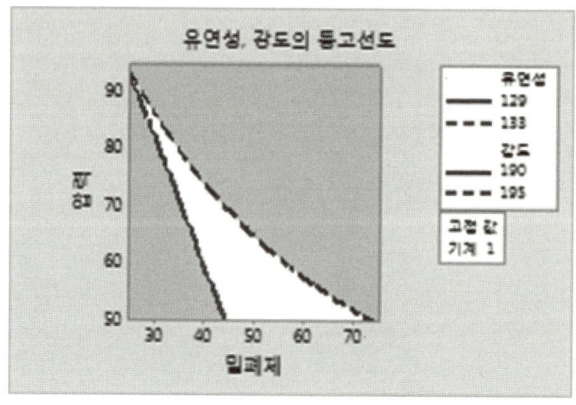

그림 1 중첩등고선도 도출 예시

1.2 작성 절차

중첩등고선도를 작성하기 위해서는 설계의 종류(예: 요인 설계, 반응 표면 설계)와 관계없이 모형을 생성(설계 분석)해야 합니다. 중첩등고선도는 모형(회귀 방정식)에 근거하여 표시되기 때문에 반드시 먼저 모형을 생성합니다. 이후 실험 데이터를 입력한 후 분산분석(ANOVA)을 진행합니다. 유의하지 않은 항들을 풀링하여 최종적으로 모형이 유의해지면 중첩등고선도를 작성할 수 있습니다. 아래 [그림 3]은 등고선도를 작성하여 중첩시키고 마지막으로 신뢰구간까지 적용하여 안전가용영역(OS)를 도출하는 과정을 나타냅니다.

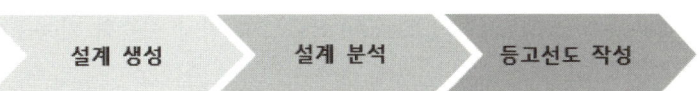

그림 2 동고선도 작성 절차

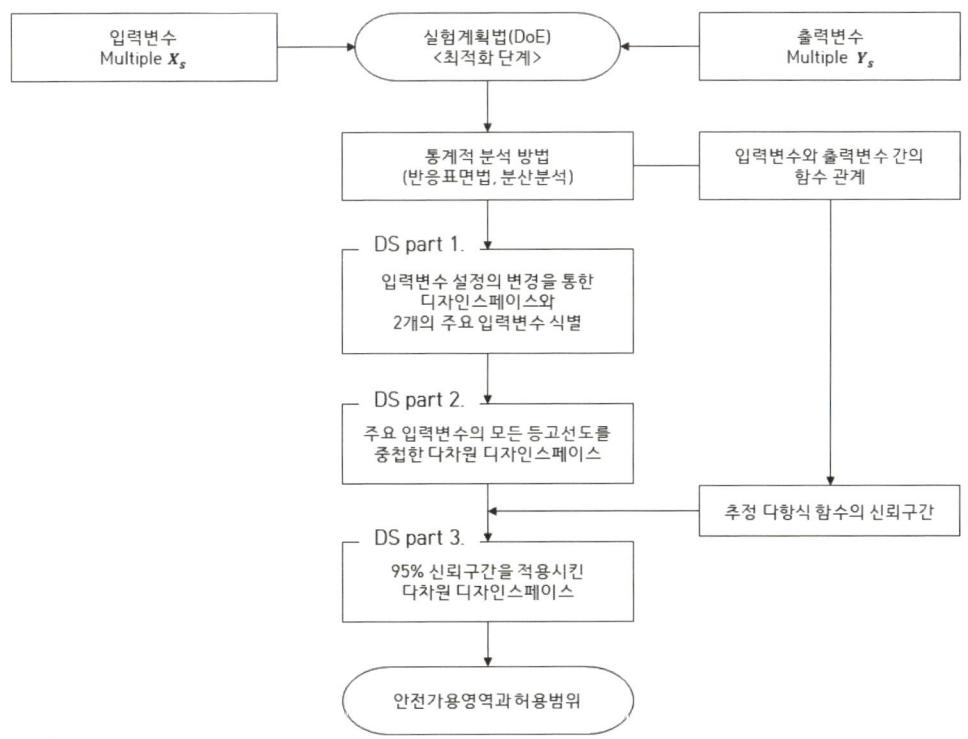

그림 3 다차원 디자인스페이스(DS)와 안전가용영역(OS) 생성 절차(이현정, 2019)

1.3 Minitab Add-in 프로그램의 기능

Minitab을 설치하면 중첩등고선도를 사용할 수 있습니다. 중첩등고선도에서 더 많은 정보를 얻기 위해 Minitab에 별도의 프로그램(Add-in)을 추가로 설치할 수 있습니다. 이를 통해 신뢰구간, 예측구간 정보를 확인할 수 있습니다.

Add-in의 핵심 기능은 다음과 같습니다.
1) 적합치, 신뢰구간, 예측구간 표현
2) 고정한 X인자(독립변수)에 대한 다중 수준값 입력 가능 (최대 3개)
3) Operating Space에서 Design Space의 영역 시각화 가능

1.4 Minitab 및 Add-in 프로그램 설치

Minitab을 설치하기 위해서는 홈페이지에서 파일을 다운로드 하실 수 있습니다. Minitab 라이센스를 보유하지 않은 고객은 30일 동안 무료로 모든 기능을 사용하실 수 있습니다. Minitab을 설치하면 중첩등고선도를 사용할 수 있습니다. 중첩등고선도에서 더 많은 정보를 얻기 위해 Minitab에 별도의 프로그램(Add-in)을 추가로 설치할 수 있습니다. 이를 통해 신뢰구간, 예측구간 정보를 확인할 수 있습니다.

Add-in 프로그램의 설치 방법은 다음과 같습니다.
1. 아래 경로를 통해 설치 파일을 다운로드 한다.
   경로: http://www.datalabs.co.kr =〉 Support =〉 자료실=〉 중첩등고선도 설치 파일
2. C:\Program Files\Minitab\Minitab 19\한국어\AddIns 경로에 파일을 복사하여 압축을 해제한다. (32bit의 경우 Program Files(x86) 경로에 Minitab 폴더가 있다.)
3. 압축을 해제하면 다음의 파일이 해당 경로에 생성된다.

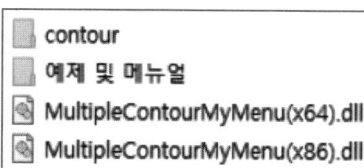

4. Minitab을 "관리자 권한"으로 실행한다.

    (Minitab 실행 파일은 C:\Program Files\Minitab\Minitab 19 경로에 mtb.exe 파일이다.)

5. Minitab 메뉴에 보기 > 사용자 정의로 들어가 "메뉴"탭을 선택하고 "재설정"버튼을 클릭한다. 중첩등고선도(QbD) 메뉴가 생성되는지 확인한다. (주 : 메뉴의 정상적인 생성을 위해서는 꼭 "관리자 권한"으로 Minitab을 1회 실행해야 한다.)

6. 메뉴를 이용하여 분석을 실시한다.

참고문헌(References)

- Aksu, B., Paradkar, A., Matas, M., zer, ., Giineri, T., and York, P. 2012. "Quality by Design Approach: Application of Artificial Intelligence Techniques of Tablets Manufactured by Direct Compression." AAPS PharmSciTech. 13(4). December.

- Chopra. V. S., Nagar. M., Singhai. S. K., Bala. I. and Trivedi. P. 2010. "A study over effects of process parameters on quality attributes of a tablet by applying 'quality by design'." Der Pharmacia Lettre. 2(2):370-392.

- CMC-IM Working Group. 2008. "Pharmaceutical Development CaseStudy: ACE Tablets." Europe. Version 2. March 13.

- Cornell, J. A., and Khuri A. I. 1987. "Response surfaces: designs and analysis." Marcel Dekker.

- Davis, B., Lundsberg, L., and Cook, G. 2008. "PQLI Control Strategy Model and Concepts." Journal of Pharmaceutical Innovation. 3:95-104.

- FDA. 2012. "Quality by Design for ANDAs: An Example for Immediate-Release Dosage Forms." IR Tablet.

- FDA. 2011. "Quality by Design for ANDAs: An Example for Modified Release Dosage Forms." MR Tablet.

- ICH Expert Working Group. 2005. "Quality risk management Q9." I. C. H. Guideline.

- ICH Expert Working Group. 2008. "Pharmaceutical quality system Q10." Current Step I. C. H. Guideline.

- ICH Expert Working Group. 2009. "Pharmaceutical Development Q8 (R2)." Current step I. C. H. Guideline.

- ICH Expert Working Group. 2012. "Development and Manufacture of Drug Substances Q11." Current step I. C. H. Guideline.

- Kan. S., Lu. J., Liu. J., Wang. J. and Zhao. Y., Q. 2014. "quality by design (QbD) case study on enteric-coated pellets: Screening of critical variables and establishment of design space at laboratory scale," Asian Journal of Pharmaceutical Sciences. 9:268-278.

- MHLW. 2009. "Sakura tablet - Quality Overall Summary Mock P2."

- MHLW. 2014. "Sakura Bloom tablet - Quality Overall Summary Mock P2."

- Montgomery, D. C. 2013. "Design and Analysis of Experiments." John Wiley & Sons, Inc. New York.

- MoLlah, A. H., Long, M., and Baseman, H. S. 2013. "Risk Management Applications

- in Pharmaceutical and Biopharmaceutical Manufacturing." John Wiley & Sons, Inc. New York.
- Myers R. H., Khuri, A. I. and Carter, W. H. 1976. "Response surface methodology", Edwards brothers Malloy. Michigan.
- Shivhare, M. and McCreath, G. 2010. "Practical Considerations for DoE Implementation in Quality By Design." BioProcess International.
- Vora, C., Patadia, R., Mittal, K. and Mashru, R. 2013. "Risk based approach for design and optimization of stomach specific delivery of rifampicin." International journal of pharmaceutics, 455(1-2):169-181.
- Wang, J., Kan, S., Chen, T. and Liu, J. 2015. "Application of quality by design (QbD) to formulation and processing of naproxen pellets by extrusion-spheronization." Pharmaceutical Development and Technology. 20(2):246-256.
- Wu, H., Tawakkul, M., White, M. and Khan, M. A. 2009. "Quality by Design (QbD): An integrated multivariate approach for the component quantification in powder blends." International Journal of Pharmaceutics. 372:39-48.
- 박성민, 2017, "의약품 QbD를 위한 산업공학적 플랫폼 연구." 동아대학교 대학원 산업경영공학과, 석사학위논문.
- 신상문, 2015, "의약품 연구 개발 프로세스의 품질 향상을 위한 표준화 기술 활용 및 Customized QbD 플랫폼 연구." 대한산업공학회 추계학술대회 논문집. 2579-2601.
- 이계원, 부소정, 이수환, 조영호, 2020, "사포글리레이트 염산염을 함유하는 초다공성 상호 침투 고분자 네트워크 하이드로겔의 개발." Korean Society for Biotechnology and Bioengineering Journal. 35(2):169-177.
- 이현정, 2019, "임상-비임상 PK profile 유사성 평가지표에 관한 연구." 동아대학교 대학원 산업경영공학과, 석사학위논문.
- 정준혁, 2017, "역 회귀를 이용한 입력변수의 디자인 스페이스 개발에 관한 연구." 동아대학교 대학원 산업경영공학과, 석사학위논문.
- 진수언, 김민수, 신상문, 정성훈, 황성주, 2014, "QbD의 현황과 이해." FDC 법제연구.
- 홍영타, 유정호, 임경호, 이현수, 2004, "FMEA를 이용한 초고층 건축시공의 공기영요인 평가." 대한건축학회 논문집 20(10).

저자 소개

신 상 문

현재 동아대학교 공과대학 산업경영공학과 교수로 재직하고 있으며, 동 대학의 산합협력부단장과 입학관리처장을 역임하였습니다. 미국 Clemson University의 Industrial Engineering (산업공학) 석/박사 학위를 취득하였습니다. 그리고 국제저널인 "International Journal of Quality Engineering and Technology"의 편집위원장(Editor-in-Chief)을 맡고 있으며, 국제저널 "International Journal of Experimental Design and Process Optimization"의 편집위원도 겸하고 있습니다.

Minitab 활용

QbD 실무완성
[쉽게 따라 할 수 있는 표준 모형 및 적용 사례]

인　　쇄	: 2021년 12월 22일 초판 1쇄
저　　자	: 신상문
발 행 인	: 지만영
발 행 처	: (주) 이레테크
홈페이지	: www.datalabs.co.kr
이 메 일	: minitab@minitab.co.kr
주　　소	: 경기도 안양시 동안구 시민대로 401, 901호 (관양동, 대륭테크노타운 15차)
전　　화	: (031) 345-1170(대)　팩　스 : (031) 345-1199
등　　록	: 제 1072-64 호
ISBN	: 978-89-90239-54-9 (93310)

정가 25,000원